物件導向程式設計
結合生活與遊戲的 JAVA 語言

（第三版）

邏輯林　編著

全華圖書股份有限公司　印行

國家圖書館出版品預行編目資料

物件導向程式設計：結合生活與遊戲的 JAVA 語言/邏輯林編著. -- 三版. -- 新北市：全華圖書股份有限公司, 2022.11

面； 公分

ISBN 978-626-328-354-1(平裝)

1.CST: Java(電腦程式語言)

312.32J3 111018304

物件導向程式設計－結合生活與遊戲的 JAVA 語言(第三版)

作者／邏輯林

發行人／陳本源

執行編輯／王詩蕙

封面設計／楊昭琅

出版者／全華圖書股份有限公司

郵政帳號／0100836-1 號

印刷者／宏懋打字印刷股份有限公司

圖書編號／0634902

三版一刷／2022 年 11 月

定價／新台幣 520 元

ISBN／978-626-328-354-1(平裝)

ISBN／978-626-328-359-6 (PDF)

全華圖書／www.chwa.com.tw

全華網路書店 Open Tech／www.opentech.com.tw

若您對本書有任何問題，歡迎來信指導 book@chwa.com.tw

臺北總公司(北區營業處)

地址：23671 新北市土城區忠義路 21 號

電話：(02) 2262-5666

傳真：(02) 6637-3695、6637-3696

南區營業處

地址：80769 高雄市三民區應安街 12 號

電話：(07) 381-1377

傳真：(07) 862-5562

中區營業處

地址：40256 臺中市南區樹義一巷 26 號

電話：(04) 2261-8485

傳真：(04) 3600-9806(高中職)

(04) 3601-8600(大專)

前言

一般來說，以人工方式處理日常生活事務，只要遵循程序就能達成目標。但以下類型案例告訴我們，以人工方式來處理，不但效率低浪費時間，且不一定可以在既定時間內完成。

1. 不斷重複的問題。例：早期人們要提存款，都必須請銀行櫃檯人員辦理。在人多的時候，等候的時間就拉長。現在有了可供存提款的自動櫃員機 (ATM)，存提款變成一件輕輕鬆鬆的事了。
2. 大量計算的問題。例：設 $f(x) = x^{100} + x^{99} + \cdots + x + 1$，求 $f(2)$。若用人工方式計算，則無法在短時間內完成。有了計算機以後，很快就能得知結果。
3. 大海撈針的問題。例：從 500 萬輛車子中，搜尋車牌為 888-8888 的汽車。若用肉眼的方式去搜尋，則曠日廢時。現在有了車輛辨識系統，很快就能發現要搜尋的車輛。

一個好的工具，可以使問題處理更加方便及快速。以上案例都可利用電腦程式設計求解出來，由此可見程式設計與生活的關聯性。程式設計是一種利用電腦程式語言解決問題的工具，只要將所要處理的問題，依據程式語言之語法描述出問題的流程，電腦便會根據我們所設定之程序，完成所要的目標。

多數的程式設計初學者，因學習成效不彰，對程式設計課程興趣缺缺，進而產生排斥。導致學習效果不佳的主要原因，有下列三點：

1. 上機練習時間不夠，又加上不熟悉電腦程式語言的語法撰寫，導致花費太多時間在偵錯上，進而對學習程式設計缺乏信心。
2. 對問題的處理作業流程 (或規則) 不了解，或畫不出問題的流程圖。
3. 不知如何將程式設計應用在日常生活所遇到的問題上。

因此，初學者在學習程式設計時，除了要不斷上機練習，熟悉電腦程式語言的語法外，還必須了解問題的處理作業流程，才能使學習達到事半功倍的效果。

本書所撰寫之文件，若有謬錯或疏漏之處，尚祈先進及讀者們指正。謝謝！

2022/5/24 巳時

邏輯林 於

目錄

Chapter 01 電腦程式語言介紹

Chapter 02 Java語言的基本資料型態

Chapter 03 基本輸出方法及輸入方法

Chapter 04 程式之設計模式——選擇結構

Chapter 05 程式之設計模式——迴圈結構

Chapter 06 內建類別

Chapter 07 陣列

Chapter 11 繼承

Chapter 12 抽象類別和介面

Chapter 13 檔案處理

Chapter 14 套件

01

電腦程式語言介紹

教學目標

1-1 物件導向程式設計
1-2 Java程式語言簡介
1-3 Java版本
1-4 Eclipse簡介
1-5 如何提升讀者對程式設計的興趣
1-6 範例檔案之使用說明
1-7 自我練習

當人類在日常生活中遇到問題時，常會開發一些工具來解決它。例：發明筆來寫字、發明腳踏車來替代雙腳行走等。而電腦程式語言也是解決問題的一種工具，過去傳統的人工作業方式，有些都已改由電腦程式來執行。例：過去的車子都是手排車，是由駕駛人手動控制變速箱的檔位；現在的自排車，都是由電腦程式根據當時的車速來控制變速箱的檔位。另一例：過去大學選課作業是靠行政人員處理，現在可透過電腦程式來撮合。因此，電腦程式在日常生活中已是不可或缺的一種工具。

人類必須借助共通語言交談溝通；同樣地，當人類要與電腦溝通時，也必須使用彼此都能理解的語言，像這樣的語言我們稱為電腦程式語言 (Computer Programming Language)。電腦程式語言分成下列三大類：

第一類為編譯式程式語言，執行效率高。凡是必須經過編譯器 (Compiler) 編譯成機器碼 (Machine Code) 的原始程式所隸屬之程式語言，稱之為「編譯式程式語言」。例：COBOL、C、C++、... 等。若原始程式編譯無誤，就可執行它且下次無須重新編譯，否則必須修改程式且重新編譯。編譯式的程式語言，從原始程式變成可執行檔的過程分成編譯 (Compile) 及連結 (Link) 兩部分，分別由編譯程式 (Compiler) 及連結程式 (Linker) 負責。編譯程式負責檢查程式的語法是否正確，以及程式中所使用的函式或方法是否有定義。當原始程式編譯正確後，接著才由連結程式去連結程式中之函式或方法所在的位址，若連結正確，進而產生原始程式之可執行檔。

第二類為直譯式程式語言，執行效率差。凡是必須經過直譯器 (Interpreter) 將指令一邊翻譯成機器碼一邊執行的原始程式所隸屬之程式語言，稱之為「直譯式程式語言」。例：BASIC、HTML、... 等。利用直譯式程式語言所撰寫的原始程式，每次執行都要重新經過直譯器翻譯成機器碼，若執行過程發生錯誤就停止運作。

第三類為編譯式兼具直譯式程式語言，其執行速度比純編譯式語言慢一些。Java 語言屬於編譯式及直譯式的程式語言之一，利用 Java 語言所撰寫的原始程式必須經過 Java 編譯器 (Compiler) 編譯成位元組碼 (Byte code)，再經由 Java 直譯器翻譯位元組碼並執行它。Java 程式的位元組碼與電腦之作業系統 (例：UNIX/Linux、Windows 及 Mac OS) 無關，只要在電腦的作業系統中，安裝 Java 的虛擬機器 (Java Virtual Machine, JVM)，就能執行它。因此，Java 屬於跨平台的程式語言。

1-1 物件導向程式設計

利用任何一種電腦程式語言所撰寫的指令集，稱爲電腦程式。而撰寫程式的整個過程，稱爲程式設計。程式設計方式可分成下列兩種類型：

第一類爲程序導向程式設計 (Procedural Programming)。設計者依據解決問題的程序，完成電腦程式的撰寫，程式執行時電腦會依據流程進行各項工作的處理。第二類爲物件導向程式設計 (Object Oriented Programming, OOP)。它結合程序導向程式設計的原理與眞實世界中的物件觀念，建立物件與眞實問題的互動關係，使得程式在維護、除錯，及新功能擴充上更容易。

何謂物件 (Object) 呢？物件是具有屬性及方法的實體，例：人、汽車、火車、飛機、電腦等。這些實體都具有屬於自己的特徵及行爲，其中特徵以屬性 (Properties) 來表示，而行爲則以方法 (Methods) 來描述。物件可以藉由它所擁有的方法，改變它所擁有的屬性值及與不同的物件做溝通。例：人具有胃、嘴巴等屬性，及吃、說、…等方法。可藉由「吃」這個方法，來降低胃的饑餓程度；可藉由「說」這個方法，與別人做溝通或傳達訊息。因此，OOP 就是模擬眞實世界之物件運作模式的一種程式設計概念。常見 OOP 的電腦程式語言有 C++、Java 等。本書主要以介紹 Java 程式語言爲主。

程式設計的步驟如下：

1. 了解問題的背景知識。
2. 構思解決問題的程序，並繪出流程圖。
3. 選擇一種電腦程式語言，依據步驟 2 的流程圖撰寫指令集。
4. 編譯程式並執行，若編譯正確且執行結果符合問題的需求，則結束；否則必須重新檢視步驟 1~3。

圖 1-1 爲 Java 語言之程式設計流程圖。一個 Java 程式撰寫完到可以執行，還必須經過兩個階段：首先將原始程式 (.java)，經過編譯變成位元組碼 (.class)，接著使用 Java 虛擬機器 (JVM) 上的 Java 直譯器直譯位元組碼並執行它。

程式從撰寫階段到執行階段，可能產生的錯誤有編譯時期錯誤 (compile error) 及執行時期錯誤 (run-time error)。編譯時期錯誤是指程式敘述違反程式語言之撰寫規則，這類錯誤稱爲「語法錯誤」。例：在 Java 語言中，大都數的指令是以「;」(分號)

做為該指令之結束符號，若違反此規則，就無法通過編譯。執行時期錯誤是指程式執行時產生的結果不符合需求或發生邏輯上的錯誤，這類錯誤稱為「語意錯誤」或「例外」。例：「a=b/c;」在語法上是正確的，但執行時，若「c」為 0，則會發生除零錯誤 (divided by zero)。

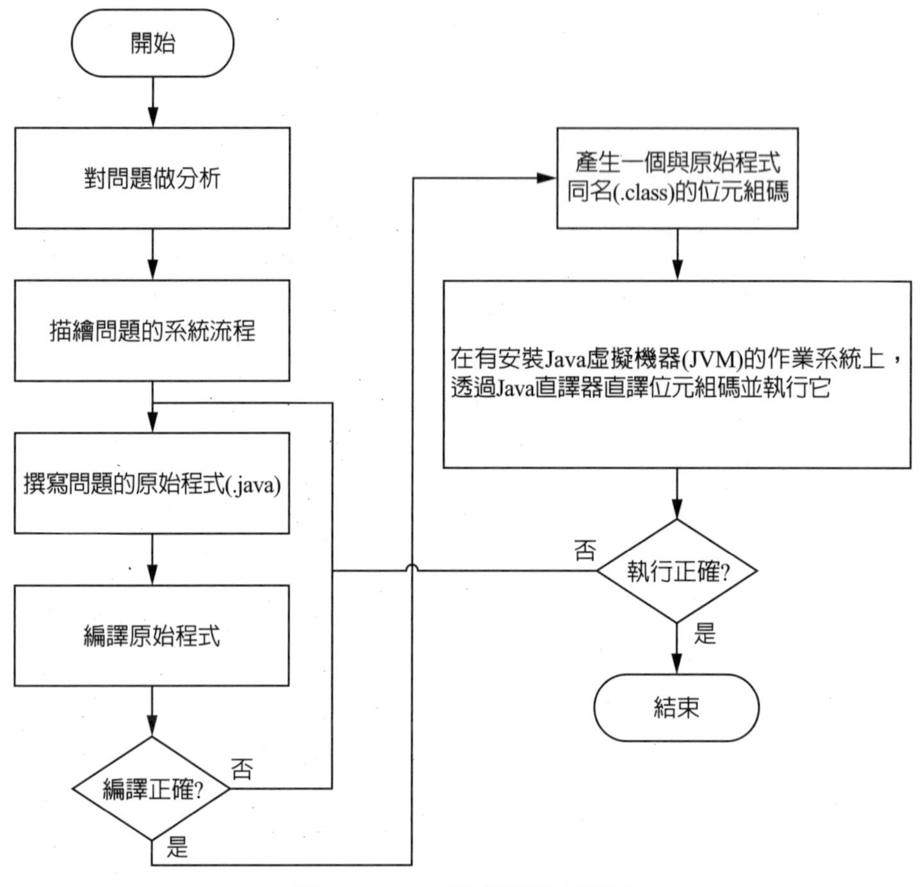

圖 1-1　Java 程式設計流程圖

1-2 Java程式語言簡介

在 1990 年初期，昇陽 (Sun) 電腦的 James Gosling 根據物件導向程式語言 C++ 的概念，為消費性電子產品 (例：電視、電話、微波、... 等) 設計了一套跨平台的物件導向程式語言 Java。由於智慧型家電的需求不如預期，使得 Java 在初期未受到市場青睞。1993 年誕生了第一個全球資訊網瀏覽器 Mosaic，加上 Java 擁有能與瀏覽器互動的特性，讓 Java 再度躍上舞台。Java 原名是以昇陽公司外面的橡樹 (Oak) 為名，但 Oak 商標已被註冊，最後以設計團隊常去咖啡店名稱 Java 為名，於 1995 由 Sun 正式命名為 Java，並釋出 Java 1.0 版，以下簡述 Java 版本的演進：

- 1996/1，Java 的版本為 JDK (Java Development Kit)1.0，為 Java 程式語言開發版本，這是針對 Java 程式語言的開發人員所釋出之免費軟體開發套件。
- 1998/12，開發平台 Java 2 platform 被釋出，其包含 JDK 及 Java 程式語言，版本為 J2SE Software Development Kit 1.2 版。
- 2004/9，Java 程式語言在語法及功能上做了重大的改變，版本命名為 J2SE Development Kit 5.0。
- 2006/12 推出新版時，改名為 Java SE Development Kit 6 版。
- 2010，Oracle 公司併購了 Sun。2011/7 正式推出 Java SE DevelopmentKit 7 版。
- 2014/3，正式推出 Java SE Development Kit 8 版。
- 2017/9，正式推出 Java SE Development Kit 9 版。
- 2018/3，正式推出 Java SE Development Kit 10 版。
- 2018/9，正式推出 Java SE Development Kit 11 版。
- 2019/3，正式推出 Java SE Development Kit 12 版。
- 2019/9，正式推出 Java SE Development Kit 13 版。
- 2020/3，正式推出 Java SE Development Kit 14 版。
- 2020/9，正式推出 Java SE Development Kit 15 版。
- 2021/3，正式推出 Java SE Development Kit 16 版。
- 2021/9，正式推出 Java SE Development Kit 17 (LTS) 版。

Java 程式語言排除了 C/C++ 程式語言學習者最頭痛的指標 (pointer)，以避免系統一不小心就發生當機。Java 程式語言也不再僱用前置處理器 (preprocessor) 來引入標頭檔，而是使用保留字「import」來引入套件中的類別。另外 Java 程式語言新增加了一些功能，例：

1. **垃圾回收 (Garbage Collection)**：Java 程式語言會透過 JVM 的垃圾回收器 (Garbage Collector) 自動清除不必要的物件，並釋放其所占用的記憶體空間，使記憶體有效地被利用。

2. **例外處理 (Exception)**：Java 程式語言提供程式設計者事先避免程式異常中止執行的一種機制。程式執行時，可能會因程式設計者在邏輯上欠缺周詳或使用者輸入的資料不符合規定，而造成程式異常中止執行。因此，在程式中運用例外處理機制，則發生程式異常中止執行的機率就會大幅降低。

1-2-1 Java程式語言的架構

Java 程式語言的撰寫順序依序爲：

1. **專案套件 (package) 宣告區：**

   建立專案名稱 (假設爲 first) 時，若有設定專案套件名稱 (假設爲 test)，則在原始程式碼 (.java 檔) 的第一列會出現「package test;」，且所撰寫的程式碼 (.java 檔)，會儲存在「.\first\src\test」資料夾，且編譯後的位元組碼 (.class 檔) 會儲存在「.\first\bin\test」資料夾；否則在原始程式碼 (.java 檔) 的第一列不會出現以保留字「package」爲首的敘述，且所撰寫的程式碼 (.java 檔)，會儲存在「.\first\src」資料夾，且編譯後的位元組碼 (.class 檔) 會儲存在「.\first\bin」資料夾。上述提到的「.」表示專案所在的工作空間 (Workspace)，即，專案所在的資料夾。保留字「package」主要是用來宣告專案中的原始程式碼 (.java 檔) 及位元組碼 (.class 檔) 所存放的資料夾，以方便管理「.java」檔及「.class」檔。原始程式碼 (.java 檔) 中，是否加入「package」敘述，由程式設計者自行決定。

2. **套件類別引入區：**

   若目前的原始程式碼 (.java 檔) 想使用之前自己設計的套件 (package) 或 Java 之標準應用程式介面 (Applications Programming Interface, API) 的套件中的類別，以簡化程式的撰寫及程式碼的再利用，則可在此區利用保留字「import」引入想要使用的類別；否則此區無須撰寫任何指令。

   例：import test.Welcome;

   表示引入「test」套件中的「Welcome」類別到目前的原始程式碼 (.java 檔) 中。若「test」套件中有許多類別，且要將全部的類別引入到目前的原始程式碼 (.java 檔) 中，則可配合萬用字元「*」來達成：「import test.*;」。注意，引入某套件的所有類別時，只會將這個套件資料夾中的類別引入，並不會將其下一層的類別也一同引入。

   「import」的目的是告訴編譯器目前的原始程式碼 (.java 檔) 引入哪些套件中的哪些類別。編譯器編譯原始程式碼 (.java 檔) 過程中，遇到無法辨識的識別名稱，會自動比對之前「import」引入的類別是否有此無法辨識的識別名稱，若有，則可以通過編譯；否則會出現編譯錯誤。

例：(以下為一程式的部分內容)

```
import test.Welcome;
………
welcome ……
……
```

因「import」引入的是「test」套件中「Welcome」類別，故編譯器能辨識「Welcome」，而無法辨識「welcome」，使得編譯時，產生了錯誤訊息：「welcome cannot be resolved to a type」(識別名稱「welcome」無法被解析為一種資料類型)。

在原始程式碼(.java 檔)中，即使沒利用「import」引入任何套件中的類別，Java 編譯器也會自動引入 Java 之 API 的「java.lang」套件中所定義的類別，即預設 Java 之標準 API 的「java.lang」套件中所定義的類別都可被使用。

3. 主類別 (class) 定義區：

以「public class」定義的類別稱為主類別且只能有定義一個。主類別定義區「{}」內依序包括以下三個區段：

(1) 屬性成員宣告區：

宣告主類別有哪些屬性成員(或變數)。若無程式碼使用此屬性成員，則無需宣告此屬性成員。

(2) 主方法成員定義區：

主方法成員「public static void main(String[] args) { }」定義區是撰寫待解決問題的核心程式之地方且只能定義一個。「main( )」方法是 java 程式進入點，程式執行時，會自動執行主方法成員定義區內的程式碼。

(3) 其他方法成員定義區：

定義主類別有哪些方法成員。方法成員在執行程式時，不會自動執行，必須以「方法成員名稱([引數串列])」的方式呼叫它，才會被執行。若無程式碼呼叫此方法成員，則無需定義此方法成員。

4. 其他類別 (class) 定義區：

其他類別定義區「{}」內依序包括以下兩個區段：

(1) 屬性成員宣告區：

宣告其他類別有哪些屬性成員。若無程式碼使用此屬性成員，則無需宣告此屬性成員。

(2) 方法成員定義區：

定義其他類別有哪些方法成員。方法成員在執行程式時，不會自動執行，必須以「方法成員名稱([引數串列])」的方式呼叫它，才會被執行。若無程式碼呼叫此方法成員，則無需定義此方法成員。

由 Java 語言的程式架構，可知 Java 程式由類別 (class) 組成。每一個可被獨立執行「.java」程式，必須包含一個主類別及一個主方法成員，且數量各一個，而其他類別則無此限制。

例：每個可以直接被執行的原始程式，必須包含以下 4 列敘述：

```
public class 主類別名稱{ //主類別定義區
    public static void main(String[] args) { //主方法成員定義區
    }
}
```

三程式說明

1. 此程式只包含主類別定義區及它內部的主方法成員定義區。
2. 類別名稱的字首以大寫爲原則。
3. 主類別的名稱必須與程式檔 (.java) 的名稱相同。
4. 「public static void main(String[] args) { }」稱爲主方法成員，是待解決問題的核心程式撰寫處。「main( )」前面的 void 表示程式執行結束時，不需回傳任何資料給作業系統。以保留字「static」(靜態) 宣告的靜態變數或定義的靜態方法，在 Java 程式被執行時就會立刻自動被建立或執行。因此，當 Java 程式被執行時，「public static void main(String[] args) { }」主方法會自動執行，而其他自行定義的非靜態的變數或方法則不會。在「main( )」方法前冠上存取修飾子「public」，表示任何「class」都可呼叫「main( )」方法。「main( )」括號內的參數 (args) 是負責接收執行程式時所傳入的實際字串陣列資料，而字串陣列資料可有可無。
5. 寫在「//」後的文字，稱爲單行註解 (Single comment)。註解的目的是爲了增加程式的可讀性及降低程式維護時間，且編譯器不會對它做任何處理，因此註解可寫可不寫。單行註解，不可超過一列。除了可用「// 文字」，來表示註解外，也可用下列方式來表示註解。/* 文字 */：稱爲多行註解 (Multiple comment)，文字可以超過一列。/** 文字 */：稱爲文件註解 (Document comment)，文字可以超過一列。

註：

(1) 註解不能以巢狀形式呈現。例：/*… /*…*/…*/ 或 /**… /**…*/…*/。

(2) 文件註解可以利用 Java 的 javadoc.exe 來產生出 HTML 格式的說明文件。有關文件註解的詳盡使用規則介紹，請參考：https://www.oracle.com/java/technologies/javase/writing-doc-comments.html。

6. 「{」及「}」爲程式區塊的開始敘述及結束敘述。

7. 「;」表示一個程式敘述的結束，大多數的程式敘述尾部都要加上「;」，只有少數程式敘述不必在尾部加上「;」。例:「{」、「}」、「if」、「else」、「else if」、「switch」、「for」、「while」、「do while」、「class」定義的首列、「方法」定義的首列及「interface」定義的首列。

1-2-2　撰寫程式的良好習慣

撰寫程式不是只貪圖快速方便，還要考慮到將來程式維護及擴充。貪圖快速方便，只會讓將來程式維護及擴充付出更多的時間及代價。因此，養成良好的撰寫程式習慣是學習程式設計的必經過程。以下是良好的撰寫程式習慣方式：

1. 一列一個指令敘述：方便程式閱讀及除錯。
2. 程式碼的適度內縮：內縮是指程式碼往右移動幾個空格的意思。當程式碼屬於多層結構時，適度內縮內層的程式碼，使程式具有層次感，方便程式閱讀及除錯。
3. 善用註解：讓程式碼容易被了解及程式的維護和擴充更快速方便。

1-2-3　撰寫程式時常疏忽的問題

1. 忘記使用保留字「import」引入自訂套件 (package) 或 Java API 中的類別 (class)，就直接呼叫該類別中的方法或存取類別中的屬性。
2. 忘記加或多加「;」(分號)。
3. 忽略了大小寫字母的不同。
4. 忽略了不同資料型態間，在使用上的差異性。
5. 將字元常數與字串常數的表示法混淆。
6. 忘記在一個區間的開始處加上「 {」，或在一個區間結束處加上「 } 」。
7. 將「=」與「==」的用法混淆。

1-3 Java版本

根據不同的應用開發類型，Java 可分爲下列版本：

1. Java 2 Platform Standard Edition (J2SE)：Java 標準版，適合一般電腦上的應用開發。
2. Java 2 Platform Micro Edition (J2ME)：Java 嵌入式版，適合手機、…等設備的應用開發。
3. Java 2 Platform Enterprise Edition (J2EE)：Java 企業版，適合產業界的大型應用開發。

本書主要介紹 Java SE 的常用的語法，及應用 Java SE 的語法設計程式解決生活上常見的問題。

Java SE 基本架構分成下列四個部分：

1. Java Virtual Machine (JVM)：JVM 是一台虛擬機器。其作用是將編譯過的 Java 位元組碼 (Bytecode) 轉換爲與作業系統 (例：Linux、Macintosh、Windows、Solaris 等) 相依的原生碼 (Native code)，讓 Java 程式可以在有安裝 JVM 的不同作業系統之設備上執行。
2. Java Runtime Environment (JRE)：JRE 爲 Java 的執行環境，提供 Java 應用程式開發時所需相關資源，包括 Java 的編譯器 (complier)、標準類別庫 (Class library)、Java 擬機器、... 等。因此，Java 程式要能運作，必須安裝 JRE。
3. Java SE Development Kits (JDK)：JDK 爲 Java 的標準版開發工具箱。Java 的原始程式 (Source code)，必須在有安裝 JDK 環境下，才可以進行編譯、測試及執行等工作。
4. Java 程式語言：與其他程式語言 (C、C++ 等) 一樣，都是作爲與電腦溝通的一種語言，使電腦能正確執行程式設計師所下達的指令。

1-3-1　Java SE安裝

開發 Java 應用程式前，請先到 Oracle 官方網站下載 Java SE(Java 標準版) 並安裝。安裝過程中，會安裝 Java Development Kit(JDK：Java 的開發工具包，即 Java 的開發套件) 及 Java Runtime Evnironment(JRE：Java 的執行環境)。有安裝 JDK 並設定好 Path 環境變數，Windows 才能編譯 Java 的應用程式。有安裝 JRE 才能執行 Java 的應用程式。

本書籍的所有範例，是在 Java SE 17 的環境下完成的。以下是 Java SE 17 的安裝過程，而未來新版的 Java SE 也可參考此程序來進行安裝及設定。

請依下列程序，下載 64 位元的 Java 標準版開發工具箱 JDK 並安裝。

1. 開啓 Oracle 官方網站：https://www.oracle.com/java/technologies/downloads/。
2. 在官方網站中，往下尋找 「Java 17」頁籤，並點選「Java 17」，接著點選「Windows」頁籤 (請留意：要跟電腦同一個作業系統)，最後點選「https://download.oracle.com/java/17/latest/jdk-17_windows-x64_bin.exe」，下載「jdk-17_windows-x64_bin.exe」。(註：軟體版本經常更換，如下載時並非此版本，仍可參考課本步驟。)

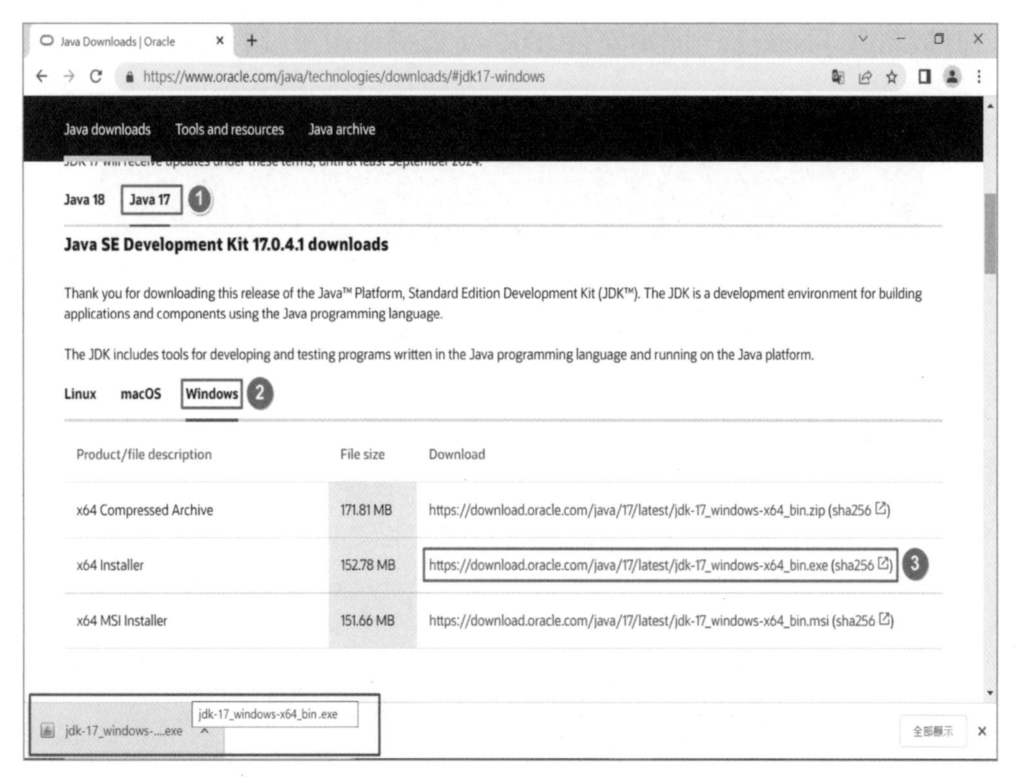

圖 1-2　下載「jdk-17_windows-x64_bin.exe」程式

3. 點左下角的「jdk-17_windows-x64_bin.exe」，開啓與執行 JDK 安裝程式，並點選「Next」。

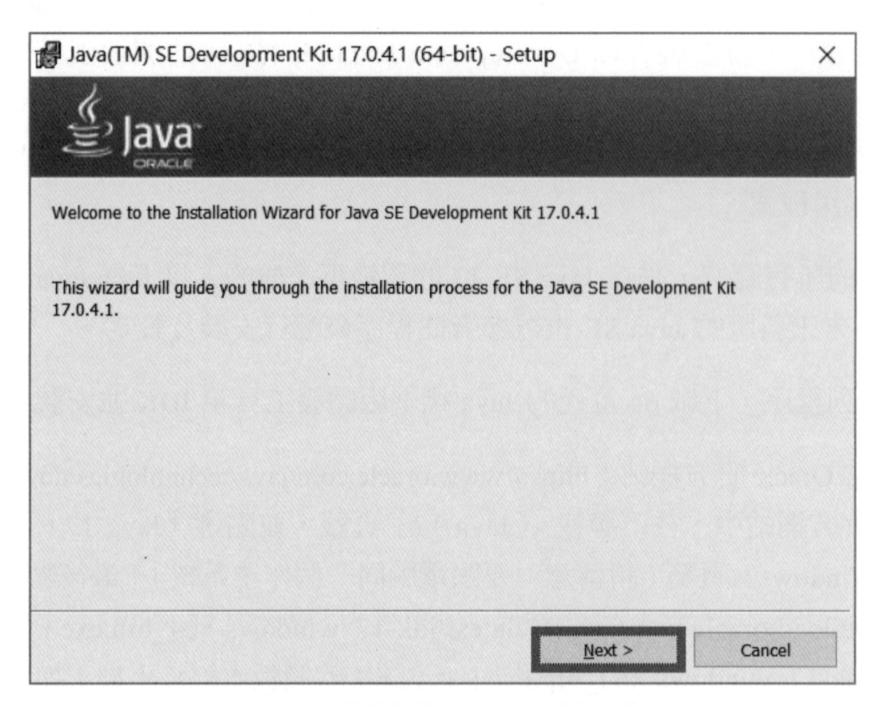

圖 1-3 開啓與執行 JDK 安裝程式

4. 直接點選「Next」，開始安裝 JDK。(直接使用預設的安裝路徑)

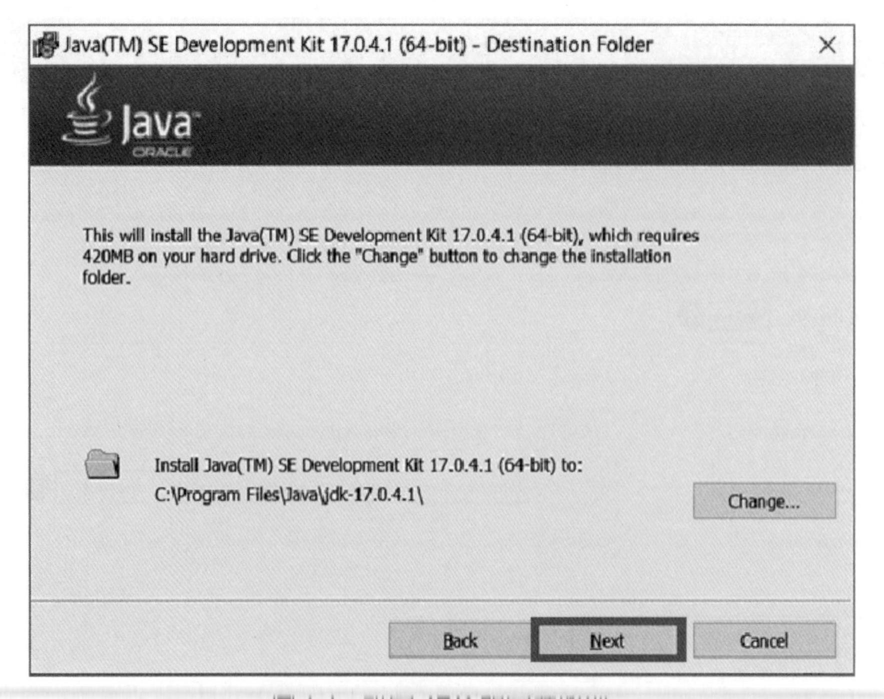

圖 1-4 設定 JDK 的安裝路徑

5. JDK 安裝進行中，請稍候。

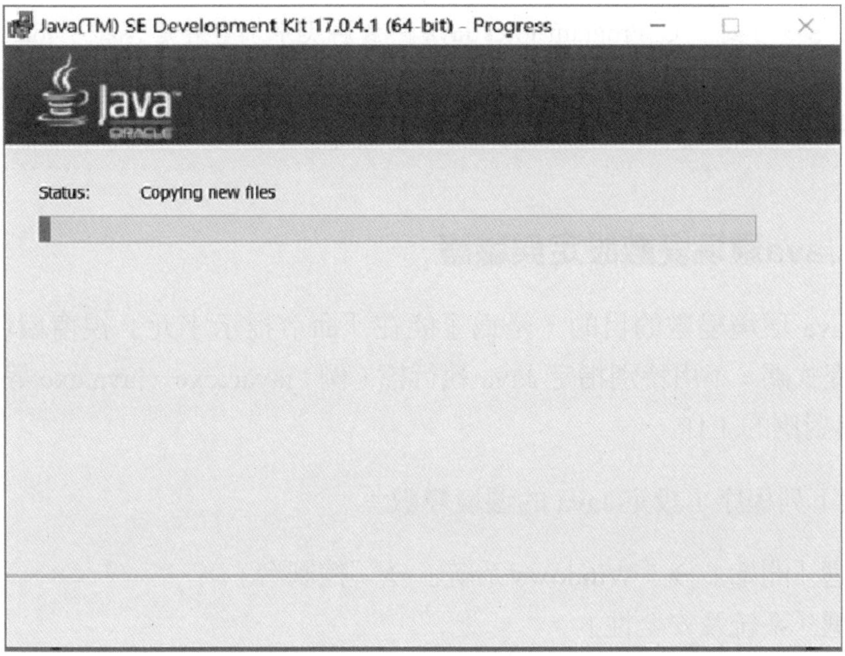

圖 1-5　安裝 JDK

6. JDK 安裝完成，點選「Close」。

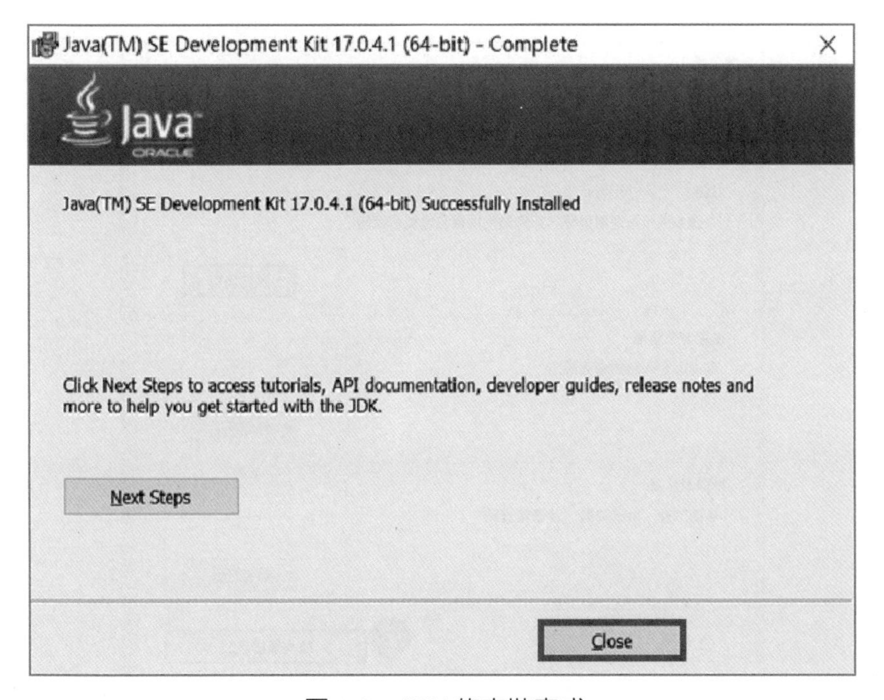

圖 1-6　JDK 的安裝完成

註：

安裝 JDK 時，預設安裝於「C:\Program Files\Java」資料夾中。日後想了解所安裝 JDK 版本，可到「C:\Program Files\Java」資料夾中，查看是否有「jdk-?.?.?」資料夾？若有，則「?.?.?」為 JDK 的版本編號(例：「jdk-17.0.4.1」資料夾，表示所安裝 JDK 版本為 17.0.4.1)；否則，表示未安裝 JDK。

1-3-2 Java環境變數設定與驗證

設定 Java 環境變數的目的，是爲了能在「命令提示字元」視窗環境中編譯及執行 Java 程式碼，不用特別指定 Java 執行檔(例：javac.exe、java.exe 等)的路徑，就能處理其對應的工作。

請依照下列程序，設定 Java 的環境變數：

1. 點選「開始」→「Windows 系統」→「控制台」。
2. 點選「系統及安全性」。
3. 點選「系統」。
4. 點選「進階系統設定」。
5. 點選「系統內容」視窗中的「進階」頁籤的「環境變數(N)...」。

圖 1-7 環境變數設定

6. 在環境變數的「系統變數 (S)」中，點選「新增 (W)...」。

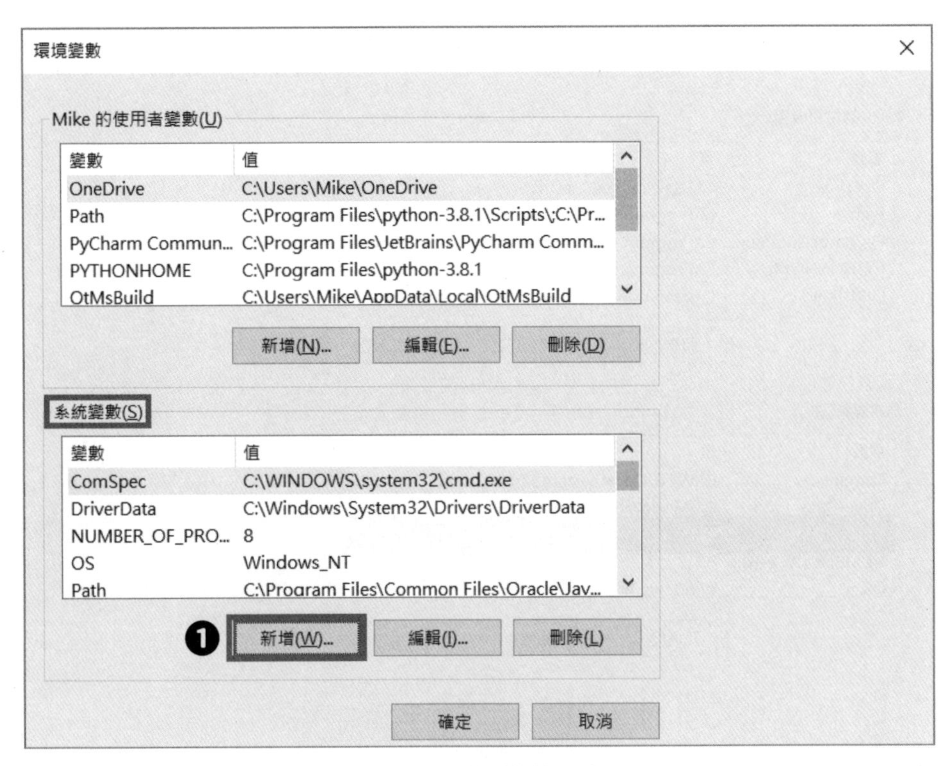

圖 1-8　系統變數設定

7. 在「變數名稱 (N)」欄位及「變數值 (V)」中，分別輸入「JAVA_HOME」及「C:\Program Files\Java\jdk-17.0.4.1」，並點選「確定」。

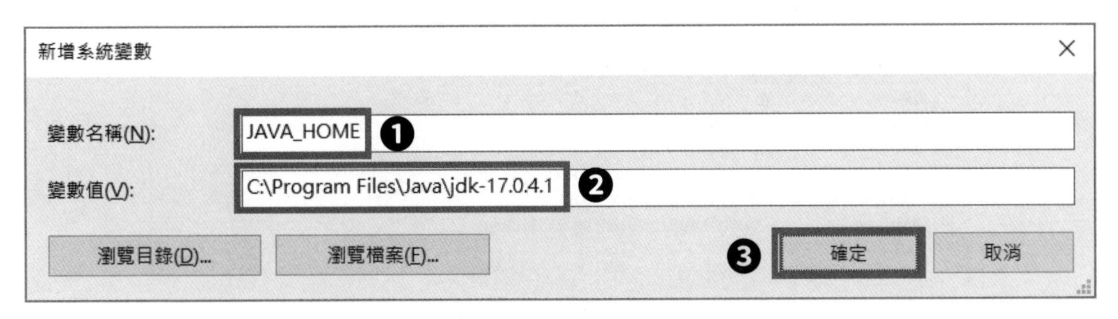

圖 1-9　新增系統變數「JAVA_HOME」

註：

新增「JAVA_HOME」系統變數的目的，是為了讓 Windows 知道 JDK 安裝在何處。

8. 系統變數「JAVA_HOME」已新增完成。

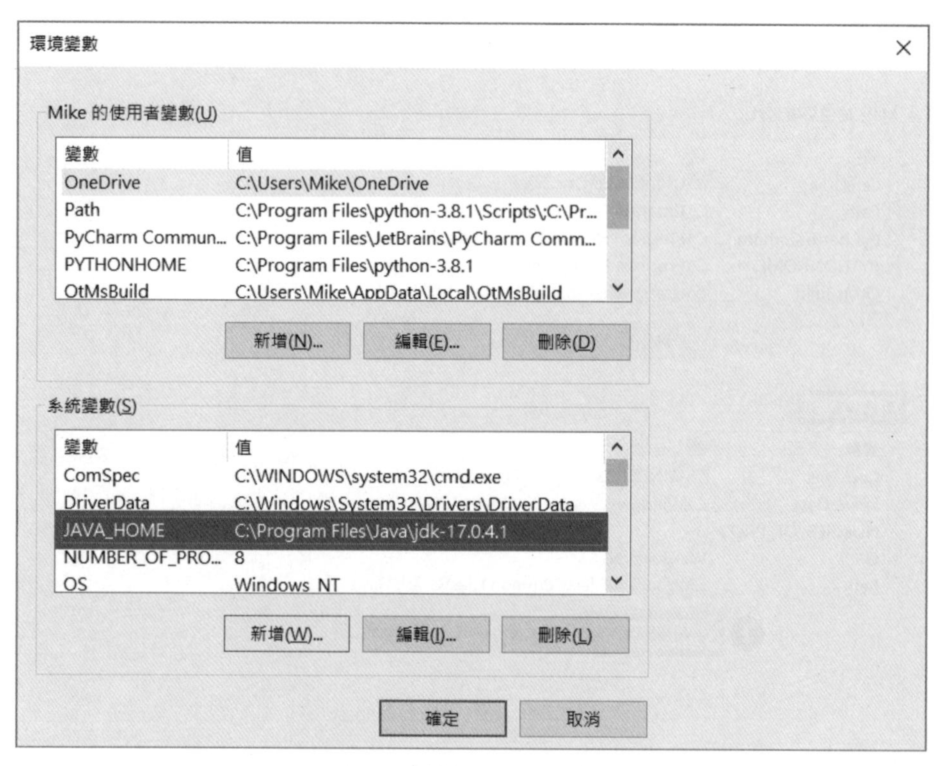

圖 1-10　系統變數「JAVA_HOME」新增完成示意圖

9. 在環境變數的「系統變數 (S)」中，點選「Path」，並點選「編輯 (I)...」。

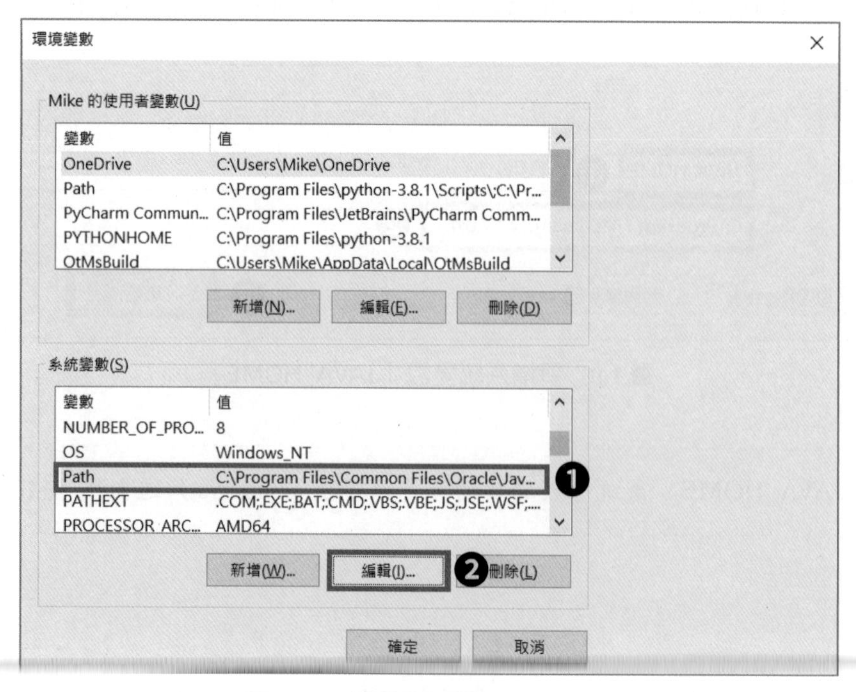

圖 1-11　編輯系統變數「Path」

10. 點選「新增(N)」，然後輸入「%JAVA_HOME%\bin」，再點選「確定」。

圖 1-12　新增系統變數「Path」的環境變數

註：

- 在「Path」系統變數中，新增環境變數「%JAVA_HOME%\bin」的目的，是讓 Windows 可以知道「java.exe」和「javac.exe」等 java 指令所在位置，這樣才能順利編譯所撰寫的 Java 程式。如下圖所示。
- 編輯時請勿修改或刪除其他的環境變數，否則可能會導致作業系統不穩定的後果。

11. 測試 JDK 開發環境設定是否正確：

(1) 按下「windows 鍵 + R 鍵」，在「執行」視窗的「開啓(O)」欄位中，輸入「cmd」，並點選『確定』，開啓「命令提示字元」視窗。

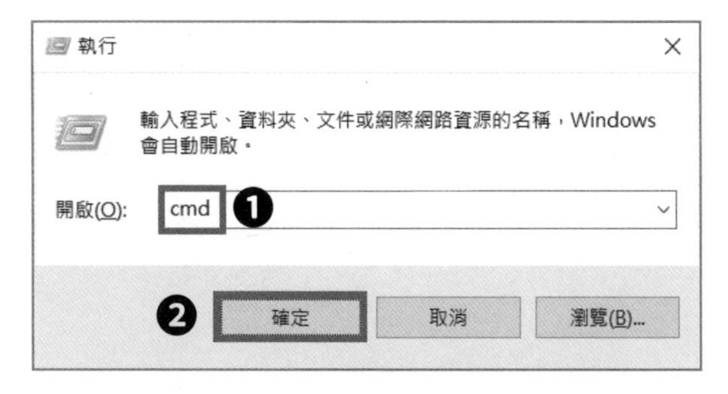

圖 1-13　開啓「命令提示字元」視窗

在「命令提示字元」視窗中，分別輸入「java -version ↵」及「javac -version ↵」，若顯示「java. exe」的版本及「javac.exe」的版本(如下圖所示)，則表示 JDK 開發環境已正確設定，可以正式開始撰寫及編譯 Java 程式了；否則請重新設定環境變數。

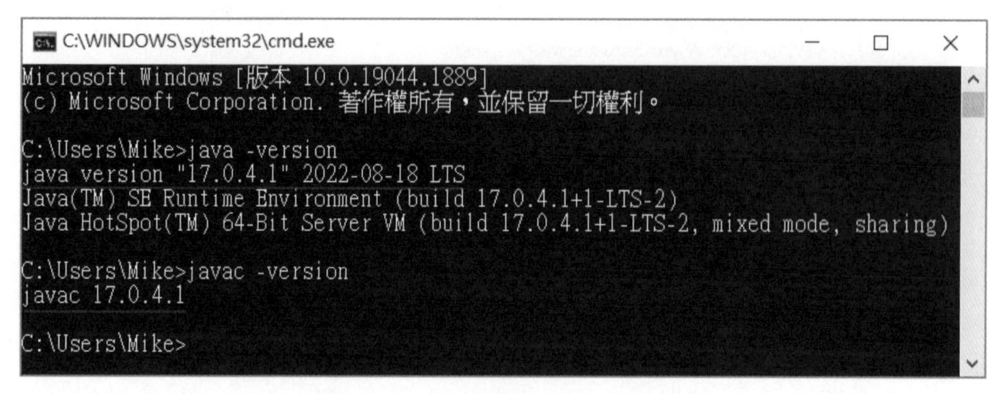

圖 1-14 「命令提示字元」視窗

1-4 Eclipse簡介

撰寫 Java 程式碼的工具，可以是純文字的編輯器，例：Windows 內建的「記事本」，也可以使用功能完整的 Java 整合開發環境 (IDE)，例：「Eclipse」 及「NetBeans」。

以純文字編輯器，從撰寫 Java 程式碼到執行程式碼的程序如下：

1. 撰寫 Java 程式碼，並將程式碼以「???.java」形式儲存。
2. 按下「windows 鍵 + R 鍵」，在「執行」視窗的「開啓 (O)」欄位中，輸入「cmd」，並點選「確定」。(參考「圖 1-13」)
3. 執行「javac ???.java」， 進行編譯。若編譯正確，則執行程序 4；否則回到程序 1。
4. 執行「java ???」。

註：

「???」，是指 Java 程式檔的名稱。

1-4-1　Eclipse安裝

Eclipse 最初是 IBM 公司所研發的 Java 整合性開發軟體，目前是由 Eclipse 基金會所管理的一套跨平台且可外掛 (plugin) 模組 (例：C++、PHP、Python 等) 的免費軟體。本書所有的範例程式都是在 Eclipse 整合開發環境中所完成的。

請依下列程序，下載 64 位元的 Eclipse 2022：

1. 開啓 Eclipse 官方網站：http://www.eclipse.org/downloads/ 。
2. 點選「DOWNLOAD x86_64」圖示，下載 Eclipse 2022。

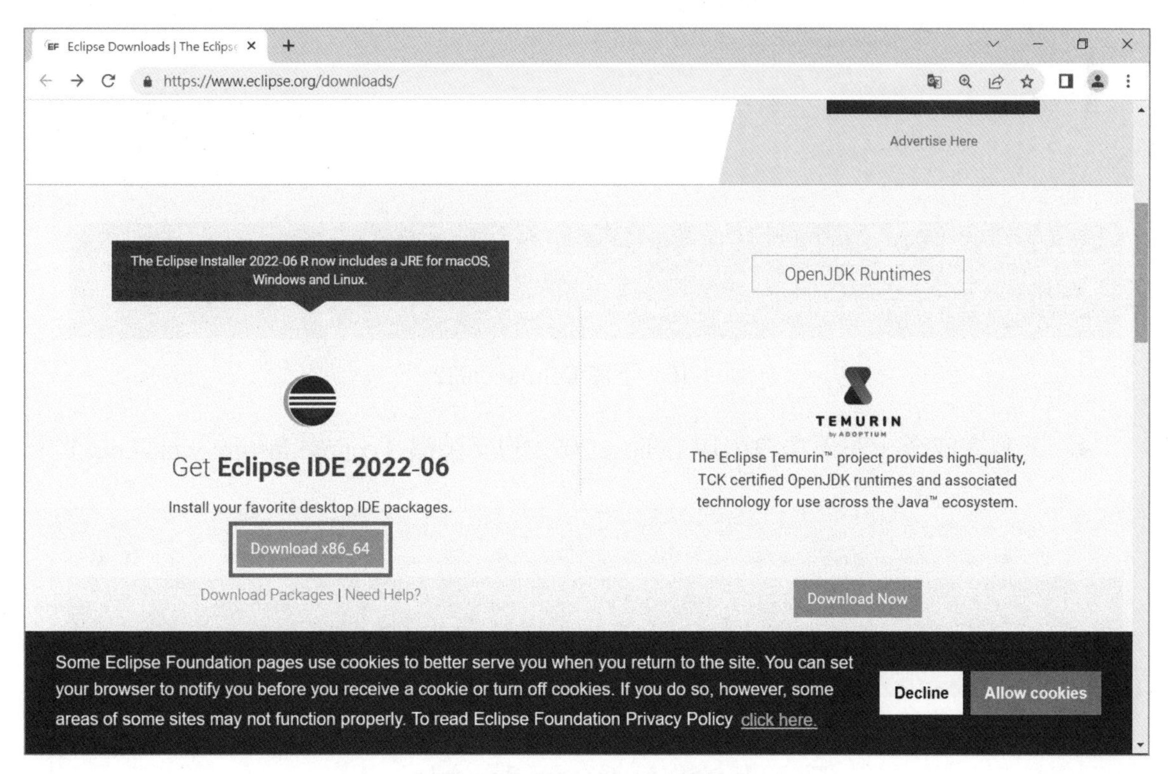

圖 1-15　Eclipse 官方網站

3. 點選「Download」圖示，開始下載 Eclipse 2022。

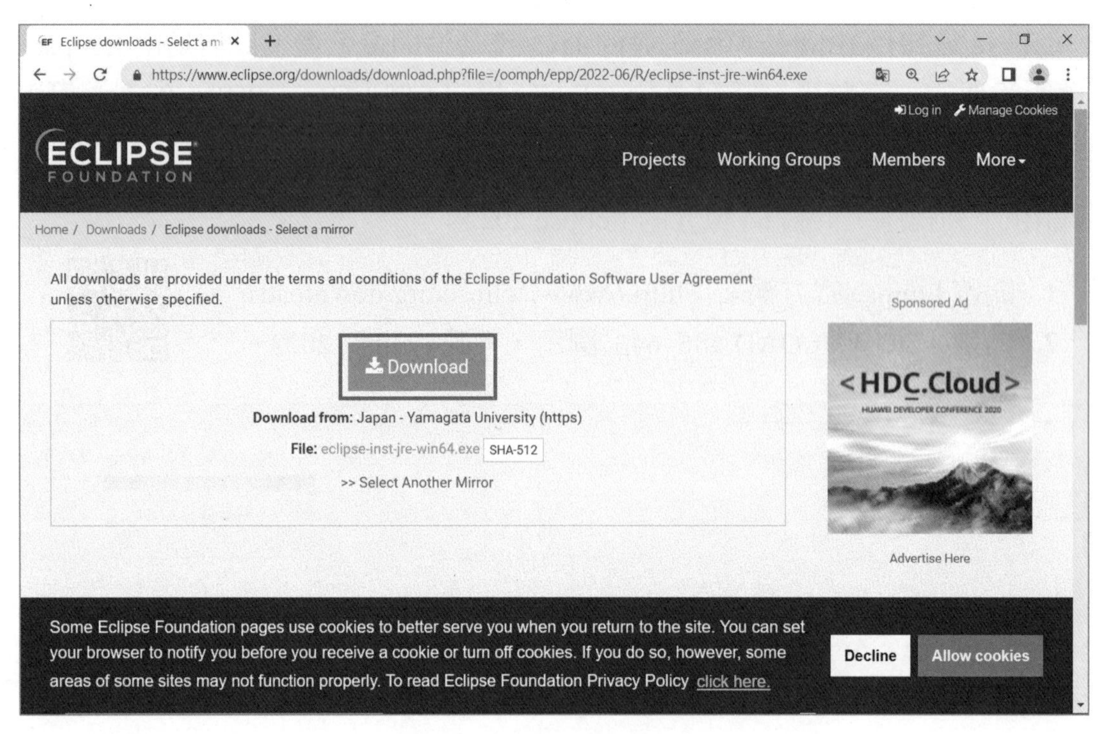

圖 1-16　下載 Eclipse 2022

4. 下載完成後，左下角會出現 Eclipse 2022 的安裝檔「eclipse-inst-jre-win64.exe」。

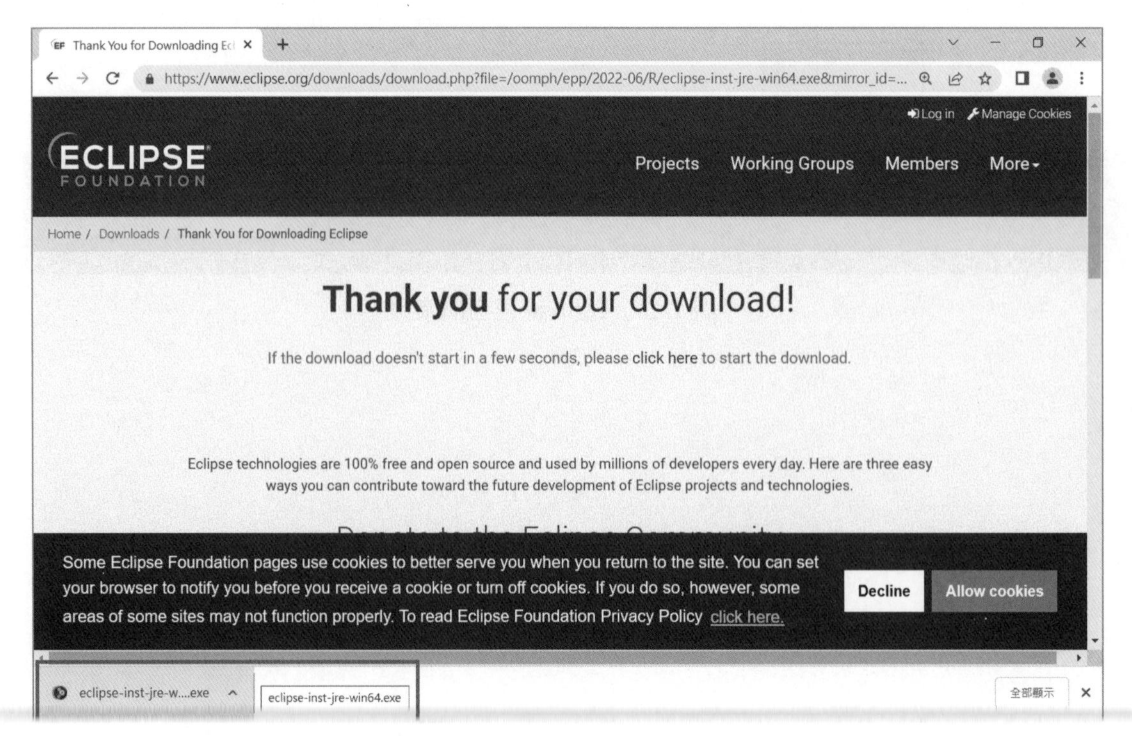

圖 1-17　Eclipse 2022 下載完成

Eclipse 2022 下載完成後，請依下列程序，安裝 64 位元的 Eclipse IDE：

1. 點按左下角的「eclipse-inst-jre-win64.exe」。
2. 點選「Eclipse IDE for Java Developers」。

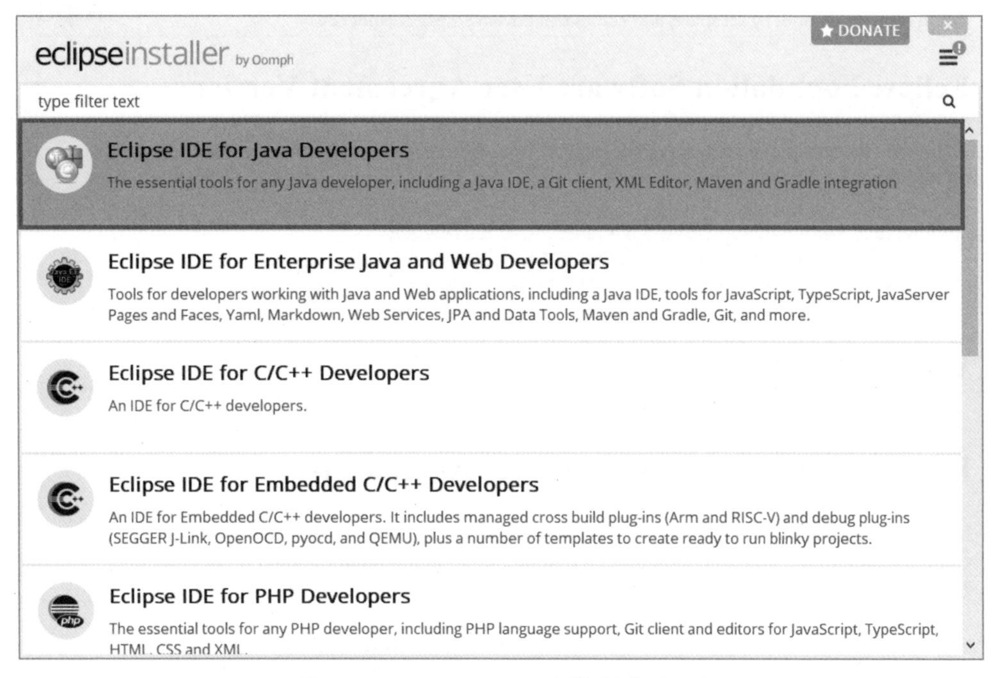

圖 1-18 Eclipse IDE 安裝程序（一）

3. 點選「INSTALL」，安裝 Eclipse IDE。

圖 1-19 Eclipse IDE 安裝程序（二）

4. 點選「Accept Now」，接受 Eclipse 的用戶協議書。

圖 1-20　Eclipse IDE 安裝程序（三）

5. Eclipse IDE 安裝進行中，請稍候。

圖 1-21　Eclipse IDE 安裝程序（四）

6. 點選「LAUNCH」，啟動 Eclipse IDE。

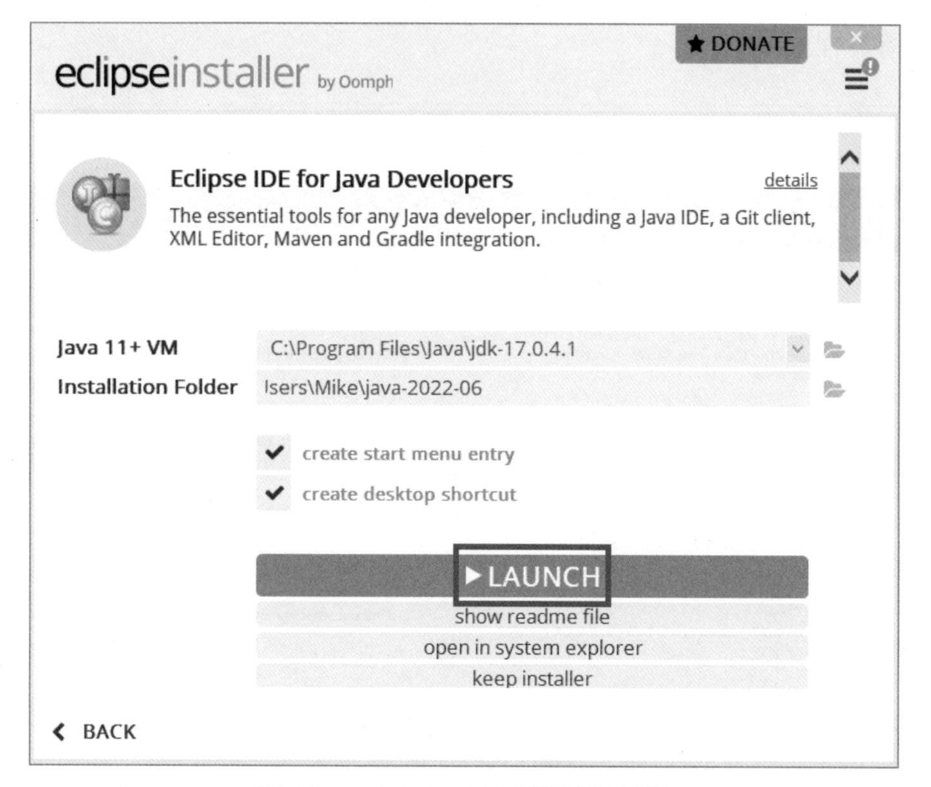

圖 1-22　Eclipse IDE 安裝程序（五）

第一次啓動 Eclipse IDE 時，會出現「Eclipse IDE Launcher」視窗(參考「圖 1-23」)。請在「Workspace」欄位內，輸入「資料夾」名稱(例：「D:\java-17」)，作爲預設的 Java 程式儲存區，接著勾選「Use this as the default and do not ask again」，最後點選「Launch」進入 Eclipse IDE 介面。(**注意：「D:\java-17」資料夾必須存在磁碟中，才可在「Workspace」欄位中輸入「D:\java-17」**)

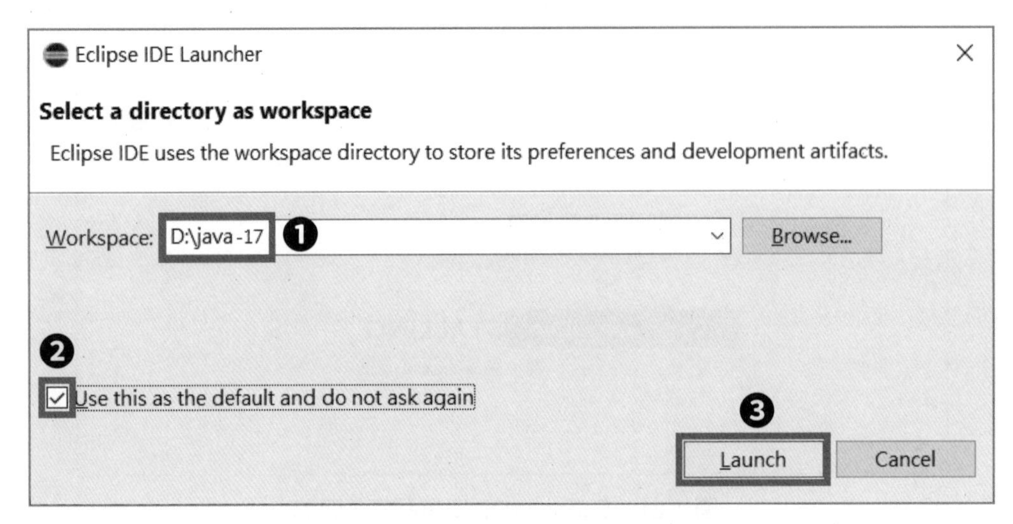

圖 1-23　Eclipse IDE 預設工作區設定

進入 Eclipse IDE 介面後，點按「Welcome x」，開閉 Eclipse IDE 的歡迎視窗，就能開始轉寫程式。

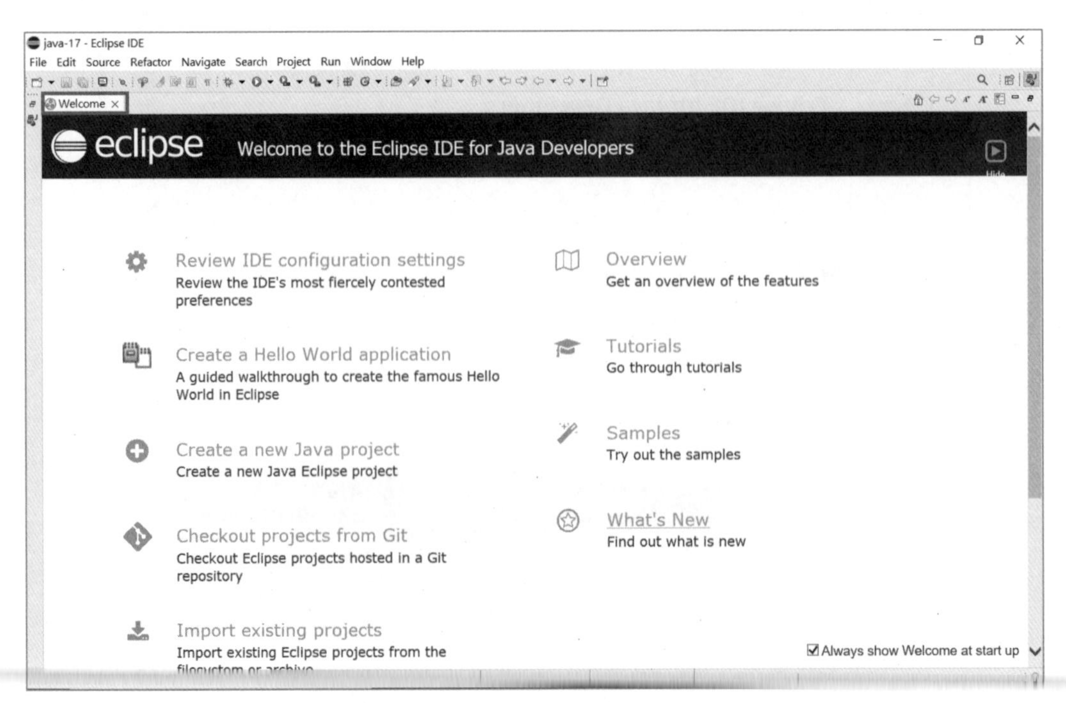

圖 1-24　Eclipse IDE 歡迎視窗

1-4-2　Eclipse IDE操作環境設定

開始撰寫程式前，請依下列程序分別設定程式字型大小及編譯程式所產生的錯誤訊息之字型大小，使設計者在撰寫程式時更輕鬆自在。

1. 設定程式字型大小：

(1) 點選「Window」→「Preferences」。

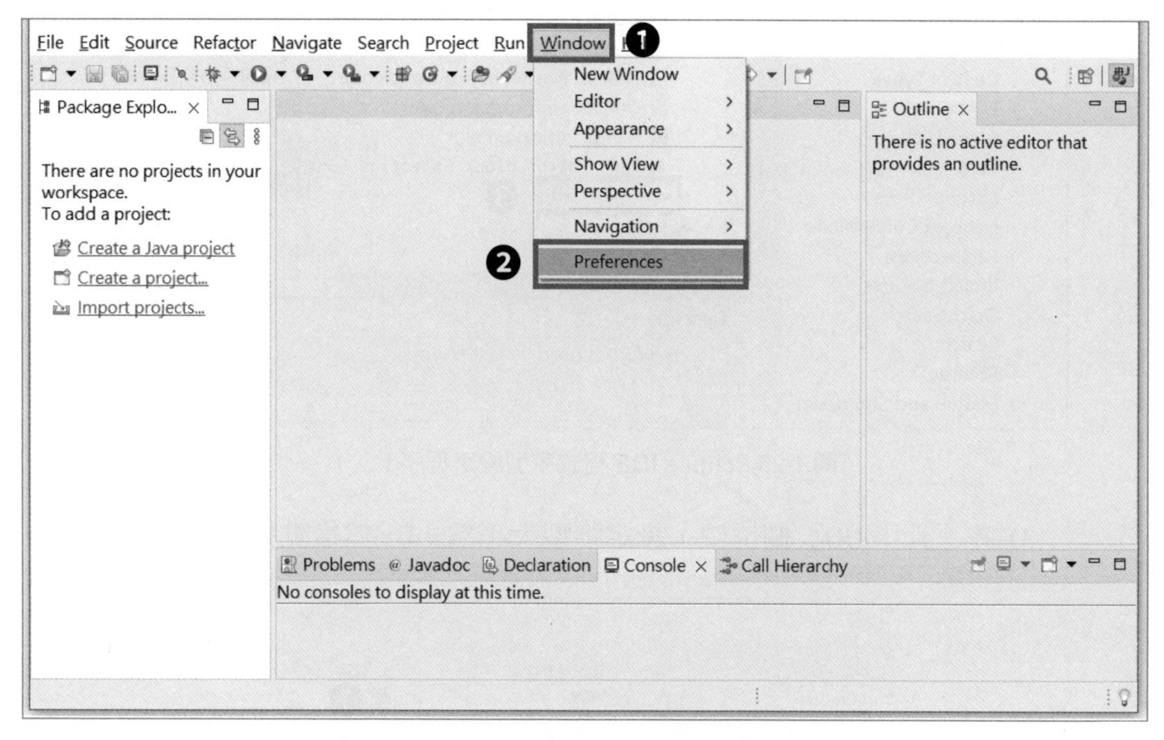

圖 1-25　Eclipse IDE 程式字型設定程序 (一)

(2) 點選「General」→「Appearance」→「Colors and Fonts」→「Basic」→「Text Font」→「Edit...」。

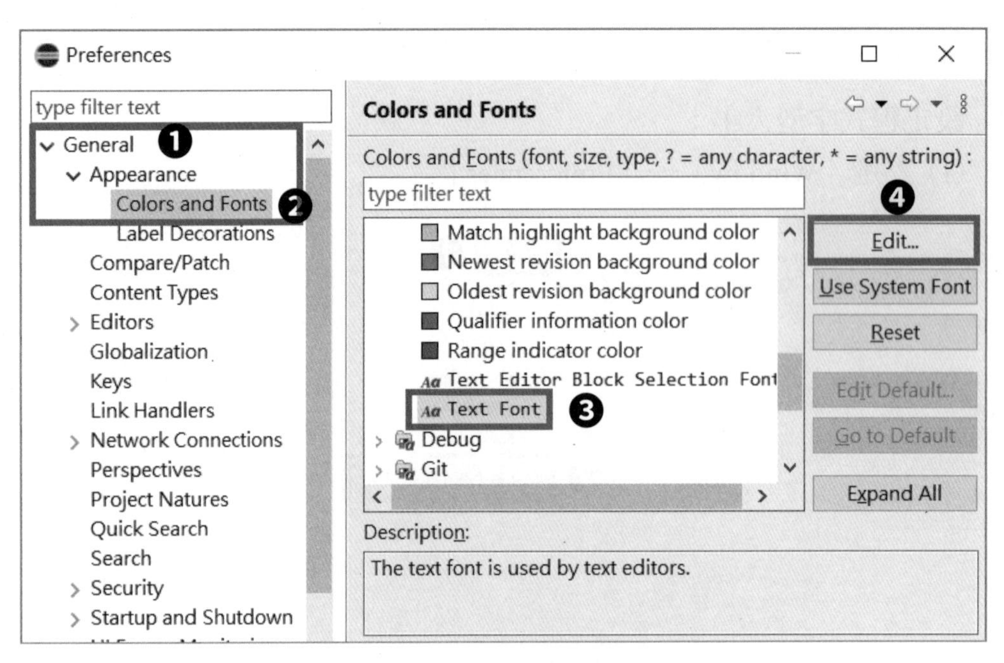

圖 1-26 Eclipse IDE 程式字型設定程序（二）

(3) 在「大小(S)」欄位中，設定字型大小為 14，然後點按「確定」。

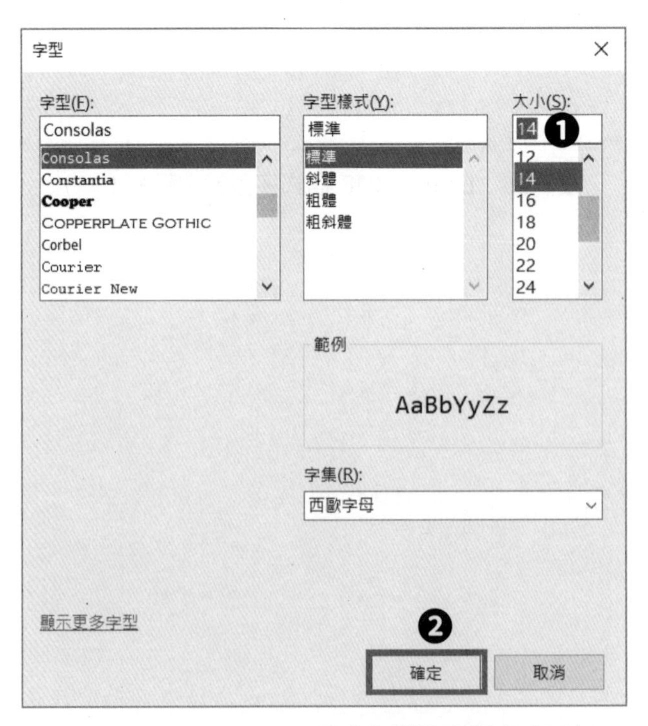

圖 1-27 Eclipse IDE 程式字型設定程序（三）

2. 設定主控台 (Console) 訊息視窗字型大小：

(1) 點選「General」→「Appearance」→「Colors and Fonts」→「Debug」→「Console font(set to default: Text Font)」→「Edit...」。

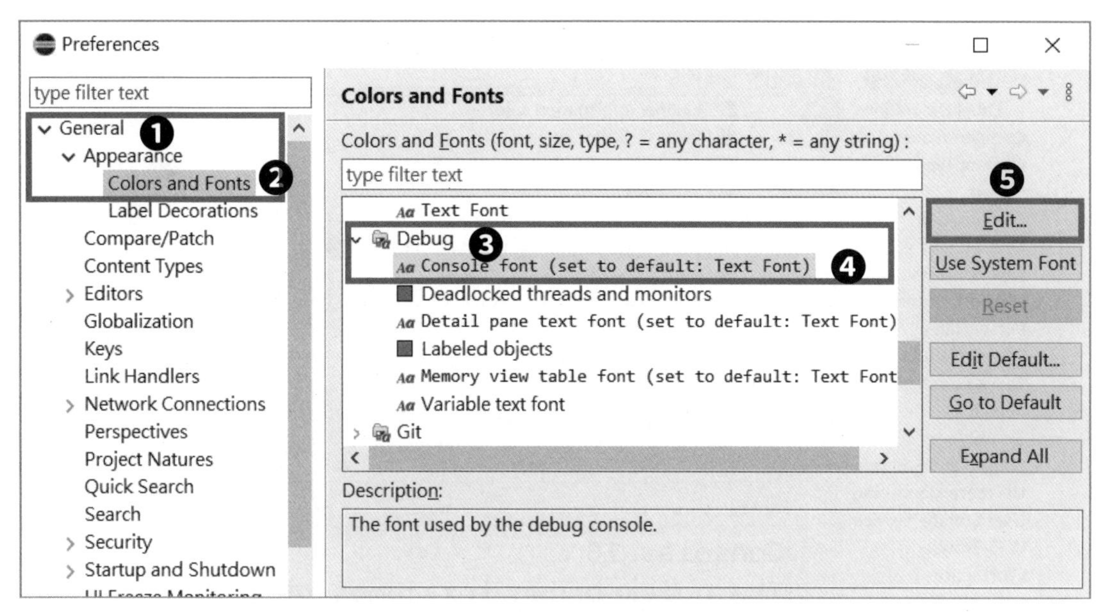

圖 1-28　Eclipse IDE 主控台訊息視窗字型設定程序 (一)

(2) 在「大小 (S)」欄位中，設定字型大小為 14 ，然後點按「確定」。

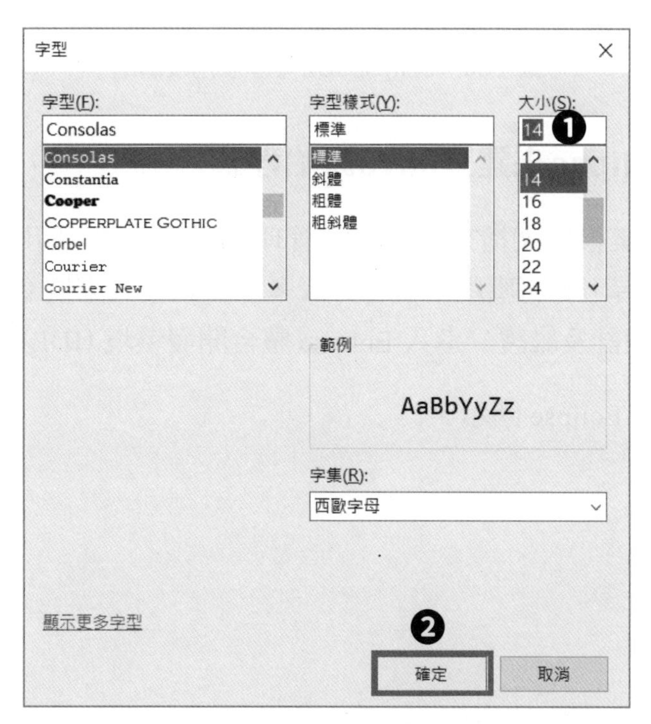

圖 1-29　Eclipse IDE 主控台訊息視窗字型設定程序 (二)

(3) 設定完後，點按「Apply and Close」就設定完成了。

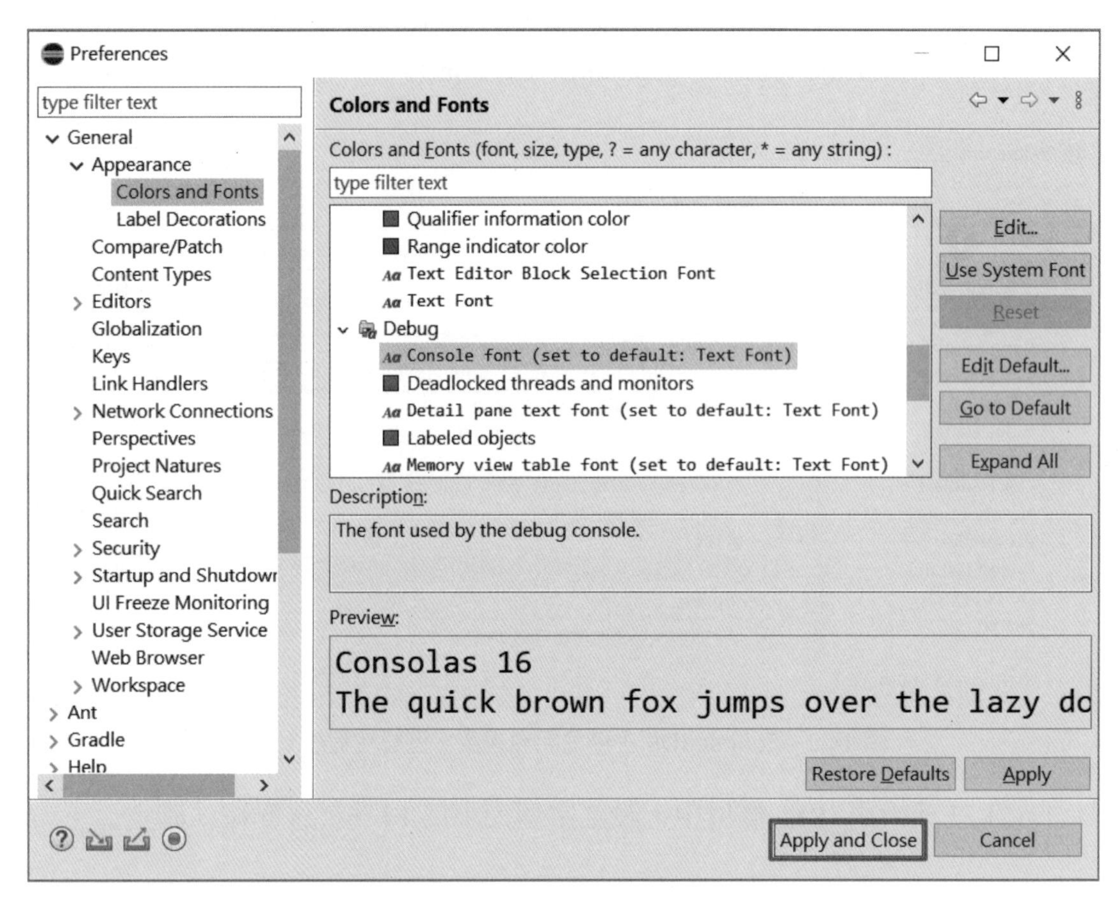

圖 1-30　Eclipse IDE 字型套用及關閉

1-4-3　利用Eclipse來建立Java原始程式

Eclipse 是以專案模式架構來，建立及管理 Java 原始程式及相關的資源檔。因此，開發應用程式時，會將應用系統會分成多個原始程式來撰寫，方便日後團隊合作 (或功能獨立) 設計及維護。進入 Eclipse 整合開發環境 (IDE) 的程序如下：

1. 點選桌面的 Eclipse 圖示。

2. 點按「Welcome x」，開閉 Eclipse IDE 的歡迎視窗。

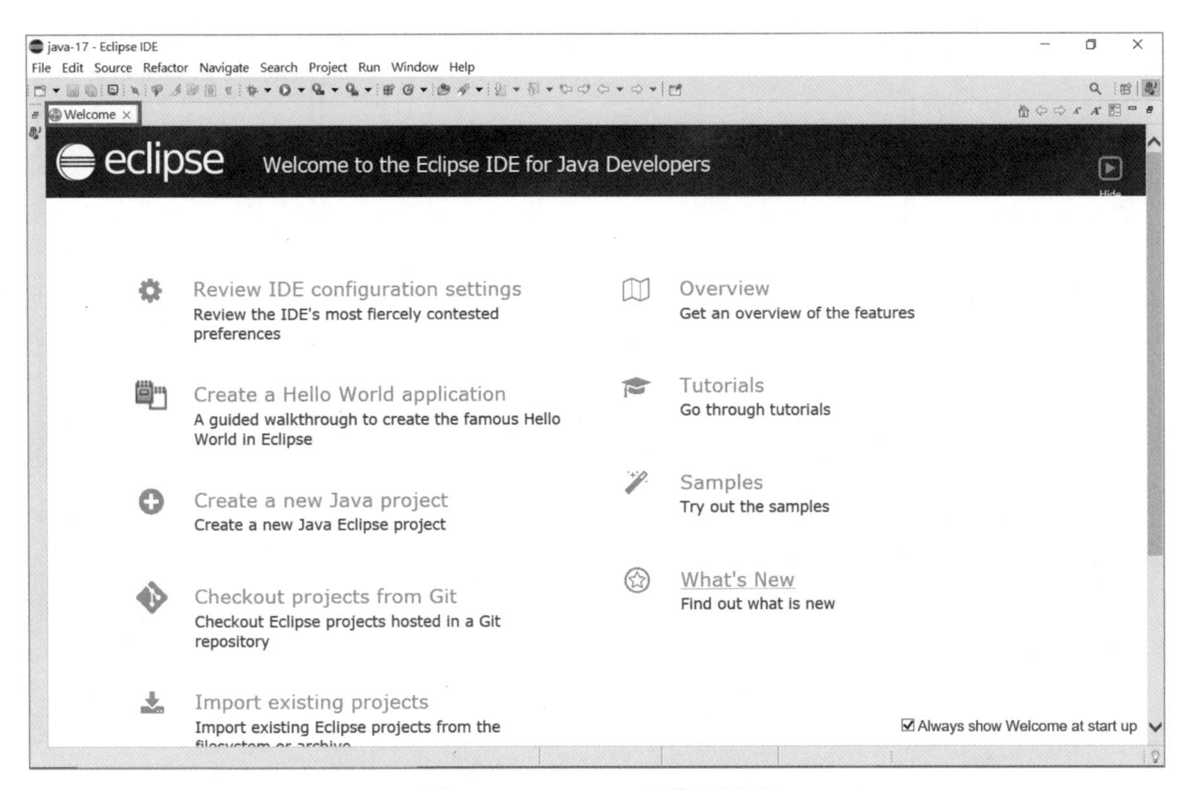

圖 1-31　Eclipse IDE 歡迎視窗

註：

此視窗包含：Java 及 Eclipse 之概述、Java 及 Eclipse 之最新資訊、Java 之教學等。以後要開啟此視窗，可點選功能表的「Help/Welcome」。

進入 Eclipse IDE 後，介面預設佈置方式，分成功能表區、工具列區、專案視窗、程式編輯視窗、介面元件視窗及訊息視窗。

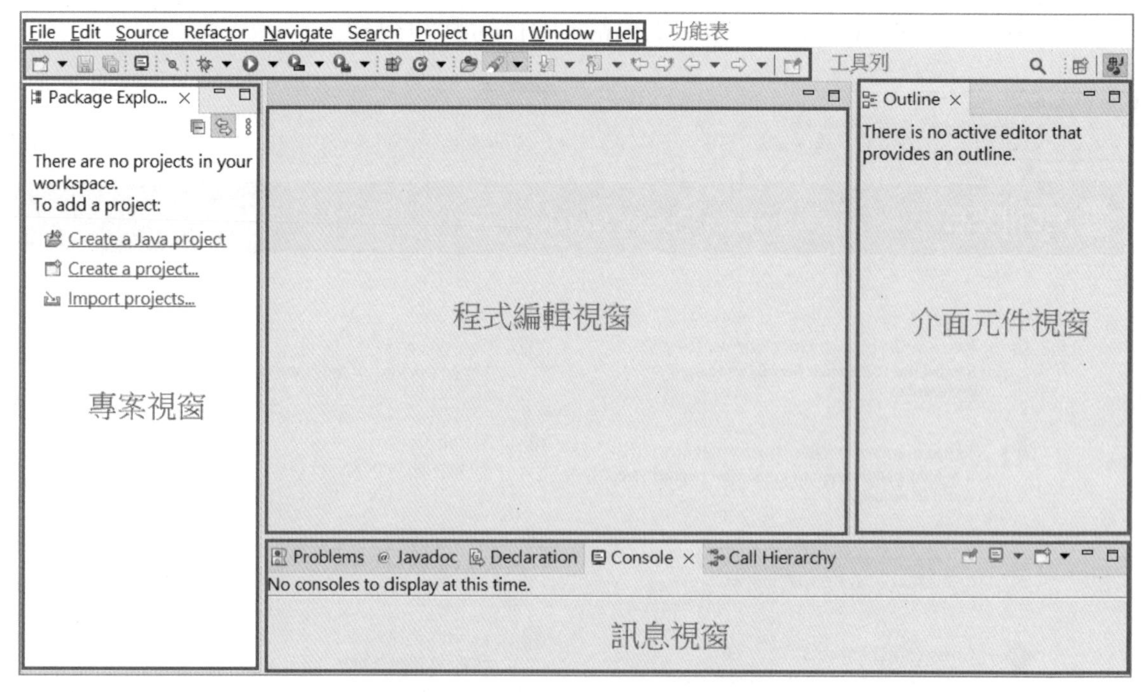

圖 1-32 Eclipse IDE 整合開發環境窗

在「專案視窗」中，可以瀏覽目前的 Java 專案所包含的檔案清單，並可透過 Double Click 特定檔案，即可編輯該檔案。在「程式編輯視窗」中，可以新增或修改 Java 原始程式檔。在「介面元件視窗」中，會列出「程式編輯視窗」中的程式所用到之介面元件清單。在「訊息視窗」顯示的資訊，包括程式編譯時所產生的錯誤訊息、執行程式時要顯示或輸入的資料等。

當 Eclipse IDE 介面佈置被變更後，可透過點選「Window」→「Perspective」→「Reset Perspective」→「Reset Perspective」，即可恢復到預設的佈置。

建立「.java」原始程式的程序如下：(以在「D:\java-17\ch01\src\ch01」資料夾中，建立「Ex1.java」原始程式爲例說明)

1. 點選「File」→「New」→「Java Project」。

註：

首次建立「.java」原始程式時，必須先新增一個專案，目的是將建立的「.java」原始程式儲存在以此專案為名的資料夾底下。

2. 在「Project name」專案名稱欄位中，輸入「ch01」，點選「Use an execution environment JRE」及選取「JavaSE-17」，點選「Create separate folder for source and class files」，不勾選「Create module-info java file」，最後按「Finish」完成專案建立。

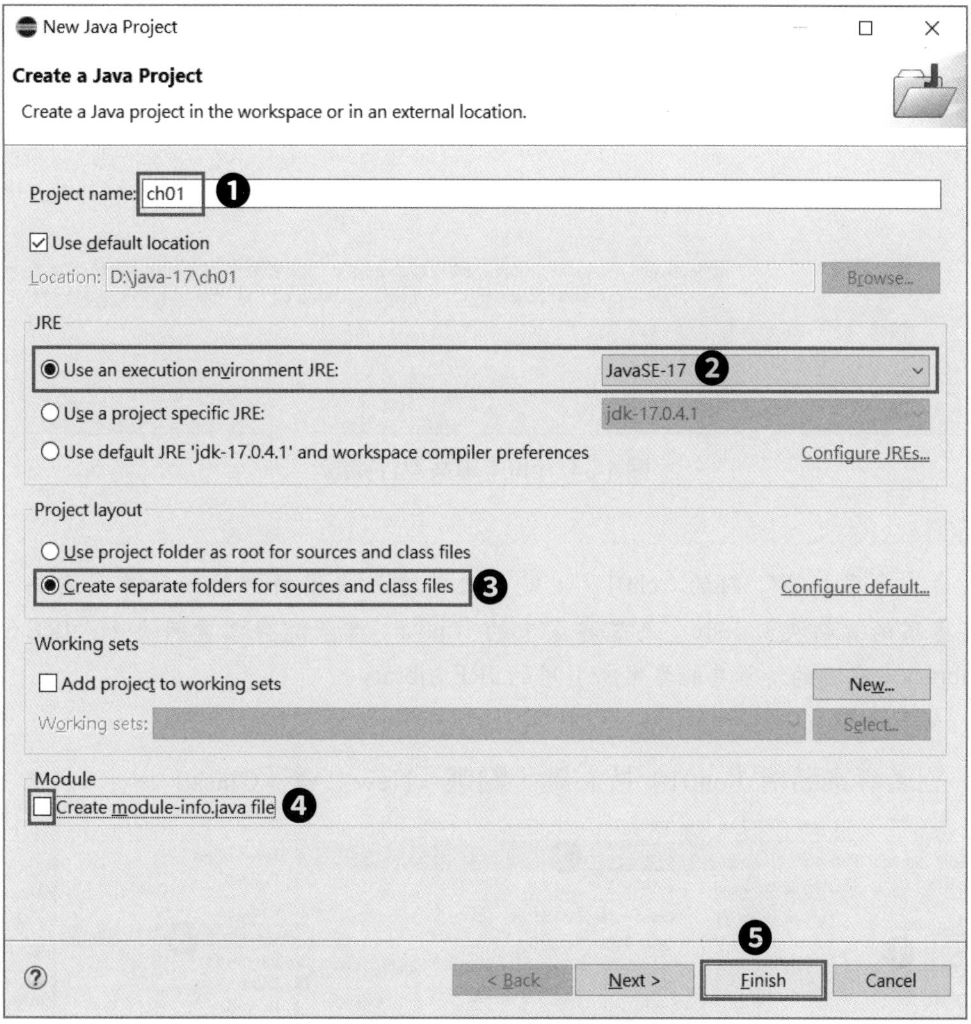

圖 1-33　建立 ch01 專案

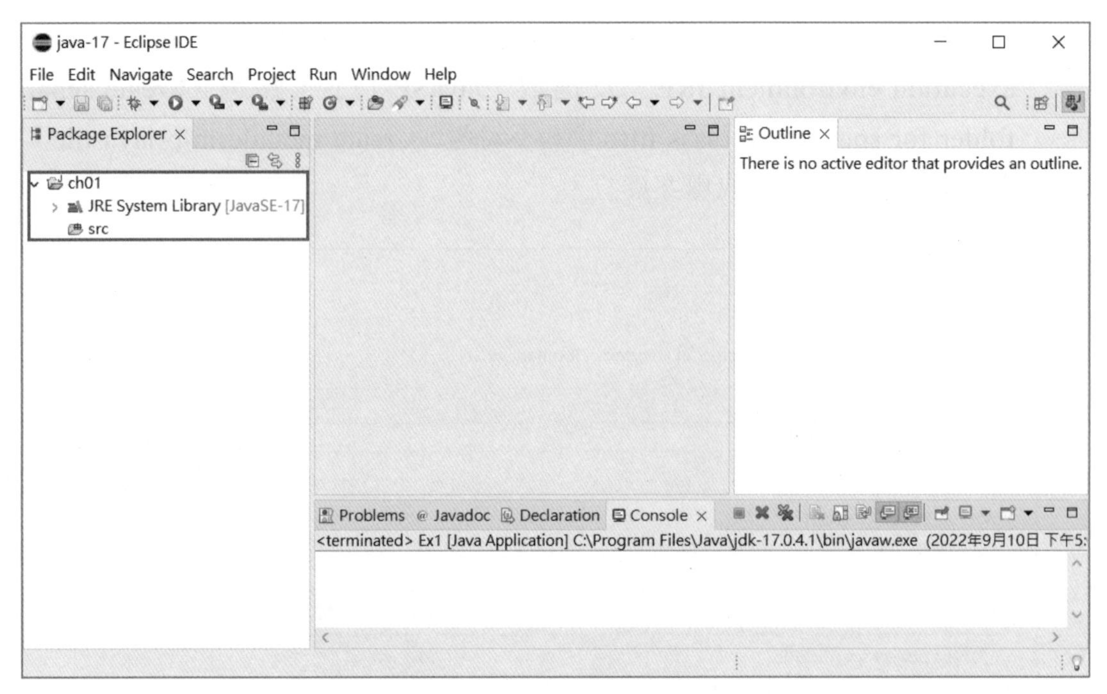

圖 1-34　ch01 專案建立完成

註：

左邊「專案視窗」內的「ch01」，就是之前建立專案時所輸入的專案名稱，即儲存專案的資料夾。「src」為該專案中的「.java」檔所儲存之資料夾。「JRE System Library」底下的清單為此專案所引用的 JRE Library。

3. 對著專案名稱「ch01」按右鍵，點選「New」→「Class」。

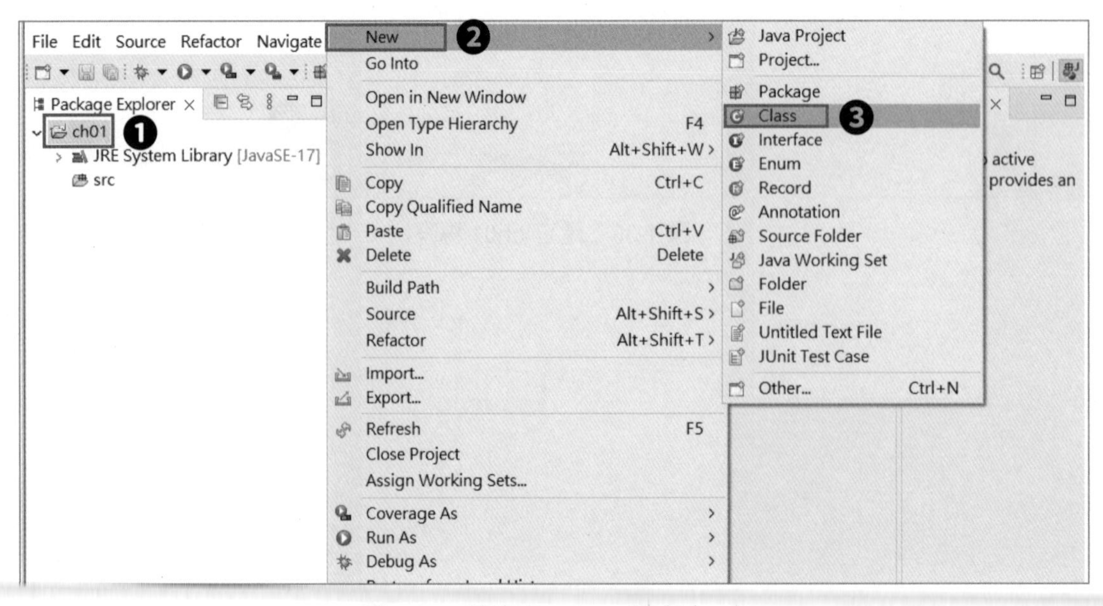

圖 1-35　建立 Ex1.java 程序（一）

4. 在套件名稱欄位「Package」中，輸入「ch01」(不一定要與專案名稱相同)，在類別名稱欄位「Name」中，輸入「Ex1」，然後點選「public static void main(String[] args)」，最後點按「Finish」完成程式「Ex1.java」建立。

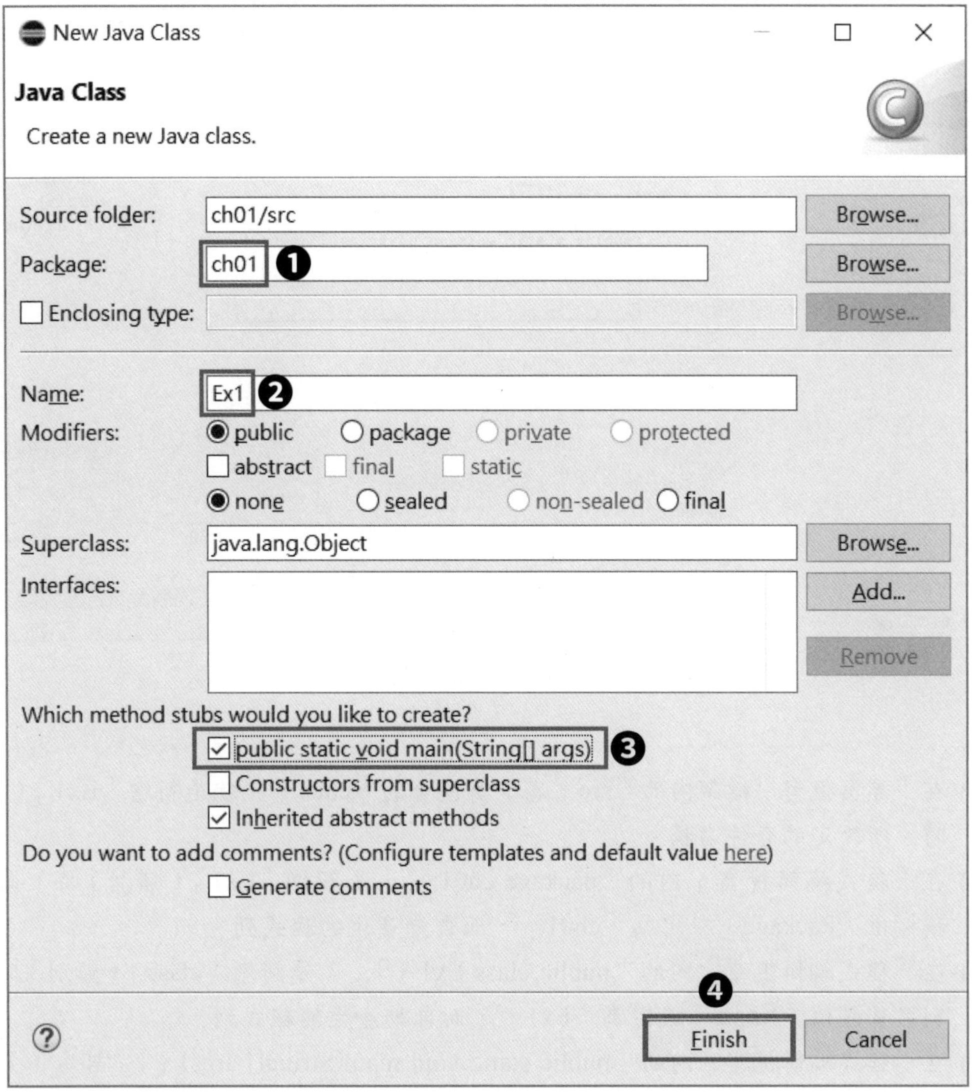

圖 1-36　建立 Ex1.java 程序(二)

註：

(1) 「Package」套件名稱，是「.java」及「.class」程式檔所儲存之資料夾。

(2) 勾選「public static void main(String[] args)」的目的，是將主方法「public static void main(String[] args) { }」自動加入「Ex1.java」的程式碼中。

完成以上的程序後，在「專案視窗」內的「src」底下會出現套件名稱「ch01」，而「ch01」底下會出現程式檔「Ex1.java」。在「程式編輯視窗」內，會出現「圖 1-37」中所設定的內容。

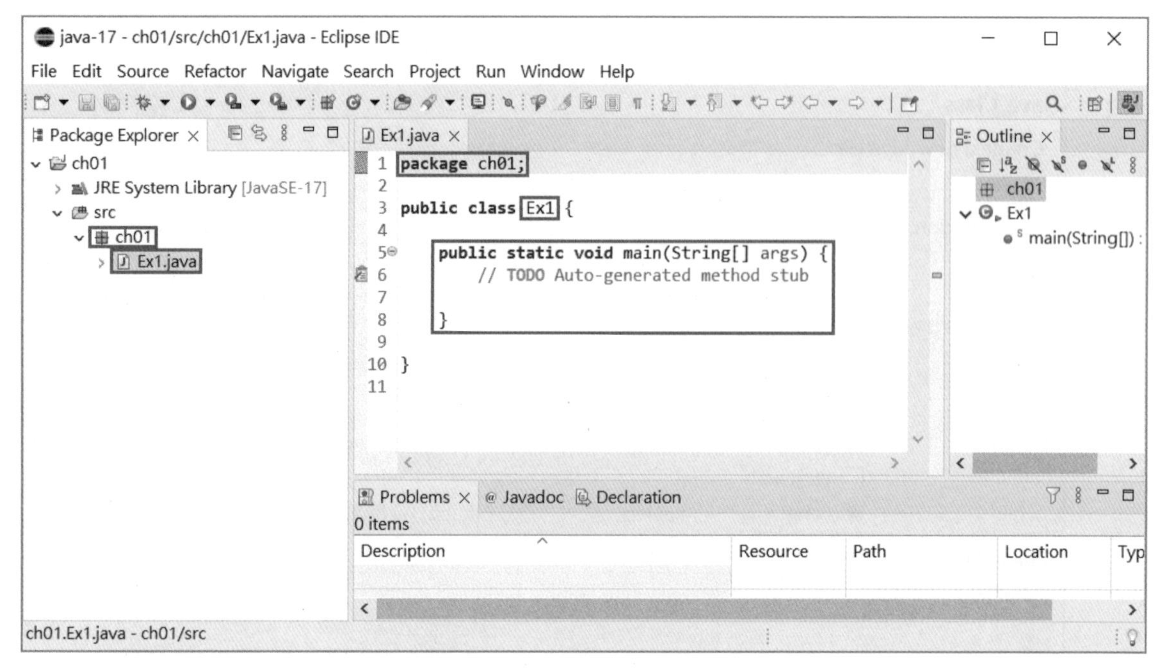

圖 1-37　Ex1.java 建立完成

註：

(1) 在「專案視窗」框架內的「src」底下所包含的「ch01」，就是新增「Ex1」(類別)時，所設定的套件名稱。

(2) 在「程式編輯視窗」內的「package ch01;」，是新增「Ex1」(類別)時，套件名稱欄位「Package」設定為「ch01」，而自動產生的程式列。

(3) 在「程式編輯視窗」內的「public class Ex1 { }」，是新增「class」(類別)時，類別名稱欄位「Name」設定為「Ex1」，而自動產生的程式列。

(4) 在「程式編輯視窗」內的「public static void main(String[] args) { }」部分，是程式執行進入點。它是新增「class」(類別)時，勾選「public static void main(String[] args)」，而自動產生的程式列。

在正式開始撰寫第一支 Java 原始程式碼之前，首要的工作就是設定原始程式碼的字元編碼方式。若原始程式碼的字元編碼方式與執行環境設定的編碼方式不同，則原始程式碼開啓時就會有亂碼現象。本書所附的範例檔案程式之字元編碼方式爲「UTF8」，讀者開啓範例程式前，務必將 Eclipse 的編碼方式設定爲「UTF8」。

「Eclipse」的編碼方式，預設為「MS950」。若要變更編碼方式為「UTF8」，則依照下列程序進行：

1. 點選功能表中的「Window/ Preferences」。
2. 在「Preferences」視窗中，點選「General/Workspace」頁籤。
3. 在「Workspace」頁籤的「Text file encoding」群組中，點選「Other」下拉選單，並選取「UTF-8」。
4. 點選「Apply and Close」。

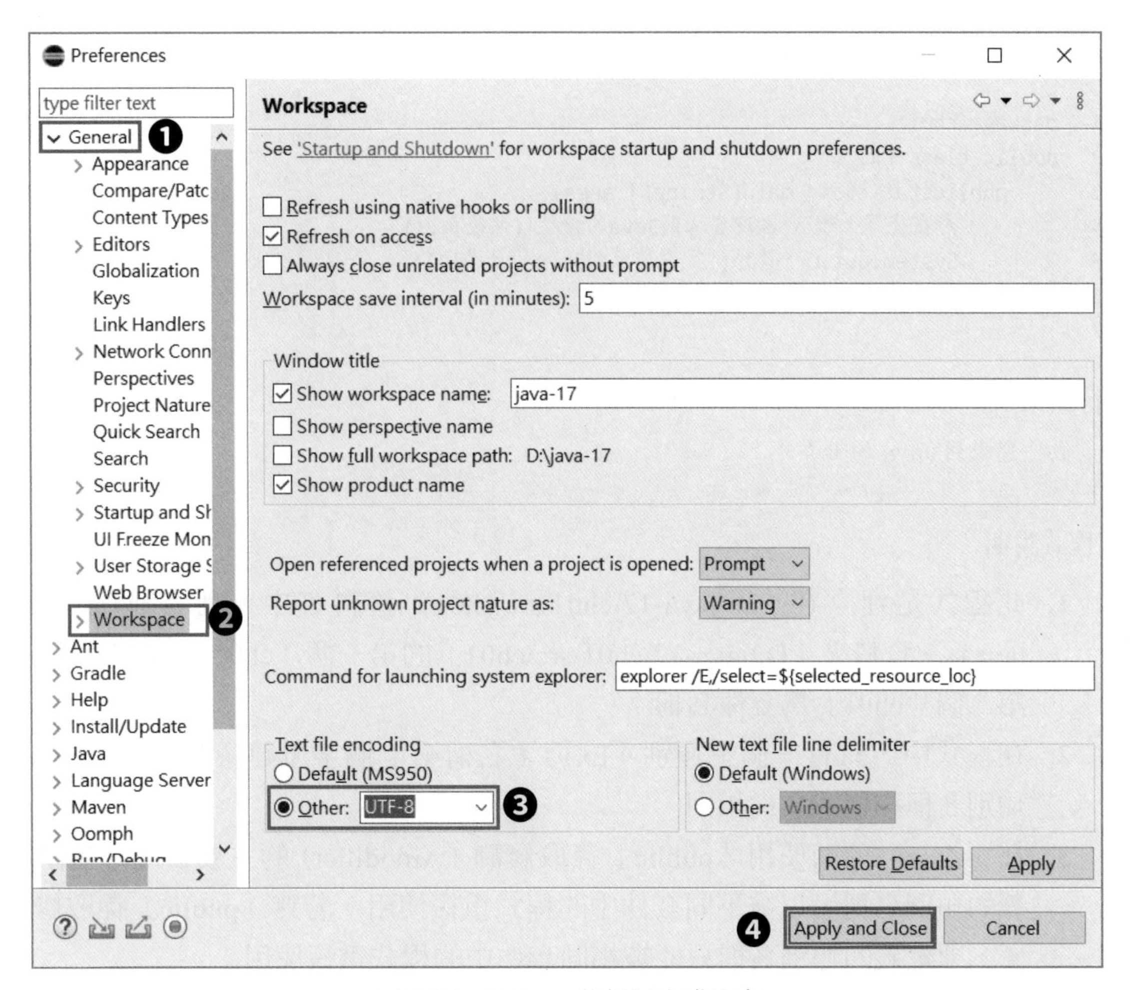

圖 1-38　Eclipse 的編碼方式設定

「範例 1」是根據上述方式，所建立的程式檔「Ex1.java」，並在「public static void main(String[] args) { }」內輸入以下的程式碼。編輯完成後，點選功能表上的「Run」→「Run」(或 Run History 再選擇要執行的程式名稱)，即可編譯程式。若編譯正確，則會在訊息視窗的「Console」頁籤中顯示執行的結果；否則會顯示編譯時所產生的錯誤訊息，此時需重新修改程式，然後再執行一次。

「範例 1」，是建立在專案名稱爲「ch01」及套件名稱爲「ch01」的條件下。

☰範例1

寫一程式，輸出：歡迎您來到 Java 的世界！。

```
1  package ch01;
2  public class Ex1 {
3      publicstaticvoid main(String[] args) {
4          //在螢幕上顯示:歡迎您來到Java的世界!(然後換列)
5          System.out.println("歡迎您來到Java的世界!");
6      }
7  }
```

執行結果

歡迎您來到 Java 的世界！

☰程式說明

1. 此程式是建立在「D:\java-17\ch01\src\ch01」資料夾中，且名稱爲「Ex1.java」。資料夾「D:\java-17\ch01\src\ch01」的第一個「ch01」爲專案名稱，第二個「ch01」爲套件名稱。
2. 在程式中，只有一個主類別「Ex1」(名稱第 1 個字母建議爲大寫)，這個類別名稱和程式名稱相同。
3. 在「class」前面使用「public」存取修飾子 (modifier) 的主要目的，是讓定義的類別名稱可以被不同套件中的程式重複使用。若無「public」存取修飾子，則定義的類別名稱只能被相同套件中的程式重複使用。
4. 程式中所定義的「類別名稱」，會以「類別名稱 .class」儲存在「D:\java-17\ch01\bin\ch01」資料夾中。在本程式中，只有一個主類別「Ex1」，因此，在「D:\java-17\ch01\bin\ch01」資料夾中會有一個「Ex1.class」檔。
5. 「System.out.println(" 歡迎您來到 Java 的世界 !");」敘述，表示將「" "」內的「歡迎您來到 Java 的世界 !」輸出到螢幕上，然後換列。

1-4-4　在專案中新增、匯入或刪除java原始程式

若想在「ch01」專案的套件「ch01」中再新增其他 java 程式，則可參考建立「.java」原始程式的程序作法，如「圖 1-35」及「圖 1-36」。

若想在「ch01」專案的套件「ch01」中匯入已存在的 java 程式 (例：「D:\Ex2.java」)，則匯入的程序如下：

1. 對著專案「ch01」按右鍵，點選「Import...」。

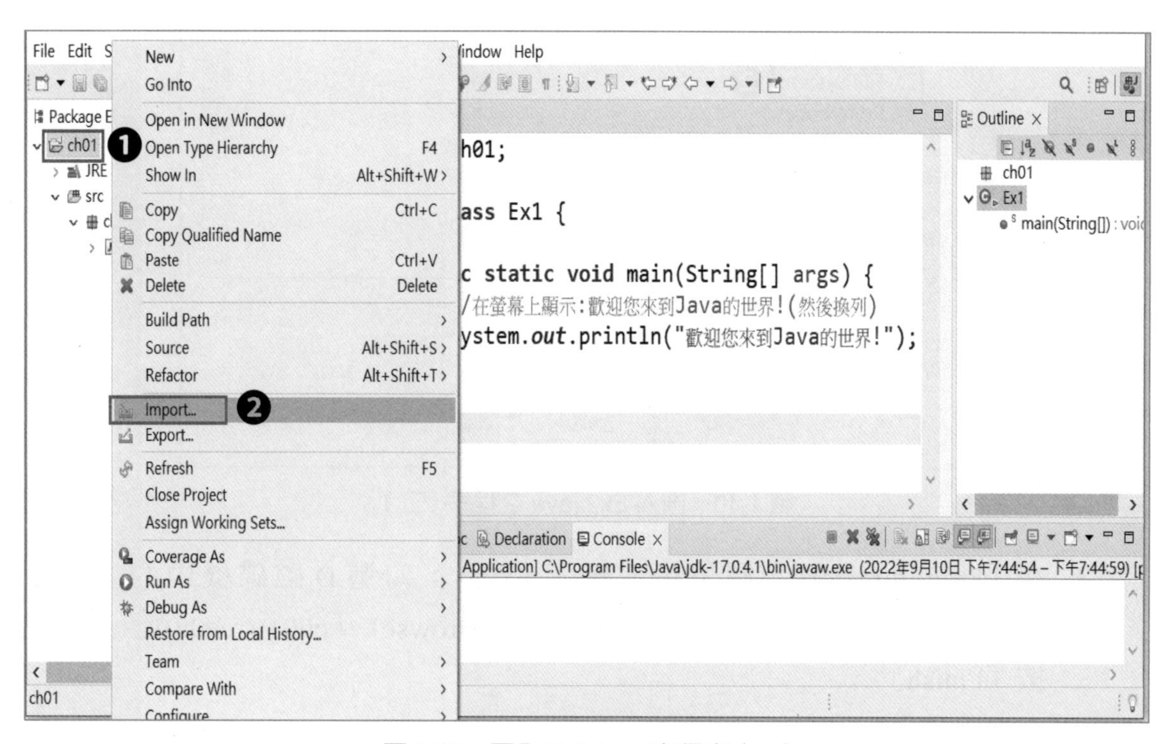

圖 1-39　匯入 Ex2.java 之程序 (一)

2. 點選「General/File System」，再點按「Next」。

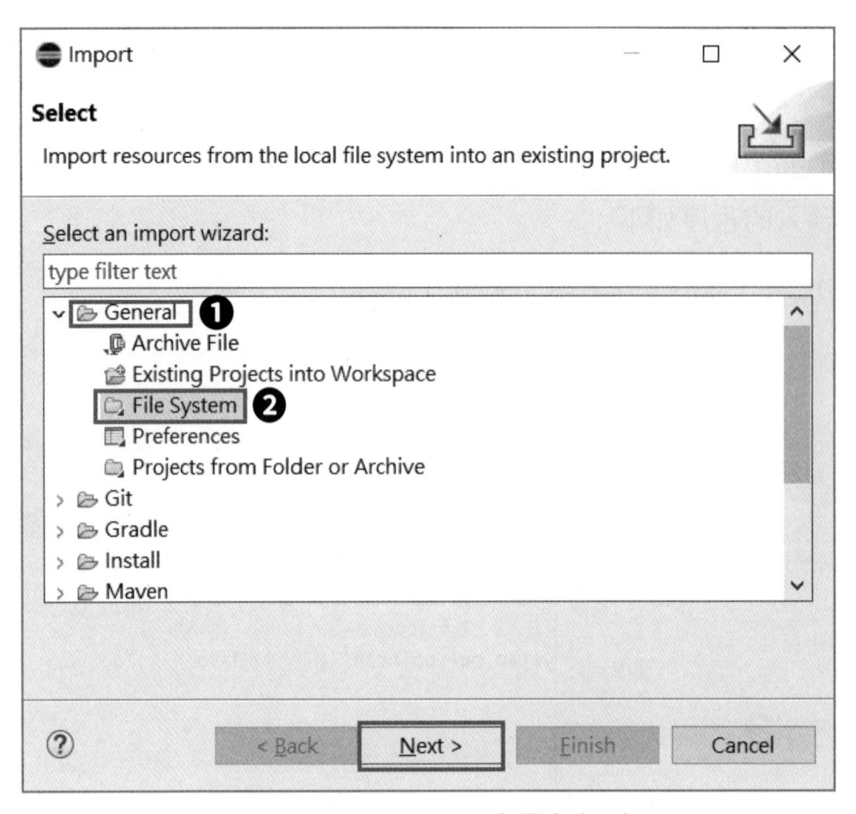

圖 1-40　匯入 Ex2.java 之程序（二）

3. 在「From directory」欄位中，輸入「D:」；勾選 D 磁碟機中的「java2.java」；在「Into folder」欄位中，選取 (Browse) 「ch01\src\ch01」，再點按「Finish」。

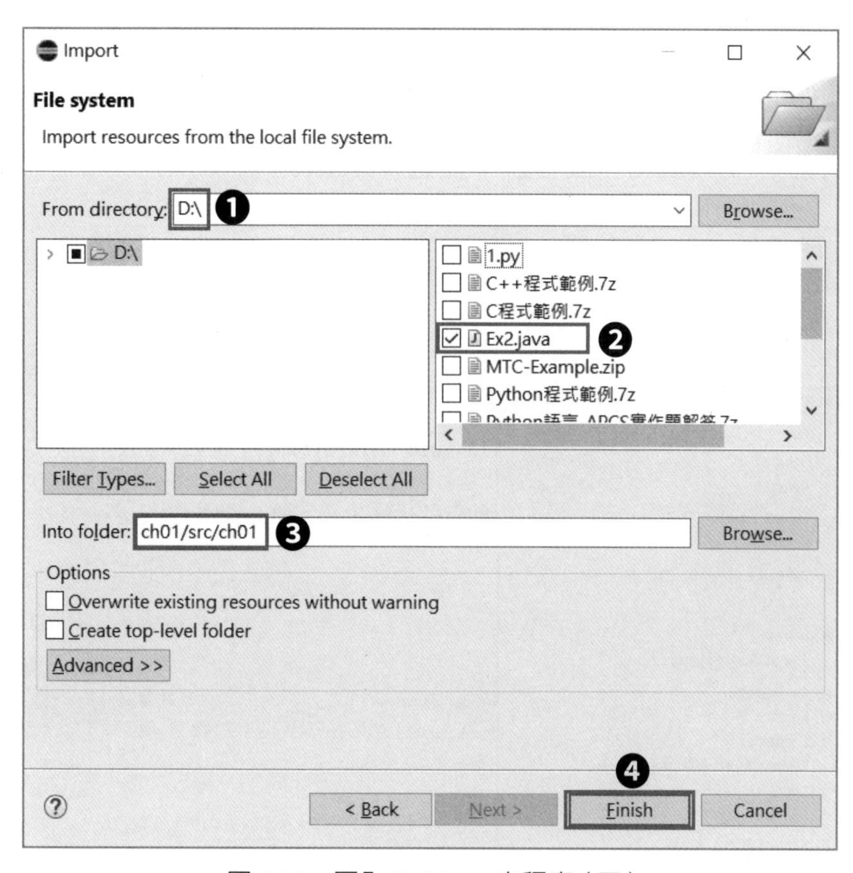

圖 1-41　匯入 Ex2.java 之程序（三）

註：

「From directory」，是被匯入的程式檔所在資料夾。「Into folder」，是程式檔匯入的資料夾。

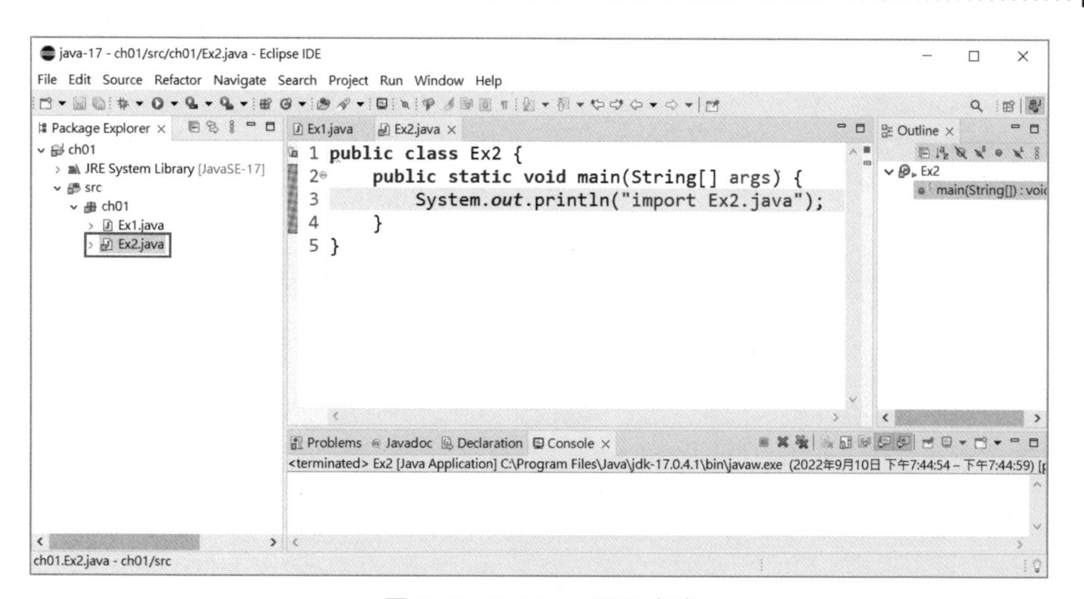

圖 1-42　Ex2.java 匯入完成

若想刪除「ch01」專案的套件「ch01」中之「.java」程式(例：「Ex2.java」)，則刪除的程序如下：

1. 對著程式「Ex2.java」按右鍵，點選「Delete」。

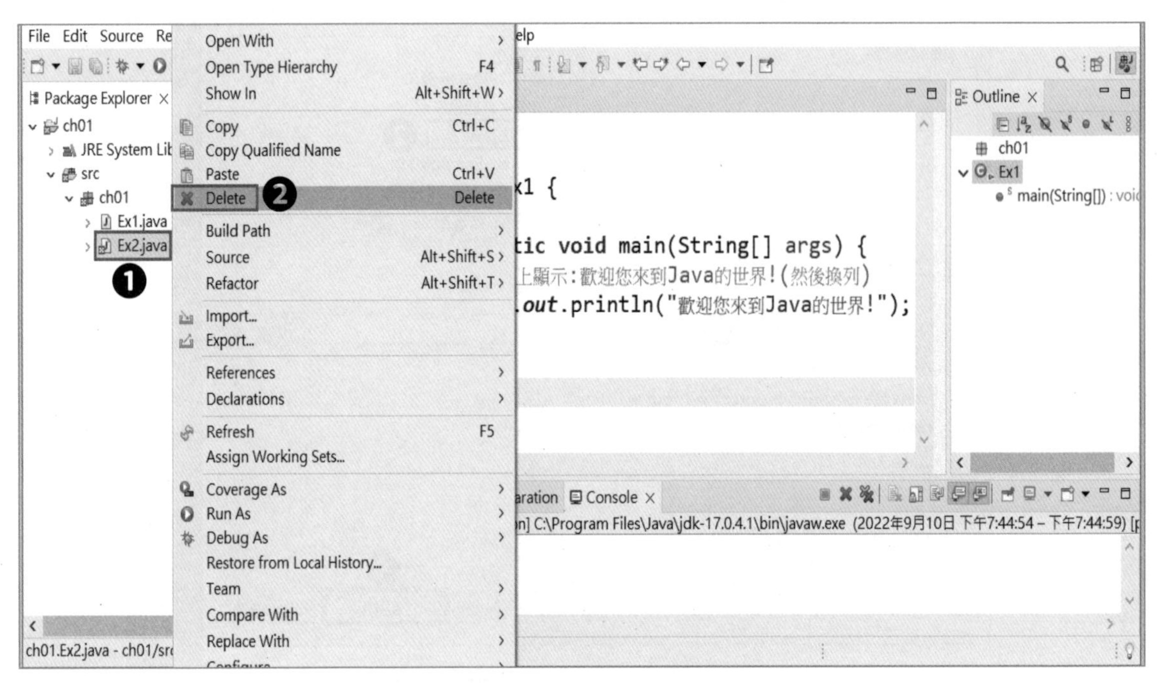

圖 1-43 刪除 Ex2.java 之程序 (一)

2. 點按「Delete」，將程式檔刪除。

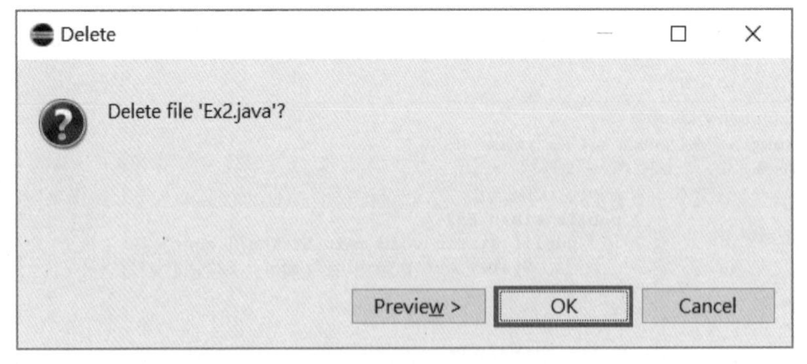

圖 1-44 刪除 Ex2.java 之程序 (二)

刪除程式「Ex2.java」後，套件「ch01」底下已無「Ex2.java」了。

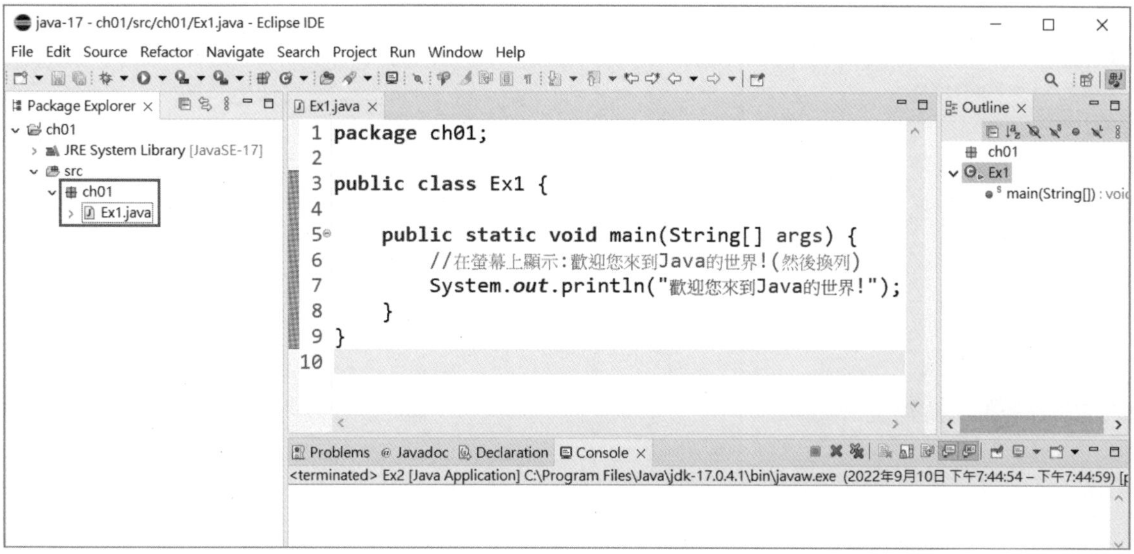

圖 1-45　Ex2.java 已刪除

1-5 如何提升讀者對程式設計的興趣

書中的程式範例是以生活體驗及益智遊戲爲主題，有助於讀者了解如何運用程式設計來解決生活中所遇到的問題，使學習程式設計不再與生活脫節又能重溫兒時的回憶，進而提升對程式設計的興趣及動力。

生活體驗範例，有統一發票及樂透彩券等兌獎問題；數學四則運算、綜合所得稅、電費、車資、油資、停車費、鋪地磚、百貨公司買千送百活動、健保藥費自付額及停車塔停車收入等計算問題；小綠人行走及魔幻方陣等趣味問題。益智遊戲範例，有迷宮路徑及數獨謎題等探索遊戲；剪刀石頭布及猜數字等人機互動遊戲；吃角子老虎(拉霸)、河內塔及踩地雷等單人遊戲；撲克牌對對碰、井字(OX)、最後一顆玻璃彈珠及五子棋等雙人互動遊戲。

1-6 範例檔案之使用說明

首先請下載本書範例檔案的程式檔(請參閱「封面裡」的「範例檔案下載方式」)，複製到「D:\java-17」資料夾底下。接著依照以下程序，即可將範例檔案內的 Java 專案檔匯入 Eclipse 的整合開發環境中。

1. 點選「功能表」中的「File / Import...」。

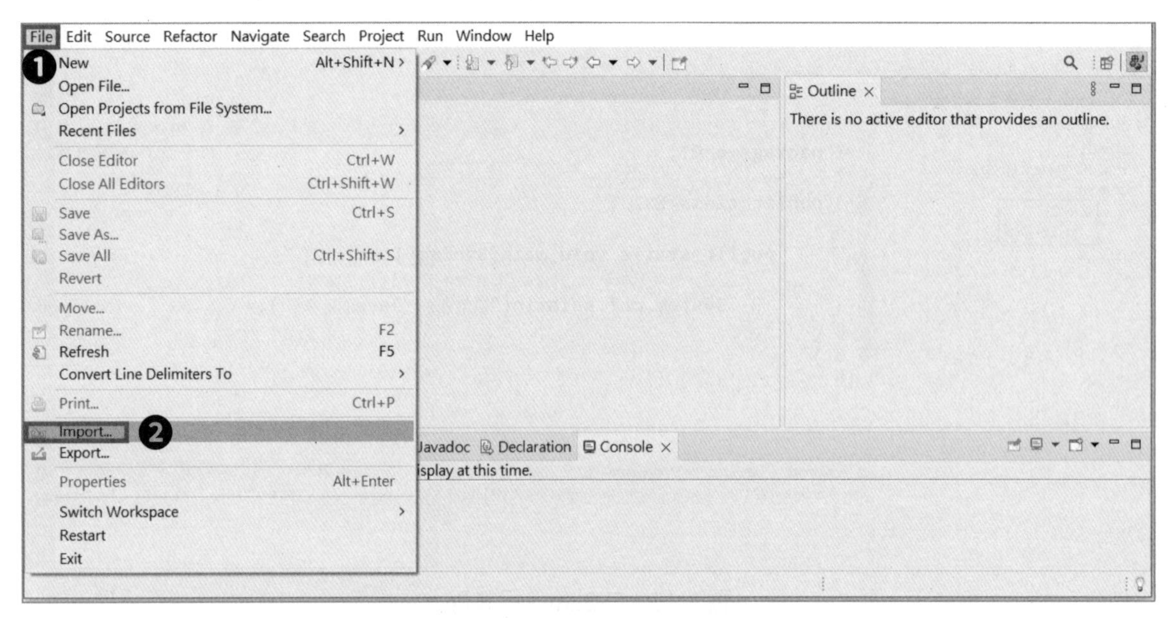

圖 1-46 Java 專案檔匯入之程序(一)

2. 點選「Import」視窗中的「General / Existing Projects into Workspace」，再點按「Next>」。

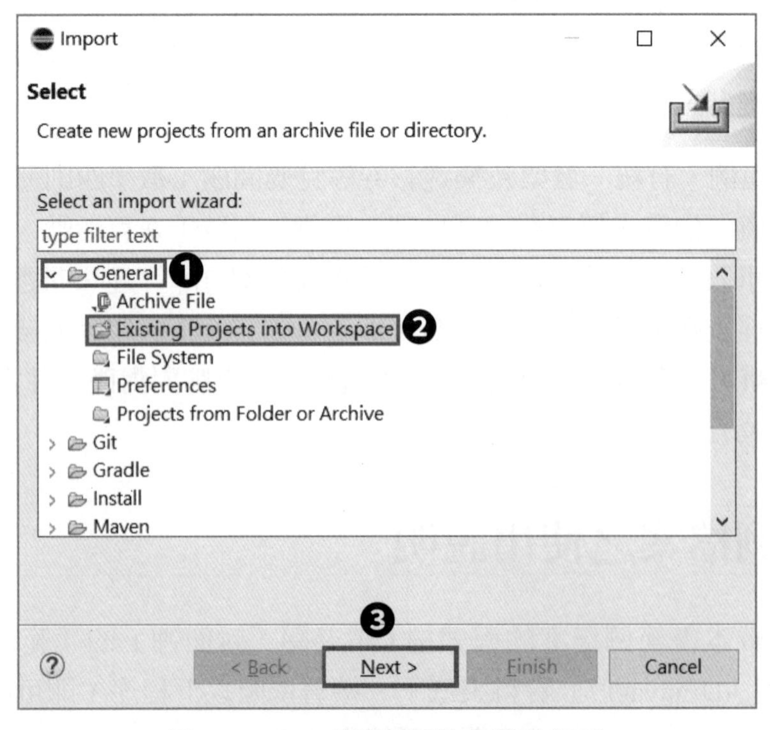

圖 1-47 Java 專案檔匯入之程序(二)

3. 在「Import」視窗的「Select root directory」欄位中，輸入「D:\java-17」，接著點選「Select All」，最後點按「Finish」，將 Java 專案載入。

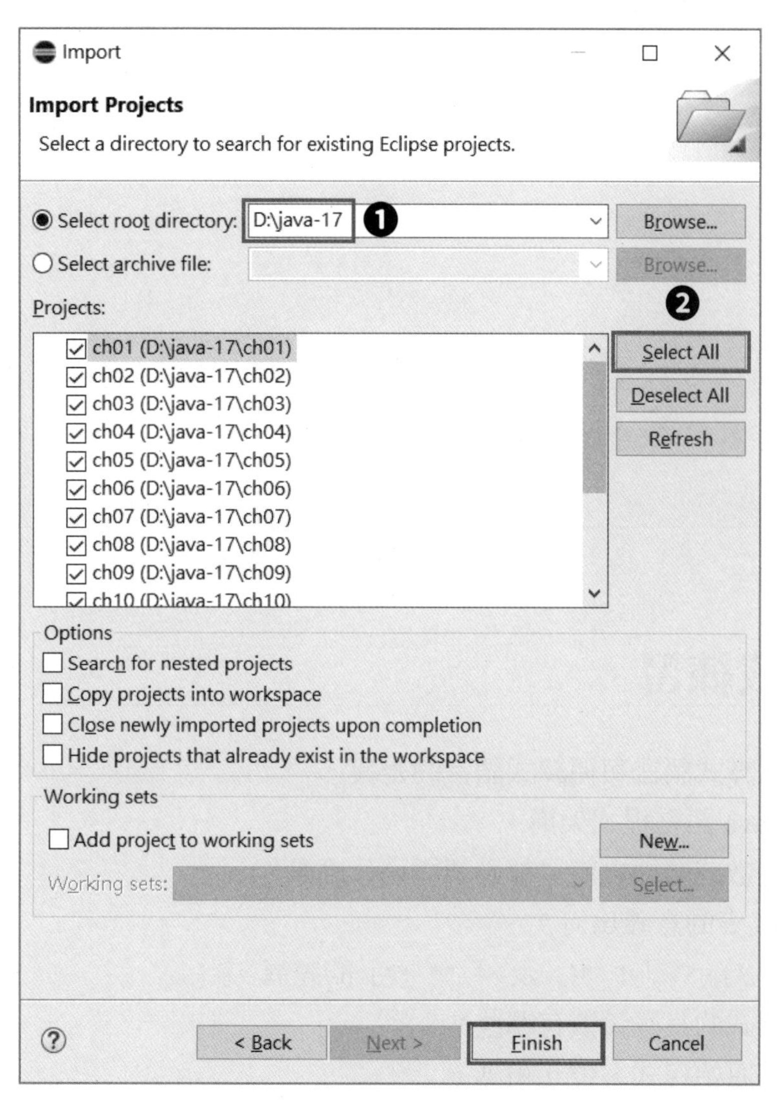

圖 1-48　Java 專案檔匯入之程序（三）

Java 專案載入後，專案及其包含的程式檔就會出現在 Eclipse IDE 視窗的左邊，如下圖所示。

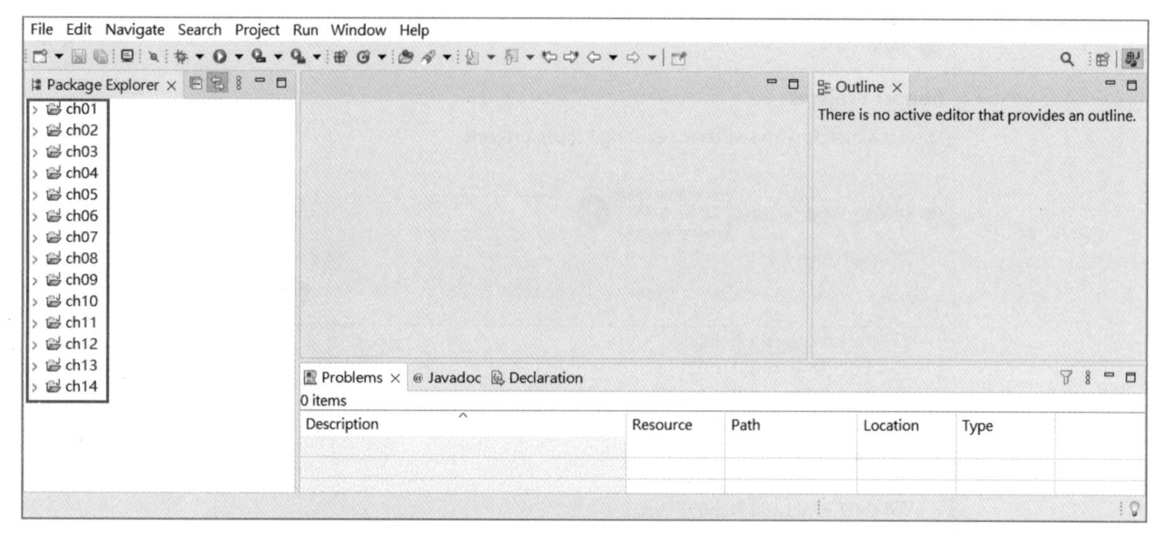

圖 1-49 Java 專案檔匯入完成

1-7 自我練習

1. 說明直譯式語言與編譯式語言的差異。
2. 描述 Java 語言程式架構。
3. 使用變數或屬性之前，都必須經過什麼動作。
4. 「;」代表的意義爲何？
5. 說明「//」、「/* */」及「/** */」的差異。
6. 撰寫程式的良好習慣有哪些？
7. 什麼是原始程式、位元組碼。

02

Java語言的基本資料型態

教學目標

2-1　基本資料型態
2-2　常數與變數宣告
2-3　資料運算處理
2-4　運算子的優先順序
2-5　資料型態轉換
2-6　自我練習

資料，是任何事件的核心。一個事件隨著狀況不同，會產生不同資料及因應之道。例一：隨著交通事故通報資料的嚴重與否，交通事故處理單位派遣調查事故的人員會有所增減。例二：隨著年節的到來與否，鐵路局對運送旅客的火車班次會有所調整。

對不同事件，所要處理的資料型態也不盡相同。例一：對乘法「*」事件，處理的資料一定為數字。例二：對「輸入姓名」事件，處理的資料一定為文字。因此，了解資料型態是學習程式設計的基本課題。

2-1 基本資料型態

當我們設計程式解決日常生活中的問題時，都會提供資料讓程式來處理。資料處理包括資料輸入、資料運算及資料輸出。

程式中使用的資料，都儲存在記憶體位址中。設計者是透過變數名稱來存取記憶體中的對應資料，而這個變數名稱就相當於某個記憶體位址的代名詞。在Java 語言中，變數型態分成基本資料型態 (Primitive Data Type) 及參考資料型態 (Reference)。

基本資料型態有整數型態、浮點數型態、char(字元) 型態及 boolean(布林) 型態四大類。每一個基本資料型態變數，一次只能儲存一項基本資料型態的資料。整數型態包括 byte(位元組整數)、short(短整數)、int(整數) 及 long(長整數) 四種資料型態。Java 的整數型態中，沒有 C/C++ 語言所使用的 unsigned(無正負號)。浮點數型態包括 float(單精度浮點數) 及 double(倍精度浮點數) 兩種。char 型態的資料，除了可依據 C/C++ 的規則呈現外，還可直接以 16bits Unicode 編碼方式來表示。boolean 型態的資料，其內容只能是「true」或「false」。

常用的參考資料型態有 String(字串)(請參考「第六章 內建類別」)、陣列 (請參考「第七章 陣列」)、class(類別)(請參考「第六章 內建類別」和「第十章 自訂類別」) 及 interface(介面)(請參考「第十二章 抽象類別和介面」)。參考資料型態變數儲存的內容，是它所指向的資料之起始記憶體位址，而不是它所指向的資料。透過參考資料型態變數中的記憶體位址，才能存取它所指向的資料。本章以介紹基本資料型態為主。

2-1-1　整數型態

沒有小數點的數字，稱爲整數。整數型態共有以下 4 種：

- **byte(位元組整數)：**系統只會提供 1 個位元組 (byte) 的記憶體空間給 byte 型態的資料存放。
- **short(短整數)：**系統只會提供 2 個位元組的記憶體空間給 short 型態的資料存放。
- **int(整數)：**系統只會提供 4 個位元組的記憶體空間給 int 型態的資料存放。
- **long(長整數)：**系統只會提供 8 個位元組的記憶體空間給 long 型態的資料存放。

任何一種整數型態的資料，都可以 10 進位、2 進位、8 進位或 16 進位的方式來呈現。例：整數 10 可以寫成 10 (10 進位)、0b1010 (2 進位)、0B1010 (2 進位)、012 (8 進位)、0xa (16 進位）或 0Xa (16 進位）。

表 2-1　各種整數型態所佔用的記憶體空間及範圍

資料型態	佔用記憶體空間	資料範圍
byte	1 byte	-128 至 127
short	2 byte	-32768 至 32767
int	4 byte	-2147483648 至 2147483647
long	8 byte	-9,223,372,036,854,775,808 至 9,223,372,036,854,775,807

註：

1. 若一整數常數無特別註明，則預設為 int 型態。例：1234 是 int 型態。
2. 若一整數常數想要代表 long(長整數)，則必須在數字後面加上 L 或 l。例：2147483648L 或 2147483648l 都是 long 型態。
3. 若一 short 整數常數超過 short 型態的範圍，則編譯時會產生以下錯誤訊息：

   「**Type mismatch: cannot convert from int to short**」

   (資料型態沒有配合 : 無法將 int 型態轉換成 short 型態)。
   例：要將 32768 存入 short 型態所佔用的記憶體中，必須在 32768 前面加上 (short)，編譯時就不會產生錯誤，但實際存入數值是 -32768。因為 Java 語言將 short 型態的範圍 -32768 到 32767 當成一個循環，32767 的下一數是 -32768；同樣地，(short)-32769 在 short 型態中是 32767。其他的整數資料型態，也有類似狀況出現。

2-1-2 浮點數型態

含有小數點的數字，稱爲浮點數。浮點數型態共有以下 2 種：

- **float(單精度浮點數)：**系統只會提供 4 個位元組 (byte) 的記憶體空間給 float 型態的資料存放。

- **double(倍精度浮點數)：**系統只會提供 8 個位元組 (byte) 的記憶體空間給 double 型態的資料存放。

表 2-2 浮點數型態所佔用的記憶體空間及約略範圍

資料型態	佔用記憶體空間	資料約略範圍
float	4 byte	$-3.4028235*10^{38}$ 至 $-1.4*10^{-45}$ 與 $1.4*10^{-45}$ 至 $3.4028235*10^{38}$
double	8 byte	$-1.7976931348623157*10^{308}$ 至 $-4.9*10^{-324}$ 與 $4.9*10^{-324}$ 至 $1.7976931348623157*10^{308}$

註：

1. float 型態的資料儲存時，一般只能準確 7~8 位 (整數位數 + 小數位數)。float 型態的資料 (例：4e+38F)，若超過 float 型態的範圍，則編譯時會產生錯誤訊息：「The literal 4e+38 of type float is out of range」。
2. double 型態的資料儲存時，一般只能準確 16~17 位 (整數位數 + 小數位數)。double 型態的資料 (例：4e+308)，若超過 double 型態的範圍，則編譯時會產生錯誤訊息：
「The literal 4e+308 of type double is out of range」。
3. 有關浮點數準確度，請參考「3-3 發現問題」之「範例 8」。

不管資料是單精度浮點數型態或倍精度浮點數型態，都可以下列兩種方式來呈現：

方式 1：以一般常用的小數點方式來呈現。例：9.8、-3.14、1.2f 、-5.6F。

方式 2：以科學記號方式來呈現。例：-2.38e+01、5.143E+21。

以下所有的範例，都是建立在專案名稱爲「ch02」及套件名稱爲「ch02」的條件下。

2-1-3 字元型態

若文字資料的內容，只有一個中文字或一個英文字母或一個全形字或一個符號，則稱此文字資料爲 char(字元) 型態資料。char 型態資料，必須在放在一組「'」(單引號) 中。有一些具有特殊意義的字元 (例，「"」(雙引號)) 或用來指定螢幕游標動作 (例，換列)，必須以一個「\」(反斜線) 作爲開頭，後面加上該字元或該字元所對應的 Unicode(萬國字元碼)，才能顯示在螢幕上或產生指定的動作。這種組合方式，稱爲逸出序列」(Escape Sequence)。逸出序列相關說明，請參考「表 2-3 常用的逸出序列」。

在 JAVA 環境中，char 型態資料是以 16 位元的無號數整數 Unicode 碼來表示，而不是以 8 位元的 ASCII 碼來表示。無論是一個中文字或一個英文字母或一個全形字或一個符號，都是以一個 Unicode 碼來表示。char 型態資料的範圍，介於 '\u0000' 到 '\uFFFF' 之間。「中文」字元所對應的 Unicode 範圍，在 [4e00,9eae] 區間內 (以十進位表示，則在 [19968,40622])。英文字元對應的 Unicode 範圍，在 [0041,005A] 及 [0061,007A] 區間內 (以十進位表示，則在 [65,90] 及 [97,122])。數字字元對應的 Unicode 範圍在 [0030,0039] 區間內 (以十進位表示，則在 [48,57])。「符號」字元對應的 Unicode 範圍，在 [0021,002F]，[003A,0040]，[005B,0060] 及 [007B,007E] 區間內 (以十進位表示，則在 [33,47]，[58,64]，[91,96] 及 [123,126])。「空白」字元對應的 Unicode 爲 [0020] (以十進位表示，則爲 32)。詳細的 Unicode 編碼資訊，請參考「http://www.unicode.org/charts/PDF/」。相關範例，請參考「3-2 資料輸入」之「範例 6」。

char 型態的資料是以整數的形式儲存在記憶體中，且可以表示的字元或符號所對應的整數在 0~65535 之間。char 型態資料的表示法有以下四種方式：

1. 直接表示法。例，'0'、'A'、'a'、' 一 '、'{' 等。
2. 以十進位的整數來表示所對應的字元。例，48(表示 '0')、65 (表示 'A')、97 (表示 'a')、19968 (表示 ' 一 ')、123 (表示 '{') 等。
3. 以 \ 開始，後面跟著 3 個八進位的 ASCII 碼來表示所對應的字元。例，'\060'(表示 '0')、'\101' (表示 'A') 等。
4. 以 \u 開始，後面跟著十六進位的 Unicode 碼來表示所對應的字元。例，'\u0041' (表示 'A')、'\u4e00'(表示 ' 一 ') 等。

註：

對非ASCII字元集或鍵盤上沒有的字元或符號，可使用方式2、3或4來表示。

表 2-3　常用的逸出序列

逸出序列	作用	對應的十進位ASCII碼	對應的十六進位Unicode碼
\n	換列字元(New Line)：讓游標移到下一列的開頭，相當於按「Enter」鍵。	10	'\u000A'
\t	水平跳格字元(Horizontal Tab)：讓游標移到下一個定位格，相當於按「Tab」鍵。	9	'\u0009'
\"	顯示雙引號「"」。	34	'\u0022'
\'	顯示單引號「'」。	39	'\u0027'
\\	顯示反斜線「\」。	92	'\u005C'

註：JAVA 語言預設定位格位置為水平的 1,9,17,25,33,41,49,57,65,73。

若文字資料的內容超過一個字元，則稱此文字資料爲 String(字串) 型態資料。String 型態資料，必須放在一組「"」(雙引號) 中。例：「早安」應以「" 早安 "」表示，及「morning」應以「"morning"」表示。字串相關說明，請參考「6-4 字串類別常用方法」。

2-1-4　布林型態

若資料的內容只能是「true」或「false」，則稱之爲 boolean 型態的資料。系統會提供適當的記憶體空間給 boolean 型態的資料存放。boolean 型態的資料，是作爲判斷條件是否爲「true」(眞) 或「false」(假) 之用。

2-2　常數與變數宣告

程式執行時，無論是輸入的資料或產生的資料，它們都是存放在電腦的記憶體中。但我們並不知道資料是放在哪一個記憶體位址，那要如何存取記憶體中的資料呢？大多數的高階語言，都是透過常數識別字或變數識別字存取其所對應的記憶體中之資料。

程式設計者自行命名的常數 (Constant)、變數 (Variable)、方法 (Method)、類別 (Class) 及介面 (Interface) 等名稱都稱爲識別字 (Identifier)。識別字的命名規則如下：

1. 識別字名稱必須以「A~Z」、「a~z」、「_」(底線)或「$」(錢字號)爲開頭。
2. 識別字名稱的第二個字(含)開始，只能是「A~Z」、「a~z」、「_」、「$」或「0~9」。

註：

(1) 儘量使用有意義的名稱當作識別字名稱。

(2) 一般識別字命名的原則如下：
類別名稱的字首為大寫。若名稱由多個英文單字組成，則採用英文大寫駱駝式 (upper camel case) 的命名方式。例：CarStructure、TestType 等。
其他識別字(例：方法、屬性、參數、變數、常數)的字首為小寫。若名稱由多個英文單字組成，則採用英文小寫駱駝式 (lower camel case) 的命名方式。例： getOptimalSoution、myAge 等。

(3) 識別字名稱有大小寫字母區分。若英文字相同但大小寫不同，則這兩個識別字是不同的。

(4) 不能使用保留字 (Reversed Words) 或關鍵字 (Keywords) 當作其他識別字的名稱。保留字或關鍵字為編譯器專用的識別字名稱，每一個保留字或關鍵字都有其特殊的意義，因此不能當作其他識別字的名稱。常見的保留字如表 2-4。

表 2-4　Java 語言的保留字或關鍵字

abstract	assert	boolean	break	byte	byvalue
case	cast	catch	char	class	const
continue	default	do	double	else	enum
extends	false	final	finally	float	for
future	generic	goto	if	inner	instanceof
int	interface	implements	import	long	native
new	null	operator	outer	package	private
protected	public	return	rest	short	static
strictfp	super	switch	synchronized	this	throw
throws	transient	true	try	var	void
volatile	while				

例：_a、b1、c_a_2 及 aabb_cc3_d44，爲合法的識別字名稱。

例：1a、%b1、c?a_2 及 if，爲不合法的識別字名稱。

常數識別字 (Constant Identifier) 與變數識別字 (Variable Identifier) 都是用來存取記憶體中之資料。常數識別字儲存的內容是固定不變的，而變數識別字儲存的內容可隨著程式進行而改變。

Java 是限制型態式的語言，當我們要存取記憶體中的資料內容之前，必須要先宣告常數識別字或變數識別字，電腦會配置適當的記憶體空間給它們，接著才能對其所對應的記憶體中之資料進行各種處理；否則會出現類似以下的錯誤訊息：

「**aaa cannot be resolved to a variable**」(識別字名稱 aaa 無法被解析爲變數)。

常數識別字的宣告語法如下：

```
final 基本資料型態 常數名稱=常數值;
```

例： 宣告一個常數識別字爲 PI 且值爲 3.14f 的常數。

解： final float PI=3.14f; // 3.14f 爲單精度浮點數

變數識別字的宣告語法如下：

```
方式1：基本資料型態 變數1[,變數2,…,變數n];
方式2：基本資料型態 變數1=初始值[,變數2=初始值,…];
```

註：

[ ] 表示若同時宣告多個基本資料型態相同的變數，則必須利用逗號「,」將不同的變數名稱隔開；否則可去掉。

例： 宣告兩個整數變數 a 及 b。

解： int a,b;

例： 宣告兩個整數變數 a 及 b，且 a 的初值 =0 及 b 的初值 =1。

解： int a=0,b=1;

或

int a,b;

a=0;

b=1;

例： 宣告三個變數，其中 a1 爲單精度浮點數變數，a2 及 a3 爲字元變數。

解： float a1;

char a2,a3;

例：宣告五個變數，其中 i 爲整數變數，f 爲單精度浮點數變數，d 爲倍精度浮點數變數，c 爲字元變數，b 爲布林變數。且 i 的初值爲 0，f 的初值爲 0.0f，d 的初值爲 0.0，c 的初值爲 'A'，b 的初值爲 false。

解：
```
int i=0;
//Java 語言預設浮點數常數的型態爲 double
// 若希望浮點數常數的型態爲 float，則必須在數字後加上 f 或 F
float f=0.0f;
double d=0.0;
char c='A';
boolean b=false;
或
int i;
float f;
double d;
char c;
boolean b;
i=0;
f=0.0f;
d=0.0;
c='A';
b=false;
```

一般我們在處理整數運算時，通常是以十進位方式來表示整數，但在有些特殊的狀況下，被要求以二進位方式，八進位方式或十六進位方式來表示整數。八進位表示整數的方式，是直接在數字前加上「0」；而十六進位表示整數的方式，是直接在數字前加上「0x」或「0X」。

例：宣告三個整數變數 b，o 及 h，且 b 的初值爲 6_{10}，o 的初值爲 14_{10} 及 h 的初值爲 58_{10}。分別以二進位方式表示 b 的值，八進位方式表示 o 的值及十六進位方式表示 h 的值。

解：int b=0b110; // 或 int b=0B110; 6_{10} 等於 110_2

int o=016; // 1410 等於 16_8

int h=0x3a; // 或 int h=0X3a; 58_{10} 等於 $3a_{16}$

宣告常數識別字或變數識別字的主要目的，是告訴編譯器要配置多少記憶空間給常數識別字或變數識別字使用，及以何種資料型態來儲存常數識別字或變數識別字的內容。

Java 語言對記憶體配置方式有下列兩種：

1. **靜態配置記憶體**：是指在編譯階段時，就爲程式中所宣告的變數配置所需的記憶體空間。

   例： double x = 3.14; // 靜態配置記憶體

   宣告 x 爲倍精度浮點數變數時，編譯器會分配 8bytes 的記憶體空間給變數 x 使用，如上圖所示 0x005e6888~0x005e6890(假設)。

2. **動態配置記憶體**：是指在執行階段時，程式才動態宣告陣列變數的數量，並向作業系統要求所需的記憶體空間。(請參考「第七章 陣列」的「範例 22」)

範例1

寫一程式，若數值資料超出位元組整數、短整數範圍、整數範圍、長整數範圍、單精確浮點數範圍或倍精確浮點數範圍，則執行結果會是甚麼。

```
1   package ch02;
2
3   public class Ex1 {
4      public static void main(String[] args) {
5         byte bvar = (byte) 128 ;
6         short svar = (short) 32768 ;
7         int ivar = 2147483647 + 1 ;
8         long lvar = 9223372036854775807L + 1 ;
9         float fvar = 3E38F * 2 ;
10        double dvar = 1E308 * 2 ;
11        System.out.println(bvar) ;
12        System.out.println(svar) ;
13        System.out.println(ivar) ;
14        System.out.println(lvar) ;
15        System.out.println(fvar) ;
16        System.out.println(dvar) ;
17     }
18  }
```

執行結果

```
-128
-32768
-2147483648
-9223372036854775808
Infinity
Infinity
```

☰程式說明

1. 程式第 5 列中的「(byte) 128」，其目的是將型態爲「int」的整數「128」，轉換成型態爲「byte」的位元組整數，如此才能存入「byte」型態的「bvar」變數中。(請參考「2-5 資料型態轉換」)
   將位元組整數範圍「-128 ~ 127」的頭尾數字連起來形成一個圓圈，則「127」的下一個數值不是「128」，而是「-128」。因此，「(byte) 128」的結果爲「-128」。
2. 程式第 6 列中的「(short) 32768」，其目的是將型態爲「int」的整數「32768」，轉換成型態爲「short」的短整數，如此才能存入「short」型態的「svar」變數中。(請參考「2-5 資料型態轉換」)
   將短整數範圍「-32768 ~ 32767」的頭尾數字連起來形成一個圓圈，則「32767」的下一個數值不是「32768」，而是「-32768」。因此，「(short) 32768」的結果爲「-32768」。
3. 程式第 7 列：
   將整數範圍「-2147483648 ~ 2147483647」的頭尾數字連起來形成一個圓圈，「2147483647」的下一個數值不是「2147483647+1」，而是「-2147483648」。因此，「2147483647 + 1」的結果爲「-2147483648」。
4. 程式第 8 列：
   將長整數範圍「-9223372036854775808 ~ 9223372036854775807」的頭尾數字連起來形成一個圓圈，「9223372036854775807」的下一個數值不是「9223372036854775807+1」，而是「-9223372036854775808」。因此，「9223372036854775807+ 1」的結果爲「-9223372036854775808」。
5. 程式第 9 列中的「3E38F * 2」，因其值已超出單精確浮點數的範圍，結果才會顯示「Infinity」(無窮大)。
6. 程式第 10 列中的「3E308 * 2」，因其值已超出倍精確浮點數的範圍，結果才會顯示「Infinity」(無窮大)。

2-3 資料運算處理

利用程式來解決日常生活中的問題，若只是資料輸入及資料輸出，而沒有做資料處理或運算，則程式執行的結果是很單調的。因此，爲了讓程式每次執行的結果都不盡相同，程式中必須包含輸入資料，並加以運算處理。

資料運算處理，是以運算式的方式來表示。運算式，是由運算元 (Operand) 與運算子 (Operator) 所組合而成。運算元可以是常數、變數、方法或其他運算式。運算子包括指定運算子、算術運算子、遞增遞減運算子、比較 (或關係) 運算子、邏輯運算子，及位元運算子。運算子以其相鄰運算元的數量來分類，有一元運算子 (Unary Operator)、二元運算子 (Binary Operator) 及三元運算子 (Triple Operator)。

結合算術運算子的運算式，稱之爲算術運算式；結合比較 (或關係) 運算子的運算式，稱之爲比較 (或關係) 運算式；結合邏輯運算子的運算式，稱之爲邏輯運算式；…以此類推。

例 : a-b*2+c / 5 % 7 + 1.23*d，其中「a」、「b」、「c」、「d」、「2」、「5」、「7」及「1.23」爲運算元，而「+」、「-」、「*」、「/」及「%」爲運算子。

2-3-1 指定運算子(=)

指定運算子「=」的作用，是將「=」右方的值指定給「=」左方的變數。「=」的左邊必須爲變數，右邊則可以爲變數、常數、方法或其他運算式。

例：(程式片段)

```
int a=1, b=2;      //  將1指定給變數a, 將2指定給變數b,
int avg=(a+b)/2;  //  將變數a及變數b相加後除以2的結果，指定給變數avg
```

2-3-2 算術運算子

與數值運算有關的運算子有算術運算子、遞增運算子及遞減運算子三種。算術運算子的使用方式，請參考「表 2-5 算術運算子的功能說明」。（假設 a=-2，b=23）

表 2-5　算術運算子的功能說明

運算子	運算子類型	作用	例子	結果	說明
+	二元運算子	求兩數之和	a + b	21	數字可以是整數或浮點數
-	二元運算子	求兩數之差	a - b	-25	數字可以是整數或浮點數
*	二元運算子	求兩數之積	a * b	-46	數字可以是整數或浮點數
/	二元運算子	求兩數相除之商	b / 2 b/2.0	11 11.5	1. 整數相除，結果為整數 2. 整數相除時，分母不可為 0 3. 數字為浮點數時，相除結果為浮點數 4. 浮點數相除時，分子與分母都為 0.0 則結果為 NaN；分子 >0，分母為 0.0，則結果為 Infinite(正無限大)；分子 <0，分母為 0.0，則結果為 -Infinite(負無限大)
%	二元運算子	求兩數相除之餘數	b % 3 b % 3.5	2 2.0	數字可以是整數或浮點數
+	一元運算子	將數字乘以「+1」	+(a)	-2	數字可以是整數或浮點數
-	一元運算子	將數字乘以「-1」	-(a)	2	數字可以是整數或浮點數

2-3-3　遞增運算子(++)及遞減運算子(--)

遞增運算子「++」及 遞減運算子「--」的作用，是對數值資料分別做「+1」及「-1」的處理。

遞增及遞減運算子的使用方式，請參考「表 2-6 遞增及遞減運算子的功能說明」。（假設 a=10）

表 2-6　遞增及遞減運算子的功能說明

運算子	運算子類型	作用	例子	結果	說明
++	一元運算子	將變數值 +1	a++; ++a;	11 11	1. 數字可以是整數或浮點數 2. 若運算式中含有「++」及其他運算子，則「++」放在變數之前與之後，其執行的順序是不同的，且運算式的結果也不同。(請參考「範例 2」及「範例 3」)
--	一元運算子	將變數值 -1	a--; --a;	9 9	1. 數字可以是整數或浮點數 2. 若運算式中含有「--」及其他運算子，則「--」放在變數之前與之後，其執行的順序是不同的，且運算式的結果也不同。(請參考「範例 4」及「範例 5」)

範例2

後置型的 ++(遞增) 運算子應用。

```
1  package ch02;
2
3  public class Ex2 {
4     public static void main(String[] args) {
5        int a = 0, b = 1, c;
6        c = a++ + b; // 先處理c=a+b;，然後再處理a++;
7        System.out.println("a=" + a + " , c=" + c);
8     }
9  }
```

執行結果

```
a=1 , c=1
```

範例3

前置型的 ++(遞增) 運算子應用。

```
1  package ch02;
2
3  public class Ex3 {
4     public static void main(String[] args) {
5        int a = 0, b = 1, c;
6        c = ++a + b; // 先處理a++;，然後再處理c=a+b;
7        System.out.println("a=" + a + " , c=" + c);
8     }
9  }
```

執行結果

```
a=1 , c=2
```

範例4

後置型的 --(遞減) 運算子應用。

```
1  package ch02;
2
3  public class Ex4 {
4     public static void main(String[] args) {
5        int a = 0, b = 1, c;
6        c = a-- + b; // 先處理c=a+b;，然後再處理a--;
7        System.out.println("a=" + a + " , c=" + c);
```

```
8      }
9   }
```

執行結果

```
a=-1 , c=1
```

≡範例5

前置型的 --(遞減) 運算子應用。

```
1   package ch02;
2
3   public class Ex5 {
4      public static void main(String[] args) {
5         int a = 0, b = 1, c;
6         c = --a + b; // 先處理a--;，然後再處理c=a+b;
7         System.out.println("a=" + a + " , c=" + c);
8      }
9   }
```

執行結果

```
a=-1 , c=0
```

2-3-4 比較(或關係)運算子

比較運算子的作用是用來判斷資料間的關係，即，何者爲大，何者爲小，或兩者一樣。若問題中提到條件或狀況，則必須配合比較運算子來處理。比較運算子通常撰寫在「if」選擇結構，「for」或「while」迴圈結構的條件中，請參考「第四章 程式之設計模式—選擇結構」及「第五章 程式之設計模式—迴圈結構」。

比較運算子的使用方式，請參考「表 2-7 比較運算子的功能說明」。(假設 a=2，b=1)

表 2-7　比較運算子的功能說明

運算子	運算子類型	作用	例子	結果	說明
>	二元運算子	判斷「>」左邊的資料是否大於右邊的資料	a > b	true	各種比較運算子的結果不是「false」就是「true」。「false」表示「假」；「true」表示「真」。
<	二元運算子	判斷「<」左邊的資料是否小於右邊的資料	a < b	false	
>=	二元運算子	判斷「>=」左邊的資料是否大於或等於右邊的資料	a >= b	true	
<=	二元運算子	判斷「<=」左邊的資料是否小於或等於右邊的資料	a <= b	false	
==	二元運算子	判斷「==」左邊的資料是否等於右邊的資料	a ==b	false	
!=	二元運算子	判斷「!=」左邊的資料是否不等於右邊的資料	a !=b	true	

2-3-5 邏輯運算子

邏輯運算子的作用，是連結多個比較(或關係)運算式來處理更複雜條件或狀況的問題。若問題中提到多個條件(或狀況)要同時成立或部分成立，則必須配合邏輯運算子來處理。邏輯運算子通常撰寫在「if」選擇結構，「for」或「while」迴圈結構的條件中，請參考「第四章 程式之設計模式—選擇結構」及「第五章 程式之設計模式—迴圈結構」。

邏輯運算子的使用方式，請參考「表 2-8 邏輯運算子的功能說明」。(假設 a=2，b=1)

表 2-8　邏輯運算子的功能說明

<table>
<tr><th>運算子</th><th>運算子類型</th><th>作用</th><th>例子</th><th>結果</th><th>說明</th></tr>
<tr><td>&&</td><td>二元運算子</td><td>判斷「&&」兩邊的比較運算式結果，是否都為「true」</td><td>a>3
&&
b<2</td><td>false</td><td rowspan="3">各種邏輯運算子的結果，不是「false」就是「true」。「false」表示「假」；「true」表示「真」。</td></tr>
<tr><td>||</td><td>二元運算子</td><td>判斷「||」兩邊的比較運算式結果，是否有一個為「true」</td><td>a>3
||
b<=2</td><td>true</td></tr>
<tr><td>!</td><td>一元運算子</td><td>判斷「!」右邊的比較運算式結果，是否為「false」</td><td>!(a>3)</td><td>true</td></tr>
</table>

眞值表是比較運算式在邏輯運算子「&&」，「||」或「!」處理後的所有可能結果，請參考「表 2-9 &&，|| 及！運算子之眞值表」。

表 2-9　&&，|| 及！運算子之真值表

!(否定)運算子	
A	!A
true	false
false	true

<table>
<tr><th colspan="3">||(或)運算子</th></tr>
<tr><td>A</td><td>B</td><td>A ||B</td></tr>
<tr><td>true</td><td>true</td><td>true</td></tr>
<tr><td>true</td><td>false</td><td>true</td></tr>
<tr><td>false</td><td>true</td><td>true</td></tr>
<tr><td>false</td><td>false</td><td>false</td></tr>
</table>

&&(且)運算子		
A	B	A &&B
true	true	true
true	false	false
false	true	false
false	false	false

註：

1. A 及 B 分別代表任何一個比較運算式(即條件)。
2. 「&&」(且)運算子：當「&&」兩邊的比較運算式皆為「true」(即同時成立)時，其結果才為「true」；當「&&」兩邊的比較運算式中有一邊為「false」時，其結果都為「false」。
3. 「||」(或)運算子：當「||」兩邊的比較運算式皆為「false」(即同時不成立)時，其結果才為「false」；當「||」兩邊的比較運算式中有一邊為「true」時，其結果都為「true」。
4. 「!」(否定)運算子：當比較運算式為「true」時，其否定之結果為「false」；當比較運算式為「false」時，其否定之結果為「true」。

2-3-6　位元運算子

位元運算子的作用，是在處理二進位整數。對於非二進位的整數，系統會先將它轉換成二進位整數，然後才能進行位元運算。

位元運算子的使用方式，請參考「表 2-10 位元運算子的功能說明」。(假設 a=2，b=1)

表 2-10　位元運算子的功能說明

<table>
<tr><th>運算子</th><th>運算子類型</th><th>作用</th><th>例子</th><th>結果</th><th>說明</th></tr>
<tr><td>&</td><td>二元運算子</td><td>將兩個二進位整數做且運算「&」。
逐一比較每一個位元值，若皆為 1 時，則運算後結果為 1；其餘則為 0。</td><td>a & b</td><td>0</td><td rowspan="3"></td></tr>
<tr><td>|</td><td>二元運算子</td><td>將兩二進位整數做或運算「|」。
逐一比較每一個位元值，若皆為 0 時，則運算後結果為 0；其餘則為 1。</td><td>a | b</td><td>3</td></tr>
<tr><td>^</td><td>二元運算子</td><td>將兩個二進位整數做互斥或運算「^」。
逐一比較每一個位元值，若皆為 1 或 0 時，則運算後結果為 0；其餘則為 1。</td><td>a ^ b</td><td>3</td></tr>
<tr><td>~</td><td>一元運算子</td><td>將一個二進位整數做否運算「~」。
逐一比較每一個位元值，若為 1 時，則運算後結果為 0；否則為 1。</td><td>~ a</td><td>-3</td><td>若結果為負，則必須使用 2 的補數法 (即，1 的補數之後 +1)，將它轉成十進位整數。</td></tr>
<tr><td><<</td><td>二元運算子</td><td>將 (「<<」左邊的) 整數轉成 2 進位整數後，往左移動 (「<<」右邊的) 整數個位元，相當於乘以 2 的 (「<<」右邊的) 整數次方。</td><td>a << 1</td><td>4</td><td>1. 往左移動後，超出儲存範圍的數字捨去，而右邊多出的位元就補上 0。
2. 若結果為負，則必須使用 2 的補數法 (即，1 的補數之後 +1)，將它轉成十進位整數。</td></tr>
<tr><td>>></td><td>二元運算子</td><td>將 (「>>」左邊的) 整數轉成 2 進位整數後，往右移動 (「>>」右邊的) 整數個位元，相當於除以 2 的 (「>>」右邊的) 整數次方。</td><td>a >> 1</td><td>1</td><td>往右移動後，超出儲存範圍的數字捨去，而左邊多出的位元就補上 0。</td></tr>
</table>

例：2 & 1= ？

解：2 的二進位表示法如下：

0 0 0 0 0 0 0 0 0 0 0 0 0 0 0 0 0 0 0 0 0 0 0 0 0 0 0 0 0 0 1 0

1 的二進位表示法如下：

0 0 0 0 0 0 0 0 0 0 0 0 0 0 0 0 0 0 0 0 0 0 0 0 0 0 0 0 0 0 0 1

0 0 0 0 0 0 0 0 0 0 0 0 0 0 0 0 0 0 0 0 0 0 0 0 0 0 0 0 0 0 1 0

& 　0 0 0 0 0 0 0 0 0 0 0 0 0 0 0 0 0 0 0 0 0 0 0 0 0 0 0 0 0 0 0 1

----

0 0 0 0 0 0 0 0 0 0 0 0 0 0 0 0 0 0 0 0 0 0 0 0 0 0 0 0 0 0 0 0

故 2 & 1=0。

例： 2 << 1= ？

解： 2 的二進位表示法如下：

0 0 0 0 0 0 0 0 0 0 0 0 0 0 0 0 0 0 0 0 0 0 0 0 0 0 0 0 0 0 1 0

2<<1 的結果之二進位表示法如下：

0 0 0 0 0 0 0 0 0 0 0 0 0 0 0 0 0 0 0 0 0 0 0 0 0 0 0 0 0 1 0 0

轉成十進位爲 4。

例： 2 >> 1= ？

解： 2 的二進位表示法如下：

0 0 0 0 0 0 0 0 0 0 0 0 0 0 0 0 0 0 0 0 0 0 0 0 0 0 0 0 0 0 1 0

2 >> 1 的結果之二進位表示法如下：

0 0 0 0 0 0 0 0 0 0 0 0 0 0 0 0 0 0 0 0 0 0 0 0 0 0 0 0 0 0 0 1

轉成十進位爲 1。

例： ~ 2= ？

解： 2 的二進位表示法如下：

0 0 0 0 0 0 0 0 0 0 0 0 0 0 0 0 0 0 0 0 0 0 0 0 0 0 0 0 0 0 1 0

~2 的二進位表示法如下：

1 1 1 1 1 1 1 1 1 1 1 1 1 1 1 1 1 1 1 1 1 1 1 1 1 1 1 1 1 1 0 1

因最高位元值爲 1，所以 ~2 的結果是一個負值。

使用 2 的補數法 (= 1 的補數 + 1)，將它轉成十進位整數。

(1) 做 1 的補數法：(0 變 1，1 變 0)

0 0 0 0 0 0 0 0 0 0 0 0 0 0 0 0 0 0 0 0 0 0 0 0 0 0 0 0 0 0 1 0

(2) 將 (1) 的結果 +1：

0 0 0 0 0 0 0 0 0 0 0 0 0 0 0 0 0 0 0 0 0 0 0 0 0 0 0 0 0 0 1 1

，故值爲 3，但爲負的。

2-4 運算子的優先順序

不管哪一種運算式，式子中一定含有運算元與運算子。運算處理的順序是依照運算子的優先順序爲準則，運算子的優先順序在前的先處理，運算子的優先順序在後的後處理。

表 2-11 運算子優先順序

運算子 優先順序	運算子	說明
1	( )	括號。
2	+，-，++， --，!，~	取正號，取負號，前置型「遞增」，前置型「遞減」，邏輯「否」，位元「否」。
3	*，/，%	乘，除，取餘數。
4	+，-	加，減。
5	<<，>>	位元「左移」，位元「右移」。
6	>，>=， <，<=， instanceof	大於，大於或等於， 小於，小於或等於， 判斷某物件是否為某類別 (class) 的子類別 (subclass) 或某介面 (interface) 的實作介面。
7	==，!=	等於，不等於。
8	&	位元「且」。
9	^	位元「互斥或」。
10	|	位元「或」。
11	&&	邏輯「且」。
12	||	邏輯「或」。
13	=，+=，-=，*=，/=，%=， &=，^=，|=，<<=，>>=	指定運算及各種複合指定運算。
14	++，--	後置型「遞增」，後置型「遞減」。

2-5 資料型態轉換

當不同型態的資料放在運算式中，資料是如何運作？資料處理的方式有下列兩種方式：

1. **自動轉換資料型態** (或隱式型態轉換：Implicit Casting)：由編譯器來決定轉換成何種資料型態。Java 編譯器會將數值範圍較小的資料態型轉換成數值範圍較大的資料型態。數值型態的範圍，由小到大依序為 int(byte 、char 及 short ，也都歸類在 int 型態)、 long、float 和 double。

   例：(程式片段)

```
char c='A';
int i=10;
float f=3.6f;
double d;
d=c+i+f；
//將c值轉換為整數65，再執行65+i → 75
//將75的值轉換為單精度浮點數75.0，
//再執行75.0+f → 78.6
//最後將單精度符點數78.6轉換為倍精度浮點數78.6
//並指定給d，結果d=78.5999984741211
//注意：並不是所有的浮點數都能準確地儲存在記憶體中
```

2. **強制轉換資料型態** (或顯式型態轉換：Explicit Casting)：由設計者自行決定轉換成何種資料型態。當問題要求的資料型態與執行結果的資料型態不同時，設計者就必須對執行結果的資料型態做強制轉換。強制轉換資料型態的語法有下列兩種：

   (1) 將基本型態的資料，強制轉換成其他指定基本資料型態的資料。語法如下：

   (指定的基本資料型態名稱) 變數或運算式

   (2) 將參考型態的資料，強制轉換成其他參考型態的資料。語法如下：

   (指定的參考資料型態名稱) 物件變數

   (物件變數說明，請參考「第十章自訂類別」，而範例則請參考「第十二章抽象類別和介面」之「範例 1」)

   例：(程式片段)

```
int a=1,b=2,c=3;
float avg;
avg=(float)(a+b+c)/3;
//將a+b+c的值轉換為單精度浮點數，再除以3
```

   例：(程式片段)

```
int a=1,b=2,c=3,avg;
avg=(int)(a*0.3+b*0.3+c*0.4);
//將a*0.3+b*0.3+c*0.4的值轉換為整數(即，將小數去掉)。
```

2-6 自我練習

1. 說明下列字元的意義。
   (a) '\\' (b) '\n' (c) '\t'
2. 下列哪一個識別字是保留字？
   (1) a (2) True (3) false (4) Return
3. 下列變數的命名，何者有誤？
   (1) age (2) 123a (3) if (4) if&else (5) my age
4. 變數未經過宣告，是否可直接使用？
5. 變數「age」與「Age 」是否爲同一個變數？
6. 說明運算子「=」與「==」的差異。
7. 「++a;」 敘述中的「++」，是幾元運算子？
8. (程式片段)

   ```
   int a = 10, b=12;
   System.out.println( a> b);
   ```

   執行後，輸出結果爲何？
9. (程式片段)

   ```
   int a = 5;
   System.out.println( a<< 2);
   ```

   執行後，輸出結果爲何？
10. (程式片段)

    ```
    int a = 10;
    float b;
    b = (float)a + 1;
    ```

    在執行「b = (float)a + 1;」敘述後，「a」的資料型態爲何？

03

基本輸出方法及輸入方法

教學目標

3-1　資料輸出
3-2　資料輸入
3-3　發現問題
3-4　自我練習

資料輸入與資料輸出是任何事件的基本元素，猶如因果關係。例 1：考試事件，學生將考題的作法寫在考卷上 (資料輸入)，考完後老師會在學生的考卷上給予評分 (資料輸出)。例 2：開門事件，當我們將鑰匙插入鎖孔並轉動鑰匙 (資料輸入)，門就會被打開 (資料輸出)。若資料輸入與資料輸出不是同時存在於事件中，則事件的結果不是千篇一律 (因沒有資料輸入，所以資料輸出就沒有變化)，就是不知其目的爲何 (因沒有資料輸出)。

Java 語言對於資料輸入與資料輸出處理，並不是直接下達一般指令敘述，而是分別藉由呼叫資料輸入類別與資料輸出類別的方法 (Method) 來達成。「方法」爲具有特定功能的指令，不能單獨執行，必須經由其他程式呼叫它。方法被呼叫之前，一定要先引入其所在類別，即，告知編譯器，方法定義在哪裡。

以類別是否存在於 Java 語言中來區分，可分成下列兩類：

1. **內建類別：**Java 語言所提供的類別。(請參考「第六章 內建類別」)

   註：

   在程式中，要使用 Java 語言的某一個類別，則必須先下達「import 類別名稱;」敘述，將類別庫引入到程式裡；否則編譯時可能會出現類似下面錯誤訊息 (切記)：

   「' 類別名稱 ' **cannot be resolved to a type**」

   (無法解析類別名稱為何種資料型態，即，Java 語言不認識它)

2. **自訂類別：**使用者自行定義的類別，請參考「第十章 自訂類別」。

本章主要在介紹與資料輸入及資料輸出有關的內建類別之方法，其他未介紹的內建類別之方法，請參考「第六章 內建類別」。

3-1 資料輸出

程式執行時所產生的資料，可以輸出到標準輸出裝置 (即，螢幕) 或檔案 (請參考「第十三章 檔案處理」)。本節主要在介紹程式執行階段，如何將資料呈現在螢幕上的方法。

與標準輸出有關的功能，都定義在 java 內建的「System」類別中。因此，可藉由「System」類別的方法，將程式所產生的資料輸出到螢幕上。「System」類別屬於預設載入的「java.lang」套件中的類別，因此，不需下達「import java.lang.System;」敘述，就能使用「System」類別中的成員。要將資料輸出到螢幕上，可利用標準輸出串流物件「System.out」來達成。語法有下列三種：

一. System.out.print(資料);

「( )」內可以是基本資料型態的資料，也可以是參考資料型態的資料 (請參考「第八章 參考資料型態」)。若有兩個以上的資料項要輸出到螢幕上，則可使用「+」將這些資料連接在一起。資料被輸出到螢幕上後，游標並不會自動換列。

二. System.out.println([資料]);

「[ ]」表示「( )」內的資料可填可不填。「( )」內可以是基本資料型態的資料，也可以是參考資料型態的資料。若有兩個以上的資料項要輸出到螢幕上，則可使用「+」將這些資料連接在一起。不論「( )」內是否有資料，執行後游標會自動換列。

三. System.out.printf("輸出格式字串"[,資料串列]);

若在「輸出格式字串」中，含有輸出資料的格式，則「[ ]」內的「資料串列」必須填寫；否則不能填寫。若「輸出格式字串」內，含有 n 個輸出資料的格式，則「資料串列」中的資料項就要有 n 個，且必須以「,」隔開。

「輸出格式字串」中可以使用的文字包含以下三種：

1. 一般文字 (不以「%」及「\」開頭的文字)。其目的是將一般文字直接輸出到螢幕上。

2. 資料型態控制字元 (以 % 開頭的文字)。其目的是將要輸出的資料以指定的格式輸出到螢幕上。資料型態控制字元的撰寫格式如下：

```
%[Flags][Width][.Precision]Type
```

註：

(1) [ ] 表示 Flags、Width 及 Precision 這三個部分可填可不填，視需要而定。

(2) Flag(旗號)：設定輸出資料前是否要先輸出「+」或改變輸出的起始位置。(請參考「表 3-1 Flag(旗號)」)

(3) Width(寬度)：設定給予多少位置來顯示要輸出的資料。

(4) Precision(精度度)：設定要輸出浮點數的小數位數或輸出字串資料的前幾個字元。

(5) Type(型態)字元：設定資料以何種型態輸出。(請參考「表 3-2 Type(型態)字元」)。

(6) 若「輸出格式字串」中包含「%%」，則只會輸出「%」。

3. 以「\」開頭的文字。(請參考「第二章 Java語言的基本資料型態」之「表2-3 常用的逸出序列」)

表 3-1 Flag(旗號)

Flag	作用	預設值
-	資料以靠左對齊的方式輸出(必須配合「Width」選項才有效，而且資料的寬度必須小於「Width」)。	資料以靠右對齊的方式輸出。
+	在大於零的數字資料前面自動輸出「+」。	大於零的數字資料前面不會自動輸出「+」。
0	輸出的數字資料前面補「0」(必須配合「Width」選項才有效，而且資料的寬度必須小於「Width」)。	輸出的數字資料前面不會自動補「0」。

註：

「-」與「0」不能同時使用。

表 3-2 Type(型態)字元

Type	資料型態	作用
b	布林	輸出 true 或 false。
B	布林	輸出 TRUE 或 FALSE。
c	字元	將單一字元輸出。
C	字元	將單一字元轉成大寫後輸出。
d	整數	輸出帶有正負號的十進位整數。
f	單精度浮點數或倍精度浮點數	輸出帶有正負號的浮點數。小數點後 6 位(預設)。
e	單精度浮點數或倍精度浮點數	以科學記號方式，輸出帶有正負號的浮點數。小數點後 6 位且 e 後面 3 或 4 位(預設)。(例：-1.200000e+03)
E	單精度浮點數或倍精度浮點數	以科學記號方式，輸出帶有正負號的浮點數。小數點後 6 位且 E 後面 3 或 4 位(預設)。(例：-1.200000E+03)
s	字串	將字串輸出。
S	字串	將字串中的每一個英文字母轉成大寫後，再輸出。

o	八進位整數	輸出八進位整數。(例：0123)
x	十六進位整數	輸出十六進位整數。(例：7b)
X	十六進位整數	輸出十六進位整數。(例：7B)

上述三種語法中的「out」是「System」類別中的一個靜態屬性(或稱類別變數)，其資料型態爲「PrintStream」類別。而「print」、「println」及「printf」爲「PrintStream」類別的方法，它們的功能都是將資料輸出到螢幕上。

以下所有的範例，都是建立在專案名稱爲「ch03」及套件名稱爲「ch03」的條件下。

範例1

將資料以簡易的方式輸出到螢幕上之應用練習。

```
1  package ch03;
2
3  public class Ex1 {
4     public static void main(String[] args) {
5        String name = "邏輯林";  // 參考「6-4 字串類別常用方法」
6        int age = 28;
7        char blood = 'A';
8        float height = 168.5f; //或168.5F
9        double money = 12345678.0;
10       System.out.print("1234567890123456789012345678901234567890123456789\n");
11       System.out.println("我是" + name + "\t今年" + age + "歲");
12       System.out.print("血型是"+blood + "\t\t身高" + height + "\t");
13
14       // 若浮點數的整數部分小於8位,則以一般慣用的浮點數寫法輸出;
15       // 否則,則以含有科學符號(E)的方式輸出
16       // 單精度浮點數有效位數7到8位;倍精度浮點數有效位數16到17位
17       System.out.println("銀行存款" + money + "元");
18    }
19 }
```

執行結果

```
12345678901234567890123456789012345678901234567890
我是邏輯林        今年28歲
血型是A           身高168.5        銀行存款1.2345678E7元
```

程式說明

程式第 11 及 12 列中的「\t」相當於「Tab」鍵。「Tab」(水平定位鍵)的預設位置，分別爲 1、9、17、25、33、41、49、57、65 及 73。

☰範例2

以資料所對應的「資料型態控制字元」格式，將資料輸出到螢幕上，及「逸出序列」對資料所產生的特殊輸出效果之應用練習。

```
1  package ch03;
2
3  public class Ex2 {
4     public static void main(String[] args) {
5        String name = "邏輯林";  // 參考「6-4 字串類別常用方法」
6        int age = 28;
7        char blood = 'A';
8        float height = 168.54f; //或168.54F
9        double money = 12345678.0;
10       System.out.print("12345678901234567890123456789012345678901234567890\n");
11       System.out.printf("我是%s\t今年%d歲\n",name,age);
12       System.out.printf("血型是%c\t\t身高%5.1f公分\t",blood,height);
13       //%5.1f表示給5個位置來顯示變數height的內容(3位整數+1位小數點+1位小數)
14       //輸出height的內容前，會將小數點後第2位，做四捨五入
15       System.out.printf("銀行存款有%E元\n", money);
16
17       //給5個位置輸出2017,多餘的位置放在左邊且填空白
18       System.out.printf("現在是%5d年\n",2017);
19       //給5個位置輸出2017,多餘的位置放在右邊且填空白
20       System.out.printf("現在是%-5d年\n",2017);
21       //給5個位置輸出2017,多餘的位置放在左邊且填0
22       System.out.printf("現在是%05d年\n",2017);
23
24       System.out.printf("現在是%+5d年\n",2017); //正負號佔一個位置
25       System.out.printf("現在是%5o年\n",2017);  //以八進位表示2017
26       System.out.printf("現在是%5x年\n",2017);  //以十六進位表示2017
27    }
28 }
```

執行結果

```
12345678901234567890123456789012345678901234567890
我是邏輯林      今年28歲
血型是A         身高168.5公分    銀行存款有1.234568E+07元
現在是 2017年
現在是2017 年
現在是02017年
現在是+2017年
現在是 3741年
現在是  7e1年
```

與標準輸出 / 入功能有關的「System」類別，可參考以下網頁：

https://docs.oracle.com/en/java/javase/17/docs/api/java.base/java/lang/System.html

其他 Java 內建的類別，及其所定義的屬性及方法之相關資訊，請參考網頁：https://docs.oracle.com/en/java/javase/17/docs/api/，然後在相關的套件 (例：java.lang) 中，找尋所需要的類別名稱 (例：System)。

3-2 資料輸入

程式執行時，所需要的資料如何取得呢？資料取得的方式共有下列四種：

1. 在程式設計階段，將資料直接寫在程式中。這是最簡單的資料取得方式，但每次執行結果都一樣。因此，只能解決固定的問題。(請參考「範例 1」及「範例 2」)
2. 在程式執行階段，資料才從鍵盤輸入。資料取得會隨著使用者輸入的資料不同而不同，且執行結果也隨之不同。因此，適合解決同一類型的問題。(請參考「範例 3」)
3. 在程式執行階段，資料才由亂數隨機產生。其目的在自動產生資料，或不想讓使用者掌握資料內容，進而預先得知結果。(請參考「第七章 陣列」)
4. 在程式執行階段，才從檔案中讀取資料。當程式執行時所需要的資料很多時，可事先將這些資料儲存在檔案中，在程式執行時，才從檔案中取出 (請參考「第十三章 檔案處理」)。

本節主要在介紹程式執行階段，從鍵盤輸入資料的方法

3-2-1 標準輸入方法

與標準輸入有關的功能，都定義在 java 內建的「System」類別中。因此，從標準輸入串流物件「System.in」(即，鍵盤) 輸入的字串資料，可藉由「System」類別的不同方法成員轉換成所要的資料型態，以符合程式所需。「System.in」中的「in」爲「System」類別的一個靜態屬性，其資料型態爲「InputStream」類別。「System」類別屬於預設載入「java.lang」套件中的類別，因此，不需下達「import java.lang.System;」敘述，就能使用「System」類別的成員。從鍵盤輸入資料的程序如下：

一 . 宣告一個資料型態爲「Scanner」的物件變數。語法如下：

```
Scanner 物件變數 = new Scanner(System.in);
```

註：

1. 以此物件變數去讀取鍵盤所輸入的字串資料。
2. 「Scanner」屬於「java.util」套件中的內建類別，使用前必須先下達「import java.util.Scanner;」敘述，將「Scanner」類別引入，否則編譯時會出現以下的錯誤訊息：

「**'Scanner' cannot be resolved to a type**」

（識別名稱 Scanner 無法被解析為一種資料類型）。

二. 透過「程序一」所宣告之物件變數的方法，讀取鍵盤所輸入的字串資料，並將字串資料轉換成該方法所設定的資料型態。語法如下：

```
資料型態 變數名稱 = 物件變數.方法名稱();
```

註：

常用的讀取字串資料並轉換資料型態的方法名稱，請參考「表 3-3 常用的資料讀取方法」。

表 3-3　常用的資料讀取方法

回傳的資料型態	方法名稱	作用說明
String	next()	讀取文字資料直到遇到「空白」或「Tab」或「換行」為止，並將讀取的字串回傳給接收的字串變數。
String	nextLine()	讀取文字資料直到遇到「換行」為止，並將讀取的字串回傳給接收的字串變數。
boolean	nextBoolean()	讀取文字資料直到遇到「空白」或「Tab」或「換行」為止，並將讀取的字串轉換成「boolean」型態回傳給接收的布林變數。[註] 文字資料只能是「true」或「false」，不管大小寫。
byte	nextByte()	讀取文字資料直到遇到「空白」或「Tab」或「換行」為止，並將讀取的字串轉換成「byte」型態回傳給接收的位元組變數。
short	nextShort()	讀取文字資料直到遇到「空白」或「Tab」或「換行」為止，並將讀取的字串轉換成「short」型態回傳給接收的短整數變數。
int	nextInt()	讀取文字資料直到遇到「空白」或「Tab」或「換行」為止，並將讀取的字串轉換成「int」型態回傳給接收的整數變數。
long	nextLong()	讀取文字資料直到遇到「空白」或「Tab」或「換行」為止，並將讀取的字串轉換成「long」型態回傳給接收的長整數變數。

回傳的資料型態	方法名稱	作用說明
float	next**F**loat()	讀取文字資料直到遇到「空白」或「Tab」或「換行」為止，並將讀取的字串轉換成「float」型態回傳給接收的單精度浮點數變數。
double	next**D**ouble()	讀取文字資料直到遇到「空白」或「Tab」或「換行」為止，並將讀取的字串轉換成「double」型態回傳給接收的倍精度浮點數變數。

註：

若輸入的資料不符合資料讀取方法之回傳資料型態，則編譯時會出現一下錯誤訊息：「**java.util.InputMismatchException**」。

範例3

寫一程式，輸入兩個正整數 num1 及 num2，輸出 num1 除以 num2 的商及餘數。

```
1   package ch03;
2
3   import java.util.Scanner;
4
5   public class Ex3 {
6      public static void main(String[] args) {
7         Scanner keyin = new Scanner(System.in);
8         int num1, num2;
9
10        // 方法1
11        System.out.print("輸入一正整數當被除數(以「換行」作爲結束):");
12        num1 = keyin.nextInt();
13        System.out.print("輸入一正整數當除數(以「換行」作爲結束):");
14        num2 = keyin.nextInt();
15
16        // 方法2
17        // System.out.print("輸入兩個正整數:(以「空白」或「Tab」或「換行」作爲分隔)") ;
18        // num1=keyin.nextInt();
19        // num2=keyin.nextInt();
20
21        System.out.print(num1 + "除以" + num2 + "的商爲" + (num1/num2));
22        System.out.println("，餘數爲" + (num1 % num2));
23
24        keyin.close();    //關閉keyin物件
25     }
26  }
```

執行結果

```
輸入一正整數當被除數(以「換行」作為結束):10
輸入一正整數當除數(以「換行」作為結束):3
10除以3的商為3，餘數為1
```

三程式說明

1. 若物件 keyin 不再使用，則必須下達(第 25 列)「keyin.close();」將其所讀取的資源關閉；否則第 7 列的 keyin 底下會出現鋸齒狀線條(內容：**Resource leak: 'keyin' is never closed**)，表示讀取的資源沒有關閉。因此，當資源不再使用時，應記得關閉。
2. 利用「keyin.next()」所讀取的資料之型態都是字串型態。若所需要的資料為數值型態的資料，則可藉由以下 Java 內建的「Integer」類別方法來轉換。因此，第 10~14 列的方法 1 及 16~19 列的方法 2，分別可改成方法 3 及方法 4 的寫法。

```
// 方法3
System.out.print("輸入一正整數當被除數(以「換行」作為結束):");
num1 = Integer.parseInt(keyin.next());
System.out.print("輸入一正整數當除數(以「換行」作為結束):");
num2 = Integer.parseInt(keyin.next());

// 方法4
System.out.print(
"輸入兩個正整數:(以「空白」或「Tab」或「換行」作為分隔)") ;
num1=Integer.parseInt(keyin.next());
num2=Integer.parseInt(keyin.next());
```

註：

(1) parseInt( ) 是 Java 內建的「Integer」類別之靜態 (static) 方法，其作用是將字串型態 (String) 的數字換成 int 型態的數字。

語法：`Integer.parseInt( 字串常數或變數 )`

(2) parseByte( ) 是 Java 內建的「Byte」類別之靜態 (static) 方法，其作用是將字串型態的數字換成 byte 型態的數字。

語法：`Byte.parseByte( 字串常數或變數 )`

(3) parseShort( ) 是 Java 內建的「Short」類別之靜態 (static) 方法，其作用是將字串型態的數字換成 short 型態的數字。

語法：`Short.parseShort( 字串常數或變數 )`

(4) parseLong( ) 是 Java 內建的「Long」類別之靜態 (static) 方法，其作用是將字串型態的數字換成 long 型態的數字。

語法：`Long.parseLong( 字串常數或變數 )`

(5) parseFloat( ) 是 Java 內建的「Float」類別之靜態 (static) 方法，其作用是將字串型態的數字換成 float 型態的數字。

語法：`Float.parseFloat( 字串常數或變數 )`

(6) parseDouble( ) 是 Java 內建的「Double」類別之靜態 (static) 方法，其作用是將字串型態的數字換成 double 型態的數字。

語法：`Double.parseDouble( 字串常數或變數 )`

以上 6 個方法，是將字串資料轉換成不同數值型態的數值資料。

☰範例4

寫一程式，輸入長方形的長與寬，輸出其形面積。

```
1   package ch03;
2   
3   import java.util.Scanner;
4   
5   public class Ex4 {
6      public static void main(String[] args) {
7         Scanner keyin = new Scanner(System.in);
8         int length, width;
9         System.out.print("輸入長方形的長:");
10        length = keyin.nextInt();
11        System.out.print("輸入長方形的寬:");
12        width = keyin.nextInt();
13        System.out.print("長爲" + length + ",寬爲" + width);
14        System.out.println("的長方形面積=" + length * width);
15        keyin.close();
16     }
17  }
```

執行結果

```
輸入長方形的長:9
輸入長方形的寬:6
長爲9,寬爲6的長方形面積=54
```

三範例5

寫一程式，將華氏溫度轉換成攝氏溫度。

```
1  package ch03;
2
3  import java.util.Scanner;
4
5  public class Ex5 {
6     public static void main(String[] args) {
7        Scanner keyin = new Scanner(System.in);
8        float f, c;
9           System.out.print("輸入華氏溫度:");
10          f = keyin.nextFloat();
11          c = (f - 32) * 5 / 9;
12          System.out.printf("攝氏溫度=%.1f\n", c);
13          keyin.close();
14       }
15 }
```

執行結果

```
輸入華氏溫度:32
攝氏溫度=0.0
```

三程式說明

1. 華氏溫度轉換成攝氏溫度的公式：
   攝氏溫度 (℃) = (華氏溫度 (℉) - 32) * 5 / 9;

2. 「%.1f」表示取一位小數 (四捨五入)。

由於每一個國家有各自的文字編碼方式，例：台灣 Big5 碼、大陸的 GBK 碼、日本的 SJIS 碼、香港的 HK-SC 碼等。彼此間若要藉由電腦傳達訊息，會出現語意的誤會或亂碼的現象。有鑒於此，美國的 Unicode 學會制定名為「Unicode」(標準萬國碼) 編碼方式，以唯一的兩個位元組 (16 位元) 之內碼表示每一個字元，來統一全世界的文字編碼方式。不論是什麼平臺、什麼程式及什麼語言，每個字元都只對應於唯一的 Unicode 碼。常用的中文字元所對應的「Unicode」碼，請參考「https://www.unicode.org/charts/PDF/U4E00.pdf」。

☰範例6

寫一程式，輸入一 Unicode(標準萬國碼)，輸出其所對應的字元；輸入一字元，輸出其所對應 Unicode 碼。

```
1  package ch03;
2
3  import java.util.Scanner;
4
5  public class Ex6 {
6     public static void main(String[] args) {
7           Scanner keyin = new Scanner(System.in);
8           int unicode;
9           char ch;
10
11          //Java 程式語言中是使用16位元的 Unicode碼來儲存目前各種語言中的字元
12          //1. 中文字元所對應的Unicode(標準萬國碼)範圍在19968~40622區間內
13          //   (即,十六進位的4E00~9EAE區間內)
14
15          //2. 英文字元對應的Unicode範圍在[]及[]65-90及97-122區間內
16          //   (即,十六進位的0041~005A及0061~007A區間內)
17
18          //3. 數字字元對應的Unicode範圍在[]49~57 區間內
19          //   (即,十六進位的0031~0039區間內)
20
21          //4. 符號字元對應的Unicode範圍在33-47,58-64,91-96及123-126區間內
22          //   (即,十六進位的0021~002F,003A~0040,005B~0060及007B~007E)
23
24          //5. 空白字元對應的Unicode爲32 (即,十六進位的20)
25
26          System.out.print("輸入unicode碼(十進位):");
27          unicode=keyin.nextInt();
28          ch= (char)unicode;
29          System.out.println("unicode碼爲" + unicode + "所對應的字元爲" + ch);
30          System.out.print("輸入字元:");
31          ch=keyin.next().charAt(0);
32          unicode= (int)ch;
33          System.out.println("字元爲" + ch + "所對應的unicode碼爲" + unicode);
34          keyin.close();
35     }
36 }
```

執行結果

```
輸入unicode碼:19968
unicode碼爲19968所對應的字元爲一
輸入字元:一
字元爲一所對應的unicode碼爲19968
```

三程式說明

第 31 列的「keyin.next().charAt(0)」的意義爲：取得從鍵盤輸入的第一個字元。(請參考「6-4 字串類別常用方法」)

3-2-2 讀取字串中的資料

除了透過「**Scanner 物件變數名稱 = new Scanner(System.in);**」敘述，從鍵盤讀取資料外，還能透過下列敘述，讀取字串中的資料：

「**Scanner 物件變數名稱 = new Scanner(字串變數或常數);**」

當讀取字串中的資料時，要如何判斷字串中是否還有資料呢？所讀取的資料是哪一種資料型態呢？這些都可由內建的「Scanner」類別所提供的讀取字串判斷方法得到答案。

表 3-4　Scanner 類別的讀取字串判斷方法

回傳的資料型態	方法名稱	作用
boolean	hasNext()	判斷「Scanner」類別的物件變數中是否還有資料
boolean	hasNextByte()	判斷讀取的資料是否為「byte」型態的整數
boolean	hasNextShort()	判斷讀取的資料是否為「short」型態的整數
boolean	hasNextInt()	判斷讀取的資料是否為「int」型態的整數
boolean	hasNextLong()	判斷讀取的資料是否為「long」型態的整數
boolean	hasNextFloat()	判斷讀取的資料是否為「float」型態的浮點數
boolean	hasNextDouble()	判斷讀取的資料是否為「double」型態的浮點數
boolean	hasNextBoolean()	判斷讀取的資料是否為「boolean」型態的布林值

註：

1. 使用語法如下：

```
Scanner 類別物件變數.hasNext()
Scanner 類別物件變數.hasNextByte()
Scanner 類別物件變數.hasNextShort()
Scanner 類別物件變數.hasNextInt()
Scanner 類別物件變數.hasNextLong()
Scanner 類別物件變數.hasNextFloat()
```

Scanner 類別物件變數.hasNextDouble()

Scanner 類別物件變數.hasNextBoolean()

2. 以上每一種方法的結果不是「true」就是「false」。

☰範例7

寫一程式，由鍵盤輸入一列文字(數值與非數值以空白隔開，並以「換行」作爲結束)，輸出「輸入的文字」中之數值的總和。(提示:參考「第五章 程式之設計模式——迴圈結構」)

```
1   package ch03;
2
3   import java.util.Scanner;
4
5   public class Ex7 {
6      public static void main(String[] args) {
7         double sum = 0.0;
8         System.out.println(
9               "請輸入一列文字(數值與非數值以空白隔開，並以「換行」作爲結束):");
10        Scanner keyin1 = new Scanner(System.in);
11        String str = keyin1.nextLine();
12        Scanner keyin2 = new Scanner(str);
13        while (keyin2.hasNext()) { //判斷keyin2中是否還有資料
14           // 判斷keyin2中的下一個資料是否爲位元組整數
15           if (keyin2.hasNextByte())
16              sum += keyin2.nextByte();
17           // 判斷keyin2中的下一個資料是否爲短整數
18           else if (keyin2.hasNextShort())
19              sum += keyin2.nextShort();
20           // 判斷keyin2中的下一個資料是否爲整數
21           else if (keyin2.hasNextInt())
22              sum += keyin2.nextInt();
23           // 判斷keyin2中的下一個資料是否爲長整數
24           else if (keyin2.hasNextLong())
25              sum += keyin2.nextLong();
26           // 判斷keyin2中的下一個資料是否爲單精度浮點數
27           else if (keyin2.hasNextFloat())
28              sum += keyin2.nextFloat();
29           // 判斷keyin2中的下一個資料是否爲倍精度浮點數
30           else if (keyin2.hasNextDouble())
31              sum += keyin2.nextDouble();
32           else
33              keyin2.next();
34        }
35        System.out.println("在輸入的文字中，數值的總和爲" + sum);
36        keyin1.close();
37        keyin2.close();
38     }
39  }
```

執行結果

```
請輸入一列文字(數值與非數值以空白隔開，並以「換行」作爲結束):
中華民國 106 年 9 月 11 日
在輸入的文字中，數值的總和爲126.0
```

3-3 發現問題

範例8

float 型態及 double 型態的資料之準確度問題。

```
1  package ch03;
2
3  public class Ex8 {
4     public static void main(String[] args) {
5        float a = 1.2345678901234567890f;
6        System.out.printf("a=%.20f\n", a);
7        // 1.23456788063049320000
8
9        a = 12.345678901234567890f;
10       System.out.printf("a=%.20f\n", a);
11       // 12.34567928314209000000
12
13       double b;
14       b = 1.2345678901234567890;
15       System.out.printf("b=%.20f\n", b);
16       // 1.23456789012345670000
17
18       b = 123.45678901234567890;
19       System.out.printf("b=%.20f\n", b);
20       // 123.45678901234568000000
21    }
22 }
```

執行結果

a=**1.2345678**8063049320000
a=**12.34567**928314209000000
b=**1.234567890123456**70000
b=**123.4567890123456**8000000
(有**畫底線的部份**表示準確的數字)

三程式說明

由於不是每一個浮點數都能準確儲存在記憶體中，故有些「float」型態的資料，輸出時只能準確 7~8 位 (整數位數 + 小數位數)，有些「double」型態的資料，輸出時只能準確 16~17 位 (整數位數 + 小數位數)。

3-4 自我練習

一、選擇題

1. System.out.printf("a=%.4f",10.55656);
   (A) a=10.4　(B) a=10.55　(C) a=10.5565　(D) a=10.5566
2. 能將 String 型態的資料轉換成 int 型態的方法爲何者？
   (A) int.Parse()　(B) Integer.parseInt()　(C) Int.parseInt()　(D) int\
3. System.out.printf("b=%-6d", 2022);
   (A) b=2022　(B) b= 2022　(C) b=002022　(D) b=202200
4. System.out.printf("c=%07d",202210);
   (A) c=2022100　(B) c=0202210　(C) c=202210　(D) c= 202210
5. System.out.printf("d=%o",2022);
   (A) d= 3746　(B) d=02746　(C) d=3746　(D) d=37460
6. System.out.printf("m=%4x",2022);
   (A) m=7e6　(B) m=07e6　(C) m=7e60　(D) m= 7e6

二、程式設計

1. 假設某百貨公司周年慶活動，購物滿 10000 元送 1000 禮券，滿 20000 元送 2000 禮券，以此類推。寫一程式，輸入購物金額，輸出禮券金額。
2. 寫一程式，輸入三角形的底與高，輸出其面積。
3. 寫一程式，輸入體重 (kg) 和身高 (m)，輸出 BMI 值。(公式：BMI = 體重 (kg) / (身高 (m))^2)
4. 寫一程式，輸入一個十進位整數，輸出該整數的八進位和十六進位表示法。
5. 以下程式哪裡有寫錯？

```
package ch03;
public class Self6 {
   public static void main(String[] args) {
   float num1=10.0f;
   int num2=20;
   System.out.printf("num1=%d,num2=%f\n",num1,num2);
   }
}
```

6. 數值資料輸出到螢幕上的各種練習。

```
package ch03;
import java.text.DecimalFormat;
import java.util.Scanner;
public class Self7{
  public static void main(String[] args) {
    Scanner keyin = new Scanner(System.in);
    System.out.print("輸入一個整數:");
    int inum = keyin.nextInt();

    System.out.print(inum +"以%3d的格式輸出,結果爲");
    System.out.printf("%3d\n" , inum);
    // 格式化字串"%3d"中的3，表示提供3個位置來輸出變數inum的內容
    // 若內容的長度爲n(<3)，則在前面會補(3-n)個空格，否則以實際的數
    // 字輸出且資料以向右對齊方式輸出

    System.out.print(inum +"以%-3d的格式輸出,結果爲");
    System.out.printf("%-3d\n" , inum);
    // 格式化字串"%-3d"中的3，表示提供3個位置來輸出變數inum的內
    // 容，若內容的長度爲n(<3)，則在後面會補(3-n)個空格，否則以實際
    // 的數字輸出，'-'表示資料以向左對齊方式輸出

    System.out.print(inum +"以%03d的格式輸出,結果爲");
    System.out.printf("%03d\n" , inum);
    // 格式化字串"%03d"中的3，表示提供3個位置來輸出變數inum的內
    // 容，若內容的長度爲n(<3)，則在前面會補(3-n)個0，否則以實際的
    // 數字輸出這表示資料以向右對齊方式輸出

    double dnum;
    System.out.print("輸入一個倍精度浮點數:");
    dnum = keyin.nextDouble();

    System.out.print(dnum +"以%6.1f的格式輸出,結果爲");
    System.out.printf("%6.1f\n" , dnum);
    // 格式化字串"%6.1f"中的6，表示提供6個位置來輸出變數dnum的內
    // 容，若內容的長度爲n(<6)，則在前面會補(6-n)個空格，否則以實際
    // 的數字輸出6個位置:包括整數+小數點+小數點後1位
    // (四捨五入到小數點後1位)

    String str;
    System.out.print("輸入一個字串:");
    str = keyin.nextLine();
    str = keyin.nextLine();
    // 爲什麼要連續下達str = keyin.nextLine(); ?
    // 因從鍵盤輸入資料最後都會按Enter鍵且會留在鍵盤緩衝區，若不先
    // 從鍵盤緩衝區將Enter鍵讀出，則會造成下一個文字資料無法從鍵盤
    // 輸入。此種作用方式只適用於"先輸入數字，再輸入文字"的情況下。
```

```
System.out.print(str + "以%4s格式輸出,結果爲");
System.out.printf("%4s\n" , str);
// 格式化字串"%4s"中的4，表示提供4個位置來輸出變數str的內容
// 若內容的長度爲n(<4)，則在前面會補(4-n)個空格，否則以實際的字
// 串輸出

System.out.print(str + "以%6.5s格式輸出,結果爲");
System.out.printf("%6.5s\n" , str);
// 格式化字串"%6.5s"中的6，表示提供6個位置來輸出變數str的內容
// 格式化字串"%6.5s"中的5，表示取出字串變數str的前5個字元
// 若取出內容的長度爲n(<=5)，則在前面會補(6-n)個空格

int num;
System.out.print("輸入一個整數:");
num = keyin.nextInt();

DecimalFormat user_df1 = new DecimalFormat("0000");
System.out.println(num + "以0000格式輸出,結果爲" +
                   user_df1.format(num));
// 格式化字串"0000"，表示提供4個位置來輸出整數變數num的內容
// 若內容的長度爲n(<4)，則在前面會補(4-n)個0，否則以實際的數字
// 輸出

DecimalFormat user_df2 = new DecimalFormat("##000");
System.out.println(num + "以##000格式輸出,結果爲" +
                   user_df2.format(num));
// 格式化字串"##000"中爲0的位置一定要有值，若無則以0代替
// '#'表示有資料就輸出，否則不輸出

DecimalFormat user_df4 = new DecimalFormat("##0.0");
System.out.println(num + "以##0.0格式輸出，結果爲" +
                   user_df4.format(num));
// 格式化字串"##0.0"中爲0的位置一定要有值，若無則以0代替
// '#'表示有資料就輸出，否則不輸出

DecimalFormat user_df3 = new DecimalFormat("$#00");
System.out.println(num + "以$#00格式輸出,結果爲" +
                   user_df3.format(num));
// 格式化字串"$#00"中爲0的位置一定要有值，若無則以0代替
// 且最前頭以'$'爲前導. '#'表示有資料就輸出，否則不輸出.

DecimalFormat user_df5 = new DecimalFormat("#,##0%");
System.out.println(num + "以#,##0%格式輸出,結果爲" +
                   user_df5.format(num));
// 格式化字串"#,##0%"中爲0的位置一定要有值，若無則以0代替
// 若整數大3位數，則每三位數以一個逗號分開
```

```
        // %表示會將數值乘以100再輸出，且以'%'爲結尾

        keyin.close();
      }
}
```

執行結果：

```
輸入一個整數:10
10以%3d的格式輸出,結果爲 10
10以%-3d的格式輸出,結果爲10
10以%03d的格式輸出,結果爲010
輸入一個倍精度浮點數:12.56
12.56以%6.1f的格式輸出,結果爲  12.6
輸入一個字串:中華民國99年9月9日
中華民國99年9月9日以%4s格式輸出,結果爲中華民國99年9月9日
中華民國99年9月9日以%6.5s格式輸出,結果爲 中華民國9
輸入一個整數:12
12以0000格式輸出,結果爲0012
12以##000格式輸出,結果爲012
12以##0.0格式輸出，結果爲12.0
12以$#00格式輸出,結果爲$12
12以#,##0%格式輸出,結果爲1,200%
```

三程式說明

將數值型態的資料輸出到螢幕的語法，除了「System.out.print();」、「System.out.println();」或「System.out.printf();」外，還可使用下列程序來達成：

步驟 1. 宣告一個資料型態爲 DecimalFormat 的物件變數。語法如下：

```
DecimalFormat 物件變數= new DecimalFormat("輸出格式");
```

註：

(1) 「DecimalFormat」屬於「java.text」套件中的內建類別，使用前必須先下達：「import java.java.text.DecimalFormat;」敘述，將「DecimalFormat」類別引入，否則編譯時會出現以下的錯誤訊息：

「**'DecimalFormat' cannot be resolved to a type**」

（識別名稱 DecimalFormat 無法被解析為一種資料類型）。

(2) DecimalFormat(" 輸出格式 ") 中的「輸出格式」內容，可以「**$**」或「**#**」或「**,**」或「**0**」或「**%**」中的組合。「**$**」表示資料輸出時，會以「**$**」為前導。「**#**」表示資料輸出時，其所對應的位置有內容時就會輸出，否則就不會輸出任何數字。「**,**」表示資料輸出時，每幾位數以一個逗號分開。

「**0**」表示資料輸出時，其所對應的位置有內容時就會輸出，否則就輸出「**0**」。「**%**」的作用是會先將數值資料「***100**」，再輸出資料並以「**%**」為結尾。

步驟 2. 透過「步驟 1」所宣告之物件變數名稱的「format()」方法，將「數值型態的資料」以程序 1 所設定「輸出格式」輸出到螢幕。語法如下：

```
System.out.println(物件變數名稱.format(數值型態的資料));
```

04

程式之設計模式──選擇結構

教學目標

4-1　程式運作模式
4-2　選擇結構
4-3　巢狀選擇結構
4-4　自我練習

日常生活中，常會碰到很多需要做決策的事件。例：陰天時，出門前需決定帶或不帶傘？到餐廳吃飯時，需決定吃什麼？找工作時，需決定什麼性質行業適合自己？決策代表方向，其會影響後續的發展。由此可見，決策與後續發展的因果關係。

4-1 程式運作模式

程式的運作模式是指程式的執行流程。Java 語言有下列三種運作模式：

1. **循序結構：**程式敘述由上而下，一個接著一個執行。循序結構之運作方式，請參考「圖 4-1」。

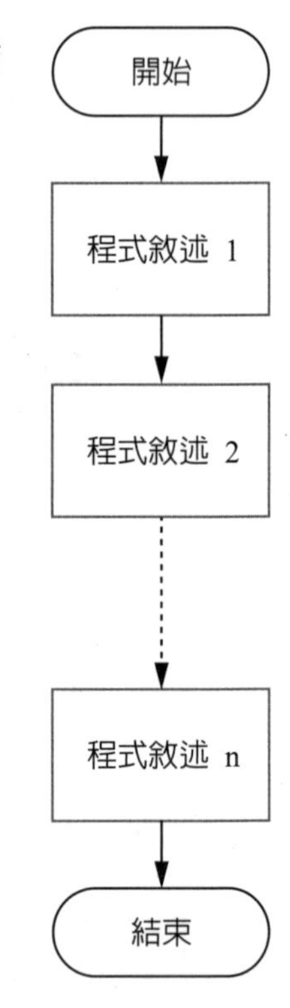

圖 4-1　循序結構流程圖

2. **選擇結構：**是內含一組條件的決策結構。若條件為「true」(真)，則執行某一區塊的程式敘述；若條件為「false」(假)，則執行另一區塊的程式敘述。

3. **迴圈結構：**是內含一組條件的重複結構。當程式執行到此迴圈結構時，是否重複執行迴圈內部的程式敘述，是由條件來決定。若條件為「true」，則會執行迴圈結構內部的程式敘述；若條件為「false」，則不會進入迴圈結構內部。重複結構之運作方式，請參考「第五章 程式之設計模式——迴圈結構」。

4-2 選擇結構

當一個事件設有條件或狀況說明時，就可使用選擇結構來描述事件的決策點。選擇就是決策，其結構必須結合條件判斷式。Java語言的選擇結構語法有以下四種：

1. if ... (單一狀況、單一決策)。
2. if … else … (兩種狀況、正反決策)。
3. if … else if … else … (多種狀況、多方決策)。
4. switch (多種狀況、多方決策)。

4-2-1 if 選擇結構(單一狀況、單一決策)

若一個事件只有一種決策，則使用選擇結構「if」來撰寫最適合。選擇結構「if」之運作方式，請參考「圖 4-2」。

選擇結構「if」的語法如下：

```
if (條件)
 {
   程式敘述區塊；
 }
程式敘述;…
```

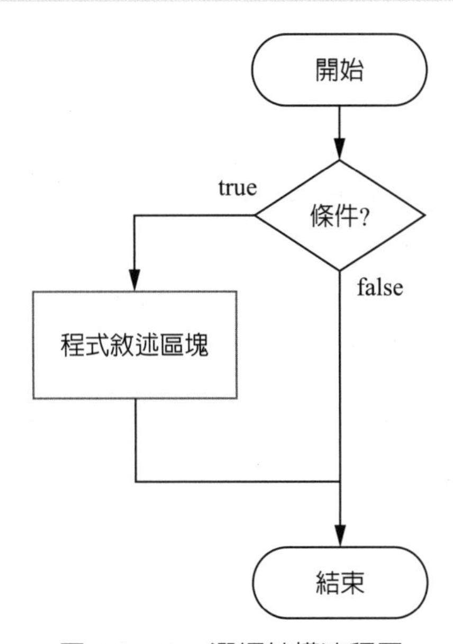

圖 4-2　if ... 選擇結構流程圖

當程式執行到選擇結構「if」開端時，會檢查「if (條件)」內的條件判斷式，若條件爲「true」，則執行「if (條件)」底下「{ }」內的程式敘述，然後跳到選擇結構「if」外的第一個程式敘述去執行；若條件爲「false」，則直接跳到選擇結構「if」外的第一個程式敘述去執行。

註：

對於「if」、「if…else」及「if… else if… else…」選擇結構，若大括弧「{ }」內的程式敘述只有一行，則「{ }」可省略；若是兩行 (含) 以上，則「{ }」不可省略。

以下所有的範例，都是建立在專案名稱爲「ch04」及套件名稱爲「ch04」的條件下。

☰範例1

全民健保自 108/03 起，藥品部分負擔費用對照表如下：

藥費	0~100	101~200	201~300	301~400	401~500	501~600
藥品部分負擔	0	20	40	60	80	100
藥費	601~700	701~800	801~900	901~1000	1001 以上	
藥品部分負擔	120	140	160	180	200	

寫一程式，輸入藥費，輸出其所對應的藥品部分負擔費用。

```
1  package ch04;
2
3  import java.util.Scanner;
4
5  public class Ex1 {
6     public static void main(String[] args) {
7        Scanner keyin = new Scanner(System.in);
8        System.out.print("輸入藥費(>0):");
9        int drug_money = keyin.nextInt();
10       int drugselfpay = (drug_money - 1) / 100 * 20;
11       if (drugselfpay > 200)
12          drugselfpay = 200;
13       System.out.print("藥品部分負擔費用:" + drugselfpay + "元");
14       keyin.close();
15    }
16 }
```

執行結果

```
輸入藥費(>0):210
藥品部分負擔費用:40元
```

☰程式說明

1. 0~100、101~200、201~300、301~400、401~500、501~600、601~700、701~800、801~900 及 901~1000，這 10 區間的數值，減 1 除 100 的結果，分別爲 0、1、2、3、4、5、6、7、8 及 9，再乘以 20，則對應的藥品部分負擔分別爲 0、20、40、60、80、100、120、140、160 及 180。

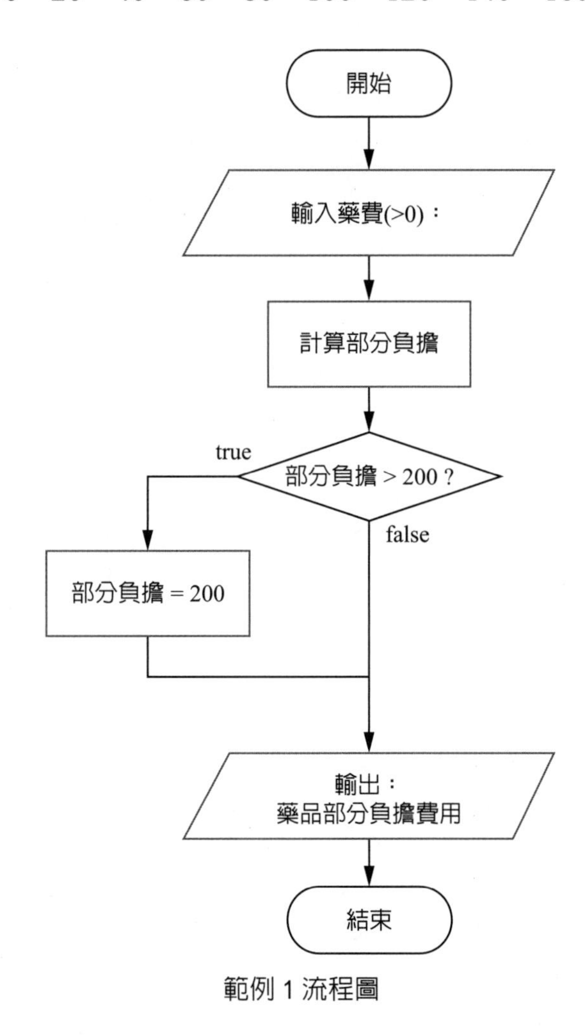

範例 1 流程圖

4-2-2 if…else…選擇結構(兩種狀況、正反決策)

若一個事件有兩種決策，則使用選擇結構「if…else…」來撰寫是最適合。選擇結構「if…else…」之運作方式，請參考「圖 4-3」。

選擇結構「if…else…」的語法如下：

```
if (條件)
 {
   程式敘述區塊1；
 }
 else
 {
   程式敘述區塊2；
 }
程式敘述;…
```

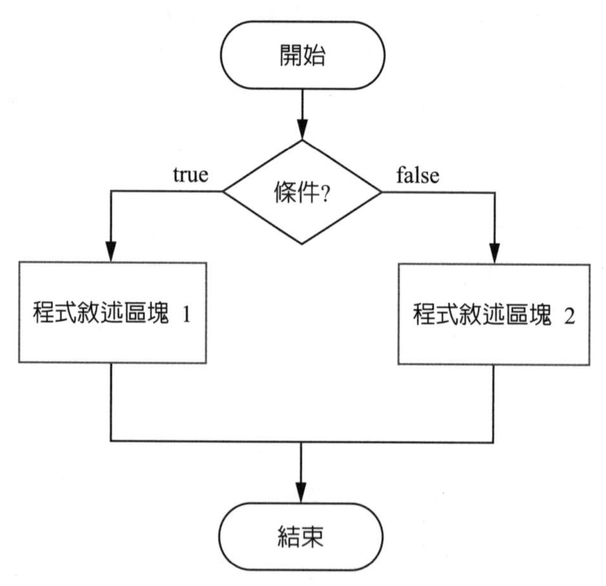

圖 4-3　if...else... 選擇結構流程圖

當程式執行到選擇結構「if…else…」開端時，會檢查「if (條件)」內的條件，若條件為「true」，則執行「if (條件)」底下「{ }」內的程式敘述，然後跳到選擇結構「if…else…」外的第一個程式敘述去執行；若條件為「false」，則執行「else」底下「{ }」內的程式敘述，執行完繼續執行下面的程式敘述。

☰範例2

若手中的統一發票號碼末 3 碼與本期開獎的統一發票頭獎號碼末 3 碼一樣時，至少獲得 200 元獎金。

寫一程式，輸入本期的統一發票頭獎號碼及手中的統一發票號碼，判斷是否至少獲得 200 元獎金。

```
1   package ch04;
2
3   import java.util.Scanner;
4
5   public class Ex2 {
6      public static void main(String[] args) {
7         Scanner keyin = new Scanner(System.in);
8         int topPrize, num;
9         System.out.print("輸入本期開獎的統一發票頭獎號碼(8碼):");
10        topPrize = keyin.nextInt();
11        System.out.print("輸入手中的統一發票號碼(8碼):");
12        num = keyin.nextInt();
13        if (num % 1000 == topPrize % 1000) //末3碼一樣時
14           System.out.println("至少獲得200元獎金.");
15        else
16           System.out.println("沒有中獎.");
17        keyin.close();
18     }
19  }
```

執行結果

```
輸入本期開獎的統一發票頭獎號碼(8碼): 22091256
輸入手中的統一發票號碼(8碼): 22091257
沒有中獎.
```

☰程式說明

程式第 13 列中的「num % 1000」及「topPrize % 1000」，分別代表「手中統一發票號碼的末 3 碼」及「統一發票頭獎號碼的末 3 碼」。

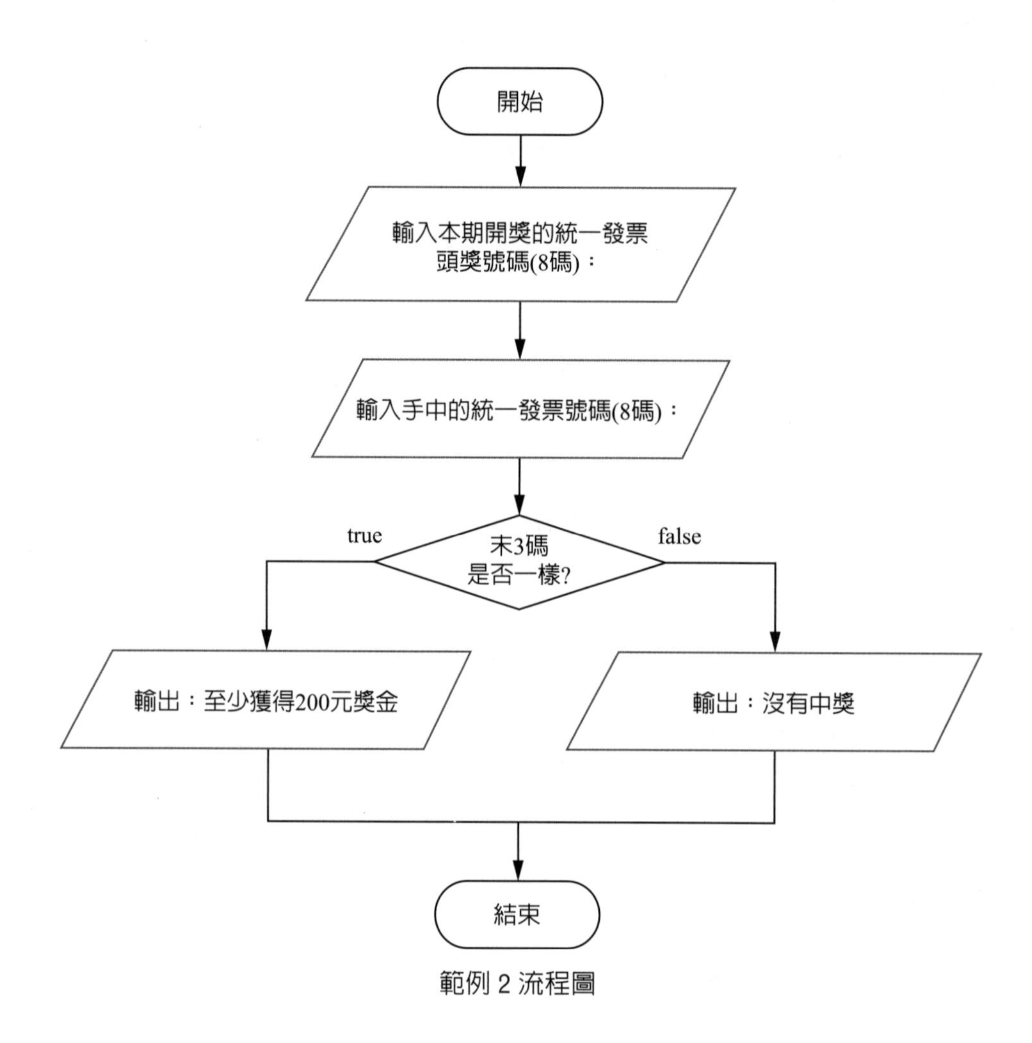

範例 2 流程圖

4-2-3 if…else if…else…選擇結構(多種狀況、多方決策)

若一個事件有三種(含)決策以上，則使用選擇結構「if…else if…else…」來撰寫是最適合。選擇結構「if…else if…else…」之運作方式，請參考「圖 4-4」。

選擇結構「if…else if…else…」的語法如下：

```
if (條件1)
 {
   程式敘述區塊1；
 }
else if (條件2)
 {
   程式敘述區塊2；
 }
```

```
.
.
.
else if (條件n)
 {
   程式敘述區塊n；
 }
else
 {
   程式敘述區塊(n+1)；
 }
程式敘述;…
```

當程式執行到選擇結構「if…else if…else…」開端時，會先檢查「if (條件 1)」內的條件 1，若條件 1 為「true」，則會執行「if (條件 1)」底下「{ }」內的程式敘述，然後跳到選擇結構「if…else if…else…」外的第一個程式敘述去執行；若條件 1 為「false」，則會去檢查「else if (條件 2)」內的條件 2，若條件 2 為「true」，則會執行「else if (條件 2)」底下「{ }」內的程式敘述，然後跳到選擇結構「if…else if…else…」外的第一個程式敘述去執行；若條件 2 為「false」，則會去檢查「else if (條件 3)」內的條件 3；以此類推，若條件 1、條件 2、…及條件 n 都為「false」，則會執行「else」底下「{ }」內的程式敘述，執行完後，會再繼續執行下面的程式敘述。

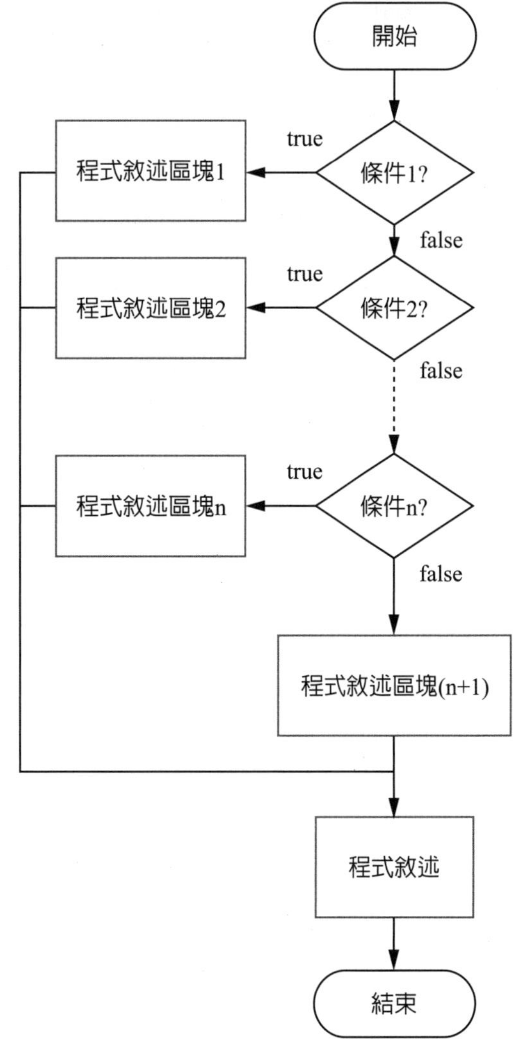

圖 4-4　if…else if…else…選擇結構流程圖

在選擇結構「if…else if…else…」中，「else { 程式敘述區塊 (n+1)；}」這部分是選擇性的。若省略，則選擇結構「if…else if…else…」內的程式敘述，可能連一個都沒被執行到；若沒省略，則會從選擇結構「if…else if…else…」的 (n+1) 個條件中，擇一執行其所包含的程式敘述。

範例3

假設家庭用電度數 <=200 度，每度 3.2 元；200 以上 ~300 度，每度 3.4 元；300 度以上，每度 3.6 元。寫一程式，輸入用電度數，輸出電費。(限制說明：用電度數必須 >=0)

```
1  package ch04;
2
3  import java.util.Scanner;
4
5  public class Ex3 {
6     public static void main(String[] args) {
7        Scanner keyin = new Scanner(System.in);
8        double power;
9        double bill;
10       System.out.print("輸入用電度數(>=0):");
11       power = keyin.nextDouble();
12       if (power <= 200)  // <=200度
13          bill = power * 3.2;
14       else if (power > 200 && power <= 300)  // 200以上~300度
15          bill = 200 * 3.2 + (power - 200) * 3.4;
16       else  // 300度以上
17          bill = 200 * 3.2 + 100 * 3.4 + (power - 300) * 3.6;
18       System.out.printf("電費=%.0f元\n", bill);
19
20       keyin.close();
21    }
22 }
```

執行結果

```
輸入用電度數(>=0):100.5
電費=322元
```

程式說明

1. 程式第 15 列的意義：用電度數 power 在 300 以上，電費 = 前 200 度電費 + 超過 200 度部分「power - 200」的電費。

2. 程式第 17 列的意義：用電度數 power 在 200 以上 ~300 之間，電費＝ 前 200 度電費＋ 200 以上 ~300 之間的 100 度電費＋超過 300 度部分「 power - 300」的電費。

3. 程式第 18 列中的「%.0f」，其意義是浮點數以小數第 1 位四捨五入到整數後輸出。

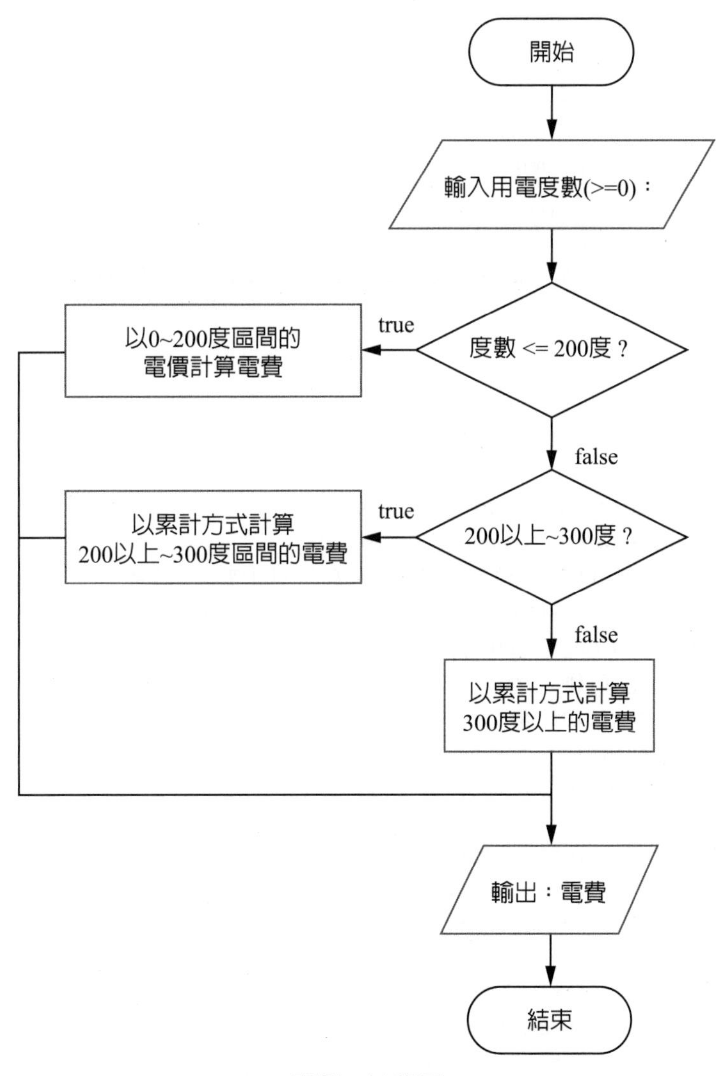

範例 3 流程圖

≡範例4

寫一程式，輸入體重(kg)和身高(m)，輸出BMI值及對應的體重分級。

(BMI = 體重 (kg) / (身高 (m))^2)

體重分級	身體質量指數
體重過輕	BMI < 18.5
正常範圍	18.5 ≦ BMI < 24
過　重	24 ≦ BMI < 27
輕度肥胖	27 ≦ BMI < 30
中度肥胖	30 ≦ BMI < 35
重度肥胖	BMI ≧ 35

資料來源 : https://health99.hpa.gov.tw/onlineQuiz/bmi

```
1  package ch04;
2
3  import java.util.Scanner;
4
5  public class Ex4 {
6     public static void main(String[] args) {
7        Scanner keyin = new Scanner(System.in);
8        System.out.print("輸入體重(kg)和身高(m)(以「空白」作爲分隔):");
9        float kg = keyin.nextFloat();
10       float m = keyin.nextFloat();
11       float bmi = kg / (m * m);
12       System.out.println("BMI =" + (kg / (m * m)));
13       if (bmi < 18.5)
14          System.out.println("體重過輕");
15       else if (bmi >= 18.5 && bmi < 24)
16          System.out.println("正常範圍");
17       else if (bmi >= 24 && bmi < 27)
18          System.out.println("過重");
19       else if (bmi >= 27 && bmi < 30)
20          System.out.println("輕度肥胖");
21       else if (bmi >= 30 && bmi < 35)
22          System.out.println("中度肥胖");
23       else // bmi >= 35
24          System.out.println("重度肥胖");
25
26       keyin.close();
27    }
28 }
```

執行結果

```
輸入體重(kg)和身高(m)(以「空白」作爲分隔):65 1.68
BMI =23.030046
正常範圍
```

4-2-4 switch選擇結構(多種狀況、多方決策)

若一個事件有三種(含)決策以上，除了可用選擇結構「if…else if…else…」來撰寫外，還可使用「switch」結構來撰寫的。「switch」與「if … else if … else …」結構的差異，在於「switch (運算式)」中的運算式之型態，必須是「byte」、「char」、「short」、「int」或「String」，否則編譯時會出現「Only convertible int values, strings or enum variables are permitted」錯誤訊息。選擇結構「switch」的語法如下：

```
switch (運算式)
 {
   case 常數1：
     程式敘述；…
     break；
   case 常數2：
     程式敘述；…
     break；
     .
     .
     .
   case 常數n：
     程式敘述；…
     break；
   default：
     程式敘述；…
 }
```

選擇結構「switch」之運作方式，請參考「圖 4-5」。

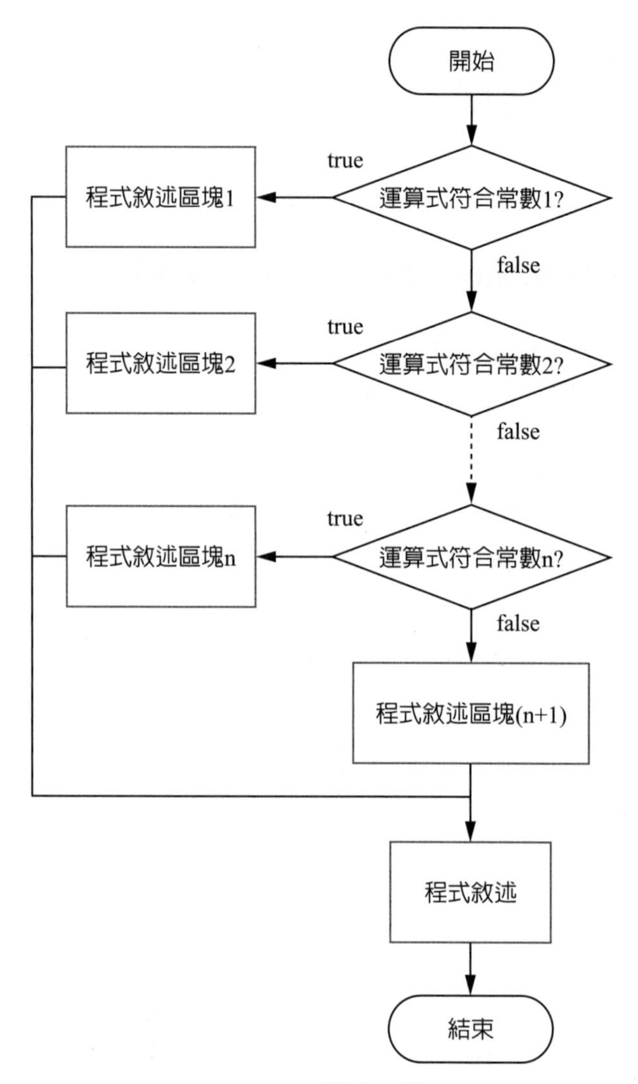

圖 4-5　switch 選擇結構流程圖

程式執行到選擇結構「switch」時，會先計算「switch (運算式)」內的運算式。若運算式的結果與「case」後之常數值相等，則直接執行該「case」底下的程式敘述 ;…，遇到「break;」敘述時，程式會直接跳到選擇結構「switch」外的第一個程式敘述去執行；若運算式的結果與任何一個「case」後之常數值都不相等，則執行「default:」底下的程式敘述。

在選擇結構「switch」中，「default: 程式敘述 ;」這部分是選擇性的。若省略，則選擇結構「switch」內的程式敘述，可能連一個都沒被執行到；若沒省略，則會從選擇結構「switch」的 (n+1) 個狀況中，擇一執行其所包含的程式敘述。

在選擇結構「switch」中，每一個「case」後之常數值只能寫一個。每個「case」底下的最後一列「break;」敘述，是做爲離開選擇結構「switch」之用。若某個「case」底下無「break;」敘述，則此「case」被執行時，程式會繼續執行下一個「case」底下的程式敘述，直到「break;」敘述出現，才會離開選擇結構「switch」。

範例5

寫一程式，輸入一個運算符號（+，-，*，/）及兩個整數，最後輸出結果。

```
1   package ch04;
2
3   import java.util.Scanner;
4
5   public class Ex5 {
6      public static void main(String[] args) {
7           Scanner keyin = new Scanner(System.in);
8           char operator;
9           int num1,num2,answer = 0;
10          System.out.print("輸入一個運算符號(+，-，*，/):");
11          operator=keyin.next().charAt(0);
12          System.out.print("輸入第1個整數:");
13          num1=keyin.nextInt();
14          System.out.print("輸入第2個整數:");
15          num2=keyin.nextInt();
16          switch (operator)
17           {
18             case '+':
19               answer= num1+num2;
20               break;
21             case '-':
22               answer= num1-num2;
23               break;
24             case '*':
25               answer= num1*num2;
26               break;
27             case '/':
28               answer= num1/num2;
29           }
30          System.out.print(num1);
31          System.out.print(operator);
32          System.out.println(num2 + "=" + answer);
33          keyin.close();
34     }
35  }
```

執行結果

```
輸入一個運算符號(+，-，*，/):+
輸入第1個整數:10
輸入第2個整數:20
10+20=30
```

☰程式說明

第 30 列到 32 列，不能改寫成：

```
System.out.println(num1 + operator + num2 + "=" + answer);
```

因其是輸出 num1+operator+num2 的結果，而不是分別輸出 num1、operator 及 num2 的內容。當要輸出整數型態的資料及字元型態的資料時，應分開輸出。

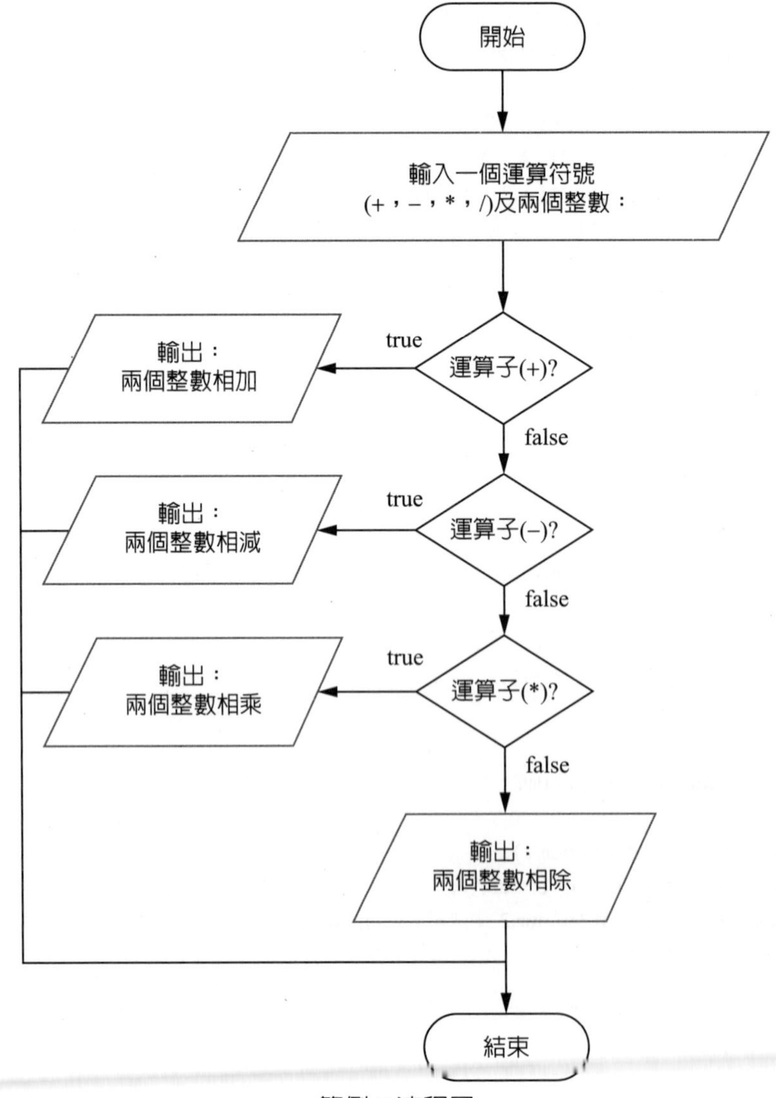

範例 5 流程圖

☰範例6

美國大學成績分數與成績等級的關係如下：

分數	90~100	80~89	70~79	60~69	0~59
等級	A	B	C	D	F
表現	極佳	佳	平均	差	不及格

寫一程式，輸入數字成績，輸出成績等級。

```
1   package ch04;
2
3   import java.util.Scanner;
4
5   public class Ex6 {
6      public static void main(String[] args) {
7         Scanner keyin = new Scanner(System.in);
8         int score;
9         System.out.print("輸入成績(0~100):");
10        score = keyin.nextInt();
11        switch (score / 10) {
12          case 10: // 100
13          case 9:  // 90~99
14             System.out.println("等級:A");
15             break;
16          case 8:  // 80~89
17             System.out.println("等級:B");
18             break;
19          case 7:  // 70~79
20             System.out.println("等級:C");
21             break;
22          case 6:  // 60~69
23             System.out.println("等級:D");
24             break;
25          default: // < 60
26             System.out.println("等級:F");
27        }
28
29        keyin.close();
30     }
31  }
```

執行結果

```
輸入成績(0~100):89
等級:B
```

☰程式說明

1. 在程式第 11 列「switch (score / 10)」中，「score / 10」的目的是將 90~99、80~89、70~79、60~69 及 0~59 這五個成績區段，分別轉換成 9、8、7、6 及其他整數值 (5、4、3、2、1 及 0)，並利用這些整數值去輸出對應的等級。

而「10」代表這五個成績區段的最大公因數「GCD(10,10,10,10,60)」。

2. 輸入的成績為 100 時，在 switch「( )」中的運算式「score / 10」結果為 10，則會執行「case 10:」底下的程式敘述，但「case 0:」底下沒有任何程式敘述，因此程式會繼續執行「case 1:」底下的程式敘述，直到遇到「break;」敘述才會跳出「switch」結構。

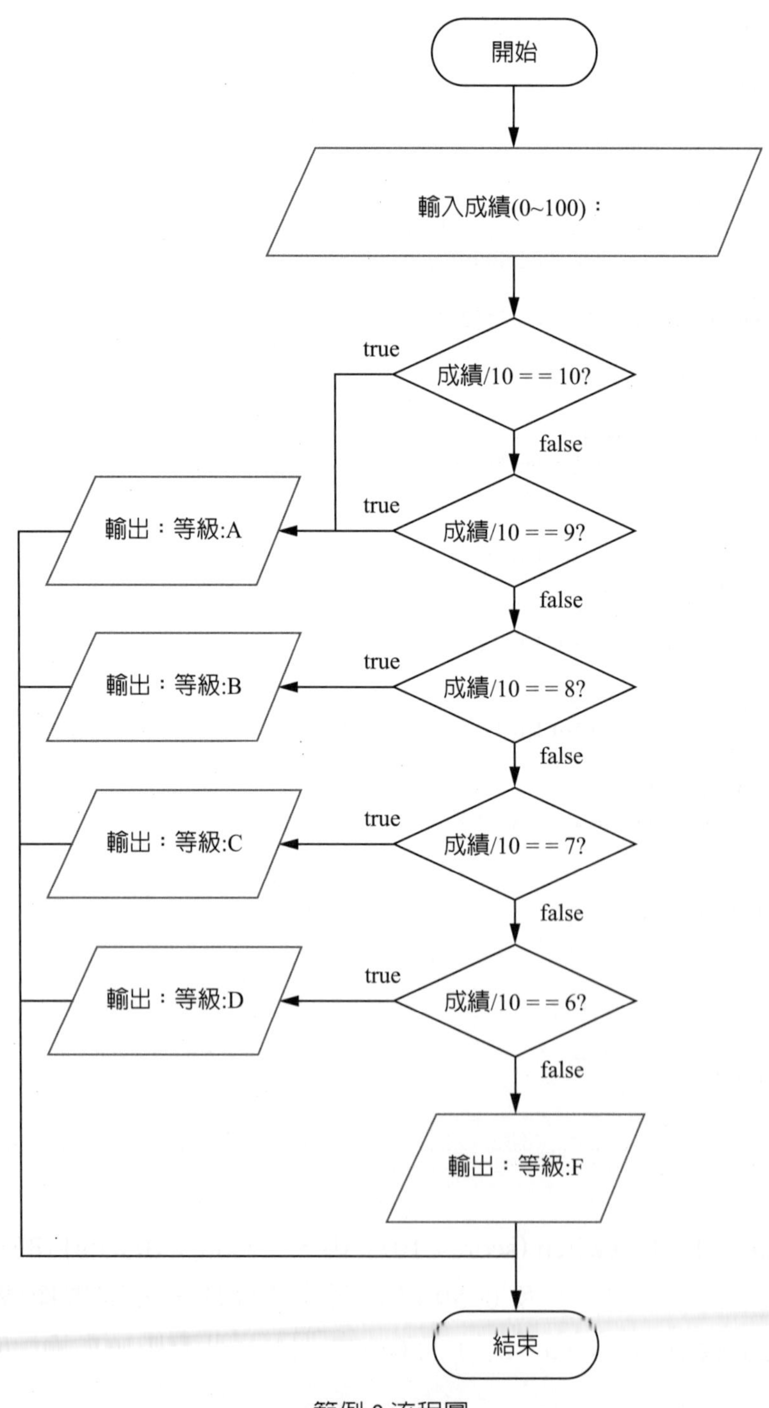

範例 6 流程圖

4-3 巢狀選擇結構

一個選擇結構中還有其他選擇結構的架構，稱之為巢狀選擇結構。當一個問題提到的條件有兩個(含)以上且要同時成立，此時就可以使用巢狀選擇結構來撰寫。雖然如此，您還是可以使用一般的選擇結構結合邏輯運算子來撰寫，同樣可以達成問題的要求。

範例7

寫一程式，輸入一個正整數，判斷是否為 3 或 7 或 21 的倍數？

```
1  package ch04;
2  
3  import java.util.Scanner;
4  
5  public class Ex7 {
6     public static void main(String[] args) {
7        Scanner keyin = new Scanner(System.in);
8        int num;
9        System.out.print("輸入一個正整數:");
10       num = keyin.nextInt();
11       if (num % 3 == 0)
12          if (num % 7 == 0)
13            System.out.println(num + "為21的倍數");
14          else
15            System.out.println(num + "為3的倍數");
16       else
17          if (num % 7 == 0)
18             System.out.println(num + "為7的倍數");
19          else
20             System.out.println(num + "不為3及7的倍數");
21       keyin.close();
22    }
23 }
```

執行結果

```
輸入一個正整數:18
18是3的倍數
```

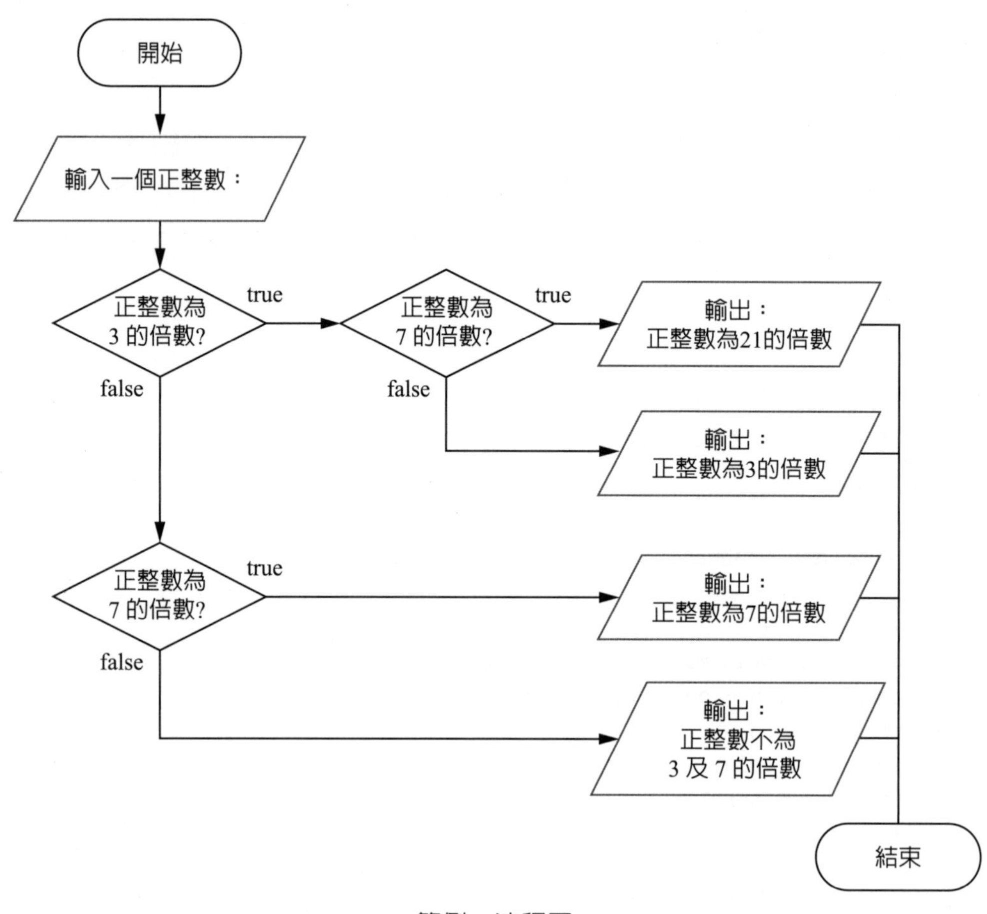

範例 7 流程圖

範例8

寫一程式，輸入西元年份，判斷是否爲閏年。西元年份若符合下列兩個情況之一，則爲閏年。

(1) 若年份是 400 的倍數。

(2) 若年份爲 4 是倍數且年份不是 100 的倍數。

```
1   package ch04;
2
3   import java.util.Scanner;
4
5   public class Ex8 {
6      public static void main(String[] args) {
7         Scanner keyin = new Scanner(System.in);
8         int year;
9         System.out.print("請輸入西元年份:");
10        year = keyin.nextInt();
11        if (year % 400 == 0) // 年份爲400的倍數
12           System.out.println("西元" + year + "年是閏年");
13        else
```

```
14          if (year % 4 == 0) // 年份爲4的倍數
15             if (year % 100 != 0) // 年份不爲100的倍數
16                System.out.println("西元" + year + "年是閏年");
17             else
18                System.out.println("西元" + year + "年不是閏年");
19          else
20             System.out.println("西元" + year + "年不是閏年");
21       keyin.close();
22    }
23 }
```

執行結果

```
請輸入西元年份:2017
西元2017年不是閏年
```

三程式說明

程式的第 11 列～第 20 列，可以改成下列寫法：

```
//年份是400的倍數，或年份是4的倍數且不是100的倍數
if (year % 400 ==0 || ( year % 4 ==0 && year % 100 !=0 ))
    System.out.printf("西元%d年是閏年\n",year);
else
    System.out.printf("西元%d年不是閏年\n",year);
```

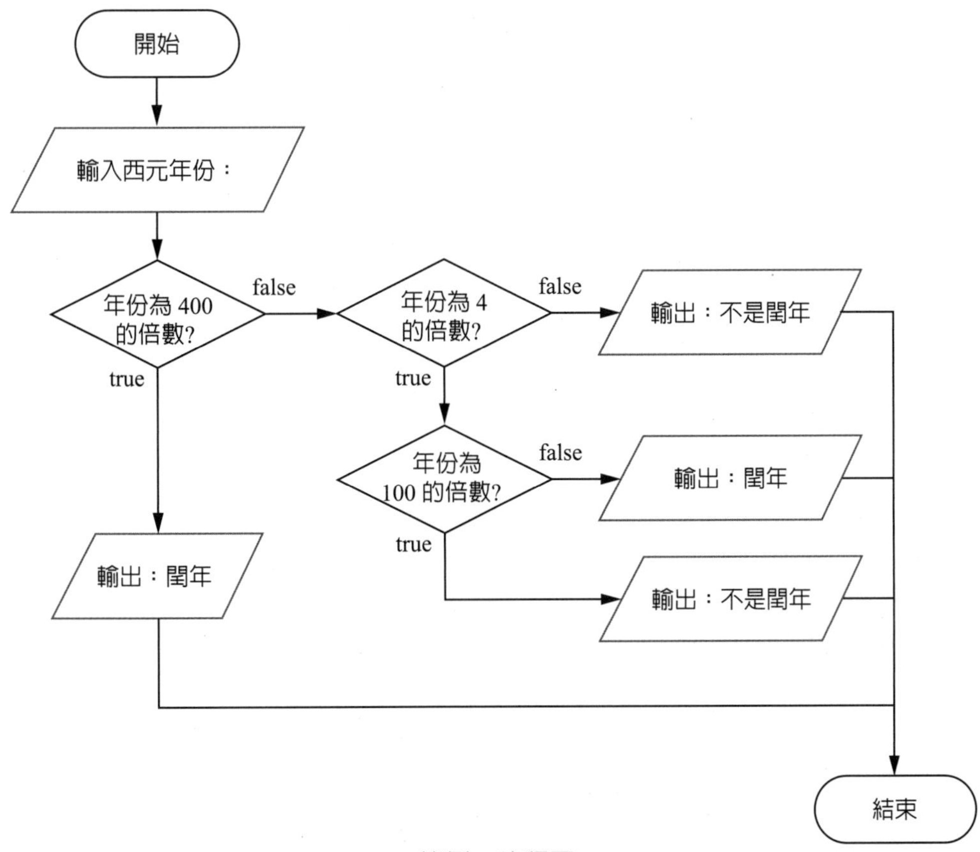

範例 8 流程圖

4-4 自我練習

一、選擇題

1. 以下何者不是 Java 的選擇結構？

   (A) if…　(B) if…else…　(C) if…else if…else…　(D) while。

2. 以下哪一種選擇結構，最適合用於解決兩個條件的問題？

   (A) if…　(B) if…else…　(C) if…else if…else…　(D) while。

3. 離開 switch 選擇結構的敘述爲何？

   (A) return　(B) default　(C) break　(D) exit。

4. 下列片段程式碼的執行結果爲何？

```
int age=16 ;
if (age >= 18)
  System.out.printf("adult") ;
System.out.printf("go! go! go!");
```

   (A) 18　(B) adult　(C) 17　(D) go! go! go! 。

5. 下列片段程式碼的執行結果爲何？

```
int score=90 ;
if (score >= 80)
  System.out.printf("good") ;
else
  System.out.printf("go! go! go!");
```

   (A) good　(B) 60　(C) go! go! go!　(D) 80。

6. 下列片段程式碼的執行結果爲何？

```
int a=9, sum=0 ;
switch (a % 4)
{
  case 1 :
  sum = sum + 1 ;
  case 2 :
  sum = sum + 2 ;
  case 3 :
  sum = sum + 3 ;
}
System.out.printf("%d", sum);
```

   (A) 1　(B) 6　(C) 9　(D)18。

7. 下列片段程式碼的執行結果為何？

```
int a=7 ;
if (a % 2 == 0)
  if (a % 3 == 0)
    System.out.println("6") ;
  else
    System.out. println("2");
else
  if (a % 5 == 0)
    System.out. println("5") ;
  else
    System.out. println("x");
```

(A) 2　(B) 5　(C) 6　(D) 7　(E) x。

二、程式設計

1. 寫一程式，輸入一整數，判斷是否為偶數。

2. 寫一程式，輸入大寫字母，轉成小寫字母輸出。

3. 假設某加油站的工讀金，依照下列方式計算：
60 個小時以內，每小時 98 元，61~80 個小時，每小時工讀金以 1.2 倍計算，超過 80 個小時以後，每小時工讀金以 1.5 倍計算。寫一程式，輸入工讀生的工作時數，輸出實領的工讀金。

4. 寫一程式，輸入三個整數，判斷何者為最大值。

5. 寫一程式，輸入三角形的三邊長 a、b 及 c，判斷是否可以構成一個三角形。

6. 我國 110 年綜合所得稅的課徵稅率表如下：

綜合所得淨額	稅率	累進差額
0 ~ 540,000	5%	0
540,001 ~ 1,210,000	12%	37,800
1,210,001 ~ 2,420,000	20%	134,600
2,420,001 ~ 4,530,000	30%	376,600
4,530,001 以上	40%	829,600

應納稅額＝綜合所得淨額 × 稅率－累進差額。
寫一程式，輸入綜合所得淨額，輸出應納稅額。

7. 寫一程式，參考範例 6 做法，輸入農曆月份，利用 switch 結構，輸出其所屬的季節。
（註：農曆 2~4 月為春季、5~7 月為夏季、8~10 月為秋季、11~1 月為冬季）

8. 寫一程式，輸入一整數，判斷是否爲三位數的整數。

9. 寫一程式，輸入一整數，輸出其絕對值。

10. 寫一程式，輸入平面座標上的一點 (x,y)，判斷 (x,y) 是位於那一個象限中，x 軸上或 y 軸上。

11. 假設某加油站 95 無鉛汽油一公升 35 元，今日推出加油滿 30(含) 公升以上打九折。寫一程式，輸入加油公升數，輸出加油金額。

12. 台中市計程車費率自 2016 年 5 月 15 日實施，里程在 1500 公尺以下皆爲 85 元，每超過 200 公尺加 5 元，不足 200 公尺以 200 公尺計算。寫一程式，輸入乘坐計程車的里程，輸出車費。

05

程式之設計模式─迴圈結構

教學目標

一般學子，常為背誦數學公式所苦。例：求 1+2+…+10 的和，一般的做法是利用等差級數的公式：(上底＋下底)* 高 /2，得到 (1+10)*10/2 =55。但往往我們要計算的問題，並不是都有公式。例，求 10 個任意整數的和，就沒有公式可幫我們解決這個問題，那該如何是好呢？

日常生活中，常常有一段時間我們會重複做一些固定的事，過了這段時間就換做別的事。例一：電視卡通節目「海賊王」，若是星期六 5：00PM 播放，那麼每週的星期六 5：00PM 時，電視台就會播放卡通節目「海賊王」，直到電視台與製作片商的合約到期。例二：在我們大學制度中，每學期共 18 週。若程式設計課程，排在星期一的 3、4 節及星期四的 1、2 節，則每週的星期一的 3、4 節及星期四的 1、2 節，學生都必須來上程式設計課程。例三：一般人每天都要進食。

在特定條件成立時會重複執行特定的程式敘述，直到條件不成立時才停止的架構，稱為迴圈結構。當一個問題，涉及重複執行完全相同的敘述或敘述相同但資料不同時，不管是否有公式，都用迴圈結構來處理。

5-1 程式運作模式

程式的運作模式是指程式的執行流程。Java 語言有下列三種運作模式：

1. **循序結構：**(請參考「**第四章 程式之設計模式 - 循序結構**」)
2. **選擇結構：**(請參考「**第四章 程式之設計模式 - 選擇結構**」)
3. **迴圈結構：**是內含一組條件的重複結構。當程式執行到此迴圈結構時，是否重複執行迴圈內部的程式敘述，是由條件來決定。若條件為「true」，則會執行迴圈結構內部的程式敘述；若條件為「false」，則不會進入迴圈結構內部。

當一事件重複某些特定的現象時，就可使用迴圈結構來描述此事件的重複現象。Java 語言的迴圈結構語法有以下三種：

1. for 迴圈
2. while 迴圈
3. do while 迴圈

5-2　迴圈結構

根據條件(這些條件通常是由算術運算式、關係運算式及邏輯運算式組合而成)撰寫的位置來區分，迴圈結構分爲前測式迴圈及後測式迴圈兩種類型：

1. **前測式迴圈結構：**條件寫在迴圈結構開端的迴圈。當執行到迴圈結構開端時，會先檢查條件。若條件爲「true」(眞)，則會執行迴圈內部的程式敘述，然後再回到迴圈結構的開端檢查條件；否則執行迴圈結構外的第一列程式敘述。例：正常的狀況下，在上課時間內學生必須在教室內學習知識，否則可以下課休息的。前測式迴圈結構之運作方式，請參考「圖 5-1」。

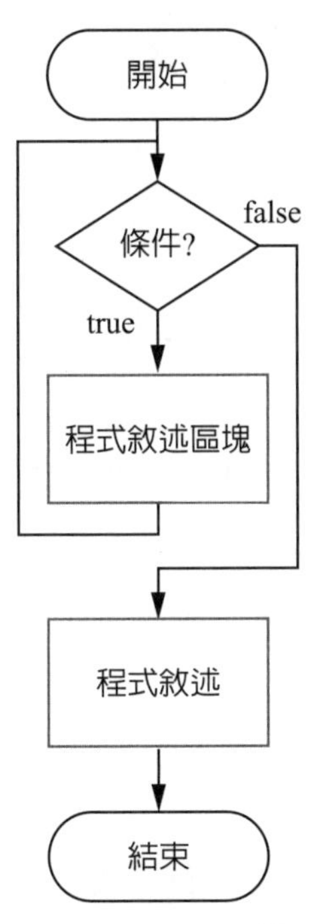

圖 5-1　前測式迴圈結構流程圖

註：

若前測式迴圈的條件一開始就為「false」，則前測式迴圈內部的程式敘述，一次都不會執行。

2. **後測式迴圈結構：**條件寫在迴圈結構尾端的迴圈。當執行到迴圈結構時，是直接執行迴圈內部的程式敘述，並在迴圈結構尾端檢查條件。若條件爲「true」，則會從迴圈結構的開端，再執行一次；否則執行迴圈結構外的第一列程式敘述。例：一位大學生是否能畢業，必須視該系之規定。若沒符合該系規定，則必須繼續修課。後測式迴圈結構之運作方式，請參考「圖 5-2」。

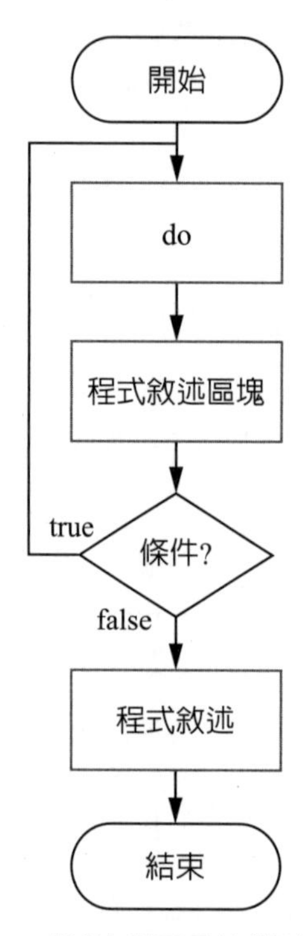

圖 5-2　後測式迴圈結構流程圖

註：

後測式迴圈內部的程式敘述，至少執行一次。

5-2-1 前測式迴圈結構

Java 語言提供的前測式迴圈結構，有「for」及「while」兩種迴圈。

1. **迴圈結構「for」**：當知道問題需使用迴圈結構來撰寫，且知道迴圈結構內部的程式敘述要重複執行幾次，此時使用迴圈結構「for」來撰寫是最方便也是最適合的方式。從迴圈結構「for」中，可以知道迴圈內部的程式敘述會重複執行幾次，因此「for」迴圈又被稱爲「計數」迴圈。迴圈結構「for」的語法如下：

```
for (迴圈變數初值設定;進入迴圈的條件;迴圈變數增(或減)量)
{
  程式敘述；…
}
```

當程式執行到迴圈結構「for」時，程式執行的步驟如下：

步驟 1. 設定迴圈變數的初值。

步驟 2. 檢查進入迴圈結構「for」的條件是否爲「true」？若爲「true」，則執行步驟 3；否則跳到迴圈結構「for」外的第一列敘述。

步驟 3. 執行 for「{ }」內的程式敘述。

步驟 4. 增加 (或減少) 迴圈變數的值，然後回到**步驟 2**。

註：

1. 在 for 的「( )」裡面，必須要用分號「;」將三個運算式隔開。
2. 「for( )」及大括弧「{ }」後面，都不能加上「;」。
3. 若「{ }」內只有一列敘述，則「{ }」可以省略；若「{ }」內的敘述有兩列 (含) 以上，則一定要加上「{ }」。

接著以「範例 1-1」與「範例 1-2」，說明迴圈結構的使用與否，對撰寫程式解決問題的差異及優劣。

以下所有的範例，都是建立在專案名稱爲「ch05」及套件名稱爲「ch05」的條件下。

☰範例1-1

寫一程式，輸出 1+2+…+10 的結果。

```
1   package ch05;
2
3   public class Ex1_1 {
4      public static void main(String[] args) {
5         int sum = 0;
6         sum = sum + 1;
7         sum = sum + 2;
8         sum = sum + 3;
9         sum = sum + 4;
10        sum = sum + 5;
11        sum = sum + 6;
12        sum = sum + 7;
13        sum = sum + 8;
14        sum = sum + 9;
15        sum = sum + 10;
16        System.out.println("1+2+…+10=" + sum);
17     }
18  }
```

執行結果

```
1+2+…+10=55
```

三程式說明

1. 程式第 6 列到第 15 列的敘述都類似，只是數字由 1 變到 10。這種作法相當於小學時所學的基本方法，是比較沒有效率的處理方式。
2. 若問題改成輸出 1+2+…+100 的結果，則必須再增加 90 列類似的程式敘述。這種作法，不但會增加程式撰寫時間，同時會增加程式所佔的記憶體空間。

三範例1-2

寫一程式，輸出 1+2+…+10 的結果。

```
1  package ch05;
2
3  public class Ex1_2 {
4     public static void main(String[] args) {
5        int i, sum = 0;
6        for (i = 1; i <= 10; i = i + 1)
7           sum = sum + i;
8        System.out.println("1+2+…+10=" + sum);
9     }
10 }
```

執行結果

```
1+2+…+10=55
```

三程式說明

1. 由迴圈結構 for 的「( )」中，知道迴圈變數「i」的初值 =1，進入迴圈的條件爲「i<=10」，及迴圈變數增量 =1(因 i=i+1)。利用這三個資訊，知道迴圈結構 for「{ }」內的程式敘述，總共會執行 10(=(10-1)/1+1) 次，即執行了 1 ＋ 2+…+10 的計算。直到 i=11 時，才違反迴圈條件而跳離迴圈結構「for」。
2. 因 for 的「{ }」內只有一列敘述，故「{ }」被省略。
3. 若改成輸出 1+2+…+100，程式只需將「i<=10」改成「i<=100」。

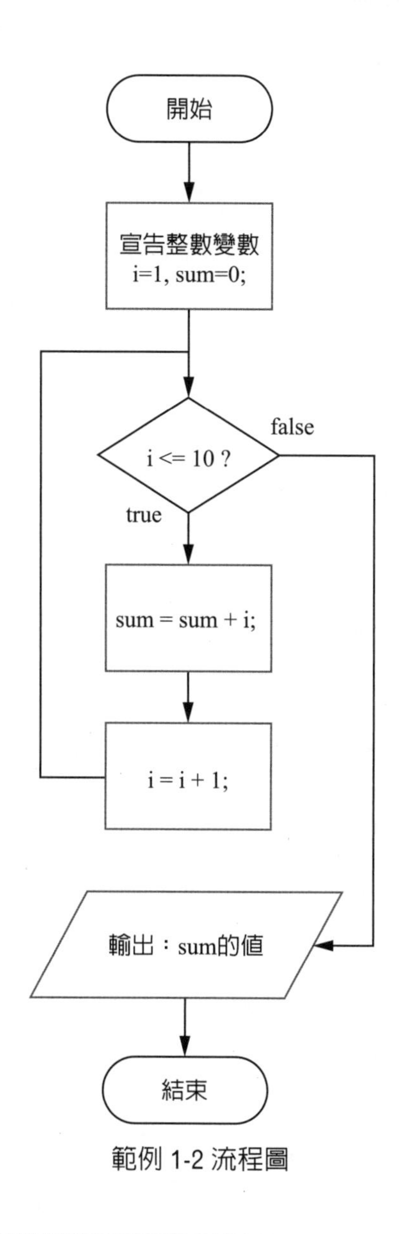

範例 1-2 流程圖

≡範例2

寫一程式，輸入股票 2330 台積電最近 n 日的收盤價，然後輸出 n 日收盤價的平均值。(n>=2)

```
1  package ch05;
2  import java.util.Scanner;
3  public class Ex2 {
4     public static void main(String[] args) {
5        Scanner keyin=new Scanner(System.in);
6        int i, n;
7        float money, totalmoney = 0;
8        System.out.print("輸入計算股價平均值的天數(n>=2):");
9        n = keyin.nextInt();
```

```
10          for (i = 1; i <= n; i++) {
11             System.out.printf("輸入第%d天台積電的收盤價:", i);
12             money = keyin.nextFloat();
13             totalmoney = totalmoney + money;
14          }
15          System.out.println("台積電"+ n + "日收盤價的平均值" + totalmoney/n);
16          keyin.close();
17       }
18 }
```

執行結果

```
輸入計算股價平均值的天數(n>=2):3
輸入第1天台積電的收盤價:480
輸入第2天台積電的收盤價:476.5
輸入第3天台積電的收盤價:472
台積電3日收盤價的平均值476.16666
```

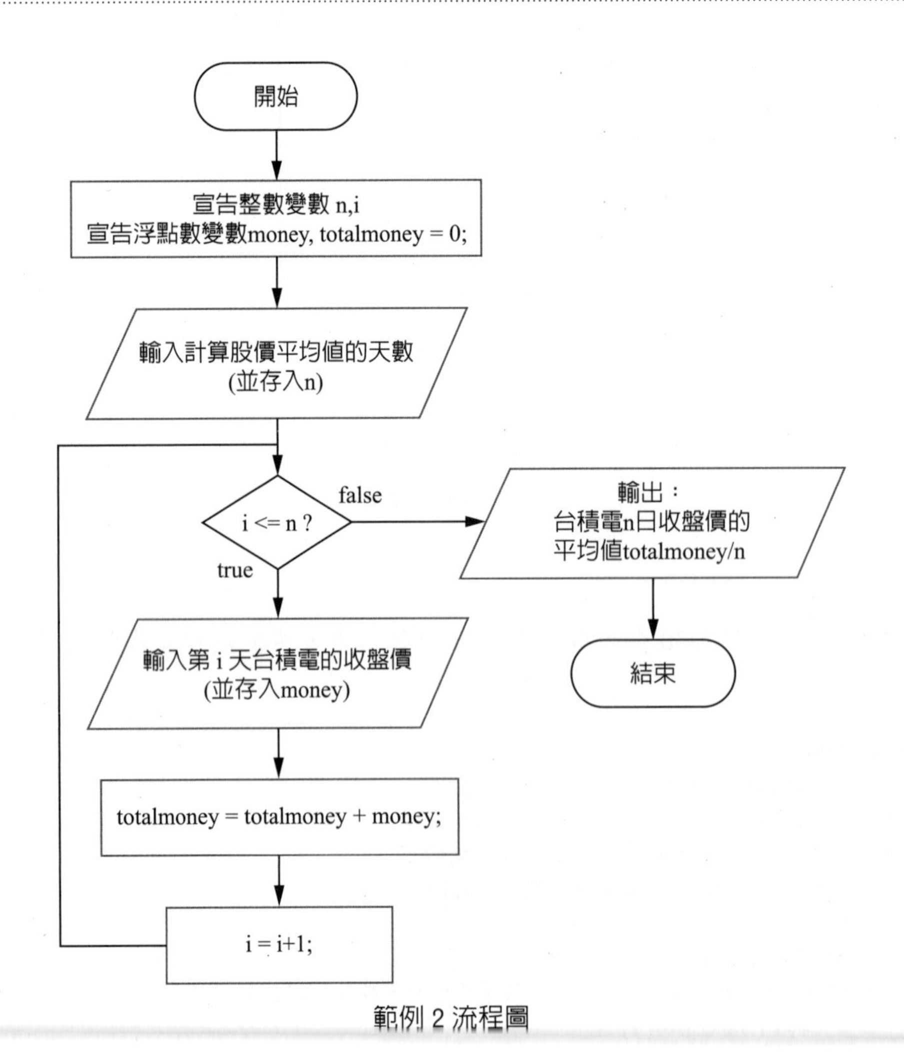

範例 2 流程圖

2. **迴圈結構「while」**：當知道問題需使用迴圈結構來撰寫，但不知道迴圈結構內部的程式敘述要會重複執行幾次，此時使用迴圈結構「while」來撰寫是最方便也是最適合的方式。迴圈結構「while」的語法 (一) 如下：

```
while (進入迴圈的條件)
{
  程式敘述；…
}
```

當程式執行到迴圈結構「while」時，程式執行的步驟如下：

步驟 1. 檢查進入迴圈結構「while」的條件是否爲「true」？若爲「true」，則執行步驟 2；否則跳到迴圈結構「while」外的第一列敘述。

步驟 2. 執行迴圈結構 while「{ }」內的程式敘述。

步驟 3. 回到**步驟 1**。

註：

1. 在「while ( )」及「{ }」後面，都不能加上「；」。
2. 若「{ }」內只有一列敘述，則「{ }」可以省略；若「{ }」內的敘述有兩列 (含) 以上，則一定要加上「{ }」。

範例3

寫一程式，輸入一正整數，然後將它倒過來輸出。(例：1234 → 4321)

```
1  package ch05;
2  
3  import java.util.Scanner;
4  
5  public class Ex3 {
6     public static void main(String[] args) {
7        Scanner keyin = new Scanner(System.in);
8        int num;
9        System.out.print("輸入一正整數:");
10       num = keyin.nextInt();
11       System.out.print(num + "倒過來爲");
12 
13       // 將正整數倒過來輸出
14       while (num > 0)
15        {
16          System.out.print(num % 10); //取出 num 的個位數
17          num = num / 10; //去掉num的個位數
18        }
```

```
19
20         System.out.println();
21         keyin.close();
22     }
23 }
```

執行結果

```
輸入一正整數：1234
1234倒過來爲4321
```

☰程式說明

1. 「num % 10」代表 num 除以 10 所得的餘數。
2. 「num / 10」代表num除以10所得的商數(或去掉num的個位數後剩下的數)。

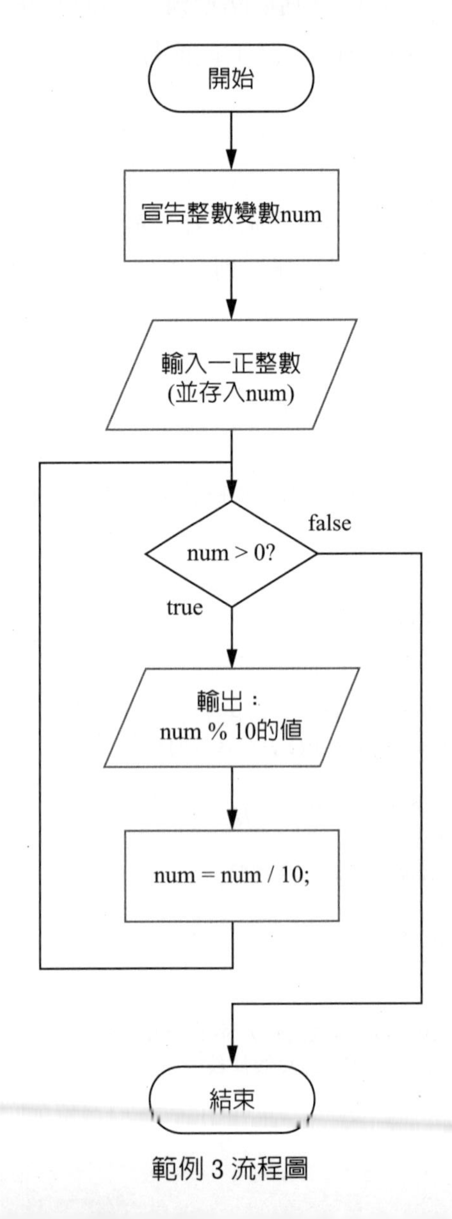

範例 3 流程圖

範例4

寫一程式，輸入兩個整數 a 及 b，輸出 a 除以 b 的商及餘數。(不能使用「/」及「%」運算子)

```
1  package ch05;
2  
3  import java.util.Scanner;
4  
5  public class Ex4 {
6     public static void main(String[] args) {
7        Scanner keyin = new Scanner(System.in);
8        System.out.print("輸入一正整數當被除數:");
9        int a = keyin.nextInt();
10       System.out.print("輸入一正整數爲除數:");
11       int b = keyin.nextInt();
12       System.out.print(a + "除以" + b + "的商爲");
13       int num=0;
14       while (a >= b)  // 被除數 >= 除數
15        {
16          a = a - b;
17          num ++; // 計算減掉幾個b
18        }
19       System.out.print(num + "，餘數爲" + a);
20  
21       keyin.close();
22    }
23 }
```

執行結果

```
輸入一正整數當被除數:10
輸入一正整數爲除數:3
10除以3的商爲3，餘數爲1
```

迴圈結構「while」的語法(二)如下：

```
while (true)
{
  程式敘述；…  //包含一選擇結構及break; 敘述
}
```

當程式執行到迴圈結構「while」時，程式會不斷地重複執行 while「{ }」內的程式敘述。

註：

1. 「while ( )」及「{ }」後面，都不能加上「;」。
2. 若「{ }」內只有一列敘述，則「{ }」可以省略；若「{ }」內的敘述有兩列(含)以上，則一定要加上「{ }」。
3. while「( )」內的「true」，表示迴圈的條件永遠為真。
4. 在 while「{ }」內的程式敘述中，一定要包含「選擇結構」及「break;」敘述。若「選擇結構」中的條件為「true」，則執行「break;」敘述，並離開迴圈結構「while」；否則繼續重複執行 while「{ }」內的程式敘述。
5. 在 while「{ }」內的程式敘述中，若缺少「選擇結構」或「break;」敘述，則會違反迴圈結構重複執行的精神或造成無窮迴圈。
6. 若迴圈結構的條件是否成立無法由迴圈結構外的變數來決定，則使用迴圈結構「while(true)」來撰寫，是最適合的方式。

範例5

寫一個程式，連續輸入整數，並以 0 結束輸入，最後輸出總和。

```
1   package ch05;
2
3   import java.util.Scanner;
4
5   public class Ex5 {
6      public static void main(String[] args) {
7         Scanner keyin = new Scanner(System.in);
8         int num, total = 0;
9         System.out.println("連續輸入整數，並以0結束輸入:");
10        while (true)
11         {
12           num = keyin.nextInt();
13           if (num == 0)
14              break;
15           total = total + num;
16         }
17        System.out.println("總和=" + total);
18        keyin.close();
19     }
20  }
```

執行結果

```
連續輸入整數，並以0結束輸入:
10
20
30
0
總和=60
```

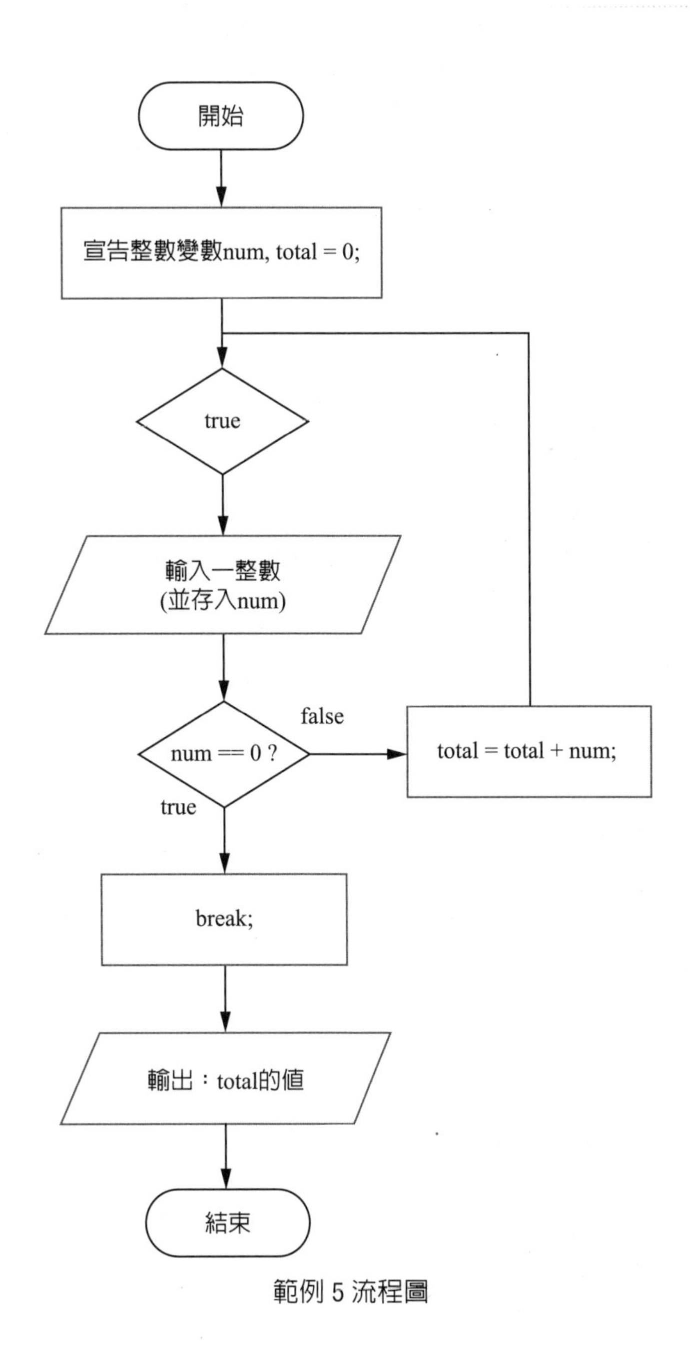

範例 5 流程圖

5-2-2　後測式迴圈結構

Java 語言提供的後測式迴圈結構，只有「do while」迴圈。

當知道問題需使用迴圈結構來撰寫，且迴圈結構「{ }」內的程式敘述至少要被執行一次，但不知道要重複執行幾次，此時使用迴圈結構「do while」來撰寫是最適合的方式。迴圈結構「do while」語法如下：

```
do
{
  程式敘述；…
}
while(進入迴圈的條件)；
```

當程式執行到迴圈結構「do while」時，程式執行的步驟如下：

步驟 1. 程式會直接執行 do while「{ }」內的程式敘述。

步驟 2. 「{ }」內的程式敘述執行完畢，會檢查進入迴圈的條件結果是否爲「true」？若爲「true」，則執行**步驟 1**；否則跳到迴圈結構「do while」外的第一列程式敘述。

註：

1. 在「do」及「{ }」後面，都不能加上「;」。但while「( )」後面，要加上「;」。
2. 若「{ }」內只有一列敘述，則「{ }」可以省略；若「{ }」內的敘述有兩列(含)以上，則一定要加上「{ }」。

範例6

寫一程式，輸入整數 a 及 b，然後再讓使用者回答 a+b 的值。若答對，則輸出答對了；否則輸出答錯了，並讓使用者繼續回答。

```
1   package ch05;
2
3   import java.util.Scanner;
4
5   public class Ex6 {
6      public static void main(String[] args) {
7         Scanner keyin = new Scanner(System.in);
8         int a, b, answer;
9         System.out.print("輸入整數a:");
10        a = keyin.nextInt();
11        System.out.print("輸入整數b:");
12        b = keyin.nextInt();
13        do
14        {
15          System.out.print("a+b=");
16          answer = keyin.nextInt();
17          if (answer != a + b)
```

```
18              System.out.println("答錯了!");
19          }
20          while (answer != a + b);
21          System.out.println("答對了!");
22          keyin.close();
23      }
24  }
```

執行結果

```
輸入整數a:10
輸入整數b:20
a+b=30
答對了!
```

三程式說明

程式第 13~20 列的敘述會不斷執行，直到使用者回答的結果正確，才跳離迴圈結構「while」。

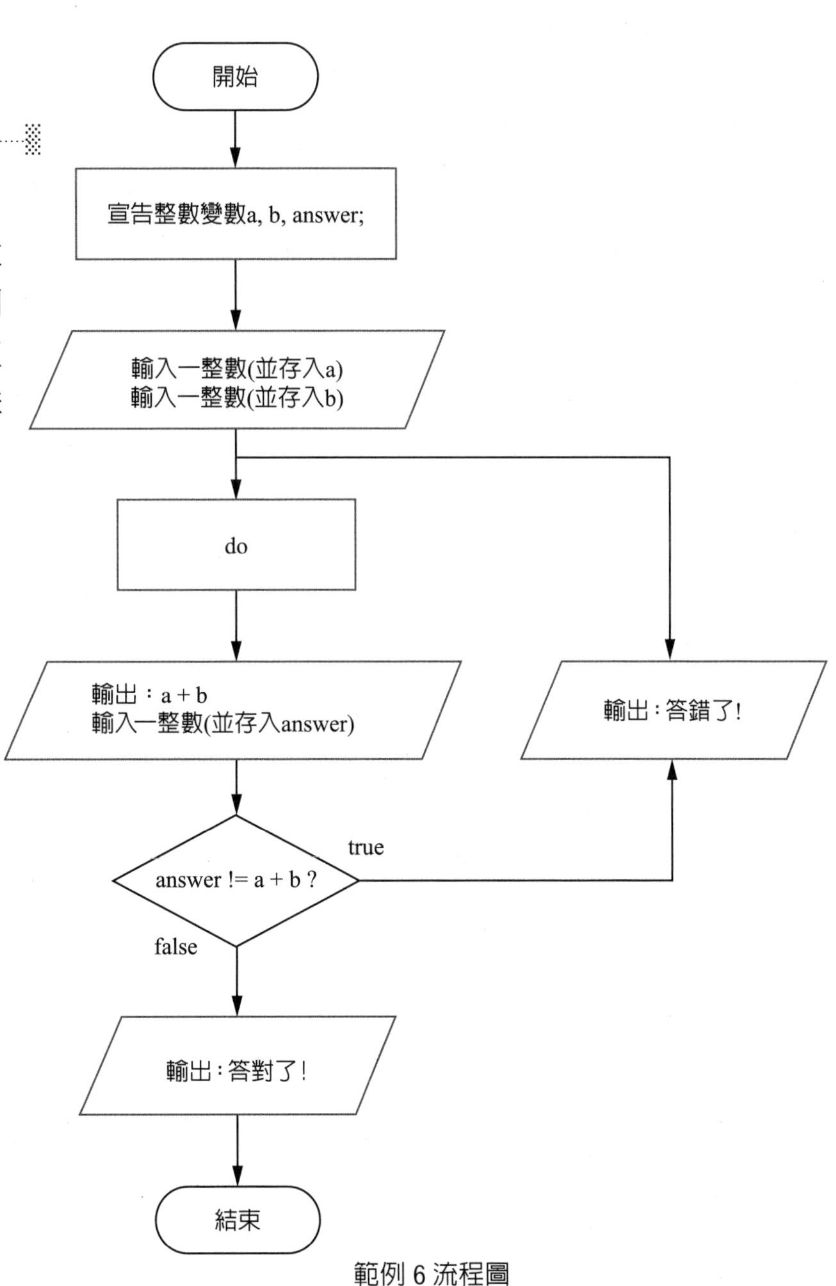

範例 6 流程圖

範例7

寫一程式，輸出最少需要幾個大小不同的正方形(公分X公分)地磚，才能鋪滿長爲380公分，寬爲80公分的長方形走道。

提示：使用輾轉相除法的做法。

```
1  package ch05;
2
3  public class Ex7{
4
5    public static void main(String[] args) {
6       int divisor=80, dividend=380, remainder, number=0 ;
7       do
8       {
9          number = number + dividend / divisor ;
10         System.out.printf("邊長爲%d公分的正方形", divisor) ;
11         System.out.printf("%d個\n", dividend / divisor) ;
12         remainder = dividend % divisor;
13         dividend = divisor;
14         divisor = remainder;
15      }
16      while (remainder != 0);
17      System.out.printf("合計最少需要%d個大小不同的正方形", number) ;
18    }
19 }
```

執行結果

```
邊長爲80cm的正方形4個
邊長爲60cm的正方形1個
邊長爲20cm的正方形3個
合計最少需要8個大小不同的正方形
```

程式說明

1. 計算380與80的最大公因數之輾轉相除法過程如下：

   380 ÷ 80 = 4(商)... 60(餘數)

   80 ÷ 60 = 1(商)... 20(餘數)

   60 ÷ 20 = 3(商)... 0(餘數)

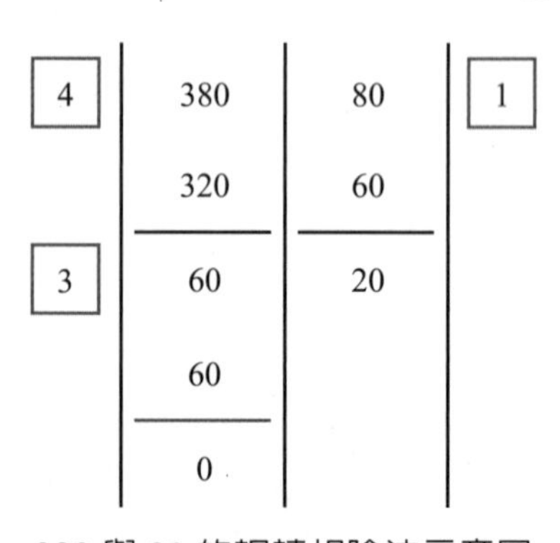

380與80的輾轉相除法示意圖

2. 程式第9列「number = number + dividend / divisor ;」中的「dividend / divisor」，代表邊長爲「divisor」的正方形之個數。

3. 合計最少需要邊長爲 80cm 的正方形 4 個，邊長爲 60cm 的正方形 1 個及邊長爲 20cm 的正方形 3 個。

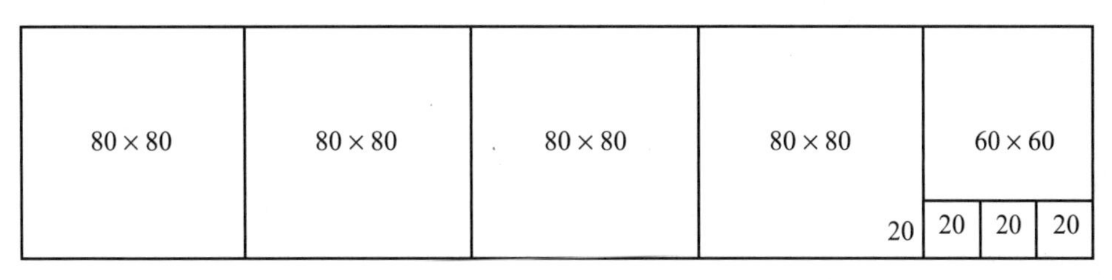

長方形 380x80 分割成不同大小的正方形示意圖

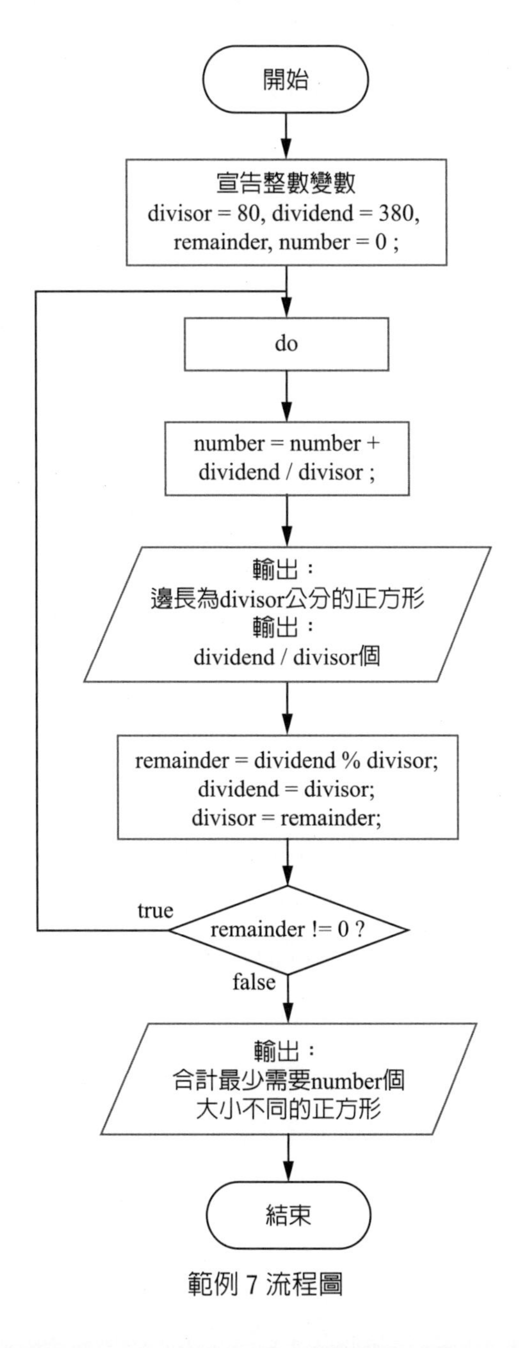

範例 7 流程圖

範例8

假設球由上往下自由落體，每次著地後的反彈高度爲原來的一半，直到停止。寫一程式，輸入球的起始高度(公尺)，輸出自由落體後到停止前所經過的距離。

```
1  package ch05;
2
3  import java.util.Scanner;
4
5  public class Ex8 {
6     public static void main(String[] args) {
7        Scanner keyin = new Scanner(System.in);
8        float height, distance=0;
9        System.out.print("輸入球的起始高度(公尺):");
10       height = keyin.nextFloat();
11       do
12        {
13          distance += height;
14          height /= 2;
15        }
16       while (height != 0);
17       System.out.println("球的經過距離爲"+distance+"公尺");
18
19       keyin.close();
20    }
21 }
```

執行結果

```
輸入球的起始高度(公尺):1.9
球的經過距離爲3.7999997公尺
```

5-2-3 巢狀迴圈

一層迴圈結構中還有其他迴圈結構的架構，稱之爲巢狀迴圈結構。巢狀迴圈就是多層迴圈結構的意思。當問題必須重複執行某些特定的敘述，且這些特定的敘述受到兩個或兩個以上的因素影響，此時使用巢狀迴圈結構來撰寫，是最適合的方式。使用巢狀迴圈時，先變的因素要寫在內層迴圈；後變的因素要寫在外層迴圈。

當知道問題需使用迴圈結構來撰寫，但到底要用幾層迴圈結構來撰寫最適合呢？想知道到底要用幾層迴圈結構，可根據下列兩概念來判斷：

1. 若問題只有一個因素在變時，則使用一層迴圈結構來撰寫，是最適合的方式；若問題有兩個因素在變時，則使用雙層迴圈結構來撰寫，是最適合的方式，以此類推。

2. 若問題結果呈現的樣子爲直線，則爲一度空間，故使用一層迴圈結構來撰寫，是最適合的方式。若結果呈現的樣子爲平面(或表格)，則爲二度空間，故使用兩層迴圈結構來撰寫，是最適合的方式。若結果呈現的樣子爲立體(或多層表格)，則爲三度空間，故使用三層迴圈結構來撰寫，是最適合的方式。

範例9

寫一程式，輸出九九乘法。

```
1  package ch05;
2
3  public class Ex9 {
4     public static void main(String[] args) {
5        int i, j;
6        for (i = 1; i <= 9; i++)
7         {
8          for (j = 1; j <= 9; j++)
9             System.out.print(i + "*" + j + "=" + (i * j) + "\t");
10         System.out.println();
11        }
12    }
13 }
```

執行結果

```
1x1=1   1x2=2   1x3=3   1x4=4   1x5=5   1x6=6   1x7=7   1x8=8   1x9=9
2x1=2   2x2=4   2x3=6   2x4=8   2x5=10  2x6=12  2x7=14  2x8=16  2x9=18
3x1=3   3x2=6   3x3=9   3x4=12  3x5=15  3x6=18  3x7=21  3x8=24  3x9=27
4x1=4   4x2=8   4x3=12  4x4=16  4x5=20  4x6=24  4x7=28  4x8=32  4x9=36
5x1=5   5x2=10  5x3=15  5x4=20  5x5=25  5x6=30  5x7=35  5x8=40  5x9=45
6x1=6   6x2=12  6x3=18  6x4=24  6x5=30  6x6=36  6x7=42  6x8=48  6x9=54
7x1=7   7x2=14  7x3=21  7x4=28  7x5=35  7x6=42  7x7=49  7x8=56  7x9=63
8x1=8   8x2=16  8x3=24  8x4=32  8x5=40  8x6=48  8x7=56  8x8=64  8x9=72
9x1=9   9x2=18  9x3=27  9x4=36  9x5=45  9x6=54  9x7=63  9x8=72  9x9=81
```

三程式說明

1. 九九乘法的資料共有九列，每一列共有九行資料。列印時，先從第一行印到第九行，然後列從第一列換到第二列。接著從再第一行印到第九行，然後列從第二列換到第三列。以此類推，直到第九列的第一行到第九行的資料印完才停止。因「行」與「列」兩個因素在改變，故使用兩層迴圈結構來撰寫最適合。因行先變且列後變，故「行」要寫在內層迴圈且「列」要寫在外層迴圈。

2. 九九乘法表呈現的樣子爲平面 (或表格) 爲二度空間，也可判斷使用兩層迴圈結構來撰寫最適合。

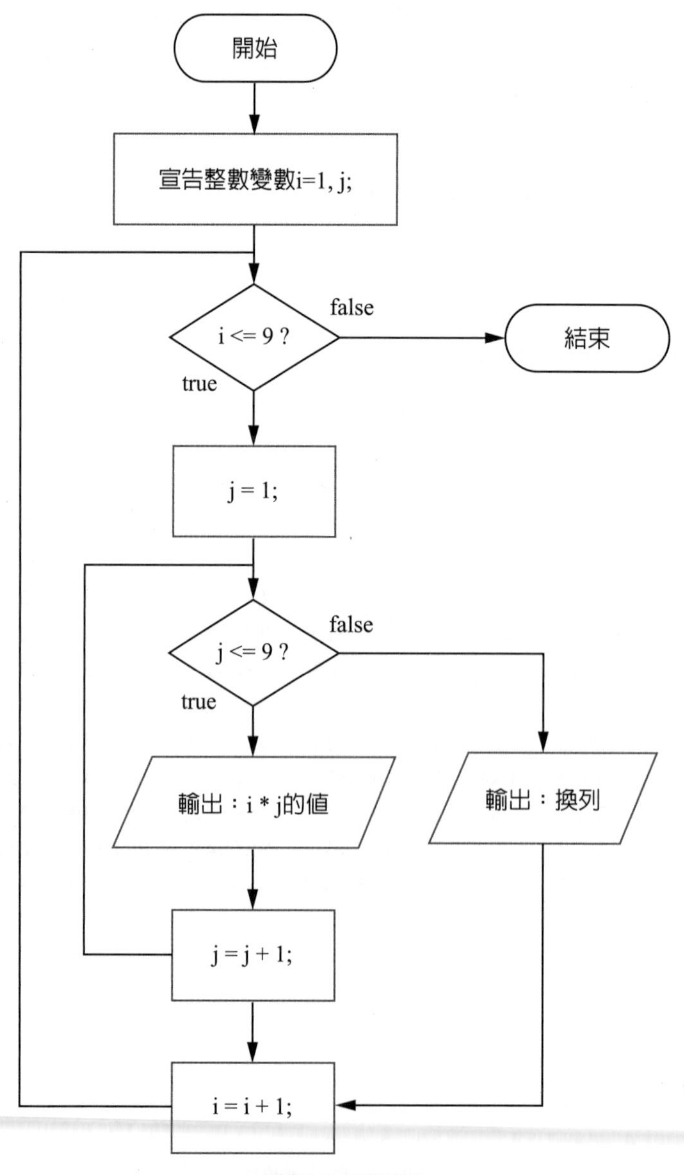

範例 9 流程圖

三範例10

寫一程式，用「*」模擬金字塔(單面，高度3，寬度5)圖案。

```
  *
 ***
*****
```

```
1  package ch05;
2  
3  public class Ex10 {
4     public static void main(String[] args) {
5        int i, j;
6        for (i = 1; i <= 3; i++)
7         {
8          for (j = 1; j <= 3 - i; j++)
9             System.out.print(" ");
10 
11         for (j = 1; j <= 2 * i - 1; j++)
12            System.out.print("*");
13 
14         System.out.println();
15        }
16    }
17 }
```

三程式說明

1. 第 7 列「for (i=1;i<=3;i++)」表示三列資料。

2. 執行結果第 1 列印「*」之前，要印 2 個「空格」。第 2 列印「*」之前，要印 1 個「空格」。第 3 列印「*」之前，要印 0 個「空格」。所以第「i」列要印幾個「空格」，跟「i」有密切關係。若使用 j 來表示「空格」數，則「j=3-i」。因此，使用第 8 列「for(j=1;j<=3-i;j++)」表示每列印「*」之前，要印的「空格」數。

3. 執行結果第 1 列印 1 個「*」，第 2 列印 3 個「*」，第 3 列印 5 個「*」。所以第「i」列要印幾個「*」，跟「i」有密切關係。若使用 j 來表示「*」數，則「j=2*i-1」。因此，使用第 11 列「for (j=1;j<=2*i-1;j++)」表示執行後每列要印的「*」數量。

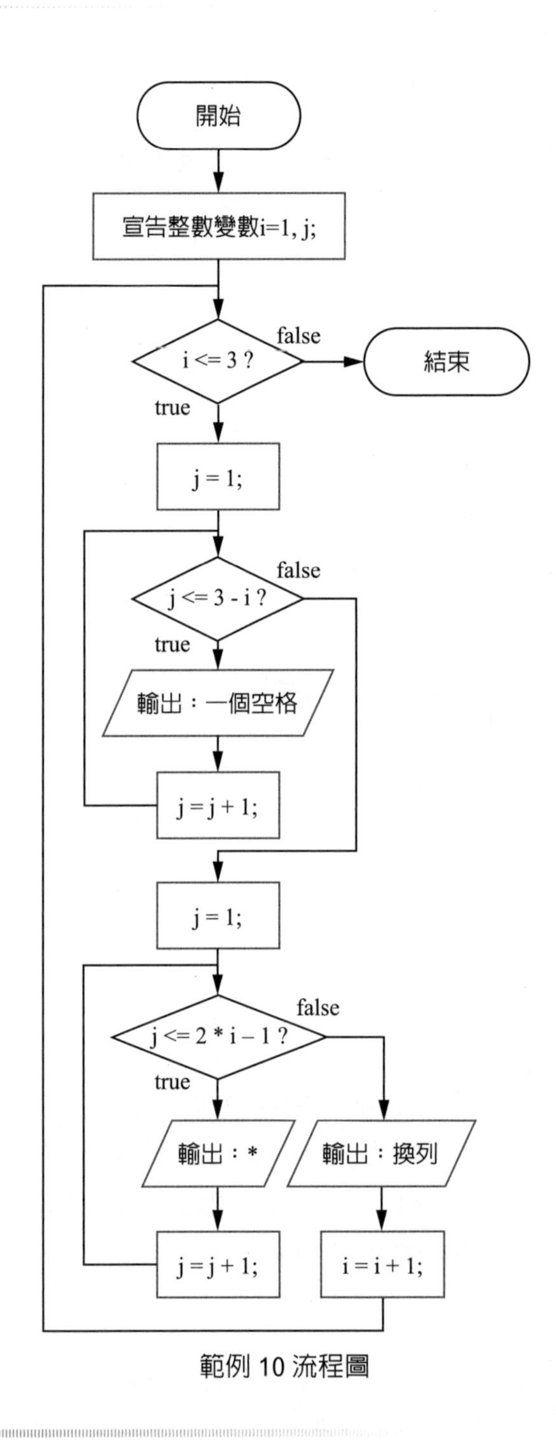

範例 10 流程圖

☰範例11

寫一程式，使用巢狀迴圈，輸出以下結果。

A

BC

DEF

GHIJ

KLMNO

```
1  package ch05;
2
3  public class Ex11 {
4     public static void main(String[] args) {
5        int i, j, k = 65;
6        for (i = 1; i <= 5; i++)
7         {
8          for (j = 1; j <= i; j++)
9           {
10            System.out.printf("%c",k);
11            k++;
12          }
13         System.out.println();
14        }
15     }
16 }
```

三程式說明

1. 字元，是以整數型態儲存在記憶體中。因此，可以整數代替對應的字元。
2. 若整數以「%c」格式輸出，則結果爲整數所對應的字元。

從上面的巢狀迴圈範例，可以歸納以下兩個要點：

1. 先變的因素寫在內層迴圈，後變的因素寫在外層迴圈。
2. 若先變的因素與後變的因素有密切關係時，則外層迴圈的迴圈變數要出現在內層迴圈的條件中。

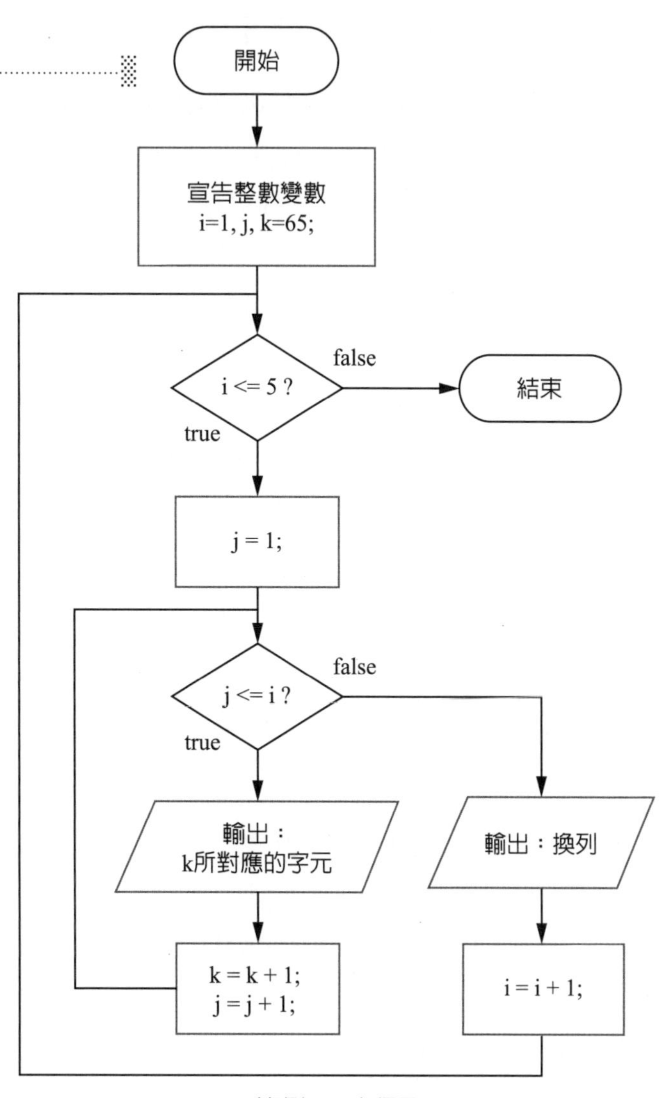

範例 11 流程圖

5-3 「break;」與「continue;」敘述

在「for」、「while」及「do while」這三種迴圈結構中，一般情況是在違反進入迴圈的條件時，才會結束迴圈的運作。但若問題除了具有重複執行某些特定的敘述特性外，還包括某些例外性時，則在這三種迴圈結構中必須加入「break;」(目的：符合某個例外條件時，跳出迴圈結構)或「continue;」(目的：符合某個例外條件時，不執行某些敘述)，才能達成問題的需求。「break;」及「continue;」必須撰寫在選擇結構的敘述中(即，撰寫在某個條件底下)，否則編譯時會出現：「**Unreachable code**」(表示其底下的敘述不會被執行)。

5-3-1 「break;」敘述的功能與使用方式

「break;」敘述除了用在選擇結構「switch」(請參考「4-2-4 switch 選擇結構」)外，還可用在迴圈結構。當程式執行到迴圈結構內的「break;」敘述時，程式會跳出迴圈結構，並執行迴圈結構外的第一列敘述，不再回頭重複執行迴圈結構「{ }」內的敘述。注意，當「break;」敘述用在巢狀迴圈結構內時，它一次只能跳出一層迴圈結構(離它最近的那層迴圈結構)，而不是跳出整個巢狀迴圈結構外。

範例12

寫一程式，模擬密碼驗證(假設密碼為201209)，最多可以輸入三次密碼。若輸入正確，則輸出密碼正確，否則輸出密碼錯誤。

```
1  package ch05;
2  
3  import java.util.Scanner;
4  
5  public class Ex12 {
6     public static void main(String[] args) {
7        Scanner keyin = new Scanner(System.in);
8        int i,password;
9        for (i = 1; i <= 3; i++)
10        {
11          System.out.print("輸入密碼:");
12          password = keyin.nextInt();
13          if (password==201209)
14           {
15             System.out.println("密碼正確.");
16             break;
17           }
```

```
18            else
19               System.out.println("密碼錯誤.");
20          }
21         keyin.close();
22      }
23  }
```

執行結果

```
輸入密碼:123456
密碼錯誤.
輸入密碼: 201209
密碼正確.
```

☰程式說明

若密碼連三次輸入錯誤，就跳出迴圈結構「for」。若密碼輸入正確，則會執行到第 16 列的「break;」敘述，立刻跳出迴圈結構「for」，不管迴圈結構「for」還有多少次未執行。

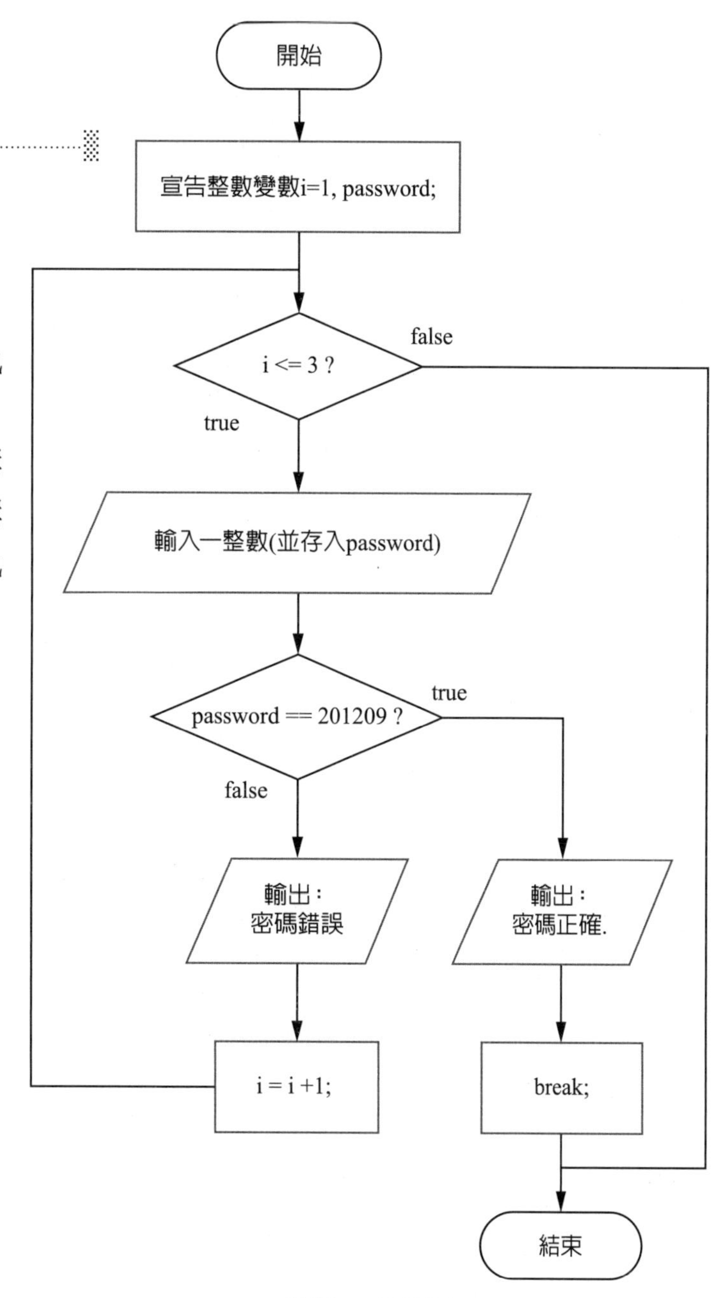

範例 12 流程圖

5-3-2 「continue;」敘述的功能與使用方式

「continue;」敘述的目的是不執行迴圈結構內的某些敘述。以下針對「for」、「while」及「do while」三種迴圈結構，在它們內部使用「continue;」所產生的流程差異說明：

1. 在迴圈結構「for」內使用「continue;」：
   執行到「continue;」，程式會跳到該層迴圈結構 for「( )」內的第三部分，執行迴圈變數增 (或減) 量。

2. 在迴圈結構「while」內使用「continue;」：
   執行到「continue;」，程式會跳到該層迴圈結構 while「( )」內，檢查迴圈的條件是否爲「true」。

3. 在迴圈結構「do while」內使用「continue;」：
   執行到「continue;」，程式會跳到該層迴圈結構 do while「( )」 內，檢查迴圈的條件是否爲「true」。

範例13

寫一程式，利用「continue;」指令的特性，計算 1 到 100 之間的偶數和。

```
1  package ch05;
2  
3  public class Ex13 {
4     public static void main(String[] args)    {
5       int i,sum=0;
6       for (i=1;i<=100;i++)
7        {
8         if (i%2==1)
9           continue;
10 
11        sum=sum+i;
12       }
13      System.out.printf("1到100之間的偶數和=%d",sum);
14     }
15 }
```

執行結果

```
1到100之間的偶數和=2550
```

三程式說明

1. 迴圈結構「for」執行 100 次，但只有 i=2，4，⋯，100 時，「sum = sum + i;」敘述有執行到。因 i=1，3⋯，99 時，符合「i % 2 == 1」的條件，會執行「continue;」敘述，跳過「sum = sum + i;」敘述，接著程式執行該層 for「( )」內的第三部分。
2. 第 6 列到第 12 列，可改寫成：

```
for (i=1;i<=100;i++)
   {
      if (i%2==0)
        sum=sum+i;
   }
```

註：

「continue;」敘述是寫在某個「選擇結構」內，若將選擇結構「( )」內的條件改成否定（或反面）寫法，則無需使用「continue;」敘述。

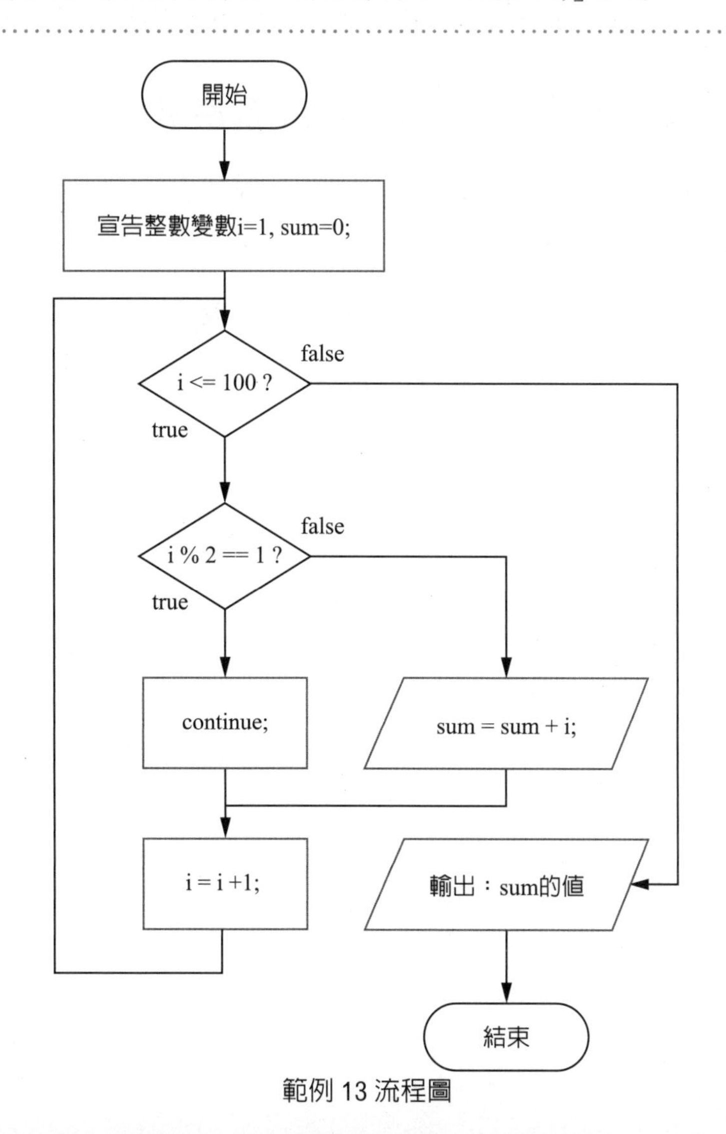

範例 13 流程圖

5-4 「break 標籤名稱;」與「continue 標籤名稱;」敘述

執行「break;」，只能跳出其所在的迴圈結構。在多層的迴圈結構中，若想跳出特定層的迴圈結構，則必須使用「break 特定層的迴圈結構之標籤名稱 ;」。執行「continue;」，只能不執行其所在的迴圈結構中的某些敘述。在多層的迴圈結構中，若不想執行特定層的迴圈結構到其所在的迴圈結構中的某些敘述，則必須使用「continue 特定層的迴圈結構之標籤名稱 ;」。

要使用「break 標籤名稱 ;」或「continue 標籤名稱 ;」之前，必須在迴圈結構的首列之上一列定義「標籤名稱 :」(即，迴圈結構的名稱)，然後才可在迴圈結構中撰寫「break 標籤名稱 ;」或「continue 標籤名稱 ;」。「break 標籤名稱 ;」及「continue 標籤名稱 ;」必須撰寫在選擇結構的敘述中(即，撰寫在某個條件底下)，否則編譯時會出現：「Unreachable code」(表示其底下的敘述不會被執行)。

5-4-1 「break 標籤名稱;」敘述的功能及使用方式

當程式執行到「break 標籤名稱 ;」敘述時，程式會跳到「標籤名稱 :」下面的迴圈結構外的第一列敘述。

針對「break 標籤名稱 ;」的使用，迴圈結構的標籤名稱之設定規則有下列兩種：

```
(一)
標籤名稱:
  [//註解]
  迴圈結構

(二)
標籤名稱:
{
  [程式敘述;…]
  迴圈結構
  [程式敘述;…]
}
```

註：

1. 「標籤名稱」後面必須加上「:」(冒號)。
2. 第(一)種語法中，「標籤名稱:」與「迴圈結構」間除了註解外，不能加入有任何程式碼敘述。「[]」表示「// 註解」表示「註解」可加可不加。
3. 在第(一)種語法中，執行「break 標籤名稱:」後，程式會跳到「標籤名稱:」迴圈結構外的第一列程式敘述。
4. 第(二)種語法中，「標籤名稱:」與「迴圈結構」間可加入合法的程式敘述。「[]」表示「程式敘述;」可加可不加。
5. 在第(二)種語法中，執行「break 標籤名稱:」後，程式會跳到「標籤名稱:」迴圈結構外的第一列程式敘述。

範例14

寫一程式，判斷在四列四行的資料

2 3 4 5
3 4 5 6
4 5 6 7
5 6 7 8

中，數字 7 是否有出現過。

```
1  package ch05;
2
3  public class Ex14 {
4     public static void main(String[] args) {
5        int i=1, j=1;
6        outerfor:
7        for (i = 1; i <= 4; i++) {
8           for (j = 1; j <= 4; j++)
9              if ((i + j) == 7)
10                break outerfor;
11       }
12       System.out.print("四列四行的資料中,");
13       if (i == 5)
14          System.out.println("數字7沒有出現過.");
15       else
16          System.out.println("數字7第一次出現在第" + i + "列第"+j+"行.");
17    }
18 }
```

執行結果

```
四列四行的資料中,數字7第一次出現在第3列第4行.
```

程式說明

預設標籤名稱「outerfor」的外層迴圈會執行 4 次且內層迴圈會執行 16 次，但第 10 列「break outerfor;」若被執行，則會立刻跳出標籤名稱「outerfor」的外層迴圈並執行第 12 列。

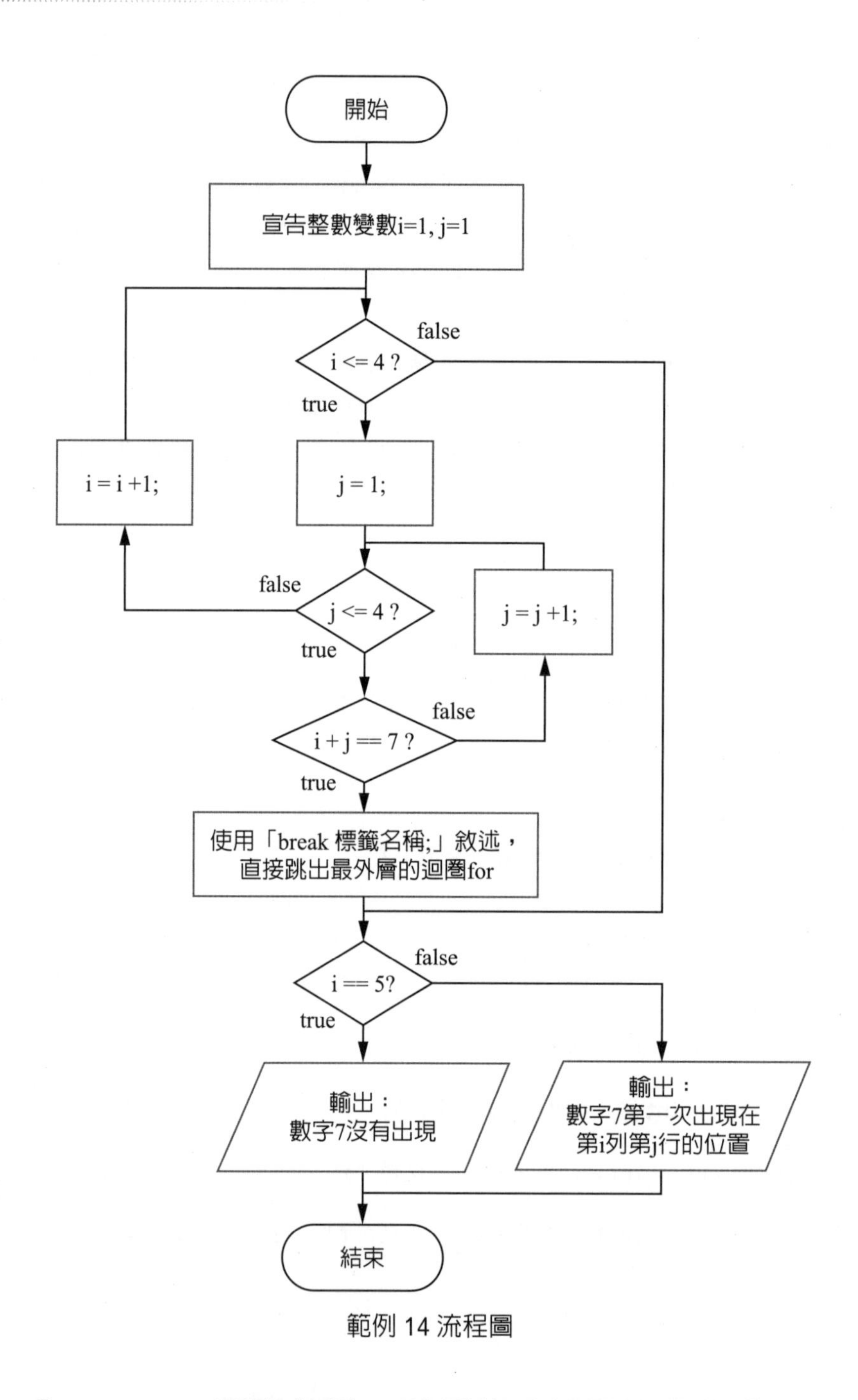

範例 14 流程圖

5-4-2 「continue 標籤名稱;」敘述的功能及使用方式

當程式執行到「continue 標籤名稱 ;」敘述時，程式會跳到「標籤名稱」所屬的迴圈結構中的特定敘述 (請參考「5-3-2 continue; 敘述」的功能與使用方式)。

針對「continue 標籤名稱 ;」的使用，迴圈結構的標籤名稱之設定規則如下：

標籤名稱:

[//註解]

迴圈結構

註：

1. 「標籤名稱」後面必須加上冒號「:」。後面必須加上「:」(冒號)。
2. 「標籤名稱:」與「迴圈結構」間除了註解外，不能加入有任何程式碼敘述。「[]」表示「// 註解」可加可不加。

範例15

寫一程式，將

```
2 3 4 5
3 4 5 6
4 5 6 7
5 6 7 8
```

對角線(含)以下的數字相加後的總和輸出。

```
1  package ch05;
2
3  public class Ex15 {
4     public static void main(String[] args) {
5        int i, j, sum = 0;
6        outerfor:
7        for (i = 1; i <= 4; i++) {
8           for (j = 1; j <= 4; j++) {
9              if (i < j)
10                continue outerfor;
11             sum = sum + (i + j);
12          }
13       }
14       System.out.println("對角線(含)以下的數字總和=" + sum);
15    }
16 }
```

執行結果

```
對角線(含)以下的數字總和=50
```

程式說明

1. 預設標籤名稱「outerfor」的外層迴圈會執行 4 次且內層迴圈會執行 16 次，但第 10 列「continue outerfor;」若被執行，則會立刻跳到標籤名稱「outerfor」的第 7 列外層迴圈 for 的第三部分，並執行「i++」。
2. 其他例子，請參考「7-8 自我練習」的程式設計「第 6 題」。

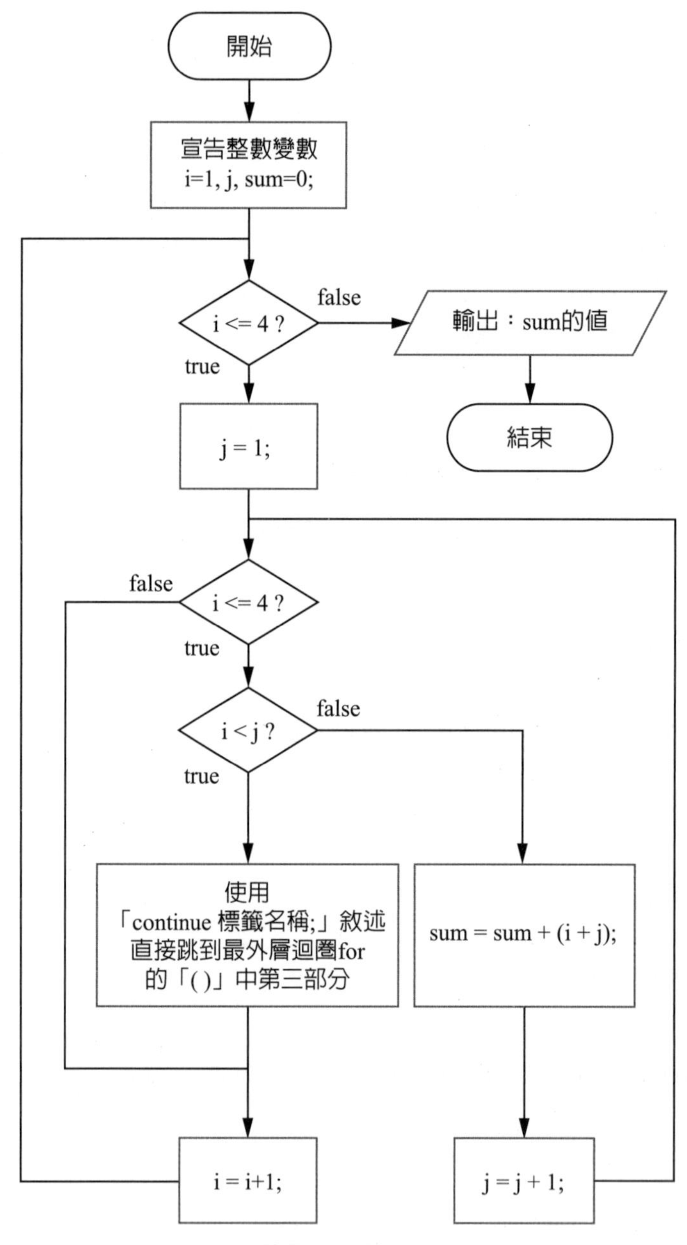
開始
宣告整數變數
i=1, j, sum=0;
i <= 4 ?
false
true
輸出：sum的值
結束
j = 1;
false
i <= 4 ?
true
i < j ?
false
true
使用
「continue 標籤名稱;」敘述
直接跳到最外層迴圈for
的「( )」中第三部分
sum = sum + (i + j);
i = i+1;
j = j + 1;

範例 15 流程圖

5-5 發現問題

☰範例16

（浮點數的缺失）寫一程式，判斷 0.1+0.1+0.1 與 0.3 是否相等。

```
1   package ch05;
2   
3   public class Ex16 {
4      public static void main(String[] args) {
5         double num = 0.0;
6         int i;
7         for (i = 1; i <= 3; i++)
8          {
9            if (i <= 2)
10              System.out.printf("0.1+");
11           else
12              System.out.printf("0.1");
13           num = num + 0.1;
14         }
15        if (num == 0.3)
16           System.out.println("與 0.3相等");
17        else
18           System.out.println("與 0.3不相等");
19     }
20  }
```

執行結果

```
0.1+0.1+0.1與0.3不相等
```

☰程式說明

1. 浮點數 0.1 儲存入記憶體會產生誤差，造成浮點數運算時所得到的結果與我們認爲的結果有所不同。因此，若需判斷兩個浮點數是否相等，則改爲判斷兩個整數是否相等，才能符合我們的認知。
2. 將 num=num+0.1;
   改成 num=num+1;
   if (num == 0.3)
   改成 if (num == 3)
   結果：0.1+0.1+0.1 與 0.3 相等。

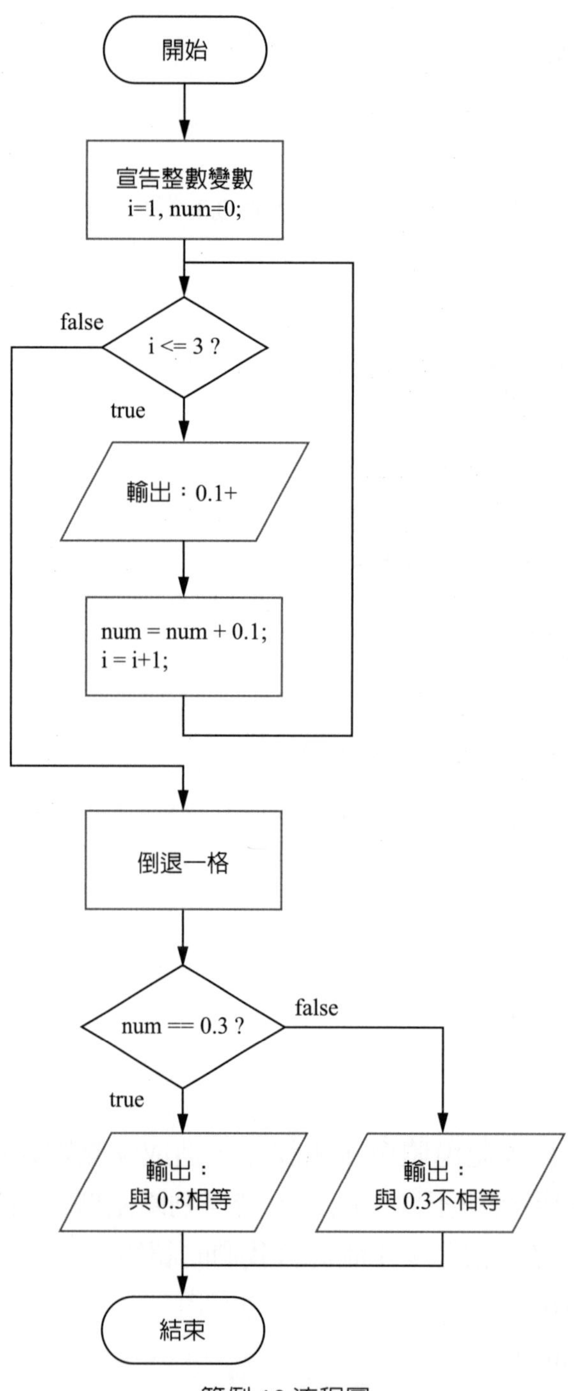
開始
宣告整數變數
i=1, num=0;
i <= 3 ?
false
true
輸出：0.1+
num = num + 0.1;
i = i+1;
倒退一格
num == 0.3 ?
false
true
輸出：
與 0.3相等
輸出：
與 0.3不相等
結束

範例 16 流程圖

5-6 進階範例

範例17

寫一程式，輸入兩個整數，輸出其最大公因數。(限用「while」迴圈撰寫)

提示：輾轉相除法程序如下：

Step1：兩個整數相除

Step2：若餘數 =0，則除數爲最大公因數，結束；

否則將除數當新的被除數，餘數當新的除數，回到 Step1。

```
1  package ch05;
2
3  import java.util.Scanner;
4
5  public class Ex17 {
6     public static void main(String[] args) {
7        Scanner keyin = new Scanner(System.in);
8          int a,b;
9          int divisor,dividend,remainder,gcd;
10         System.out.print("輸入第1個整數:");
11         a=keyin.nextInt();
12         System.out.print("輸入第2個整數:");
13         b=keyin.nextInt();
14         dividend=a;
15         divisor=b;
16         remainder= dividend % divisor;
17         while (remainder != 0)
18          {
19           dividend = divisor;
20           divisor = remainder ;
21           remainder= dividend % divisor;
22          }
23         gcd= divisor;
24         System.out.println("(" + a + "," + b + ")=" + gcd);
25         keyin.close();
26    }
27 }
```

執行結果

```
輸入第1個整數:84
輸入第2個整數:38
(84,38)=2
```

三程式說明

1. 程式第 16~22 列，為輾轉相除法的演算法程序。
2. 計算 84 與 38 的最大公因數之輾轉相除法過程如下：

   84 ÷ 38 = 2(商) ... 8(餘數)
   38 ÷ 8 = 4(商) ... 6(餘數)
   8 ÷ 6 = 1(商) ... 2(餘數)
   6 ÷ 2 = 3(商) ... 0(餘數)

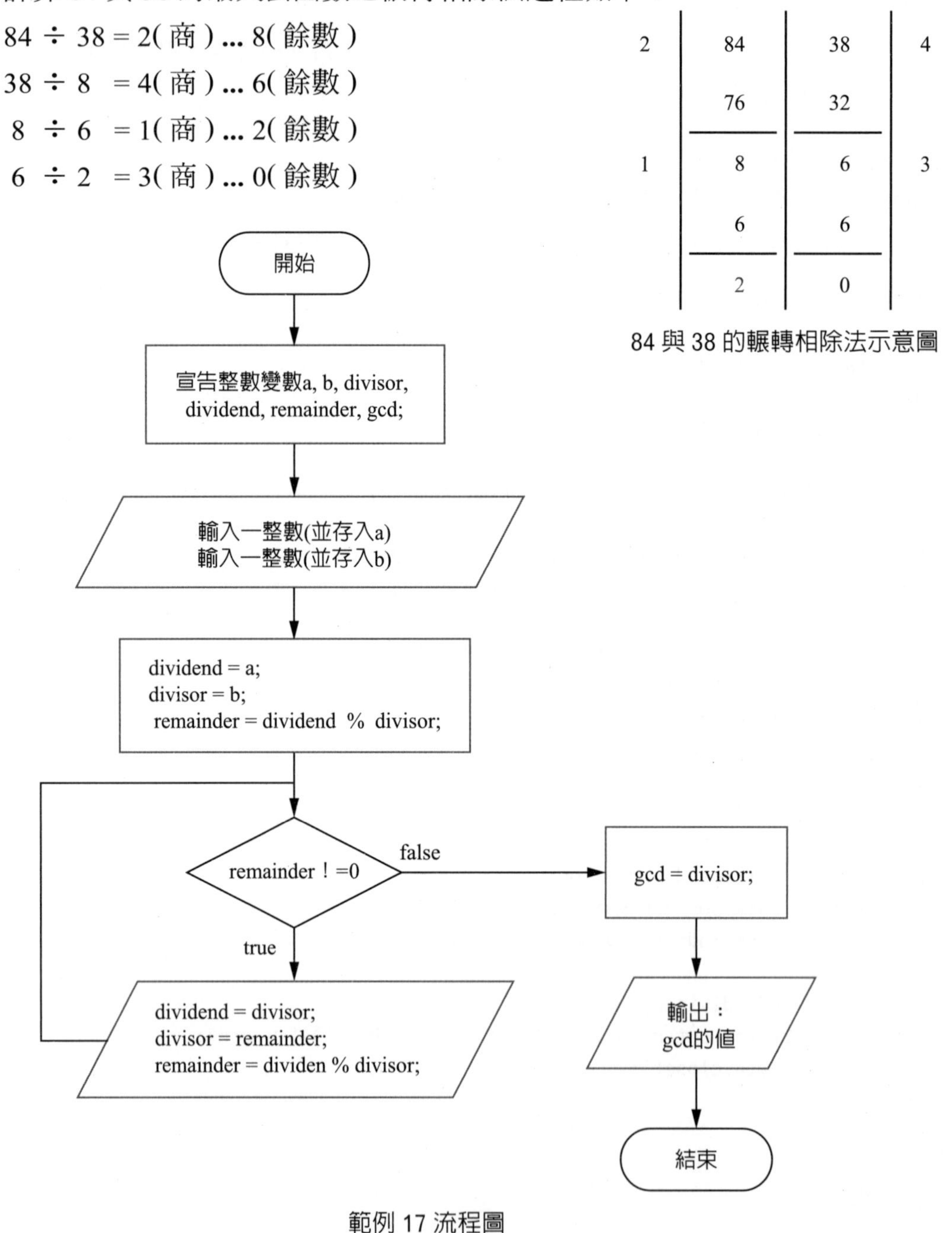

84 與 38 的輾轉相除法示意圖

範例 17 流程圖

範例18

假設球從 100 米高度自由落下，每次落地後反彈高度爲原來的一半，直到停止。寫一程式，輸出第 n 次落地時，球經過的距離及球第 n 次反彈的高度。(限用「while」迴圈撰寫)

```
1  package ch05;
2
3  import java.util.Scanner;
4
5  public class Ex18 {
6     public static void main(String[] args) {
7        Scanner keyin = new Scanner(System.in);
8        int n, i = 1;
9        float height = 100, distance = 0;
10       System.out.print("輸入落地次數n:");
11       n = keyin.nextInt();
12       while (i <= n)
13        {
14          distance = distance + height;
15          height = height / 2;
16          distance = distance + height;
17          i++;
18        }
19       distance = distance - height;
20       System.out.printf("第%d次落地時，球經過的
         距離=%.1f米\n", n, distance);
21       System.out.printf("第%d次反彈時，球的高度
         =%.1f米", n, height);
22       keyin.close();
23    }
24 }
```

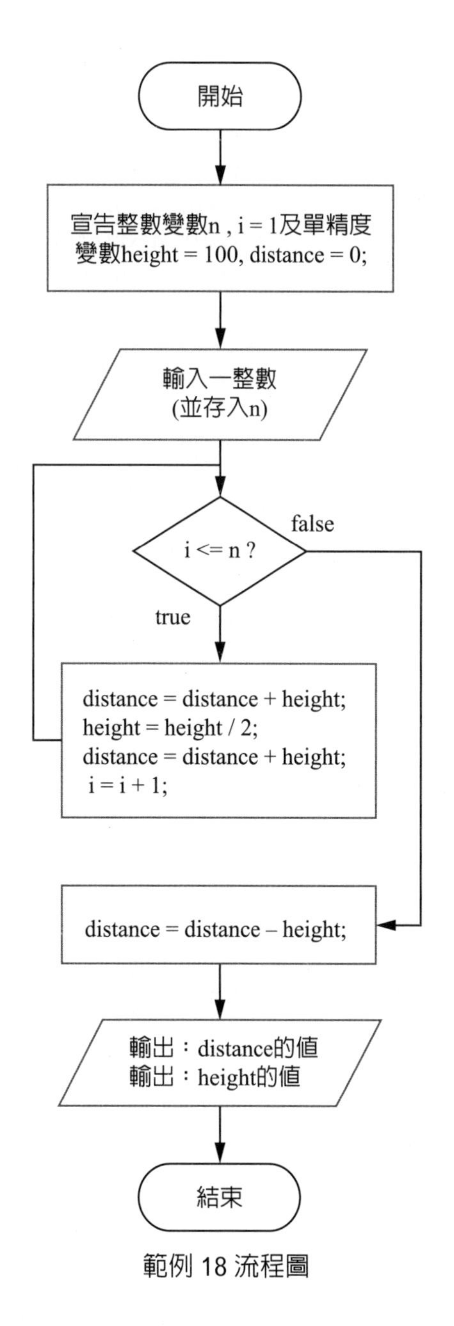

範例 18 流程圖

執行結果

```
輸入落地次數n:3
第3次落地時，球經過的距離=250.0米
第3次反彈時，球的高度=12.5米
```

☰範例19

寫一個程式，輸入一正整數 n，並將 n 轉成二進位整數，輸出此二進位整數共有多少個 1 及多少個 0(不可使用除號「/」及餘數「%」運算子)。

(提示：請參考「2-3-6 位元運算子」)

```
1  package ch05;
2
3  import java.util.Scanner;
4
5  public class Ex19 {
6     public static void main(String[] args) {
7          Scanner keyin = new Scanner(System.in);
8          int n;
9          int one_num=0,zero_num=0;
10         System.out.print("輸入一正整數:");
11         n=keyin.nextInt();
12         System.out.printf("%d轉成二進位整數後," , n);
13         while (n != 0)
14          {
15           //n & 1 : 表示n與1做 mask遮罩運算(即,位元且(&)運算)
16           //若二進位表示法的個位數的值與1相同，則結果爲1,否則爲0
17           if ((n & 1) == 1)
18              one_num++;
19           else
20              zero_num++;
21
22           n=n >> 1; //除以2,即去掉二進位表示法的個位數
23          }
24         System.out.print("其中共有" + one_num + "個1及");
25         System.out.println(zero_num + "個0");
26         keyin.close();
27     }
28 }
```

執行結果

```
輸入一正整數n:8
8轉成二進位整數後,其中共有1個1及3個0
```

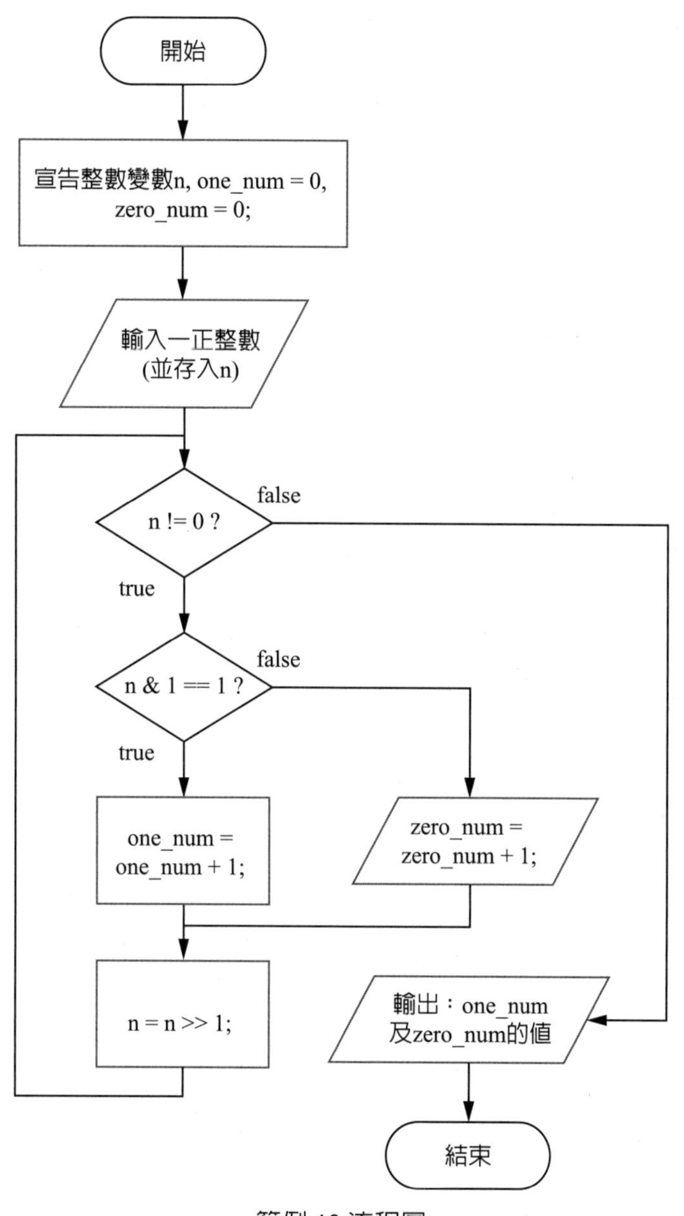
開始
宣告整數變數n, one_num = 0,
zero_num = 0;
輸入一正整數
(並存入n)
n != 0 ?
false
true
n & 1 == 1 ?
false
true
one_num =
one_num + 1;
zero_num =
zero_num + 1;
n = n >> 1;
輸出：one_num
及zero_num的值
結束

範例 19 流程圖

☰範例20

寫一程式，輸入 1~9 的整數 a，輸出 a + a.a + a.aa + a.aaa + …+a.aaaaaaaaaa 的結果。

```
1  package ch05;
2
3  import java.util.Scanner;
4
5  public class Ex20 {
6     public static void main(String[] args) {
7        Scanner keyin = new Scanner(System.in);
8        int a, i;
9        double j = 1.0, total;
10       System.out.print("輸入1~9的整數:");
11       a = keyin.nextInt();
12       total = a;
13       System.out.print(a);
14       for (i = 1; i <= 10; i++) {
15          j = j / 10 + 1;
16          total += a * j;
17          System.out.print("+" + a * j);
18       }
19       System.out.printf("=%.10f", total);
20    keyin.close();
21    }
22 }
```

執行結果

```
輸入1~9的整數:1
1+1.1+1.11+1.111+1.1111+1.11111+1.111111+1.1111111+1.11111111+
1.111111111+1.1111111111=12.0987654321
```

☰程式說明

程式第 15 列的「j」，在 i=1~10 時，分別爲 1.1、1.11、…及 1.1111111111。

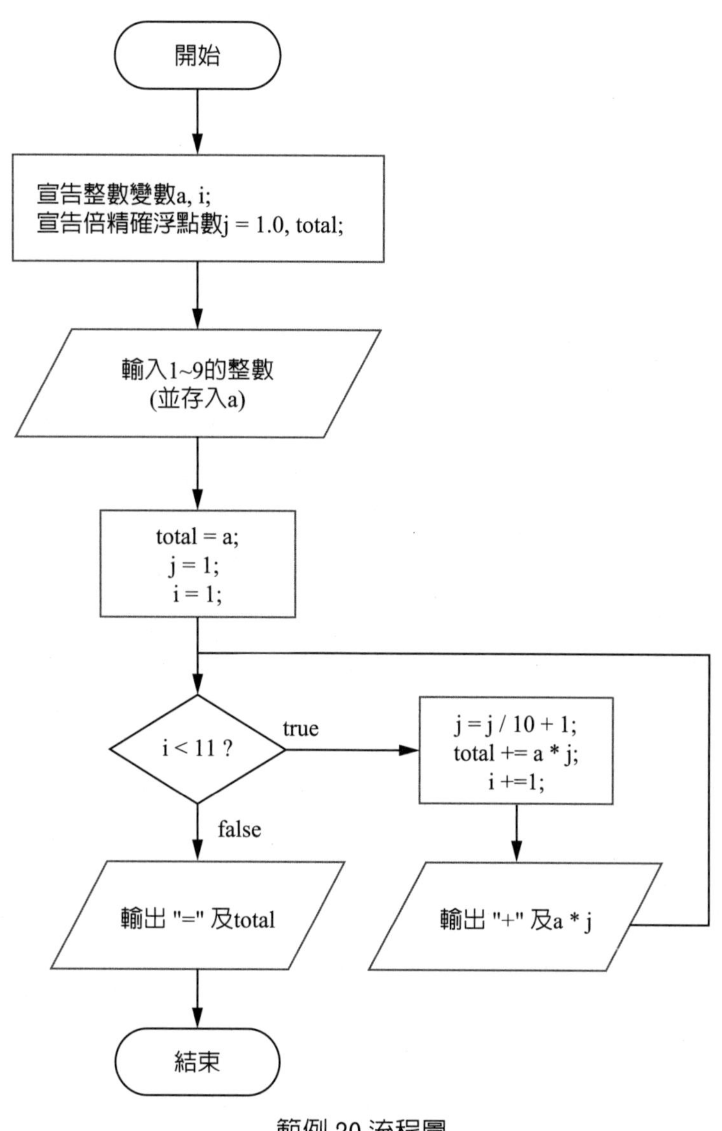
開始
宣告整數變數a, i;
宣告倍精確浮點數j = 1.0, total;
輸入1~9的整數
(並存入a)
total = a;
j = 1;
i = 1;
i < 11 ?
true
false
j = j / 10 + 1;
total += a * j;
i +=1;
輸出 "=" 及total
輸出 "+" 及a * j
結束

範例 20 流程圖

5-7 自我練習

一、選擇題

1. 若知道迴圈結構內的敘述要執行幾次，則使用哪種迴圈結構最適合？

   (A) for (B) while (C) do…while (D) Do…Loop。

2. 若迴圈結構內的敘述至少執行一次，則使用哪種迴圈結構最適合？

   (A) for (B) while (C) do…while (D) Do…Loop。

3. 下列哪些迴圈結構的寫法，會造成無窮迴圈？

   (A) for (; ;) (B) while (true) (C) do…while (true) (D) 以上皆是。

4. 若一個迴圈結構爲無窮迴圈，則在其內部必須包含哪一個敘述，才能離開該迴圈結構？

   (A) break (B) exit (C) return (D) continue。

5. Java 前測式迴圈指令的內部敘述，至少被執行幾次？

   (A) 1 (B) 2 (C) 3 (D) 4 (E) 以上皆非。

6. 下列片段程式碼的目的爲何？

```
int sum = 0, i = 1 ;
while ( i <= 100 )
{
  if (i % 3 == 1)
      continue;
  sum = sum + i ;
  i = i + 1 ;
}
```

   (A) 計算 1+2+...+99+100 (B) 計算 2+4+…+98+100

   (C) 計算 2+3+5+6+...+98+99 (D) 計算 1+4+...+97+100。

7. 在下列片段程式碼中，「sum = sum + 2 * i * j」會執行幾次？

```
int i, j, sum=0 ;
for (i=1 ; i<=10 ; i++)
 {
   for (j=1 ; j<=i ; j++)
      sum = sum + 2 * i * j ;
  }
```

   (A) 10 (B) 25 (C) 35 (D) 45 (E) 55。

二、程式設計

1. 寫一程式，輸入小於 100 的正整數 n，輸出 1+3+…+(2*n-1) 之和。
2. 寫一程式，輸入小於 100 的正整數 n，輸出 1+1/2+1/3+…+1/n 之和。
3. 假設有一提款機只提供 1 元、10 元和 100 元三種紙鈔兌換。寫一程式模擬提款機的作業，輸入提領金額，輸出 1 元、10 及 100 元三種紙鈔各兌換數量，使得兌換的三種紙鈔數量合計最少。
4. 假設某文具店的鉛筆售價一枝 3 元，小英身上帶 22 元。寫一程式，在不使用除號「/」及餘數「%」運算子情況下，輸出可買幾枝鉛筆及剩下多少錢。(提示：使用 while 迴圈)
5. 分別寫一程式，使用巢狀迴圈，輸出以下結果。

(a)

```
123456789
1234567
12345
123
1
```

(b)

```
1
23
456
```

6. 寫一程式，輸入一個 5 位整數，輸出其個位數、十位數、百位數、千位數及萬位數。
7. 寫一程式，在螢幕上顯示一西洋棋盤。(提示：使用 word 中的插入功能中之符號內的■及□)
8. 寫一程式，輸入一正整數，輸出該正整數的每個數字之總和。例如：輸入 1234，輸出 10。(限用 do while 迴圈結構)
9. 寫一程式，輸入密碼，若密碼不等於 123，則輸出「密碼輸入錯誤」。若連續輸入三次都錯誤，則輸出「暫停使用本系統 !」。若輸入正確，則輸出「歡迎光臨本系統 !」。(限用 do while 迴圈結構)
10. 寫一個程式，輸入一正整數 n，輸出 n 的二進位表示 (不可使用除號「/」及餘數「%」運算子)。(提示：請參考「2-3-6 位元運算子」)
11. 寫一個程式，輸入一正整數 n，並將 n 轉成 16 進位整數，輸出此 16 進位整數共有多少個 F 及多少個非 F(不可使用除號「/」及餘數「%」運算子)。(提示：請參考「2-3-6 位元運算子」)
12. 寫一個程式，輸入一正整數 n，輸出 n 的十六進位表示。(不可使用除號「/」及餘數「%」運算子) (提示：請參考「2-3-6 位元運算子」)

13. 寫一程式，模擬益智遊戲：兩個人輪流從 20 顆玻璃彈珠中，拿走 1，2 或 3 顆，拿走最後一顆玻璃彈珠的人就輸了。

14. 寫一個程式，輸入巴斯卡三角形的列數 n，輸出巴斯卡三角形。(使用 C(i,j) 的組合觀念來撰寫)

提示：若 n=4，則巴斯卡三角形爲

```
1
1  1
1  2  1
1  3  3  1
```

15. 寫一程式，模擬販賣機的作業流程，輸入投入的金額，再選擇要買的飲料。

06

内建類別

教學目標

6-1　常用内建類別方法
6-2　數學類別常用方法
6-3　字元類別常用方法
6-4　字串類別常用方法
6-5　日期與時間類別常用屬性及方法
6-6　聲音警告或提醒方法
6-7　程式暫停方法
6-8　自我練習

日常生活中所使用的物件，都具備符合我們需求的一些功能。例：電視機選台器的選台功能，可以幫助我們轉換電視頻道；洗衣機的脫水功能，可以幫助我們脫乾衣服中的水分。

Java 程式語言，將具有特定作用的功能稱為方法 (Method)。當一種功能常常被使用時，可將它撰寫成方法，方便日後重複使用。使用方法替代特定作用的功能有以下優點：

1. **縮短程式碼的撰寫：**相同功能的程式碼不用重複撰寫。
2. **可隨時提供程式重複呼叫使用：**需要某種特定功能時，隨時都可以呼叫對應的方法。
3. **方便偵錯：**程式偵錯時，可以很容易地發覺錯誤是發生在「main()」主方法或是其他方法中。
4. **跨檔案使用：**可提供給不同程式使用。

當程式呼叫某方法時，程式流程的控制權就會轉移到被呼叫的方法上，等被呼叫的方法之程式碼執行完後，程式流程的控制權會再回到原先程式執行位置，然後繼續執行下一列敘述。

方法以是否存在於 Java 語言中來區分，可分成下列兩類：

1. **內建方法：**Java 語言提供的類別方法。
2. **自訂方法：**使用者自訂的類別方法。(請參考「第十章 自訂類別」)

無論內建方法或自訂方法，若在定義時有冠上保留字「static」，則稱為靜態方法；否則稱為非靜態方法。呼叫靜態方法之前，不用先宣告該方法所屬類別的物件變數，直接在靜態方法前加上「所屬的類別名稱.」(即，「所屬的類別名稱.靜態方法()」)，即可呼叫該靜態方法；而呼叫非靜態方法之前，必須先宣告該方法所屬類別的物件變數，然後以「物件變數.非靜態方法()」呼叫該非靜態方法。

本章主要是以介紹常用的內建方法為主，其他未介紹的內建方法，請讀者自行參考相關的類別庫。

註：

在程式中，若使用到某內建方法，則必須使用「import」引入該內建方法所屬的類別到程式裡，否則可能會出現下面錯誤訊息 (切記)：'類別名稱' cannot be resolved to a type。例：「nextInt( )」方法是定義在「java.util」套件中的「Random」類別裡，其作用是產生亂數。若想在程式中使用「nextInt( )」方法，則在使用前必須先下達:「import java.util.Random;」。

6-1 常用內建類別方法

程式語言所提供的內建方法，能加速初學者對程式的學習及縮短解決問題的時程。Java 語言提供的內建類別方法分成下列幾類：

1. 輸出 / 輸入類別方法。(請參考「第三章 基本輸出方法及輸入方法」)
2. 數學類別方法。
3. 亂數類別方法。(請參考「第七章 陣列」)
4. 字元類別方法。
5. 字串類別方法。
6. 日期與時間類別常用屬性及方法。
7. 聲音警告或提醒方法。
8. 程式暫停方法。

6-2 數學類別常用方法

與數學運算有關的方法，都定義在預設引入的「java.lang」套件中的「Math」類別裡。因此，無需下達「import java.lang.Math;」敘述，就能使用。常用的數學運算方法，請參考「表 6-1」至「表 6-6」。

表 6-1　Math 類別常用的數學運算方法 (一)

回傳的資料型態	方法名稱	作用
double	static **double** abs(double var)	求 var 的絕對值 (即，將 var 之值轉變成正的)
float	static **float** abs(float var)	
int	static **int** abs(int var)	
long	static **long** abs(long var)	

☰方法說明

1. 上述所有的方法，都是 Math 類別的公開靜態（public static）方法。
2. 「var」是「abs()」方法的參數，且資料型態為 double、float、int 或 long。
   [註] 在方法定義的首列 ( ) 中，所宣告的變數稱為「參數」（Parameter）。
3. 參數「var」對應的引數之資料型態與參數「var」的資料型態相同，且引數可以是變數 (或常數)。
   [註] 呼叫方法時所傳入的資料，稱為「引數」(Argument)。
4. 使用語法如下：

```
Math.abs(變數(或常數))
```

以下所有的範例，都是建立在專案名稱為「ch06」及套件名稱為「ch06」的條件下。

☰範例1

寫一程式，輸出下列對稱圖形。

```
*
***
*****
***
*
```

```
1   package ch06;
2
3   //java預設會引入java.lang套件中的所有類別,因此可以省略
4   import java.lang.Math;
5
6   public class Ex1 {
7      public static void main(String[] args){
8        int i,j;
9        for (i=1;i<=5;i++)
10        {
11           for (j=1;j<=5-2*Math.abs(i-3);j++)
12             System.out.print("*");
13           System.out.println();
14        }
15      }
16  }
```

☰程式說明

1. 程式第 9 列「for (i=1;i<=5;i++)」，表示共有 5 列。
2. 第 11 列「for (j = 1; j <= (5 - 2 * Math.Abs(i - 3)); j++)」，表第 i 列有「5 - 2 * Math.Abs(i - 3)」個「*」。其中，「5」表示中間那一列「*」的個數，「-2」

(=1-3=3-5) 表示每一列相差幾個「*」，「3」表示中間那一列的編號。

第 1 列印 1(=5-2*|3-1|) 個「*」

第 2 列印 3(=5-2*|3-2|) 個「*」

第 3 列印 5(=5-2*|3-3|) 個「*」

第 4 列印 3(=5-2*|3-4|) 個「*」

第 5 列印 1(=5-2*|3-5|) 個「*」

3. 提示：輸出對稱的資料，使用絕對值的觀念是最佳的解決方法。絕對值的意義：與某一位置等距的資料具有相同的結果。程式輸出的結果，若是上下對稱的資料，則都可參考本範例的做法。

表 6-2　Math 類別常用的數學運算方法 (二)

回傳的資料型態	方法名稱	作用
double	static **double** max(double var1, double var2)	求 var1 與 var2 的最大值
float	static **float** max(float var1, float var2)	
int	static **int** max(int var1, int var2)	
long	static **long** max(long var1, long var2)	
double	static **double** min(double var1, double var2)	求 var1 與 var2 的最小值
float	static **float** min(float var1, float var2)	
int	static **int** min(int var1, int var2)	
long	static **long** min(long var1, long var2)	

≡方法說明

1. 上述所有的方法，都是 Math 類別的公開靜態（public static）方法。

2. 「var1」及「var2」都是上述方法的參數。

3. 參數「var1」及「var2」對應的引數之資料型態與參數「var1」及「var2」的資料型態相同，且引數可以是變數 (或常數)。

4. 使用語法如下：

```
Math.max(變數(或常數)1,變數(或常數)2)
Math.min(變數(或常數)1,變數(或常數)2)
```

☰範例2

寫一程式，輸入兩個倍精度浮點數，輸出最大值與最小值。

```
1  package ch06;
2
3  import java.util.Scanner;
4
5  public class Ex2 {
6     public static void main(String[] args) {
7        Scanner keyin = new Scanner(System.in);
8        double num1, num2, max, min;
9        System.out.print("輸入第1個倍精度浮點數:");
10       num1 = keyin.nextDouble();
11       System.out.print("輸入第2個倍精度浮點數:");
12       num2 = keyin.nextDouble();
13       max = Math.max(num1, num2);
14       min = Math.min(num1, num2);
15       System.out.print("最大值" + max + ",最小值" + min);
16       keyin.close();
17    }
18 }
```

執行結果

```
輸入第1個倍精度浮點數:12.3
輸入第2個倍精度浮點數:-12.6
最大值12.3,最小值-12.6
```

表 6-3　Math 類別中常用的數學運算方法（三）

回傳的資料型態	方法名稱	作用
long	static **long** round(double var)	將 var 四捨五入到整數
int	static **int** round(float var)	

☰方法說明

1. 上述所有的方法，都是 Math 類別的公開靜態（public static）方法。
2. 「var」是「round( )」方法的參數，且資料型態可為 double 或 float。
3. 參數「var」對應的引數之資料型態與參數「var」的資料型態相同，且引數可以是變數 (或常數)。
4. 使用語法如下：

```
Math.round(變數(或常數))
```

☰範例3

105 年乘坐台中市公車，里程 10 公里以下免費，超過 10 公里後，每公里之車費以 2.431 * (乘坐市公車的里程 -10) * (1+0.05) 計算。寫一程式，輸入乘坐台中市公車的里程，輸出車費。(車費以四捨五入計算)

```
1  package ch06;
2
3  import java.util.Scanner;
4
5  public class Ex3 {
6     public static void main(String[] args) {
7        Scanner keyin = new Scanner(System.in);
8        int fare; //105年,乘坐里程<=10公里,車費爲0元
9        float kilometer;
10       System.out.print("輸入乘坐台中市公車的里程(單位爲公里):");
11       kilometer=keyin.nextFloat();
12       fare=0;
13       //以全票身分爲例,車費=2.431 * (實際里程-10) * (1+5%營業稅)
14       if (kilometer>10)  //里程>10公里
15         fare= Math.round(2.431f * (kilometer-10) * (1+0.05f));
16       System.out.printf("車費:%d元" , fare);
17       keyin.close();
18    }
19 }
```

執行結果

```
輸入乘坐台中市公車的里程(單位爲公里):11.5
車費:4元
```

表 6-4　Math 類別常用的數學運算方法 (四)

回傳的資料型態	方法名稱	作用
double	static **double** floor(double var)	求不大於 var 的最大整數
double	static **double** ceil(double var)	求不小於 var 的最小整數

☰方法說明

1. 上述所有的方法，都是 Math 類別的公開靜態（public static）方法。
2. 「var」是上述方法的參數，且資料型態都是 double。
3. 參數「var」對應的引數之資料型態與參數「var」的資料型態相同，且引數可以是 double 變數或常數。
4. 使用語法如下：

Math.floor(變數(或常數))

Math.ceil(變數(或常數))

範例4

假設C城市的計程車車資與里程的關係訂爲：不超過2公里，車資一律爲60元，超過2公里的部分，每半公里加收5元，不足半公里部分不計費。(屬於無條捨去的問題)

寫一程式，輸入乘坐計程車的里程，及輸出車資。

```
1  package ch06;
2  
3  import java.util.Scanner;
4  
5  public class Ex4 {
6     public static void main(String[] args) {
7        Scanner keyin = new Scanner(System.in);
8        float Kilometer;  // 乘坐計程車的里程
9        int money=60;   // 基本車資爲60
10       System.out.print("輸入乘坐計程車的里程(公里):");
11       Kilometer = keyin.nextFloat();
12       System.out.printf("乘坐計程車%f公里,", Kilometer);
13       if (Kilometer > 2)
14       {
15          Kilometer = Kilometer - 2;
16          money += (int) Math.floor(Kilometer / 0.5) * 5;
17       }
18       System.out.printf("車資爲%d元", money);
19       keyin.close();
20    }
21 }
```

執行結果

```
輸入乘坐計程車的里程(公里):3.3
乘坐計程車3.300000公里,車資爲70元
```

程式說明

程式第16列中的「Math.floor(Kilometer / 0.5)」，是計算超過2公里後，又經過幾次的0.5公里。

☰範例5

寫一程式，模擬路邊自動停車收費，假設 1 小時 20 元，不到 1 小時也以 20 元收費。(屬於無條件進位的問題)

```
1  package ch06;
2
3  import java.util.Scanner;
4
5  public class Ex5 {
6     public static void main(String[] args) {
7        Scanner keyin = new Scanner(System.in);
8        double hour;
9        int money;
10       System.out.print("輸入路邊停車時數:");
11       hour = keyin.nextDouble();
12       money = (int) Math.ceil(hour) * 20;
13       System.out.println("路邊停車" + hour + "時,共" + money + "元");
14       keyin.close();
15    }
16 }
```

執行結果

```
輸入路邊停車時數:1.3
路邊停車1.3時,共40元
```

表 6-5　Math 類別常用的數學運算方法 (五)

回傳的資料型態	方法名稱	作用
double	static **double** pow(double var1, double var2)	求 var1 的 var2 次方

☰方法說明

1. 上述的方法是 Math 類別的公開靜態（public static）方法。
2. 「var1」及「var2」都是「pow()」方法的參數，且資料型態都是 double。
3. 參數「var1」及「var2」對應的引數之資料型態與參數「var1」及「var2」的資料型態相同，且引數可以是 Double 變數或常數。
4. 使用語法如下：

```
Math.pow(變數(或常數)1,變數(或常數)2)
```

5. 當變數 (或常數)1=0 時，變數 (或常數)2 必須 >0；否則 Math.pow(變數 (或常數)1, 變數 (或常數)2) 的結果為 Infinity (正無限大)。

6. 當變數(或常數)1<0時，變數(或常數)2必須爲整數；否則Math.pow(變數(或常數)1, 變數(或常數)2)的結果爲NaN(不是一個數值)，表示根號中的值爲負數。

表 6-6 Math 類別常用的數學運算方法(六)

回傳的資料型態	方法名稱	作用
double	static **double** sqrt(double var)	求 var 的平方根

☰方法說明

1. 上述的方法是 Math 類別的公開靜態（public static）方法。
2. 「var」是「sqrt()」方法的參數，且資料型態爲 double。
3. 參數「var」對應的引數之資料型態與參數「var」的資料型態相同，且引數可以是 Double 變數或常數。
4. 使用語法如下：

```
Math.sqrt(變數(或常數))
```

5. 若變數(或常數)<0，則sqrt(變數(或常數))的結果爲NaN(不是一個數值)，表示根號中的值爲負數。

☰範例6

寫一程式，求一元二次方程式 $ax^2+bx+c=0$ 的兩個根，其中 $b^2-4ac>=0$。

```
1   package ch06;
2
3   import java.util.Scanner;
4
5   public class Ex6 {
6      public static void main(String[] args) {
7         Scanner keyin = new Scanner(System.in);
8         double a, b, c, root1, root2;
9         System.out.println("輸入方程式ax^2+bx+c=0的係數a,b,c:");
10        System.out.print("a=");
11        a = keyin.nextDouble();
12        System.out.print("b=");
13        b = keyin.nextDouble();
14        System.out.print("c=");
15        c = keyin.nextDouble();
16        root1 = (-b + Math.sqrt(Math.pow(b, 2) - 4 * a * c)) / (2 * a);
```

```
17        root2 = (-b - Math.sqrt(Math.pow(b, 2) - 4 * a * c)) / (2 * a);
18        System.out.print(a + "x^2+" + b + "x+" + c + "=0的根爲");
19        System.out.print(root1 + "及" + root2);
20        keyin.close();
21    }
22 }
```

執行結果

```
輸入方程式ax^2+bx+c=0的係數a,b,c:
a=1
b=2
c=1
1.0x^2+2.0x+1.0=0的根爲-1.0及-1.0
```

範例7

寫一程式，輸入定存金額，銀行一年定存的年利率及定存年數，並以複利計算，輸出定存到期時的本利和。(四捨五入到整數)

提示：複利計算公式：本利和 = 本金 × (1 + 年利率)^{定存年數}

```
1  package ch06;
2
3  import java.util.Scanner;
4
5  public class Ex7 {
6    public static void main(String[] args) {
7      Scanner keyin = new Scanner(System.in);
8      System.out.print("輸入定存金額:");
9      int deposit = keyin.nextInt();
10     System.out.print("輸入年率利(%):");
11     double rate = keyin.nextDouble();
12     System.out.print("輸入定存年數:");
13     int year = keyin.nextInt();
14     System.out.printf("本利和=%.0f元", deposit * Math.pow(1+rate/100,year));
15     keyin.close();
16   }
17 }
```

執行結果

```
輸入定存金額:1000000
輸入年率利(%):1.5
輸入定存年數:7
本利和=1109845元
```

☰程式說明

程式第 14 列中的「%.0f」，其意義是浮點數以小數第 1 位四捨五入到整數後輸出。

☰範例8

寫一程式，輸入一正整數，輸出該正整數是否爲某一個整數的平方。

例如：輸入 4，輸出 4 爲 2 的平方。

```
1  package ch06;
2
3  import java.util.Scanner;
4
5  public class Ex8 {
6        public static void main(String[] args) {
7           Scanner keyin = new Scanner(System.in);
8           int num1;
9           double num2;
10          System.out.print("輸入一正整數:");
11          num1 = keyin.nextInt();
12          num2 = Math.sqrt(num1);
13          if (num2 * num2 == num1)
14             System.out.print(num1 + "爲" + (int) num2 + "的平方.");
15          else
16             System.out.print(num1 + "不爲任何整數的平方.");
17
18          keyin.close();
19       }
20    }
```

執行結果

```
輸入一正整數:8
8不爲任何整數的平方.
```

☰程式說明

程式第 14 列中的「(int) num2」，其意義是去掉「num2」的小數部分。

6-3 字元類別常用方法

與字元處理有關的方法，都定義在預設引入的「java.lang」套件中的「Character」類別裡，因此不需下達「import java.lang.Character;」敘述，就能使用。常用的字元處理方法，請參考「表 6-7」及「表 6-8」。

表 6-7　Character 類別常用的字元分類方法

回傳的資料型態	方法名稱	作用
boolean	static **boolean** isDigit(char var)	判斷 var 是否為數字字元
boolean	static **boolean** isLetter(char var)	判斷 var 是否為英文字元
boolean	static **boolean** isLowerCase(char var)	判斷 var 是否為英文小寫字元
boolean	static **boolean** isUpperCase(char var)	判斷 var 是否為英文大寫字元
boolean	static **boolean** isWhitespace(char var)	判斷 var 是否為空白字元

☰方法說明

1. 上述所有的方法，都是 Math 類別的公開靜態（public static）方法。
2. var 是上述方法的參數，且資料型態都是 char。
3. 參數「var」對應的引數之資料型態與參數「var」的資料型態相同，且引數可以是 char 變數或常數。
4. 使用語法如下：

Character.isDigit(變數(或常數))
Character.isLetter(變數(或常數))
Character.isLowerCase(變數(或常數))
Character.isUpperCase(變數(或常數))
Character.isWhitespace(變數(或常數))

☰範例9

寫一程式，輸入一個字元，判斷其是否爲文字型的數字。

```
1   package ch06;
2
3   //java預設會引入java.lang套件中的所有類別,因此可以省略
4   import java.lang.Character;
5
6   import java.util.Scanner;
```

```
7
8  public class Ex9 {
9     public static void main(String[] args) {
10       Scanner keyin = new Scanner(System.in);
11       char ch;
12       System.out.print("輸入一字元:");
13       ch = keyin.next().charAt(0);
14       System.out.print("\'"+ch);
15       if (Character.isDigit(ch))  // Character.isDigit(ch)爲true
16          System.out.print("\'是");
17       else
18          System.out.print("\'不是");
19       System.out.println("文字型的數字");
20       keyin.close();
21    }
22 }
```

執行結果

```
輸入一字元:V
'V'不是文字型的數字
```

範例10

寫一程式，輸入一個字元，判斷其是否爲英文字母 (A~Z 或 a~z)。

```
1  package ch06;
2
3  import java.util.Scanner;
4
5  public class Ex10 {
6     public static void main(String[] args) {
7        Scanner keyin = new Scanner(System.in);
8        char ch;
9        System.out.print("輸入一字元:");
10       ch = keyin.nextLine().charAt(0);
11       System.out.print("字元\'"+ch);
12       if (Character.isLetter(ch)) // Character.isLetter(ch)爲true
13          System.out.print("\'是");
14       else
15          System.out.print("\'不是");
16       System.out.println("英文字母");
17       keyin.close();
18    }
19 }
```

執行結果

```
輸入一字元:2
字元'2'不是英文字母
```

範例11

寫一程式，輸入一個字元，判斷其是否爲小寫的英文字母。

```
1  package ch06;
2
3  import java.util.Scanner;
4
5  public class Ex11 {
6     public static void main(String[] args) {
7        Scanner keyin = new Scanner(System.in);
8        char ch;
9        System.out.print("輸入一字元:");
10       ch = keyin.next().charAt(0);
11
12       System.out.print("'"+ch);
13
14       //若要判斷ch字元是否爲大寫英文字母,則請改用Character.isUpperCase(ch)
15       if (Character.isLowerCase(ch)) // Character.isLowerCase(ch)爲true
16          System.out.print("\'是");
17       else
18          System.out.print("\'不是");
19       System.out.println("小寫英文字母");
20       keyin.close();
21    }
22 }
```

執行結果

```
輸入一字元:p
'p'是小寫英文字母
```

範例12

寫一程式，輸入一個字元，判斷其是否爲空白字元。

```
1  package ch06;
2
3  import java.util.Scanner;
4
5  public class Ex12 {
6     public static void main(String[] args) {
7        Scanner keyin = new Scanner(System.in);
8        char ch;
9        System.out.print("輸入字元:");
10       ch = keyin.nextLine().charAt(0);
11       // ch = keyin.next().charAt(0); //無法接受空白字元
12
13       System.out.print("\'"+ch);
```

```
14        if (Character.isWhitespace(ch)) // Character.isWhitespace(ch)為true
15           System.out.print("\'是");
16        else
17           System.out.print("\'不是");
18        System.out.println("空白字元");
19        keyin.close();
20     }
21  }
```

執行結果

```
輸入字元:
' '是空白字元
```

≡程式說明

1. 「' '」(空白鍵)、「'\t'」(定位字元 (Tab))、「'\r'」(歸位字元)及「'\n'」(新列字元)，都稱為空白字元。
2. 執行本程式時，若直接按「Enter」鍵，則會出現以下錯誤訊息：

   「**String index out of range: 0 at java.lang.String.charAt(Unknown Source)**」

   (只按「Enter」鍵，代表輸入的資料是空的，使得 keyin.nextLine().charAt(0) 要讀取第 0 個字元時，產生無法取得資料的錯誤訊息)
3. 判斷「'\r'」或「'\n'」是否為空白字元的語法如下：

   「**Character.isWhitespace('\r')**」或

   「**Character.isWhitespace('\n')**」

表 6-8　Character 類別常用的字元轉換方法

回傳的資料型態	方法名稱	作用
char	static **char** toLowerCase(char var)	將 var 的內容轉換成小寫的字元
char	static **char** toUpperCase(char var)	將 var 的內容轉換成大寫的字元

≡方法說明

1. 上述所有的方法，都是 Math 類別的公開靜態（public static）方法。
2. 「var」是上述方法的參數，且資料型態都是 char。
3. 參數「var」對應的引數之資料型態與參數「var」的資料型態相同，且引數可以是 char 變數或常數。

4. 使用語法如下：

```
Character.toLowerCase(變數(或常數))
Character.toUpperCase(變數(或常數))
```

☰範例13

寫一程式，輸入一個字元，將其轉成大寫。

```
1  package ch06;
2
3  import java.util.Scanner;
4
5  public class Ex13 {
6     public static void main(String[] args) {
7        Scanner keyin = new Scanner(System.in);
8        char ch1, ch2;
9        System.out.print("輸入一字元:");
10       ch1 = keyin.nextLine().charAt(0);
11       ch2 = Character.toUpperCase(ch1);
12       //若要轉成小寫,則請改用ch2 = Character.toLowerCase(ch1);
13
14       System.out.println(ch1 + "的大寫爲" + ch2);
15       keyin.close();
16    }
17 }
```

執行結果

```
輸入一字元:m
m的大寫爲M
```

6-4 字串類別常用方法

放在「"」(雙引號)內的文字稱爲 String(字串)資料。例："您好"。字串資料不是儲存在一般的基本資料形態變數中，而是儲存在參考資料形態物件變數所指向的記憶體位址中。因此，程式設計者透過參考資料形態物件變數所指向的記憶體位址來存取對應的字串資料。有關參考資料形態物件變數的記憶體配置，請參考「第八章 參考資料形態」。

使用 String (字串) 物件變數前，必須透過 Java 語言提供的「String」類別，來宣告字串物件變數。

字串物件變數之宣告語法如下：

```
String 字串物件名稱;
```

☰宣告說明

宣告String物件變數時，尚未將指向的記憶體位址設定給字串物件變數。因此，字串物件變數的內容為「null」。

例： String name;

// 宣告一名為 name 的字串物件變數，且 name 的內容為「null」

宣告字串物件變數並初始化之語法如下：

```
String 字串物件名稱 = new String("文字資料");
或
String 字串物件名稱 = new String();
或
String 字串物件名稱 = "文字資料";
或
String 字串物件名稱 = "";
```

☰宣告及初始化說明

「String()」方法的名稱與「String」類別的名稱相同，因此又稱為「String」類別的建構子，其作用是初始化字串物件變數。

例： String team = new String(" 中華隊 ");

// 或 String team = " 中華隊 ";

// 宣告一名為 team 的字串物件變數，

// 並將儲存「中華隊」的記憶體位址設定給 team

例： String name = new String();

// 或 String name = "";

// 宣告一名為 name 的字串物件變數，

// 並將儲存「**空字串**」的記憶體位址設定給 name

//「""」(**空字串**)，表示沒有任何資料

與字串處理有關的方法，都定義在預設引入的「java.lang」套件中的「String」類別裡。因此，無需下達「import java.lang.String;」敘述，就能使用。常用的字串處理方法，請參考「表 6-9」至「表 6-18」。

表 6-9　String 類別的空字串判斷方法

回傳的資料型態	方法名稱	作用
boolean	**boolean** isEmpty()	判斷字串是否為空字串

☰方法說明

使用語法如下：

字串變數**.isEmpty()**

若「字串變數」爲空字串 (即，字串的長度 =0)，則傳回「true」；否則傳回「false」。

表 6-10　String 類別的字串長度取得方法

回傳的資料型態	方法名稱	作用
int	**int** length()	計算字串中的字元個數

☰方法說明

使用語法如下：

字串變數**.length()**

表 6-11　String 類別的字串長度取得方法的字元取出方法

回傳的資料型態	方法名稱	作用
char	**char** charAt(int index)	取出索引值為「index」的字元，index>=0

☰方法說明

1. 「index」是「charAt()」方法的參數，且資料型態爲 int。
2. 參數「index」對應的引數之資料型態與參數「index」的資料型態相同，且引數可以是 int 變數或常數。
3. 使用語法如下：

   字串變數**.charAt(**變數(或常數)**)**

☰範例14

寫一程式，輸入一串文字，然後將字串中的字元一個一個輸出。

```
1  package ch06;
2
3  import java.util.Scanner;
4
5  public class Ex14 {
6     public static void main(String[] args) {
7        Scanner keyin = new Scanner(System.in);
8        System.out.print("輸入一串文字:");
9        String str= keyin.nextLine();
10       if (str.isEmpty())
11          System.out.println("您沒有輸入任何文字");
12       else
13         {
14           System.out.println("您輸入文字分別爲:");
15           for (int i=0;i<=str.length()-1;i++)
16              System.out.println(str.charAt(i));
17         }
18       keyin.close();
19    }
20 }
```

執行結果

```
輸入一串文字:您好嗎?
您輸入文字分別爲:
您
好
嗎
?
```

☰程式說明

字串的第 1 個字元的索引值（或位置）是 0，第 2 個字元的索引值是 1，…以此類推。

表 6-12　String 類別的英文字母大小寫轉換方法

回傳的資料型態	方法名稱	作用
String	**String** toLowerCase()	將字串中的英文字母改成小寫
String	**String** toUpperCase()	將字串中的英文字母改成大寫

☰方法說明

使用語法如下：

> 字串變數.**toLowerCase()**
>
> 字串變數.**toUpperCase()**

☰範例15

寫一程式，輸入一段英文字，並將大寫字母轉換成小寫字母後輸出。

```
1  package ch06;
2
3  import java.util.Scanner;
4
5  public class Ex15 {
6     public static void main(String[] args) {
7        Scanner keyin = new Scanner(System.in);
8        String ch1, ch2;
9        System.out.print("輸入一段英文:");
10       ch1 = keyin.nextLine();
11       ch2 = ch1.toLowerCase();
12       //若要轉成大寫,則請改用ch2 = ch1.toUpperCase();
13
14       System.out.println(ch1 + "的小寫爲" + ch2);
15       keyin.close();
16    }
17 }
```

執行結果

```
輸入一段英文:This Is A Book.
This Is A Book.的小寫爲this is a book.
```

表 6-13　String 類別的子字串取出方法

回傳的資料型態	方法名稱	作用
String	**String** substring(int beginIndex, int endIndex)	取得字串中的部分字串
String	**String** substring(int beginIndex)	取得字串中的部分字串

☰方法說明

1. 「beginIndex」及「endIndex」是「substring()」方法的參數，且資料型態都是 int。

2. 參數「beginIndex」及「endIndex」對應的引數之資料型態與參數「beginIndex」及「endIndex」的資料型態相同，且引數可以是int變數或常數。

3. 使用語法如下：

```
//取出從「字串變數的起始索引值(即，整數變數1)」開始，
//到「(終止索引值-1) (即，整數變數2 -1)」的子字串
字串變數.substring(整數變數1(或常數1),整數變數2(或常數2))

//取出從「字串變數的起始索引值(即，整數變數)」開始
//到「最後索引值」的子字串
字串變數.substring(整數變數(或常數))
```

☰範例16

寫一程式，輸入一個字串及要取出子字串的「起始索引值」和「終止索引值」，輸出字串中介於「起始索引值」與「終止索引值-1」之間的子字串，及字串中介於「起始索引值」與「最後索引值」之間的子字串。

```
1   package ch06;
2
3   import java.util.Scanner;
4
5   public class Ex16 {
6      public static void main(String[] args) {
7         Scanner keyin = new Scanner(System.in);
8         System.out.print("輸入一字串:");
9         String str = keyin.nextLine();
10        System.out.print("輸入取出子字串的起始索引值:");
11        int beginIndex = keyin.nextInt();
12        System.out.print("輸入取出子字串的終止索引值:");
13        int endIndex = keyin.nextInt();
14        System.out.println("\""+str+"\""+"從索引值"+beginIndex+"到索引值"+((endIndex-1)+
15                          "間的子字串爲\""+str.substring(beginIndex, endIndex)+"\"");
16        System.out.println("\""+str+"\""+"從索引值"+beginIndex+
17                          "到最後索引值間的子字串爲\""+str.substring(beginIndex)+"\"");
18        keyin.close();
19     }
20  }
```

執行結果

```
輸入一字串:Are you freshmen?
輸入取出子字串的起始索引值:4
輸入取出子字串的終止索引值:7
"Are you freshmen?"從索引值4到索引值6間的子字串爲"you"
"Are you freshmen?"從索引值4到最後索引值間的子字串爲"you freshmen?"
```

☰程式說明

1. 「起始索引值」必須小於或等於「終止索引值」，否則會出現以下錯誤訊息：
   「**String index out of range: (**起始索引值 - 終止索引值**)**」(字串的索引超出範圍)
2. 當起始索引值爲 4，終止索引值爲 7 時，「str.substring(4,7)」，只會取出字串變數 str 內容 (Are you freshmen?) 的索引值「4」到索引值「6(=7-1)」間的子字串 "you"。

表 6-14　String 類別的字元或子字串搜尋方法

回傳的資料型態	方法名稱	作用
int	**int** indexOf(int ch)	取得字串中第 1 次出現字元 ch 的索引值
int	**int** lastIndexOf(int ch)	取得字串中最後 1 次出現字元 ch 的索引值
int	**int** indexOf(String str)	取得字串中第 1 次出現子字串 str 的索引值
int	**int** lastIndexOf(String str)	取得字串中最後 1 次出現子字串 str 的索引值

☰方法說明

1. 「ch」及「str」是上述所有方法的參數，資料型態分別爲 int 及 String。
2. 參數「ch」及「str」對應的引數之資料型態與參數「ch」及「str」的資料型態相同，且引數分別可以是 int 變數 (或常數) 及 String 變數 (或常數)。
3. 使用語法如下：

```
//取得「字串」中第1次出現「字元」的索引值
字串變數.indexOf(字元變數(或常數))

//取得「字串」中最後1次出現「字元」的索引值
字串變數.lastIndexOf(字元變數(或常數))

//取得「字串1」中第1次出現「字串2」的索引值
字串變數1.indexOf(字串變數2(或常數2))
```

//取得「字串1」中最後1次出現「字串2」的索引值
字串變數1.**lastIndexOf**(字串變數2(或常數2))

註：

利用方法「indexOf()」及「lastIndexOf()」去搜尋特定字元或字串時，若有找到，則傳回特定字元或字串在被搜尋字串中的索引值；否則傳回「-1」。

範例17

寫一程式，輸入兩個字串，輸出「字串 1」第 1 次出現在「字串 2」的索引值及最後 1 次的索引值。

```
1   package ch06;
2
3   import java.util.Scanner;
4
5   public class Ex17 {
6      public static void main(String[] args) {
7         Scanner keyin = new Scanner(System.in);
8         System.out.print("輸入字串1:");
9         String str1 = keyin.nextLine();
10        System.out.print("輸入字串2:");
11        String str2 = keyin.nextLine();
12        System.out.println("\""+str1+"\""+"第1次出現在"+
13                           "\""+str2+"\""+"中的索引值爲"+str2.indexOf(str1));
14        System.out.println("\""+str1+"\""+"最後1次出現在"+
15                           "\""+str2+"\""+"中的索引值爲"+str2.lastIndexOf(str1));
16        keyin.close();
17     }
18  }
```

執行結果

```
輸入字串1:re
輸入字串2:Where are you?
"re"第1次出現在"Where are you?"中的索引值爲3
"re"最後1次出現在"Where are you?"中的索引值爲7
```

表 6-15　String 類別的子字串包含判斷方法

回傳的資料型態	方法名稱	作用
boolean	**boolean** startsWith(String str)	判斷一字串的開端是否包含另一字串
boolean	**boolean** endsWith(String str)	判斷一字串的尾部是否包含另一字串

☰方法說明

1. 「str」是上述方法的參數，且資料型態都是 String。
2. 參數「str」對應的引數之資料型態與參數「str」的資料型態相同，且引數可以是 String 變數或常數。
3. 使用語法如下：

```
//判斷「字串1」的開端是否包含「字串2」
字串變數1.startsWith(字串變數2(或常數2))

//判斷「字串1」的尾部是否包含「字串2」
字串變數1.endsWith(字串變數2(或常數2))
```

註：

若「字串 1」有包含「字串 2」，則傳回「true」；否則傳回「false」。

☰範例18

寫一程式，輸入兩個字串，判斷「字串 1」前後是否包含「字串 2」。

```
1   package ch06;
2
3   import java.util.Scanner;
4
5   public class Ex18 {
6      public static void main(String[] args) {
7         Scanner keyin = new Scanner(System.in);
8         System.out.print("輸入字串1:");
9         String str1 = keyin.nextLine();
10        System.out.print("輸入字串2:");
11        String str2 = keyin.nextLine();
12        if (str1.startsWith(str2))
13           System.out.println("\""+str1+"\""+"開端有包含\""+str2+"\"");
14        else
15           System.out.println("\""+str1+"\""+"開端沒有包含\""+str2+"\"");
16
17        if (str1.endsWith(str2))
18           System.out.println("\""+str1+"\""+"尾部有包含\""+str2+"\"");
19        else
20           System.out.println("\""+str1+"\""+"尾部沒有包含\""+str2+"\"");
21        keyin.close();
22     }
23  }
```

執行結果

```
輸入字串1:一日復一日
輸入字串2:一日
"一日復一日"開端有包含"一日"
"一日復一日"尾部有包含"一日”
```

表 6-16 String 類別的字串比較方法

回傳的資料型態	方法名稱	作用
int	**int** compareTo(String str)	比較兩個字串變數所指向的實例內容的大小，大小寫不同視為不同
int	**int** compareToIgnoreCase(String str)	比較兩個字串變數所指向的實例內容的大小，大小寫不同視為相同
boolean	**boolean** equals(String str)	判斷兩個字串變數所指向的實例內容是否相等，大小寫不同視為不同
boolean	**boolean** equalsIgnoreCase(String str)	判斷兩個字串變數所指向的實例內容是否相等，大小寫不同視為相同

☰方法說明

1. 「str」是上述所有方法的參數，且資料型態都是 String。
2. 參數「str」對應的引數之資料型態與參數「str」的資料型態相同，且引數可以是 String 變數或常數。
3. 方法「compareTo()」及「compareToIgnoreCase()」的使用語法如下：

```
//比較「字串1」與「字串2」，大小寫不同視為不同
字串變數1.compareTo(字串變數2(或常數2))

//比較「字串1」與「字串2」，大小寫不同視為相同
字串變數1.compareToIgnoreCase(字串變數2(或常數2))
```

若「字串 1」>「字串 2」，則傳回「> 0」的數值；若「字串 1」=「字串 2」，則傳回「0」；若「字串 1」<「字串 2」，則傳回「< 0」的數值。

4. 方法「equals()」及「equalsIgnoreCase()」的使用語法如下：

```
//判斷「字串1」與「字串2」是否相等，大小寫不同視為不同
字串變數1.equals(字串變數2(或常數2))
```

```
//判斷「字串1」與「字串2」是否相等，大小寫不同視為相同
字串變數1.equalsIgnoreCase(字串變數2(或常數2))
```

若「字串 1」=「字串 2」，則傳回「true」；否則傳回「false」。

5. 字元的大小排列順序如下：

'0' < '1' < **...** < '9' < 'A' < 'B' < **...** < 'Z' < 'a' < 'b' < **...** < 'z' < 中文字。

範例19

寫一程式，輸入兩個字串，比較「字串 1」與「字串 2」兩者的大小。

```
1  package ch06;
2  
3  import java.util.Scanner;
4  
5  public class Ex19 {
6     public static void main(String[] args) {
7        Scanner keyin = new Scanner(System.in);
8        System.out.print("輸入字串1:");
9        String str1 = keyin.nextLine();
10       System.out.print("輸入字串2:");
11       String str2 = keyin.nextLine();
12  
13       //比較「字串變數1」與「字串變數2」，大小寫不同視爲不同
14       System.out.println("比較方法「compareTo()」，大小寫不同視爲不同:");
15       if (str1.compareTo(str2) > 0)
16          System.out.println("\""+str1+"\""+"大於\""+str2+"\"");
17       else if (str1.compareTo(str2)==0)
18          System.out.println("\""+str1+"\""+"等於\""+str2+"\"");
19       else
20          System.out.println("\""+str1+"\""+"小於\""+str2+"\"");
21  
22       //判斷「字串變數1」與「字串變數2」，大小寫不同視爲相同
23       System.out.println("判斷方法「equalsIgnoreCase()」，大小寫不同視爲相同:");
24       if (str1.equalsIgnoreCase(str2))
25          System.out.println("\""+str1+"\""+"等於\""+str2+"\"");
26       else
27          System.out.println("\""+str1+"\""+"不等於\""+str2+"\"");
28  
29       keyin.close();
30    }
31 }
```

執行結果

```
輸入字串1:What a beautiful day!
輸入字串2:What A Beautiful Day!
比較方法「compareTo()」，大小寫不同視爲不同:
"What a beautiful day!"大於"What A Beautiful Day!"
判斷方法「equalsIgnoreCase()」，大小寫不同視爲相同:
"What a beautiful day!"等於"What A Beautiful Day!"
```

表 6-17　String 類別的字串取代方法

回傳的資料型態	方法名稱	作用
String	**String** replace(char oldchar, char newchar)	以「新字元」取代字串中的「原始字元」
String	**String** replaceAll(String oldstr, String newstr)	以「新的子字串」取代字串中的「原始子字串」
String	**String** replaceFirst(String oldstr, String newstr)	以「新的子字串」取代字串中第一個「原始子字串」

≡方法說明

1. 「oldchar」、「newchar」、「oldstr」及「newstr」是上述方法的參數。
2. 參數「oldchar」及「newchar」對應的引數之資料型態與參數「oldchar」及「newchar」的資料型態相同，且引數可以是 char 變數或常數；參數「oldstr」及「newstr」對應的引數之資料型態與參數「oldstr」及「newstr」的資料型態相同，且引數可以是 String 變數或常數。
3. 方法「replaceAll()」及「replaceFirst()」的引數之資料型態必須是 String，且引數必須是 String 變數或常數。
4. 使用語法如下：

```
//以「字元2」取代「字串變數」中的「字元1」
字串變數.replace(字元變數1(或常數1),字元變數2(或常數2))

//以「子字串2」取代「字串變數」中的「子字串1」
字串變數.replaceAll(子字串變數1(或常數1), 子字串變數2(或常數2))

//以「子字串2」取代「字串變數」中的第一個「子字串1」」
字串變數.replaceFirst(子字串變數1(或常數1), 子字串變數2(或常數2))
```

註：

「replace()」、「replaceAll()」及「replaceFirst()」三種取代方法，都不會改變「原始字串變數」的內容。

範例20

寫一程式，分別輸入一個原始字串，一個被取代字元(為字串中的字元)，一個取代字元，一個被取代子字串(為字串中的子字串)及一個取代子字串。輸出原始字串分別以字元取代及以子字串取代後的結果。

```
1  package ch06;
2
3  import java.util.Scanner;
4
5  public class Ex20 {
6     public static void main(String[] args) {
7        Scanner keyin = new Scanner(System.in);
8        System.out.print("輸入原始字串:");
9        String str = keyin.nextLine();
10       System.out.print("輸入被取代字元(為字串中的字元):");
11       char ch1 = keyin.next().charAt(0);
12       System.out.print("輸入取代字元:");
13       char ch2 = keyin.next().charAt(0);
14       System.out.print("輸入被取代子字串(為字串中的子字串):");
15       keyin.nextLine();
16       String substr1 = keyin.nextLine();
17       System.out.print("輸入取代子字串:");
18       String substr2 = keyin.nextLine();
19       System.out.println("\""+str+"\"的\'"+ch1+"\'被\'"+ch2+
20                          "\'取代後為\""+str.replace(ch1,ch2)+"\"");
21
22       System.out.println("\""+str+"\"的\""+substr1+"\"被\""+substr2+
23                          "\"取代後為\""+str.replaceAll(substr1,substr2)+"\"");
24
25       keyin.close();
26    }
27 }
```

執行結果

```
輸入原始字串:一日復一日
輸入被取代字元(為字串中的字元):一
輸入取代字元:壹
輸入被取代子字串(為字串中的子字串):一日
輸入取代子字串:壹天
"一日復一日"的'一'被'壹'取代後為"壹日復壹日"
"一日復一日"的"一日"被"壹天"取代後為"壹天復壹天"
```

三程式說明

「replace()」、「replaceAll()」及「replaceFirst()」三種取代方法，都不會改變原始字串變數「str」的內容。

表 6-18　String 類別的字串分拆方法

回傳的 資料型態	方法名稱	作用
String[]	**String[]** split(String delimiter)	以分界字串 (delimiter) 中之個別字元為分界，將原始字串拆開成數個子字串存入另一個字串陣列中，並回傳這個字串陣列
String[]	**String[]** split(String delimiter, int num)	以分界字串 (delimiter) 中之個別字元為分界，將原始字串拆開成「num」個子字串存入另一個字串陣列中，並回傳這個字串陣列

三方法說明

1. 「delimiter」及「num」是「split()」方法的參數，資料型態分別爲 String 及 int。
2. 參數「delimeter」對應的引數之資料型態與參數「delimeter」的資料型態相同，且引數可以是變數或常數。參數「num」對應的引數之資料型態與參數「num」的資料型態相同，且引數可以是變數或常數。
3. 若分界字串「delimiter」中有多個分界字元，則在分界字元前必須加上「|」做爲區隔。若分界字串「delimiter」包含「特殊字元」(例:「?」，「.」，「|」，「$」或「\」，則在「特殊字元」前必須加上「\」，才能分解出正確的結果。例：「delimiter="\.| |\\";」敘述，表示分界字串「delimiter」包含「.」、「」及「\」三個分界字元。
4. 使用語法如下：

```
//以「分界字串變數」中之個別字元為分界，將「原始字串」
//拆成數個子字串存入另一字串陣列中，並回傳這個字串陣列
原始字串變數.split(分界字串變數(或常數))

//以「分界字串變數」中之個別字元為分界，將「原始字串」
//拆開成「整數變數」個子字串存入另一字串陣列中，並回傳這個字串陣列
```

原始字串變數.split(分界字串變數(或常數),整數變數(或常數))

註：

「split()」方法會將「原始字串變數」的內容拆成數個子字串，並存入另一字串陣列，但不會改變「原始字串變數」的內容。

範例21

寫一程式，分別輸入一個要被分解的字串(或原始字串)及一個分界字串。然後以分界字串中的字元爲分界點，將原始字串分解並存入一字串陣列，最後輸出分解後的結果。

```
1  package ch06;
2  
3  import java.util.Scanner;
4  
5  public class Ex21 {
6    public static void main(String[] args) {
7     Scanner keyin = new Scanner(System.in);
8     int i;
9     String str, delimiter;
10    System.out.print("輸入要被分解的字串:");
11    str = keyin.nextLine();
12    System.out.println (
13         "輸入分界字串(若分界字串中含有多個分界字元，則須以加上「|」做爲區隔。");
14    System.out.print(
15         "若分界字元爲「?」，「.」，「|」，「 $」或「\\」時，則在分界字元前須加上「\\」):");
16    delimiter = keyin.nextLine();
17    String[] splitarray = str.split(delimiter);
18    System.out.println(str + " 以" + delimiter + "作爲分界字串,結果如下:");
19    for (i = 0; i < splitarray.length; i++)
20       System.out.println(splitarray[i]);
21    keyin.close();
22   }
23 }
```

執行結果

```
輸入要被分解的字串:邱吉爾:你有敵人嗎?有的話,很好!這表示你有爲了你生命中的某件事挺身而出.
輸入分界字串(若分界字串中含有多個分界字元，則須加上「|」做爲區隔。
若分界字元爲「?」，「.」，「|」，「 $」或「\」時，則在分界字元前須加上「\」):: |,|\.|\?|!
邱吉爾:你有敵人嗎?有的話,很好!這表示你有爲了你生命中的某件事挺身而出. 以:|,|\.|\?|!作爲分界
字串,結果如下:
邱吉爾
你有敵人嗎
有的話
很好
```

這表示你有為了你生命中的某件事挺身而出

≡程式說明

「split()」方法的其他相關範例，請參考「7-5 foreach 迴圈結構」之「範例11」。

6-5 日期與時間類別常用屬性及方法

與日期及時間有關的處理方法，都定義在的「java.util」套件中的「Calendar」抽象類別裡。使用前必須先下達「import java.util.Calendar;」敘述，將「Calendar」抽象類別引入，否則編譯時會出現以下的錯誤訊息：

「**'Calendar' cannot be resolved to a type**」
(識別名稱 Calendar 無法被解析為一種資料類型)

以下介紹「Calendar」抽象類別常用的日期屬性，時間屬性及處理方法，請參考「表 6-19」至「表 6-22」。

要使用「Calendar」抽象類別的屬性及方法之前，必須先建立「Calendar」抽象類別的物件變數，並指向一物件實例。建立「Calendar」抽象類別的物件變數，並指向一物件實例之語法，請參考「表 6-20」的「getInstance( )」方法說明。

表 6-19　Calendar 抽象類別常用的屬性

屬性名稱	作用
public static final int YEAR	取得「年」的屬性值
public static final int MONTH	取得「月」的屬性值
public static final int DATE	取得「日」的屬性值
public static final int HOUR_OF_DAY	取得「時」的屬性值 (24 小時制)
public static final int MINUTE	取得「分」的屬性值
public static final int SECOND	取得「秒」的屬性值
public static final int MILLISECOND	取得「毫秒」的屬性值

≡屬性說明

1. 「Calendar」抽象類別的屬性名稱前有保留字「final」，表示此屬性為常數屬性(即，只能使用它，且不能變更它)。

2. 「Calendar」抽象類別的常用屬性之用法如下：

```
Calendar.YEAR
Calendar.MONTH
Calendar.DATE
Calendar.HOUR_OF_DAY
Calendar.MINUTE
Calendar.SECOND
Calendar.MILLISECOND
```

表 6-20　Calendar 抽象類別的日期及時間取得方法

回傳的資料型態	方法名稱	作用
Calendar	static **Calendar** getInstance( )	建立一預設時區與地區的 Calendar 物件實例
int	**int** get(int **field**)	取得 Calendar 物件變數之屬性值
Date	**Date** getTime( )	取得 **Calendar** 物件變數的日期時間

☰方法說明

1. 「getInstance( )」方法的使用語法如下：

```
Calendar物件變數=Calendar.getInstance( );
```

宣告一個資料型態為「Calendar」抽象類別的物件變數，並呼叫「Calendar」抽象類別的「getInstance()」靜態方法，產生物件實例。

2. 「field」是「get()」方法的參數，資料型態為 int。參數「field」對應的引數之資料型態必須是 int。常用引數可以是「Calendar.YEAR」、「Calendar.MONTH」、「Calendar. DATE」、「Calendar.HOUR_OF_DAY」、「Calendar.MINUTE」、「Calendar.SECOND」或「Calendar.MILLISECOND」。

3. 「get()」方法的使用語法如下：

```
//取得物件變數的YEAR屬性值
物件變數.get(Calendar.YEAR)
```

```
//取得物件變數的MONTH屬性值
物件變數.get(Calendar.MONTH)

//取得物件變數的DATE屬性值
物件變數.get(Calendar.DATE)

//取得物件變數的HOUR_OF_DAY屬性值
物件變數.get(Calendar.HOUR_OF_DAY)

//取得物件變數的MINUTE屬性值
物件變數.get(Calendar.MINUTE)

//取得物件變數的SECOND屬性值
物件變數.get(Calendar.SECOND)

//取得物件變數的MILLISECOND屬性值
物件變數.get(Calendar.MILLISECOND)
```

4. 「getTime()」方法的使用語法如下：

```
物件變數.getTime( )
```

其所得到結果之樣式爲：星期 月 日 時 : 分 : 秒 CST 西元年。例：Mon Sep 11 18:19:20 CST 2017。CST 是 China Standard Time 的簡稱，比格林威治標準時間 (Greenwich Mean Time) 早八小時。台灣也屬於這個時區。

範例22

寫一程式，輸出目前系統的時間。

```
1  package ch06;
2
3  import java.util.Calendar;
4
5  public class Ex22 {
6     public static void main(String[] args) {
7        // 建立「Calendar」抽象類別的物件變數cal，並指向一物件實例
8        Calendar cal = Calendar.getInstance();
```

```
9
10        System.out.print("目前系統的時間是");
11        System.out.print(cal.get(Calendar.YEAR) + "年");
12
13        //cal.get(Calendar.MONTH)為0,1,...或11，分別表示1月,2月,...,或12月
14        System.out.print((cal.get(Calendar.MONTH) + 1) + "月");
15
16        System.out.print(cal.get(Calendar.DATE) + "日");
17        System.out.print(cal.get(Calendar.HOUR) + "時");
18        System.out.print(cal.get(Calendar.MINUTE) + "分");
19        System.out.print(cal.get(Calendar.SECOND) + "秒");
20        System.out.println(cal.get(Calendar.MILLISECOND) + "毫秒");
21
22        System.out.println("另一種時間表示法:");
23        System.out.println("目前系統的時間是"+cal.getTime());
24    }
25 }
```

執行結果

```
目前系統的時間是2017年2月22日3時56分30秒166毫秒
另一種時間表示法:
目前系統的時間是Wed Feb 22 15:56:30 CST 2017
```

表 6-21　Calendar 抽象類別的日期及時間設定方法

回傳的資料型態	方法名稱	方法名稱作用
void	set(int field, int value)	設定 Calendar 物件變數的「年」、「月」、「日」、「時」、「分」、「秒」或「毫秒」屬性值
void	set(int year, int month, int date)	設定 Calendar 物件變數的「年」、「月」及「日」屬性值
void	set(int year, int month, int date, int hourofday, int minute)	設定 Calendar 物件變數的「年」、「月」、「日」、「時」及「分」屬性值
void	set(int year, int month, int date, int hourofday, int minute, int second)	設定 Calendar 物件變數的「年」、「月」、「日」、「時」、「分」及「秒」屬性值

≡方法說明

1. 「set(int field, int value)」方法：

(1) 「field」及「value」是「set(int field, int value)」方法的參數，且資料型態都是「int」。參數「field」及「value」對應的引數之資料型態與參數「field」及「value」的資料型態相同。參數「field」對應的引數是「Calendar」的常數屬性，例，「Calendar.YEAR」、「Calendar.MONTH」、「Calendar.DATE」、可以「Calendar.HOUR_OF_DAY」，「Calendar.MINUTE」、「Calendar.SECOND」或「Calendar.MILLISECOND」。參數「value」對應的引數必須是「int」變數(或常數)。

(2) 使用語法如下：

```
物件變數.set(Calendar的常數屬性,整數變數(或常數));
```

2. 「set(int year, int month, int date)」方法：

(1) 「year」、「month」及「date」是「set(int year, int month, int date)」方法的參數，分別代表「年」、「月」及「日」，且資料型態都是「int」。參數「year」、「month」及「date」對應的引數之資料型態與參數「year」、「month」及「date」的資料型態相同。參數「year」、「month」及「date」對應的引數都必須是「int」變數(或常數)。

(2) 使用語法如下：

```
物件變數.set(變數(或常數)1,變數(或常數)2,變數(或常數)3);
```

3. 「set(int year, int month, int date, int hourofday, int minute)」方法：

(1) 「year」、「month」、「date」、「hourofday」及「minute」是「set(int year, int month, int date, int hourofday, int minute)」方法的參數，分別代表「年」、「月」、「日」、「時」及「分」，且資料型態都是「int」。參數「year」、「month」、「date」、「hourofday」及「minute」對應的引數之資料型態與參數「year」、「month」、「date」、「hourofday」及「minute」的資料型態相同。參數「year」、「month」、「date」、「hourofday」及「minute」對應的引數都必須是「int」變數(或常數)。

(2) 使用語法如下：

```
物件變數.set(變數(或常數)1,變數(或常數)2,變數(或常數)3,
                              變數(或常數)4,變數(或常數)5);
```

4. 「set(int year, int month, int date, int hourofday, int minute, int second)」方法：

(1) 「year」、「month」、「date」、「hourofday」及「minute」是「set(int year, int month, int date, int hourofday, int minute, int second)」方法的參數，分別代表「年」、「月」、「日」、「時」、「分」及「秒」，且資料型態都是「int」。參數「year」、「month」、「date」、「hourofday」、「minute」及「second」對應的引數之資料型態與參數「year」、「month」、「date」、「hourofday」、「minute」及「second」的資料型態相同。參數「year」、「month」、「date」、「hourofday」、「minute」及「second」對應的引數都必須是「int」變數(或常數)。

(2) 使用語法如下：

```
物件變數.set(變數(或常數)1,變數(或常數)2,變數(或常數)3,
           變數(或常數)4,變數(或常數)5,變數(或常數)6);
```

5. 設定「月份」時，要特別小心。

例：「物件變數 .set(2017, 8, 11);」，表示將「Calendar」抽象類別的物件變數的日期設定為「2017/09/11」。

表 6-22　Calendar 抽象類別的其他方法

回傳的資料型態	方法名稱	作用
void	abstract **void** add(int field, int value)	將「Calendar」抽象類別物件變數的屬性值加(或減)一個整數值
int	**int** compareTo(Calendar anotherCalendar)	比較「Calendar」抽象類別的兩個物件變數之日期時間值

≡方法說明

1. 「add( )」方法的使用語法如下：

```
物件變數.add(常數,變數(或常數));
```

(1) 「field」及「value」是「add( )」方法的參數，且資料型態都是 int。參數「field」對應的引數之資料型態必須是 int；參數「value」對應的引數之資料型態必須是 int。

(2) 參數「field」對應的引數之資料型態與參數「field」的資料型態相同，且常用的引數可以是「Calendar.YEAR」、「Calendar.MONTH」、

「Calendar.DATE」、「Calendar.Hour_OF_Day」、「Calendar.MINUTE」、「Calendar.SECOND」或「Calendar.MILLISECOND」。參數「value」對應的引數之資料型態與參數「value」的資料型態相同，且引數可以是 int 變數 (或常數)。

2. 「compareTo()」方法的使用語法如下：

```
物件變數1.compareTo(物件變數2)
```

(1) 「anotherCalendar」是「compareTo()」方法的參數，且資料型態爲「Calendar」抽象類別。

(2) 參數「anotherCalendar」對應的引數之資料型態與參數「anotherCalendar」的資料型態相同，且引數必須是「Calendar」抽象類別的物件變數。

(3) 結果只有下列三種情形：

1：若物件變數 1 的日期時間 > 物件變數 2 的日期時間。

0：若物件變數 1 的日期時間 = 物件變數 2 的日期時間。

-1：若物件變數 1 的日期時間 < 物件變數 2 的日期時間。

☰範例23

寫一程式，建立兩個資料型態爲 Calendar 抽象類別的物件變數實例，並比較兩者的日期時間關係 (即，誰先誰後)。

```
1   package ch06;
2
3   import java.util.Calendar;
4
5   public class Ex23 {
6      public static void main(String[] args) {
7         Calendar cal1 = Calendar.getInstance();
8         System.out.print("cal1物件取得的系統的日期時間是:");
9         System.out.println(cal1.getTime());
10
11        Calendar cal2 = Calendar.getInstance();
12        System.out.print("cal2物件取得的系統的日期時間是:");
13        System.out.println(cal2.getTime());
14
15        switch (cal1.compareTo(cal2))
16         {
17          case 1:
18             System.out.println("cal1物件的時間>cal2物件的日期時間");
19             break;
```

```
20            case 0:
21              System.out.println("cal1物件的日期時間=cal2物件的日期時間");
22              break;
23            case -1:
24              System.out.println("cal1物件的日期時間<cal2物件的日期時間");
25           }
26
27          System.out.println("將cal1物件的「秒」屬性值+1後,");
28          cal1.add(Calendar.SECOND,1);
29          System.out.print("cal1物件的日期時間是:");
30          System.out.println(cal1.getTime());
31
32          switch (cal1.compareTo(cal2))
33           {
34            case 1:
35              System.out.println("cal1物件的日期時間>cal2物件的日期時間");
36              break;
37            case 0:
38              System.out.println("cal1物件的日期時間=cal2物件的日期時間");
39              break;
40            case -1:
41              System.out.println("cal1物件的日期時間<cal2物件的日期時間");
42           }
43
44          System.out.println("將cal2物件的「秒」屬性值設定成cal1物件的「秒」屬性值,");
45          cal2.set(Calendar.SECOND,cal1.get(Calendar.SECOND));
46          System.out.println("cal2物件的「毫秒」屬性值設定成cal1物件的「毫秒」屬性值,");
47          cal2.set(Calendar.MILLISECOND,cal1.get(Calendar.MILLISECOND));
48          System.out.print("設定後,cal2物件的日期時間是:");
49          System.out.println(cal2.getTime());
50
51          switch (cal1.compareTo(cal2))
52           {
53            case 1:
54              System.out.println("cal1物件的日期時間>cal2物件的日期時間");
55              break;
56            case 0:
57              System.out.println("cal1物件的日期時間=cal2物件的日期時間");
58              break;
59            case -1:
60              System.out.println("cal1物件的日期時間<cal2物件的日期時間");
61           }
62      }
63  }
```

執行結果

```
cal1物件取得的系統的日期時間是:Wed Feb 22 17:14:30 CST 2017
cal2物件取得的系統的日期時間是:Wed Feb 22 17:14:30 CST 2017
cal1物件的日期時間<cal2物件的日期時間
將cal1物件的「秒」屬性值+1後,
cal1物件的日期時間是:Wed Feb 22 17:14:31 CST 2017
cal1物件的日期時間>cal2物件的日期時間
將cal2物件的「秒」屬性值設定成cal1物件的「秒」屬性值,
cal2物件的「毫秒」屬性值設定成cal1物件的「毫秒」屬性值,
設定後,cal2物件的日期時間是:Wed Feb 22 17:14:31 CST 2017
cal1物件的日期時間=cal2物件的日期時間
```

☰程式說明

執行結果的「第一列」與「第二列」完全一樣，爲什麼輸出「cal1 物件的日期時間 <cal2 物件的日期時間」？因爲「毫秒」屬性值沒有輸出且不一樣。

除了「Calendar」抽象類別有提供日期時間方法外，「System」類別也提供不同的計算時間方法，如「表 6-23」所示。

表 6-23　System 類別的時間取得方法

回傳的資料型態	方法名稱	作用
long	static **long** currentTimeMillis()	取得目前時間到 1970/1/1 00:00:00 間的毫秒數

☰方法說明

1. currentTimeMillis( ) 的使用語法如下：

```
System.currentTimeMillis()
```

2. 1 秒 =1000 毫秒。

☰範例24

寫一程式，計算 1+2+3+....+100000000 所花的時間。

```
1  package ch06;
2
3  public class Ex24 {
4     public static void main(String[] args) {
5        long begintime = System.currentTimeMillis();
6        long sum=0;
```

```
7          for (int i=1;i<=100000000;i++)
8              sum+=i;
9          long endtime = System.currentTimeMillis();
10         System.out.println("總共花了" + (double) (endtime-begintime)/1000 + "秒,求得");
11         System.out.println("1+2+3+....+100000000=" +sum);
12     }
13 }
```

執行結果

```
總共花了0.021秒,求得
1+2+3+....+100000000=5000000050000000
```

6-6 聲音警告或提醒方法

想藉由電腦本身的音效裝置，發出特定的聲音來當作警告或提醒時，可以使用 Java 的「java.awt.Toolkit」套件中之「Toolkit」抽象類別裡的「beep( )」方法來達成。使用前必須先下達「import java.awt.Toolkit;」敘述，將「Toolkit」抽象類別引入，否則編譯時會出現以下的錯誤訊息：

「**'Toolkit' cannot be resolved to a type**」
(識別名稱 Toolkit 無法被解析爲一種資料類型)

要使用「Toolkit」抽象類別的屬性及方法之前，必須先建立「Toolkit」抽象類別的物件變數，並指向一物件實例。建立「Toolkit」抽象類別的物件變數，並指向一物件實例之語法如下：

Toolkit 物件變數 **= Toolkit.getDefaultToolkit();**

表 6-24　Toolkit 抽象類別的聲音撥放方法

回傳的資料型態	方法名稱	作用
void	abstract **void** beep( )	發出系統所設定的**音頻提示音**

☰方法說明

1. 「beep( )」是一抽象 (abstract) 方法。

2. 使用語法如下：

```
//呼叫物件變數的「beep( )」方法
物件變數.beep( );
```

3. 想變更音頻提示音，只要到「控制台 / 硬體和音效 / 變更系統音效 / 聲音 / 音效」中的「音效配置 (H) 欄」中，選取想要的音效即可。

☰範例25

寫一程式，在螢幕上輸出「歡迎您來到 Java 的世界！」前先發出系統所設定的音頻提示音。

```
1   package ch01;
2
3   import java.awt.Toolkit;
4
5   public class Ex25 {
6
7      public static void main(String[] args) throws Exception {
8         //建立「Toolkit」抽象類別中的物件變數tool，並指向一物件實例
9         Toolkit tool=Toolkit.getDefaultToolkit();
10
11        //呼叫物件變數的beep( )方法
12        tool.beep();
13
14        System.out.println("歡迎您來到Java的世界!");
15     }
16  }
```

執行結果

```
(先發出系統所設定的音頻提示音，然後輸出下列文字)
歡迎您來到Java的世界!
```

6-7 程式暫停方法

讓程式暫停執行一段時間之後再繼續的「sleep()」方法，是定義在預設引入的「java.lang」套件中的「Thread」類別裡，因此不需下達「import java.lang.Thread;」敘述，就能使用。

表 6-25　Thread 類別的暫停方法

回傳的資料型態	方法名稱	作用
void	public static **void** sleep(long timeout) throws InterruptedException	暫停「timeout」毫秒

≡方法說明

1. 「timeout」是「sleep()」方法的參數，且資料型態爲 long。
2. 參數「timeout」對應的引數之資料型態與參數「timeout」的資料型態相同，且引數可以是 long 變數或常數。
3. 呼叫「sleep()」方法，可能會拋出「InterruptedException」例外類別，呼叫前須先下達：

   「**import java.io.InterruptedException;**」敘述，
   否則程式編譯時會產生錯誤訊息：

   「**InterruptedException cannot be resolved to a type**」
   (識別名稱 InterruptedException 無法被解析爲一種資料類型)。

   且同時使用「**try...catch(InterruptedException e)...**」結構來攔截所發生例外，以避免程式異常中止，否則程式編譯時會產生下列錯誤訊息：

   「**Unhandled exception type InterruptedException**」
   (沒有處理 InterruptedException 例外)
4. 使用語法如下：

```
//暫停多少毫秒
Thread.sleep(變數(或常數))
```

≡範例26

寫一程式，模擬某個路口三分鐘紅綠燈的過程，假設綠燈時間 30 秒，黃燈時間 5 秒，紅燈時間 25 秒，由綠燈開始顯示。

```
1  package ch06;
2
3  import java.lang.InterruptedException;
4
5  public class Ex26 {
6     public static void main(String[] args) {
```

```
7        inti, j;
8        try {
9           for (i = 1; i<= 3; i++) {
10             for (j = 1; j <= 3; j++) {
11                if (j == 1) {
12                   System.out.print("綠燈");
13                   Thread.sleep(30000); // 暫停30秒
14                } else if (j == 2) {
15                   System.out.print("黃燈");
16                   Thread.sleep(5000); // 暫停5秒
17                } else {
18                   System.out.print("紅燈");
19                   Thread.sleep(25000); // 暫停25秒
20                }
21                System.out.println();
22             }
23          }
24       } catch (InterruptedException e) {
25          System.out.println(e.getMessage());
26       }
27    }
28 }
```

執行結果

```
綠燈
黃燈
紅燈 (註解：共經過3次循環)
```

☰程式說明

1. 綠燈時間爲 30 秒，黃燈時間爲 5 秒及紅燈時間爲 25 秒。因此，紅綠燈循環一次爲一分鐘。
2. 第 9 列「for (i=1;i<=3;i++)」表示三分鐘可以循環三次。
3. 第 10 列「for (j=1;j<=3;j++)」表示綠燈，黃燈及紅燈的順序。
4. 有關結構「try…catch()…」的介紹，請參考「第九章 例外處理」。

☰範例27

寫一程式，輸入一個正整數 n(>1)，判斷 n 是否爲質數。(提示 : 若 n 不是 2，3，...，Math.floor(Math.sqrt(n)) 這些整數的倍數，則 n 爲質數) 輸出下列對稱圖形。

```
1  package ch06;
2
```

```
3  import java.util.Scanner;
4
5  public class Ex27 {
6     public static void main(String[] args) {
7        // 若一個整數n(>1)的因數只有n和1，則此整數稱爲質數
8        // 古希臘數學家Sieve of Eratosthenes埃拉托斯特尼的質數篩法:
9        // 判斷介於2 ~ Math.floor(Math.sqrt(n))之間的整數i是否整除n，
10       // 若有一個整數i整除n，則n不是質數，否則n爲質數
11       Scanner keyin = new Scanner(System.in);
12       System.out.print("輸入一個正整數(>1):");
13       int n = keyin.nextInt();
14       boolean IsPrime = true;
15       int i;
16       for (i = 2; i <= Math.floor(Math.sqrt(n)); i++)
17          // 不需判斷大於2的偶數i是否整除n
18          // 因爲n(>2)若爲偶數，則會被2整除，便知n不是質數
19          if (!(i > 2 && i % 2 == 0))
20             if (n % i == 0) // n不是質數
21             {
22                IsPrime = false;
23                break;
24             }
25
26       if (IsPrime)
27          System.out.println(n + "爲質數");
28       else
29          System.out.println(n + "不是質數");
30       keyin.close();
31    }
32 }
```

執行結果1

```
輸入一個正整數(>1):5
5爲質數
```

執行結果2

```
輸入一個正整數(>1):18
18不是質數
```

☰程式說明

提示：若 n 爲合數（即，非質數），則其至少包含一個因數小於或等於 $n^{0.5}$。

證明：（反證法）

因 n 爲合數，故 $n = p_1 p_1 \cdots p_1$，

其中 p_1，p_2，…，p_r 分別爲 n 的因數，$r \geq 2$

假設 p_1，p_2，…，$p_r > n^{0.5}$, 則 $n = p_1p_2 \cdots p_r > n^{0.5r}$

但 $r \geq 2$，即 $0.5r \geq 1$，則 $n = p_1p_2 \cdots p_r > n$，矛盾

因此，若 n 爲合數，則其至少包含一個因數小於或等於 $n^{0.5}$。

範例28

寫一程式，輸入一個正整數 n(>1)，求 n 的最大質因數。(提示：正整數 n 的最大質因數介於 n 到 2 之間)

```
1   package ch06;
2
3   import java.util.Scanner;
4
5   public class Ex28 {
6      public static void main(String[] args) {
7         Scanner keyin = new Scanner(System.in);
8         System.out.print("輸入一個正整數(>1):");
9         int n = keyin.nextInt();
10        boolean IsPrime = true;
11        int i, j;
12        // 正整數n的最大質因數介於n到2之間
13        for (i = n; i >= 2; i--)
14        {
15           IsPrime = true;
16
17           // 判斷i是否爲質數
18           for (j = 2; j <= Math.floor(Math.sqrt(i)); j++)
19              // 不需判斷大於2的偶數j是否整除i
20              // 因爲i(>2)若爲偶數，則會被2整除，便知n不是質數
21              if (!(j > 2 && j % 2 == 0))
22                 if (i % j == 0)   // i不是質數
23                 {
24                    IsPrime = false;
25                    break;
26                 }
27
28           if (IsPrime)   // i爲質數
29              if (n % i == 0)   // i爲n的最大質因數
30                 break;
31        }
32        System.out.print(n + "的最大質因數爲" + i);
33        keyin.close();
34     }
35  }
```

執行結果1

```
輸入一個正整數(>1):10
10的最大質因數爲5
```

執行結果2

```
輸入一個正整數(>1):121
121的最大質因數爲11
```

範例29

寫一程式，輸入今日日期(格式:三位/兩位/兩位)，輸出該年已過了幾天。

```
1  package ch06;
2
3  import java.util.Scanner;
4
5  public class Ex29 {
6
7     public static void main(String[] args) {
8        Scanner keyin = new Scanner(System.in);
9        //輸入日期(yyy/mm/dd)，輸出一年過了幾天
10       System.out.print("輸入日期(yyy/mm/dd):");
11          String date = keyin.nextLine();
12
13          // 取出年份
14          int year = Integer.parseInt(date.substring(0, 3))+1911;
15
16          String dayseries;
17          if (year % 400 ==0 || (year % 4 == 0 && year % 100 != 0)) // 閏年
18             dayseries = "312931303130313130313031";
19          else
20               dayseries = "312831303130313130313031";
21
22          // 取出月份
23          int month = Integer.parseInt(date.substring(4, 6));
24
25          int days = 0;
26          // 計算month月之前的已過天數
27          for (int i=1; i< month; i++)
28              // 取出month月之前每月的天數
29              days += Integer.parseInt(dayseries.substring(2*(i-1), 2*(i-1)+2));
30
31          days += Integer.parseInt(date.substring(7, 9));  // 加上本月的天數
32          System.out.printf("今年已過了%d天\n", days);
33          keyin.close();
34    }
35 }
```

執行結果

```
輸入日期(yyy/mm/dd):110/01/02
今年已過了2天
```

6-8 自我練習

一、選擇題

1. 下列哪一個，不是 Java 語言的公用函式？

(A) ceil (B) floor (C) compareTo (D) pow (E) 以上皆非

2. 加油計費是四捨五入到整數位，使用下列哪一個函式來處理最合適？

(A) abs (B) pow (C) ceil (D) round

3. 上下對稱的問題，使用下列哪一個函式來處理最合適？

(A) ceil (B) floor (C) abs (D) pow

4. 無條件進位的問題，使用下列哪一個函式來處理最合適？

(A) strcmp (B) ceil (C) log10 (D) sqrt

二、程式設計

1. 寫一程式，輸入平面座標上的任意兩點，輸出兩點的距離。

2. 分別撰寫程式，輸出下列兩個對稱圖形。(限用巢狀迴圈)

```
(1)      (2)
*****    1x1= 1   1x2= 2   1x3= 3   1x4= 4   1x5= 5   1x6= 6   1x7= 7   1x8= 8   1x9= 9
 ***              2x2= 4   2x3= 6   2x4= 8   2x5=10   2x6=12   2x7=14   2x8=16
  *                        3x3= 9   3x4=12   3x5=15   3x6=18   3x7=21
 ***                                4x4=16   4x5=20   4x6=24
*****                                        5x5=25
                                    6x4=24   6x5=30   6x6=36
                           7x3=21   7x4=28   7x5=35   7x6=42   7x7=49
                  8x2=16   8x3=24   8x4=32   8x5=40   8x6=48   8x7=56   8x8=64
         9x1= 9   9x2=18   9x3=27   9x4=36   9x5=45   9x6=54   9x7=63   9x8=72   9x9=81
```

3. 寫一程式，輸入一串文字，直到按下 Enter 鍵，才結束輸入動作。最後輸出輸入字串的總長度及分別累計中文字元、數字字元 (0-9)、小寫字母字元、大寫字母字元、標點符號字元、空白字元和其他字元各有多少個。

(提示:「中文」及「符號」字元所對應的 Unicode 範圍，請參考「2-1-3　字元型態」介紹)

4. 寫一程式，輸入出生月日，輸出對應中文星座名稱。(限用「表 6-16」的「compareTo」方法)

出生日期	星座	出生日期	星座	出生日期	星座
01.21~02.18	水瓶	02.19~03.20	雙魚	03.21~04.20	牡羊
04.21~05.20	金牛	05.21~06.21	雙子	06.22~07.22	巨蟹
07.23~08.22	獅子	08.23~09.22	處女	09.23~10.23	天秤
10.24~11.22	天蠍	11.23~12.21	射手	12.22~01.20	魔羯

5. 寫一程式，輸入一句英文句子，輸出該句子共有幾個英文字 (word)。(例：I am a spiderman. 共有 4 個英文字)

6. 寫一程式，輸入年月份 (例：10502)，輸出該月份的天數。(提示：使用 substring() 方法)

7. 寫一程式，模擬百貨公司周年慶買千送百的活動。金額未達千元，無法送百。

07

陣列

教學目標

7-1　陣列宣告
7-2　排序與搜尋
7-3　二維陣列
7-4　三維陣列
7-5　foreach迴圈結構
7-6　隨機亂數方法
7-7　進階範例
7-8　自我練習

生活中，常會記錄很多的資訊。例：汽車監理所記錄每部汽車的車牌號碼、戶政事務所記錄每個人的身分證字號、學校記錄每個學生的每科月考成績、人事單位記錄公司的員工資料、個人記錄親朋好友的電話號碼等。在 Java 語言中，一個變數只能存放一個數值或文字資料。因此，要儲存大量資料就必須宣告許多的變數來儲存。若使用一般變數來宣告，則變數名稱在命名上及使用上都非常不方便。

爲了儲存型態相同且性質相同的大量資料，Java 語言提供一種稱爲「陣列」的參考資料型態 (Reference) 變數，以方便儲存大量資料。而所謂的「大量資料」到底是多少個呢？是 100 個或 1000 個或…？只要 2 個 (含) 以上型態相同且性質相同的資料就能把它們當做大量資料來看。甚麼是參考資料型態變數呢 (請參考「第八章 參考資料型態」)？變數是儲存資料的容器，基本資料型態變數一次只能儲存一項資料，若要將多項資料儲存在一個基本資料型態變數中，則是不可行的。參考資料型態 (Reference) 變數儲存的不是資料本身，而是資料所在的記憶體位址，透過資料所在的記憶體位址去存取該資料。參考資料型態變數除了陣列外，還有 String（字串）、Class（類別）及 Interface（介面）。

在意義上，一個陣列代表多個變數的集合，陣列的每個元素相當於一個變數。陣列是以一個名稱來代表該集合，並以索引 (或註標) 來存取對應的陣列元素。生活中能以陣列形式來呈現的例子，有同一個班級中的學生座號 (請參考「圖 7-1 陣列示意圖」)、同一條路名上的地址編號、…等。

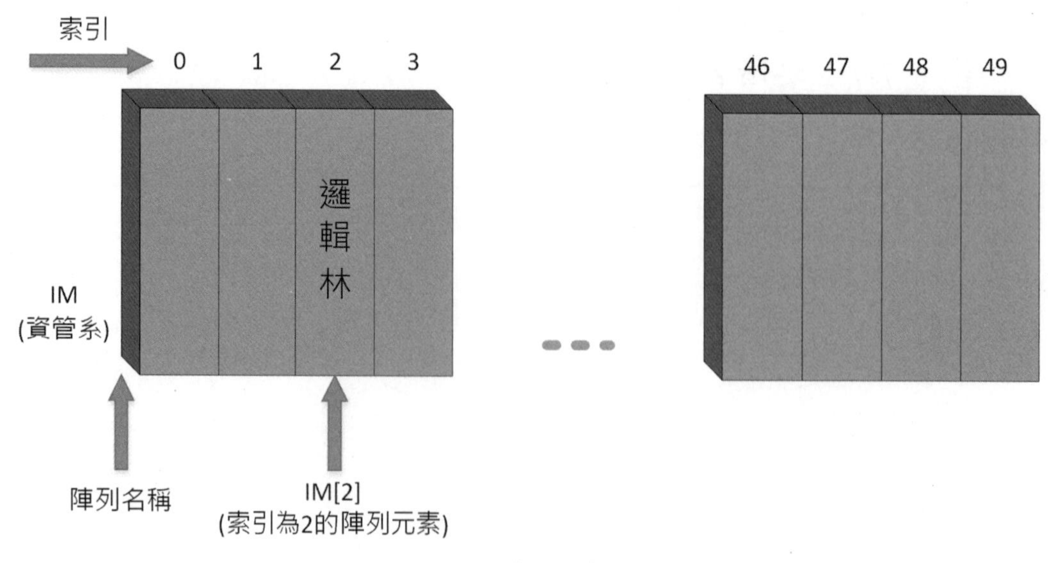

圖 7-1　陣列示意圖

陣列的特徵如下：

1. 存取陣列中的元素，都是使用同一個陣列名稱。
2. 每個陣列元素都存放在連續的記憶體空間。
3. 每個陣列元素的資料型態都相同且性質也都相同。
4. 索引的範圍介於 0 與 (所屬維度大小 -1) 之間。

陣列的形式有下列兩種：

1. **一維陣列：**只有一個索引的陣列，它是最基本的陣列結構。以車籍資料爲例，若汽車的車牌號碼是以連續數字來編碼，則可以使用「車牌號碼」當做一維陣列的索引，並利用車牌號碼查出車主。
2. **多維陣列：**有兩個索引 (含) 以上的陣列。以學生班級課表爲例，可以使用「星期」及「節數」當做二維陣列的索引，並利用「星期」及「節數」查出授課教師。

註：

二維陣列可看成多個一維陣列的組成，三維陣列可看成多個二維陣列的組成，以此類推。

7-1 陣列宣告

陣列變數跟一般變數一樣，使用前都要先經過宣告，讓編譯器配置記憶體空間，作爲陣列變數存取資料之用，否則會出現類似以下的錯誤訊息：「**aaa cannot be resolved to a variable**」(陣列名稱 aaa 無法被解析爲變數)。當我們宣告一個陣列時，就等於宣告了多個變數。

儲存型態相同的資料，到底要使用幾維陣列來撰寫最適合呢？可由問題中有多少因素在改變來決定。只有一個因素在改變，使用一維陣列；有兩個因素在改變，使用二維陣列；以此類推。另外，也可以空間的概念來思考。若問題所呈現的樣貌爲一度空間 (即，直線概念)，使用一維陣列；呈現的樣貌爲二度空間 (即，平面概念)，則使用二維陣列；呈現的樣貌爲三度空間 (即，立體概念)，則使用三維陣列；…以此類推。

在程式設計上，陣列通常會與迴圈搭配使用，幾維陣列就搭配幾層迴圈。

7-1-1 一維陣列宣告

「行(或排)」是指「直行」。行的概念，在幼稚園或小學階段大家就知道了。例：國語生字作業，都是規定一次要寫多少行。而一維陣列元素的「索引」，其意義就如同「行」一樣。

宣告一個擁有「n」個元素的一維陣列變數之語法如下：

```
資料型態[ ] 陣列名稱 = new 資料型態[n];
```

☰宣告說明

1. 使用運算子「new」建立一個擁有「n」個元素的一維陣列變數，並初始化陣列元素爲預設值。「n」爲正整數。
2. 資料型態：一般常用的資料型態有整數、浮點數、字元、字串、布林及類別。
3. 陣列名稱：陣列名稱的命名，請參照識別字的命名規則。
4. 「n」：代表一維陣列的行數，表示此一維陣列有「n」行元素。
5. 使用一維陣列元素時，它的「行索引值」必須介於 0 與 (n-1) 之間，否則程式編譯時，會產生下列錯誤訊息：

   「java.lang.ArrayIndexOutOfBoundsException」

   (陣列元素的索引值超出陣列在宣告時的範圍)。因此，在索引值使用上，一定要謹慎小心，不可超過陣列在宣告時的範圍。
6. 若陣列的元素沒設定初始值，則其預設初始值如「表 7-1」所示：

表 7-1 各種資料型態陣列元素的預設初始值

資料型態	預設初始值	說明
char	0 或 '\u0000'	null(空字元)
byte	0	位元組整數 0
short	0	短整數 0
int	0	整數 0
long	0L	長整數 0
float	0.0F	單精度浮點數 0.0
double	0.0	倍精度浮點數 0.0
boolean	false	假

例： char[] score = new char[5]；
// 宣告有 5 個元素的一維字元陣列 score
// 索引值介於 0 與 4(=5-1) 之間，可使用 score[0]~score[4]
// score[0]=score[1]=score[2]=score[3]=score[4]='\u0000'

例： double[] avg = new double[4]；
// 宣告有 4 個元素的一維倍精度浮點數陣列 avg
// 索引值介於 0 與 3(=4-1) 之間，可使用 avg[0]~avg[3]
// avg[0]=avg[1]=avg[2]=avg[3]=0.0

7-1-2　一維陣列初始化

宣告陣列，同時設定陣列元素的初始值稱為陣列初始化。

宣告一個擁有「n」個元素的一維陣列變數，同時設定一維陣列元素的初始值之語法如下：

```
資料型態[ ] 陣列名稱= new 資料型態[ ] {a0,a1,…,a(n-1)};
```

≡宣告及初始化說明

1. 使用運算字「new」建立一個擁有「n」行元素的一維陣列變數，並初始化一維陣列的第「i」行的元素為「ai」，0 ≦ i ≦ (n-1)。
2. 資料型態：一般常用的資料型態有整數、浮點數、字元、字串、布林及類別。
3. 陣列名稱：陣列名稱的命名，請參照識別字的命名規則。
4. 「n」：代表一維陣列的行數，表示此一維陣列有「n」個元素。
5. 使用一維陣列元素時，它的「行索引值」必須介於 0 與 (n-1) 之間，否則程式編譯時，會產生下列錯誤訊息：

   「**java.lang.ArrayIndexOutOfBoundsException**」

   (陣列元素的索引值超出陣列在宣告時的範圍)。因此，在索引值使用上，一定要謹慎小心，不可超過陣列在宣告時的範圍。

例： char[ ] word=new char[ ] { 'd' , 'a' , 'v' , 'i' , 'd' };
// 宣告有 5 個元素的一維字元陣列 word，
// 同時設定 5 個元素的初始值： word [0]='d'　word [1]='a'　//word [2]='v'
word [3]= 'i'　　word [4]='d'

int[ ] money = new int[ ] {18,25};
// 宣告有 2 個元素的一維整數陣列 money，
// 同時設定 2 個元素的初始值：money[0]=18 money[1]=25

float[ ] total= new float[ ] {0}；
// 宣告有 1 個元素的一維單精度浮點數陣列 total，
// 同時設定 1 個元素的初始值：total[0]=0F

以下所有的範例，都是建立在專案名稱爲「ch07」及套件名稱爲「ch07」的條件下。

☰範例1-1

寫一程式，輸入一星期每天的花費，輸出總花費。(使用一般變數的方式撰寫)

```
1  package ch07;
2  
3  import java.util.Scanner;
4  
5  public class Ex1_1 {
6     public static void main(String[] args) {
7        Scanner keyin = new Scanner(System.in);
8        int w1, w2, w3, w4, w5, w6, w7, total = 0;
9        System.out.print("輸入星期一的花費:");
10       w1 = keyin.nextInt();
11       System.out.print("輸入星期二的花費:");
12       w2 = keyin.nextInt();
13       System.out.print("輸入星期三的花費:");
14       w3 = keyin.nextInt();
15       System.out.print("輸入星期四的花費:");
16       w4 = keyin.nextInt();
17       System.out.print("輸入星期五的花費:");
18       w5 = keyin.nextInt();
19       System.out.print("輸入星期六的花費:");
20       w6 = keyin.nextInt();
21       System.out.print("輸入星期日的花費:");
22       w7 = keyin.nextInt();
23       total = w1 + w2 + w3 + w4 + w5 + w6 + w7;
24       System.out.println("一星期總花費:" + total);
25       keyin.close();
26    }
27 }
```

執行結果

```
輸入星期一的花費:100
輸入星期二的花費:200
輸入星期三的花費:100
輸入星期四的花費:150
輸入星期五的花費:50
輸入星期六的花費:60
輸入星期日的花費:40
一星期總花費:700
```

☰程式說明

1. 只要求輸入一星期每天的花費，就要設 7 個變數，若要求輸入一年每天的花費，就要設 365 或 366 個變數。（☹）
2. 只要求輸入一星期每天的花費，程式第 9 列及第 10 列的寫法重複 7 遍。若要求輸入一年每天的花費，程式第 9 列及第 10 列的寫法，就要重複 365 或 366 遍；程式第 23 列，就要加到 w365 或 w366。
3. 因此，處理大量型態相同且性質相同的資料時，使用一般變數的做法是較不適合的。

☰範例1-2

寫一程式，輸入一星期每天的花費，輸出總花費。(使用陣列變數的方式撰寫)

```
1   package ch07;
2
3   import java.util.Scanner;
4
5   public class Ex1_2 {
6      public static void main(String[] args) {
7         Scanner keyin = new Scanner(System.in);
8         int[] m = new int[7]; // 只能使用m[0],m[1],…,m[6]
9
10        // 只能使用dayofweek[0],dayofweek[1],…,dayofweek[6]
11        char[] dayofweek = new char[] {'日','一','二','三','四','五','六'};
12        int total = 0, i;
13        for (i = 0; i < 7; i++) // 累計7天的花費
14         {
15           System.out.print("輸入星期" + dayofweek[i] + "的花費:");
16           m[i] = keyin.nextInt();
17           total = total + m[i];
18         }
```

```
19          System.out.println("一星期總花費:" + total);
20          keyin.close();
21      }
22  }
```

執行結果

```
輸入星期日的花費:40
輸入星期一的花費:100
輸入星期二的花費:200
輸入星期三的花費:100
輸入星期四的花費:150
輸入星期五的花費:50
輸入星期六的花費:60
一星期總花費:700
```

☰程式說明

1. 此範例需要儲存 7 個型態相同且性質相同的花費金額，且只有「星期」這個因素在改變，所以使用一維陣列變數配合一層 for 迴圈結構的方式來撰寫是最適合的。
2. 若要求輸入一年每天的花費，只要程式第 8 列的 m[7] 改成 m[365] 或 m[366]，第 13 列的 i<7 改成 i<365 或 i<366，第 15 列的 dayofweek[i] 改成 dayofweek[i%7]，其他文字稍爲修正一下即可。
3. 因此，處理大量型態相同且性質相同的資料時，使用陣列變數的做法是最適合的。

7-2 排序與搜尋

搜尋資料是生活的一部分。例：上圖書館找書籍、從電子辭典找單字、上網找資料等。若要從一堆沒有排序的資料中尋找資料，可眞是大海撈針啊！因此，資料的排序，更顯得舉足輕重。

將一堆資料依照某個鍵值 (Key Value) 從小排到大或從大排到小的過程，稱之爲排序 (Sorting)。排序的目的，是爲了方便日後查詢。例：電子辭典的單字是依照英文字母「a~z」的順序排列而成。

7-2-1　氣泡排序法 (Bubble Sort)

讀者可以在資料結構或演算法的課程中，學習到各種不同的排序方法，以了解它們之間的差異。本書只介紹基礎的排序方法──「氣泡排序法」。所謂氣泡排序法，是指將相鄰兩個資料逐一比較，且較大的資料會漸漸往右邊移動的過程。這種過程就像氣泡由水底浮到水面，距離水面越近，氣泡的體積越大，故稱之爲氣泡排序法。

□ □ □ . . . □ □ □

1　2　3　(n-2) (n-1)　n

n 個資料從小排到大的氣泡排序法之步驟如下：

步驟 1：將最大的資料排在位置 n。

將位置 1 到位置 n 相鄰兩個資料逐一比較，若左邊位置的資料＞右邊位置的資料，則將它們的資料互換。經過 (n-1) 次比較後，最大的資料就會排在位置 n 的地方。

步驟 2：將第 2 大的資料排在位置 (n-1)。

將位置 1 到位置 (n-1) 相鄰兩個資料逐一比較，若左邊位置的資料＞右邊位置的資料，則將它們的資料互換。經過 (n-2) 次比較後，第 2 大的資料就會排在位置 (n-1) 的地方。

. . .

步驟 (n-1)：將第 2 小的資料排在位置 2。

將位置 1 與位置 2 的兩個資料比較，若左邊位置的資料＞右邊位置的資料，則將它們的資料互換。經過 1 次比較後，第 2 小的資料就會排在位置 2 的地方，同時也完成最小的資料排在位置 1 的地方。

註：

1. 從以上過程發現：使用氣泡排序法將 n 個資料從小排到大，最多需經過 (n-1) 個步驟，且各步驟所需比較次數的總和為 n*(n-1)/2(=(n-1)+(n-2)+⋯+2+1) 次。
2. 在排序過程中，若執行某個步驟時，完全沒有任何位置的資料被互換，則表示資料在上個步驟時，就已經完成排序了，因此可結束排序的流程。

資料排序時，通常有一定的數量，且資料型態都相同，所以將資料存入陣列變數是最好的方式。另外，從氣泡排序法的步驟中可以發現，其特徵符合迴圈結構的撰寫模式。因此，利用陣列變數配合迴圈結構來撰寫氣泡排序法是最適合的。

☰範例2

寫一程式，使用氣泡排序法，將資料 12、6、26、1 及 58，從小排到大。

```
1  package ch07;
2
3  public class Ex2 {
4     public static void main(String[] args) {
5        int[] data = new int[] {12,6,26,1,58};
6        int i,j;
7        int temp;
8        System.out.print("排序前的資料:");
9        for (i=0;i<5;i++)
10         System.out.print(data[i] + " ");
11       System.out.println();
12
13       for (i=1;i<=4;i++)  //執行4(=5-1)個步驟
14         for (j=0;j<5-i;j++) //第i步驟，執行5-i次比較
15           if (data[j]>data[j+1])  //左邊的資料>右邊的資料
16             {
17              //將data[j]，data[j+1]的內容互換
18              temp=data[j];
19              data[j]=data[j+1];
20              data[j+1]=temp;
21             }
22
23       System.out.print("排序後的資料:");
24       for (i=0;i<5;i++)
25         System.out.print(data[i] + " ");
26       System.out.println();
27    }
28 }
```

執行結果

```
排序前的資料:12 6 26 1 58
排序後的資料:1 6 12 26 58
```

☰程式說明

❍ 12、6、26、1 及 58，使用氣泡排序法的過程如下：

步驟 1：(經過 4 次比較後，最大值排在位置 5)

比較程序No \ 原始資料	位置1 data[0]	位置2 data[1]	位置3 data[2]	位置4 data[3]	位置5 data[4]
	12	6	26	1	58
1	12	6	26	1	58
2	6	12	26	1	58
3	6	12	26	1	58
4	6	12	1	26	58
步驟 1 的排序結果	6	12	1	26	58

(1) 12 與 6 比較：12 > 6 ，所以 12 與 6 的位置互換。
(2) 12 與 26 比較：12 < 26，所以 12 與 26 的位置不互換。
(3) 26 與 1 比較：26 > 1 ，所以 26 與 1 的位置互換。
(4) 26 與 58 比較：26 < 58，所以 26 與 58 的位置不互換。

最大的資料 58，已排在位置 5。

註：步驟 2~4 的比較過程說明，與步驟 1 類似。

步驟 2：(經過 3 次比較後，第 2 大值排在位置 4)

比較程序No \ 步驟1的排序結果	位置1 data[0]	位置2 data[1]	位置3 data[2]	位置4 data[3]	位置5 data[4]
	6	12	1	26	58
5	6	12	1	26	58
6	6	12	1	26	58
7	6	1	12	26	58
步驟 2 的排序結果	6	1	12	26	58

步驟 3：(經過 2 次比較後，第 3 大值排在位置 3)

比較程序No \ 步驟2的排序結果	位置1 data[0]	位置2 data[1]	位置3 data[2]	位置4 data[3]	位置5 data[4]
	6	1	12	26	58
8	6	1	12	26	58
9	1	6	12	26	58
步驟 3 的排序結果	1	6	12	26	58

步驟 4：(經過 1 次比較後，第 4 大值排在位置 2，同時最小值排在位置 1)

步驟3的排序結果 / 比較程序No	位置1 data[0]	位置2 data[1]	位置3 data[2]	位置4 data[3]	位置5 data[4]
	1	6	12	26	58
10	1	6	12	26	58
步驟 4 的排序結果	1	6	12	26	58

- 5 筆資料，使用氣泡排序法從小排到大，需經過 4(=5-1) 個步驟，且各步驟需比較的次數總和為 4+3+2+1 = 10 次。
- 在「步驟 4」(即，程式第 13 列 for (i=1; i<=4; i++) 中的 i=4 時)，完全沒有任何位置的資料被互換，
  則表示資料在「步驟 3」(即，程式第 13 列 for (i=1; i<=4; i++) 中的 i=3 時)，就已經完成排序了。

7-2-2 資料搜尋

依據某項鍵值（Key Value）來尋找特定資料的過程，稱之為資料搜尋。例：依據學號可判斷該位學生是否存在，若存在，則可查出其電話號碼。以下介紹兩種基本的搜尋法，來搜尋 n 個資料中的特定資料。

一、線性搜尋法(Sequential Search)：

依序從第 1 個資料往第 n 個資料去搜尋，直到找到或查無特定資料為止的方法，稱之為線性搜尋法。線性搜尋法的步驟如下：

步驟 1：從位置 1 的資料開始搜尋。

步驟 2：判斷目前位置的資料是否為要找的資料。若是，則表示找到搜尋的資料，跳到步驟 5。

步驟 3：判斷目前的資料是否為位置 n 的資料。若是，則表示查無要找的資料，跳到步驟 5。

步驟 4：繼續搜尋下一個資料，回到步驟 2。

步驟 5：停止搜尋。

註：

1. 使用線性搜尋法之前，資料無需排序過。
2. 線性搜尋法的缺點是效率差，平均需要做 (1+n)/2 次的判斷，才能確定要找的資料是否在給定的 n 個資料中。

範例3

寫一程式，使用線性搜尋法，在 7、5、12、16、26、71、58 資料中搜尋資料。

```
1  package ch07;
2
3  import java.util.Scanner;
4
5  public class Ex3 {
6     public static void main(String[] args) {
7         Scanner keyin = new Scanner(System.in);
8         int[] data= new int[] {7,5,12,16,26,71,58};
9         int i,num;
10        System.out.print("輸入要搜尋的數字:");
11        num = keyin.nextInt();
12        for (i=0;i<7;i++)
13          if (num == data[i])
14            {
15             System.out.println(num + "位於資料中的第" + (i+1) + "個位置") ;
16             break;
17            }
18
19        //如果搜尋的資料不在資料中,最後結束for迴圈時,i=7
20        if (i == 7)
21          System.out.println(num + "不在資料中");
22        keyin.close();
23    }
24 }
```

執行結果

```
輸入要搜尋的數字:8
8不在資料中
```

二、二分搜尋法(Binary Search)：

搜尋已排序資料的中間位置之資料，若爲您要搜尋的特定資料，則表示找到了，否則往左右兩邊的其中一邊，搜尋其中間位置之資料，若爲您要搜尋的特定資料，則表示找到了，否則重複上述的做法，直到找到或查無此特定資料爲止的方法，稱之爲二分搜尋法。二分搜尋法的步驟如下：

步驟 1： 求出資料的中間位置。

步驟 2： 判斷搜尋的資料是否等於中間位置的資料，若是，則表示找到搜尋的資料，跳到步驟 5。

步驟 3： 判斷搜尋的資料是否大於中間位置的資料，若是，表示資料是在右半邊，則重新設定左邊資料的位置 (即，左邊資料位置 = 資料中間位置 +1)；否則重新設定右邊資料的位置 (即，右邊資料位置 = 資料中間位置 -1)。

步驟 4： 判斷左邊資料的位置是否大於右邊資料的位置，若是，表示資料沒找到，跳到步驟 5；否則回到步驟 1。

步驟 5： 停止搜尋。

註：

1. 使用二分搜尋法之前，資料必須先排序過。
2. 二分搜尋法的優點是效率高，平均做 $(1+\log_2 n)/2$ 次的判斷，就能確定要找的資料是否在給定的 n 個資料中。

☰範例4

寫一程式，使用二分搜尋法，在 5、7、12、16、26、58、71 資料中搜尋資料。

```
1  package ch07;
2
3  import java.util.Scanner;
4
5  public class Ex4 {
6     public static void main(String[] args) {
7          Scanner keyin = new Scanner(System.in);
8          int[] data= new int[] {5,7,12,16,26,58,71};
9
10         //第1個資料的位置,最後1個資料的位置,中間資料的位置
11         int left=0,right=data.length-1,middle=(left+right)/2;
12         System.out.print("輸入要搜尋的數字:");
13         int num = keyin.nextInt();
14
15         //左邊資料位置<=右邊資料位置，表示有資料才能搜尋
16         while (left <= right) {
17           if (num == data[middle]) //搜尋資料=中間元素
18              break;
19           else if (num > data[middle])
20              left=middle+1; //左邊資料位置=資料中間位置+1
21           else
22              right=middle-1; //右邊資料位置=資料中間位置-1
23
```

```
24            middle=(left+right)/2; //下一次搜尋資料的中間位置
25          }
26          if (left <= right) //左邊資料位置<=右邊資料位置，表示有搜尋到資料
27            System.out.println(num + "位於資料中的第" + (middle + 1) + "個位置") ;
28          else
29            System.out.println(num + "不在資料中");
30          keyin.close();
31      }
32  }
```

執行結果

```
輸入要搜尋的數字:12
12位於資料中的第3個位置
```

7-2-3　陣列類別方法

由於資料搜尋是經常性的作業之一，為縮短程式碼撰寫，Java 為使用者提供資料搜尋的相關方法。例：資料排序、資料搜尋等。

與陣列處理有關的方法，都定義在「java.util」套件中的「Arrays」類別裡，使用前必須先下達「import java.util.Arrays;」敘述，將「Arrays」類別引入，否則編譯時會出現以下的錯誤訊息：

「**'Arrays' cannot be resolved to a type**」
（識別名稱 Arrays 無法被解析為一種資料類型）。

Arrays 類別常用的陣列處理方法，請參考「表 7-2」及「表 7-3」。

表 7-2　Arrays 類別的排序方法

回傳的資料型態	方法名稱	作用
void	static **void** sort(資料型態 [] aname)	將陣列「aname」中的元素順序依小到大排序。排序後，「aname」的元素順序會與原始的內容有所不同。

☰方法說明

1. 「aname」是「sort()」方法的參數。
2. 參數「aname」對應的引數之資料型態與參數「aname」的資料型態相同，且引數可以是 char、byte、short、int、long、float、double、bool 或 String 等型態的一維陣列變數。

3. 使用語法如下：

```
//將陣列元素依小到大排序
Arrays.sort(一維陣列變數名稱);
```

表 7-3　Arrays 類別的二分搜尋方法

回傳的資料型態	方法名稱	作用
int	static **int** binarySearch(資料型態 [] aname, 資料型態 sdata)	傳回資料「sdata」在陣列「aname」中的索引值。 若找不到要搜尋的資料「sdata」，則傳回「-(sdata 介於哪兩個資料之間的前者索引值) - 1 」。

☰方法說明

1. 「aname」及「sdata」是「binarySearch()」方法的參數。
2. 參數「aname」及「sdata」對應的引數之資料型態與參數「aname」及「sdata」的資料型態相同，且引數可以是 char、byte、short、int、long、float、double、bool 或 String 等型態的一維陣列變數。
3. 使用語法如下：

```
Arrays.binarySearch(一維陣列變數名稱,搜尋的資料)
```

☰範例5

寫一程式，使用 Arrays 類別的 sort() 方法，將資料 12、6、26、1 及 58，從小排到大輸出。接著輸入一數字，使用 Arrays 類別的 binarySearch() 方法，判斷此數字是否在排序後的資料中。若在排序後的資料中，則輸出位於排序後資料中的索引值；否則輸出查無此資料。

```
1   package ch07;
2
3   import java.util.Arrays;
4   import java.util.Scanner;
5
6   public class Ex5 {
7         public static void main(String[] args) {
8            Scanner keyin = new Scanner(System.in);
9            int[] data = new int[] {12,6,26,1,58};
10           int i;
```

```
11          System.out.print("排序前的資料:");
12          for (i=0;i<5;i++)
13            System.out.print(data[i] + " ");
14          System.out.println();
15          Arrays.sort(data);
16          System.out.print("排序後的資料:");
17          for (i=0;i<5;i++)
18            System.out.print(data[i] + " ");
19          System.out.println();
20          System.out.print("輸入要搜尋的數字資料:");
21          int num = keyin.nextInt();
22          int index = Arrays.binarySearch(data, num);
23          if  (index  <  0)
24            System.out.print("查無"+num+"的資料.");
25          else
26            System.out.print(num+"是data陣列索引"+index+"的元素.");
27          keyin.close();
28      }
29    }
```

執行結果

```
排序前的資料:12 6 26 1 58
排序後的資料:1 6 12 26 58
輸入要搜尋的數字資料:12
12是data陣列索引2的元素.
```

7-3　二維陣列

「列」是指橫列，「行」是指直行，列與行的概念，在幼稚園或小學階段就知道了。例：教室有 7 列 8 排的課桌椅。有兩個「索引」的陣列，稱之為二維陣列。而二維陣列的兩個「索引」，其意義就如同「列」與「行」一樣。

陣列的每一列，若有相同的行數，則稱為規則二維陣列 (簡稱二維陣列)，否則稱為不規則二維陣列。

7-3-1　二維陣列宣告

宣告一個擁有「m」列「n」行共「mxn」個元素的二維陣列變數之語法如下：

```
資料型態[ ][ ] 陣列名稱= new 資料型態[m][n];
```

三宣告說明

1. 使用運算子「new」建立一個擁有「m」列「n」行元素的二維陣列變數，並初始化二維陣列元素為預設值。「m」及「n」都為正整數。
2. 資料型態：一般常用的資料型態有整數、浮點數、字元、字串、布林及類別。
3. 陣列名稱：陣列名稱的命名，請參照識別字的命名規則。
4. 「m」：代表二維陣列的列數，表示此二維陣列有「m」列元素或此二維陣列中第 1 維的元素有「m」個。
5. 「n」：代表二維陣列的行數，表示此二維陣列的每一列都有「n」行元素或此二維陣列中第 2 維的元素有「n」個。
6. 使用二維陣列元素時，它的「列索引值」必須介於 0 與 (m-1) 之間，「行索引值」必須介於 0 與 (n-1) 之間，否則程式編譯時，會產生下列錯誤訊息：

   「**java.lang.ArrayIndexOutOfBoundsException**」

   (陣列元素的索引值超出陣列在宣告時的範圍)。因此，在索引值使用上，一定要謹慎小心，不可超過陣列在宣告時的範圍。

例： char[][] sex=new char[15][2]；

```
// 宣告一個擁有 15 列 2 行共 30 個元素的二維字元陣列 sex
//「列索引值」介於 0 與 (15-1) 之間
//「行索引值」介於 0 與 (2-1) 之間
// 可使用    sex[0][0] , sex[0][1]
//           sex[1][0] , sex[1][1]
//           …
//           sex[14][0] , sex[14][1]
// sex[0][0]=sex[0][1]=…=sex[14][1]='\u0000'
```

例： int[][] position=new int[6][10]；

```
// 宣告一個擁有 6 列 10 行共 60 個元素的二維整數陣列 position
//「列索引值」介於 0 與 (6-1) 之間
//「行索引值」介於 0 與 (10-1) 之間
// 可使用    position[0][0]~ position [0][9]
//           position[1][0]~ position [1][9]
//           …
//           position[5][0]~ position [5][9]
// position[0][0]=position[0][1]=…=position[5][9]=0
```

7-3-2 二維陣列初始化

宣告一個擁有「m」列「n」行共「mxn」個元素的二維陣列變數，同時設定二維陣列元素的初始值之語法如下：

```
資料型態[ ][ ] 陣列名稱 = new 資料型態[ ][ ]
        { {a00,…,a0(n-1)},{a10,…,a1(n-1)},…,{a(m-1)0,…,a(m-1)(n-1)} };
```

☰宣告及初始化說明

1. 使用運算子「new」建立一個擁有「m」列「n」行元素的二維陣列變數，並分別初始化二維陣列的第「i」列第「j」行的元素為「a_{ij}」。「m」為正整數且 0 ≦ i ≦ (m-1)，「n」為正整數且 0 ≦ j ≦ (n-1)。
2. 資料型態：一般常用的資料型態有整數、浮點數、字元、字串、布林及類別。
3. 陣列名稱：陣列名稱的命名，請參照識別字的命名規則。
4. 「m」：代表二維陣列的列數，表示此二維陣列有「m」列元素或此二維陣列中第 1 維的元素有「m」個。
5. 「n」：代表二維陣列的行數，表示此二維陣列的每一列都有「n」行元素或此二維陣列中第 2 維的元素有「n」個。
6. 使用不規則二維陣列元素時，它的「列索引值」必須介於 0 與 (m-1) 之間。第 i 列的「行索引值」必須介於 0 與 (ni -1) 之間，否則程式編譯時，會產生下列錯誤訊息：

   「**java.lang.ArrayIndexOutOfBoundsException**」

   (陣列元素的索引值超出陣列在宣告時的範圍)。因此，在索引值使用上，一定要謹慎小心，不可超過陣列在宣告時的範圍。

例：
```
char[][] sex=new char[][] { {'F' , 'M'} , {'M' , 'M'} , {'F' , 'F'} };
// 宣告一個擁有 3 列 2 行共 6 個元素的二維字元陣列 sex
//「列索引值」介於 0 與 (3-1) 之間
//「行索引值」介於 0 與 (2-1) 之間
// 第 0 列元素 : sex[0][0]='F'      sex[0][1]='M'
// 第 1 列元素 : sex[1][0]='M'      sex[1][1]='M'
// 第 2 列元素 : sex[2][0]='F'      sex[2][1]='F'
```

例： float[][] num=new float[][] {{0,0,0},{0,0,0},{0,0,0},{0,0,0}};

// 宣告一個擁有 4 列 3 行共 12 個元素的二維單精度浮點數陣列 num

//「列索引值」介於 0 與 (4-1) 之間

//「行索引值」介於 0 與 (3-1) 之間

// 第 0 列元素 : num[0][0]=0 num[0][1]=0 num[0][2]=0

// 第 1 列元素 : num[1][0]=0 num[1][1]=0 num[1][2]=0

// 第 2 列元素 : num[2][0]=0 num[2][1]=0 num[2][2]=0

// 第 3 列元素 : num[3][0]=0 num[3][1]=0 num[3][2]=0

範例6

寫一程式，分別輸入一家企業 2 間分公司一年四季的營業額，輸出這家企業一年的總營業額。

```
1  package ch07;
2
3  import java.util.Scanner;
4
5  public class Ex6 {
6     public static void main(String[] args) {
7        Scanner keyin = new Scanner(System.in);
8        int[][] money = new int[2][4]; // 2間分公司，四季的營業額
9        int total = 0; // 一年的總營業額
10       int i, j;
11       for (i = 0; i < 2; i++) // 2間分公司
12        {
13          for (j = 0; j < 4; j++) // 四季
14           {
15             System.out.print("第" + (i + 1) + "間分公司的第" + (j + 1) + "季營業額:");
16             money[i][j] = keyin.nextInt();
17             total += money[i][j]; // 總營業額累計
18           }
19        }
20       System.out.println("這家企業一年的總營業額:" + total);
21       keyin.close();
22    }
23 }
```

執行結果

```
第1間分公司的第1季營業額:1000000
第1間分公司的第2季營業額:1500000
第1間分公司的第3季營業額:2000000
第1間分公司的第4季營業額:2500000
```

```
第2間分公司的第1季營業額:1200000
第2間分公司的第2季營業額:1400000
第2間分公司的第3季營業額:2000000
第2間分公司的第4季營業額:2200000
這家企業一年的總營業額:13800000
```

☰程式說明

1. 共需要儲存 8 個型態相同且性質相同的季營業額，且有兩個因素 (分公司及季) 在改變，所以使用二維陣列來撰寫。
2. 使用二維陣列時，都會配合兩層迴圈結構，才能縮短程式碼。

☰範例7

寫一程式，使用巢狀迴圈，輸出下列資料。

1 2 3

8 9 4

7 6 5

```
1  package ch07;
2
3  public class Ex7 {
4
5     public static void main(String[] args) {
6        // matrix陣列的每一個元素初始值都是0
7        int[][] matrix = new int[3][3];
8
9        int row = 0, col = 0, k = 1;
10
11       // 數字依順時針方向排列
12       // 0:表示往右 1:表示往下 2:表示往左 3:表示往上
13       int direction = 0;
14
15       while (k <= 3 * 3) {
16          matrix[row][col] = k;
17          switch (direction) {
18          // 往右繼續設定數字
19          case 0:
20             // 判斷是否可往右繼續設定數字
21             if (col + 1 <= 3 - 1 && matrix[row][col + 1] == 0)
22                col++;
23             else {
24                direction = 1;
25                row++;
26             }
```

```
27              break;
28
29           // 往下繼續設定數字
30           case 1:
31              // 判斷是否可往下繼續設定數字
32              if (row + 1 <= 3 - 1 && matrix[row + 1][col] == 0)
33                 row++;
34              else {
35                 direction = 2;
36                 col--;
37              }
38              break;
39
40           // 往左繼續設定數字
41           case 2:
42              // 判斷是否可往左繼續設定數字
43              if (col - 1 >= 0 && matrix[row][col - 1] == 0)
44                 col--;
45              else {
46                 direction = 3;
47                 row--;
48              }
49              break;
50
51           // 往上繼續設定數字
52           case 3:
53              // 判斷是否可往上繼續設定數字
54              if (row - 1 >= 0 && matrix[row - 1][col] == 0)
55                 row--;
56              else {
57                 direction = 0;
58                 col++;
59              }
60           }
61           k++;
62        }
63        for (row = 0; row < 3; row++) {
64           for (col = 0; col < 3; col++)
65              System.out.printf("%2d", matrix[row][col]);
66           System.out.println();
67        }
68     }
69  }
```

☰範例8

寫一程式，在九宮格中填入 1~9，使得每一行、每一列及兩條主對角線的數字和都相等。

8	1	6
3	5	7
4	9	2

提示：一個奇數方陣，若符合每一行、每一列及兩條主對角線的數字和都相等，則稱爲奇數階魔幻方陣。

要建構一個奇數階魔幻方陣，可利用法國數學家 Simon de la Loubère 所提出來的 Siamese 演算法。Siamese 演算法的程序如下：

1. 設定起始位置在第一列的中間空格，填入 1。
2. 若還有未填入數字的位置，則往右上方移動到下一位置。
   (1) 下一位置仍在方陣內：若尚未填入數字，則填入下一個數字，否則在原位置的下方填入下一個數字。回到步驟 2。
   (2) 下一位置在方陣右上角的右上方：則在原位置的下方填入下一個數字。回到步驟 2。
   (3) 下一位置在方陣的第一列之上方：若在原位置的下一行的最後一列位置尚未填入數字，則填入下一個數字，否則在原位置的下方填入下一個數字。回到步驟 2。
   (4) 下一位置在方陣的最後一行之右邊：若在原位置的上一列的第一行位置尚未填入數字，則填入下一個數字，否則在原位置的下方填入下一個數字。回到步驟 2。

```
1   package ch07;
2
3   public class Ex8 {
4     public static void main(String[] args) {
5      int i, num[][] = new int[3][3], digit = 1;
6      int row = 0, col = 1;
7      num[row][col] = 1;
8      for (i = 2; i <= 9; i++)
9       {
10       if (row - 1 >= 0 && col + 1 <= 2)
11        { // 若位置(row-1,col+1)落在(0,0)~(2,2)之間
12         if (num[row - 1][col + 1] == 0)
13          { // 若位置(row-1,col+1)還未設定1~9的數字
14           num[row - 1][col + 1] = digit + 1;
15           row--;
16           col++;
```

```
17           }
18          else // 若位置(row-1,col+1)已設定1~9的數字
19           { // 在目前位置(row,col)的下方位置(row+1,col)設定數字
20            num[row + 1][col] = digit + 1;
21            row++;
22           }
23          digit++;
24         }
25        else if (row - 1 == -1 && col + 1 == 3)
26         { // 若位置(row-1,col+1)在右上角(0,2)的右上方，則
27           // 在目前位置(row,col)的下方位置(row+1,col)設定數字
28          num[1][2] = digit + 1;
29          row = 1;
30          col = 2;
31          digit++;
32         }
33        else if (row - 1 == -1)
34         {  // 若位置(row-1,col+1)在第0列的上方(即,第(-1)列)
35          if (num[2][col + 1] == 0)
36           { // 若位置(2,col+1)還未設定1~9的數字，則
37            //在目前位置(row,col)的下一行之最後一列位置(2,col+1)設定數字
38            num[2][col + 1] = digit + 1;
39            row = 2;
40            col++;
41           }
42          else
43           { // 若位置(2,col+1)已設定1~9的數字
44            // 在目前位置(row,col)的下方位置(row+1,col)設定數字
45            num[row + 1][col] = digit + 1;
46            row++;
47           }
48          digit++;
49         }
50        else // row-1 >= 0 && col+1 == 3
51         { // 若位置(row-1,col+1)在第2行的右邊(即,第3行)
52          if (num[row - 1][0] == 0)
53           { // 若位置(row-1,0)還未設定1~9的數字，則
54            // 在目前位置(row,col)的上一列之第0行位置(row - 1,0)設定數字
55            num[row - 1][0] = digit + 1;
56            row--;
57            col = 0;
58           }
59          else
60           { // 若位置(row-1,0)已設定1~9的數字
61            // 則在目前位置(row,col)的下方位置(row+1,col)設定數字
62            num[row + 1][col] = digit + 1;
63            row++;
64           }
```

```
65          digit++;
66        }
67      }
68
69     for (row = 0; row <= 2; row++)
70      {
71        for (col = 0; col <= 2; col++)
72          System.out.printf("%2d ", num[row][col]);
73        System.out.printf("\n");
74      }
75    }
76  }
```

三程式說明

3X3 魔幻方陣填入數字的過程如下：

1. 根據程序 1，在 (0,1) 位置填入 1，即，設定 num[0][1]=1。

2. 根據程序 2，移動到 (0,1) 的右上方位置 (-1,2)。位置 (-1,2) 符合程序 2 的第 (3) 項，且 (2,2) 位置尚未填入數字，故填入下一個數字 2，即，設定 num[2][2]=2。

3. 根據程序 2，移動到 (2,2) 的右上方位置 (1,3)。位置 (1,3) 符合程序 2 的第 (4) 項，且 (1,0) 位置尚未填入數字，故填入下一個數字 3，即，設定 num[1][0]=3。

4. 根據程序 2，移動到 (1,0) 的右上方位置 (0,1)。位置 (0,1) 符合程序 2 的第 (1) 項，且 (0,1) 位置已填入數字，故在 (2,0) 位置填入下一個數字 4，即，設定 num[2][0]=4。

5. 根據程序 2，移動到 (2,0) 的右上方位置 (1,1)。位置 (1,1) 符合程序 2 的第 (1) 項，且 (1,1) 位置尚未填入數字，故填入下一個數字 5，即，設定 num[1][1]=5。

6. 根據程序 2，移動到 (1,1) 的右上方位置 (0,2)。位置 (0,2) 符合程序 2 的第 (1) 項，且 (0,2) 位置尚未填入數字，故填入下一個數字 6，即，設定 num[0][2]=6。

7. 根據程序 2，移動到 (0,2) 的右上方位置 (-1,3)。位置 (-1,3) 符合程序 2 的第 (2) 項，故在位置 (1,2) 填入下一個數字 7，即，設定 num[1][2]=7。

8. 根據程序 2，移動到 (1,2) 的右上方位置 (0,3)。位置 (0,3) 符合程序 2 的第 (4) 項，且 (0,0) 位置尚未填入數字，故填入下一個數字 8，即，設定 num[0][0]=8。

9. 根據程序 2，移動到 (0,0) 的右上方位置 (-1,1)。位置 (-1,1) 符合程序 2 的第 (3) 項，且 (2,1) 位置尚未填入數字，故填入下一個數字 9，即，設定 num[2][1]=9。

7-3-3 不規則二維陣列宣告

宣告一個擁有「m」列元素的不規則二維陣列變數的語法如下：

```
資料型態[ ][ ] 陣列名稱 = new 資料型態[m][ ];
陣列名稱[0] = new 資料型態[n0];
陣列名稱[1] = new 資料型態[n1];
….
陣列名稱[m-1] = new 資料型態[n(m-1)];
```

☰宣告說明

1. 使用運算子「new」建立一個建立擁有「m」列元素的不規則二維陣列變數，再分別建立第「i」列有「n_i」個元素數，並初始化第「i」列元素為預設值。「m」及「n_i」都為正整數，且 0 ≦ i ≦ (m-1)。
2. 資料型態：一般常用的資料型態有整數、浮點數、字元、字串、布林及類別。
3. 陣列名稱：陣列名稱的命名，請參照識別字的命名規則。
4. 「m」：代表二維陣列的列數，表示此二維陣列有「m」列元素或此二維陣列中第 1 維的元素有「m」個。
5. 「n_i」：代表二維陣列中第 i 列的行數，表示此二維陣列的第「i」列有「n_i」行元素或有「n_i」個元素。
6. 使用不規則二維陣列元素時，它的「列索引值」必須介於 0 與 (m-1) 之間。第 i 列的「行索引值」必須介於 0 與 (n_i -1) 之間，否則程式編譯時，會產生下列錯誤訊息：

   「java.lang.ArrayIndexOutOfBoundsException」

   (陣列元素的索引值超出陣列在宣告時的範圍)。

   因此，在索引值使用上一定要謹慎小心，不可超過陣列在宣告時的範圍。

例： int[][] score=new int[3][];

```
score[0] = new int[1];
score[1] = new int[2];
score[2] = new int[1];
// 宣告有 3 列元素的不規則二維整數陣列 score，且
// 第 0 列有 1 個元素，第 1 列有 2 個元素，第 2 列有 1 個元素
// 因此，第 0 列的「行索引值」只能是 0(=1-1)，
//        第 1 列的「行索引值」只能是 0 或 1(=2-1)，
//        第 2 列的「行索引值」只能是 0(=1-1)
// 可使用   score[0][0]
//          score[1][0]，score[1][1]
//          score[2][0]
// score[0][0]=score[1][0]=score[1][1]=score[2][0]=0
```

7-3-4　不規則二維陣列初始化

宣告一個擁有「m」列元素的不規則二維陣列變數，同時設定二維陣列元素的初始值之步驟如下：

資料型態[ ][ ] 陣列名稱 =
　new 資料型態[ ][ ] { $\{a_{00},\cdots,a_{0(n_0-1)}\},\{a_{10},\cdots,a_{1(n_1-1)}\},\cdots,\{a_{(m-1)0},\cdots,a_{(m-1)(n_{m-1}-1)}\}$ };

☰宣告及初始化說明

1. 使用運算子「new」建立一個擁有「m」列元素的不規則二維陣列變數，並初始化二維陣列的第「i」列的「n_i」個元素分別爲「a_{i0}」、「a_{i1}」、…、「$a_{i(n_i-1)}$」。「m」及「n_i」都爲正整數，且 $0 \leqq i \leqq (m-1)$。
2. 資料型態：一般常用的資料型態有整數、浮點數、字元、字串、布林及類別。
3. 陣列名稱：陣列名稱的命名，請參照識別字的命名規則。
4. 「m」：代表二維陣列的列數，表示此二維陣列有「m」列元素或此二維陣列中第 1 維的元素有「m」個。
5. 「n_i」：代表二維陣列中第 i 列的行數，表示此二維陣列的第「i」列有「n_i」行元素或此二維陣列中第 2 維的元素各有「n_i」個。

6. 使用不規則二維陣列元素時，它的「列索引值」必須介於 0 與 (m-1) 之間，第 i 列的「行索引值」必須介於 0 與 (n_i -1) 之間之間，否則程式編譯時，會產生下列錯誤訊息：

   「**java.lang.ArrayIndexOutOfBoundsException**」

   (陣列元素的索引值超出陣列在宣告時的範圍)。

   因此，在索引值使用上一定要謹慎小心，不可超過陣列在宣告時的範圍。

例：
```
char[][] sex=new char[][] { {'F' , 'M'} , {'M'} , {'F'} };
// 宣告有 3 列元素的不規則二維整數陣列 sex，且
// 第 0 列有 2 個元素，第 1 列有 1 個元素，
// 第 2 列有 1 個元素，
// 因此，第 0 列的「行索引值」只能是 0 或 1(=2-1)
// 因此，第 1 列的「行索引值」只能是 0(=1-1)
// 因此，第 2 列的「行索引值」只能是 0(=1-1)
// 第 0 列元素 : sex[0][0]='F'     ，sex[0][1]='M'
// 第 1 列元素 : sex[1][0]='M'
// 第 2 列元素 : sex[2][0]='F'
```

「Arrays」類別的「length」屬性，是用來取得陣列每一維度的元素個數。當陣列的每一維度的元素個數不同時，要讀取陣列每一維度的元素，結合迴圈結構與屬性「length」是最適合且簡潔的方式。取得陣列不同維度的「length」屬性值之語法如下：

```
//取得一維陣列的行數，即一維陣列中(第1維)的元素個數
一維陣列名稱.length

//取得二維陣列的列數，即二維陣列中第1維的元素個數
二維陣列名稱.length

//取得二維陣列第i列的行數，即二維陣列中第2維的元素個數
二維陣列名稱[i].length

//取得三維陣列的層數，即三維陣列中第1維的元素個數
三維陣列名稱.length
```

```
//取得三維陣列第i層的列數，即三維陣列中第2維的元素個數
三維陣列名稱[i].length

//取得三維陣列第i層第j列的行數，即三維陣列中第3維的元素個數
三維陣列名稱[i][j].length
```

範例9

有兩個家族的身高資料，分別爲 {168，178，155} 及 {162，169}。寫一程式，使用不規則二維整數陣列儲存兩個家族的身高資料，輸出兩個家族個別的平均身高。

```
1  package ch07;
2
3  public class Ex9 {
4
5     public static void main(String[] args) {
6        int heightsum;
7        int[][] height = new int[][] { { 168, 178, 155 }, { 162, 169 } };
8        for (int i = 0; i < height.length; i++) {
9           heightsum = 0;
10          for (int j = 0; j < height[i].length; j++)
11             heightsum = heightsum + height[i][j];
12          System.out.printf("家族%d的平均身高爲%.1f\n", (i+1),
13                            (float) heightsum / height[i].length);
14       }
15    }
16 }
```

執行結果

```
家族1的平均身高爲167.0
家族2的平均身高爲165.5
```

程式說明

1. 因第一層「{}」內有兩個「{}」，代表有兩組資料，所以 height.length=2。
2. i=0，代表第一層「{}」內的第一個「{}」，因爲其有 3 個資料，所以 height[i].length=3；i=1，代表第一層「{}」內的第二個「{}」，因爲其有 2 個資料，所以 height[i].length=2。

7-4 三維陣列

層是指層級，列是指橫列，行(或排)是指直行。層、列及行的概念，在幼稚園或小學階段就知道了。例，一個年級有 5 班級。每個班級有 7 列 8 排的課桌椅。而三維陣列元素的三個「索引」，其意義就如同「層」，「列」與「行」一樣。

在陣列的每一層中，若列數相同且行數也相同，則稱爲規則三維陣列(簡稱三維陣列)，否則稱爲不規則三維陣列。

7-4-1 三維陣列宣告

宣告一個擁有「l」層「m」列「n」行共「lxmxn」個元素的三維陣列變數之語法如下：

```
資料型態[ ][ ][ ] 陣列名稱 = new 資料型態[l][m][n];
```

≡宣告說明

1. 使用運算子「new」建立一個擁有「l」層，每一層有「m」列，且每一列都有「n」行元素的三維陣列變數，並初始化三維陣列元素爲預設值。「l」、「m」及「n」都爲正整數。
2. 資料型態：一般常用的資料型態有整數、浮點數、字元、字串、布林及類別。
3. 陣列名稱：陣列名稱的命名，請參照識別字的命名規則。
4. 「l」：代表三維陣列的層數，表示此三維陣列有「l」層元素或此三維陣列中第 1 維的元素有「l」個。
5. 「m」：代表三維陣列的列數，表示此三維陣列有「m」列元素或此三維陣列中第 2 維的元素有「m」個。
6. 「n」：代表三維陣列的行數，表示此三維陣列的有「n」行元素或此三維陣列中第 3 維的元素有「n」個。
7. 使用三維陣列元素時，它的「層索引值」必須介於 0 與 (l-1) 之間，「列索引值」必須介於 0 與 (m-1) 之間，「行索引值」必須介於 0 與 (n-1) 之間，否則程式編譯時，會產生下列錯誤訊息：

   「**java.lang.ArrayIndexOutOfBoundsException**」

   (陣列元素的索引值超出陣列在宣告時的範圍)。

   因此，在索引值使用上一定要謹慎小心，不可超過陣列在宣告時的範圍。

例： char[ ][ ][ ] sex = new char[2][3][2];

// 宣告一個擁有 2 層 3 列 2 行共 12 個元素的三維字元陣列 sex
// 第 0 層 :
//   第 0 列元素 : sex[0][0][0] , sex[0][0][1]
//   第 1 列元素 : sex[0][1][0] , sex[0][1][1]
//   第 2 列元素 : sex[0][2][0] , sex[0][2][1]
// 第 1 層 :
//   第 0 列元素 : sex[1][0][0] , sex[1][0][1]
//   第 1 列元素 : sex[1][1][0] , sex[1][1][1]
//   第 2 列元素 : sex[1][2][0] , sex[1][2][1]
// sex[0][0][0]=⋯=sex[1][2][1]='\u0000'

例： int[][][] position = new int[6][2][2];

// 宣告一個擁有 6 層 2 列 2 行共 24 個元素的三維整數陣列 position
// 第 0 層 :
//   第 0 列元素 : position[0][0][0] , position[0][0][1]
//   第 1 列元素 : position[0][1][0] , position[0][1][1]
// 第 1 層 :
//   第 0 列元素 : position[1][0][0] , position[1][0][1]
//   第 1 列元素 : position[1][1][0] , position[1][1][1]
//⋯
// 第 5 層 :
//   第 0 列元素 : position[5][0][0] , position[5][0][1]
//   第 1 列元素 : position[5][1][0] , position[5][1][1]
// position[0][0][0]=⋯=position[5][1][1]=0

7-4-2 三維陣列初始化

宣告一個擁有「l」層「m」列「n」行共「lxmxn」個元素的三維陣列變數，同時設定三維陣列元素的初始值之語法如下：

資料型態[ ][ ][ ] 陣列名稱= new 資料型態[ ][ ][ ] {
  { {a_{000},⋯,$a_{00(n-1)}$},{a_{010},⋯,$a_{01(n-1)}$},⋯,{$a_{0(m-1)0}$,⋯,$a_{0(m-1)(n-1)}$} },
  { {a_{100},⋯,$a_{10(n-1)}$},{a_{110},⋯,$a_{11(n-1)}$},⋯,{$a_{1(m-1)0}$,⋯,$a_{1(m-1)(n-1)}$} },

```
    …,
  { {a(l-1)00, … ,a(l-1)0(n-1)},{a(l-1)10, … ,a(l-1)1(n-1)},…,{a(l-1)(m-1)0, … ,a(l-1)(m-1)(n-1)} }
};
```

☰宣告及初始化說明

1. 使用運算子「new」建立一個擁有「l」層，每一層有「m」列，且每一列都有「n」行元素的三維陣列變數，並分別初始化三維陣列的第「i」層第「j」列第「k」行的元素為「a_{ijk}」。「l」、「m」及「n」都為正整數，且 0 ≦ i ≦ (l-1)，0 ≦ j ≦ (m-1) 及 0 ≦ k ≦ (n-1)。
2. 資料型態：一般常用的資料型態有整數、浮點數、字元、字串、布林及類別。
3. 陣列名稱：陣列名稱的命名，請參照識別字的命名規則。
4. 「l」：代表三維陣列的層數，表示此三維陣列有「l」層元素或此三維陣列中第 1 維的元素有「l」個。
5. 「m」：代表三維陣列的列數，表示此三維陣列有「m」列元素或此三維陣列中第 2 維的元素有「m」個。
6. 「n」：代表三維陣列的行數，表示此三維陣列的有「n」行元素或此三維陣列中第 3 維的元素有「n」個。。
7. 使用三維陣列元素時，它的「層索引值」必須介於 0 與 (l-1) 之間，「列索引值」必須介於 0 與 (m-1) 之間，「行索引值」必須介於 0 與 (n-1) 之間，否則程式編譯時，會產生下列錯誤訊息：

   java.lang.ArrayIndexOutOfBoundsException」

   (陣列元素的索引值超出陣列在宣告時的範圍)。因此，在索引值使用上一定要謹慎小心，不可超過陣列在宣告時的範圍。

例：

```
char[ ][ ][ ] sex=new char [ ][ ][ ] {
      {{'F' , 'M'},{'M' , 'M'},{'F' , 'F'}},
      {{'F' , 'M'},{'M' , 'M'},{'F' , 'M'}} };
 // 宣告一個擁有 2 層 3 列 2 行共 12 個元素的三維字元陣列 sex
 // 共有 2 層 3 列 2 行元素
 // 因此，第 0 列的「行索引值」介於 0 與 (2-1) 之間
 // 因此，第 1 列的「行索引值」介於 0 與 (3-1) 之間
 // 因此，第 2 列的「行索引值」介於 0 與 (2-1) 之間
```

```
// 第 0 層 :
//     第 0 列元素 : sex[0][0][0]='F'      , sex[0][0][1]='M'
//     第 1 列元素 : sex[0][1][0]='M'      , sex[0][1][1]='M'
//     第 2 列元素 : sex[0][2][0]='F'      , sex[0][2][1] ='F'
// 第 1 層 :
//     第 0 列元素 : sex[1][0][0]='F'      , sex[1][0][1]='M'
//     第 1 列元素 : sex[1][1][0]='M'      , sex[1][1][1]='M'
//     第 2 列元素 : sex[1][2][0]='F'      , sex[1][2][1]='M'
```

範例10

有一棟停車塔共有兩層樓，每層樓有 5 列 2 行共 10 個停車格，除了第 4 列第 1 行的停車格每小時收費 40 元外，其餘的每小時收費 30 元。

寫一程式，記錄某一時段停車塔中停車格的停車時數，若停車格上有停車，則輸入大於 0 的整數，代表停車時數；否則輸入 0。最後，輸出某一時段停車塔的停車費總收入。

```
1   package ch07;
2
3   import java.util.Scanner;
4
5   public class Ex10 {
6     public static void main(String[] args) {
7      Scanner keyin = new Scanner(System.in);
8      //  紀錄兩層樓中，每層樓5列2行停車格的停車時數
9      int[][][] parkinghour = new int[2][5][2];
10     int income = 0;  //  停車費總收入
11     int i, j, k;
12     for (i = 0; i < 2; i++)  //  兩層樓
13      {
14        System.out.println("輸入第"+(i+1)+"層樓的");
15        for (j = 0; j < 5; j++)  //  5列
16        {
17          for (k = 0; k < 2; k++)  //  2行
18           {
19             System.out.print("\t ("+(j+1)+","+(k+1)+")停車格的停車時數:");
20             parkinghour[i][j][k] = keyin.nextInt();
21             if (j==3 && k==0)  //  第4列第1行的停車格
22                income += parkinghour[i][j][k] * 40;
23             else
24                income += parkinghour[i][j][k] * 30;
25           }
26        }
27      }
```

```
28      System.out.printf("停車費總收入爲%d\n", income);
29      keyin.close();
30    }
31  }
```

執行結果

```
輸入第1層樓的
    (1,1)停車格的停車時數:1
    (1,2)停車格的停車時數:2
    (2,1)停車格的停車時數:0
    (2,2)停車格的停車時數:3
    (3,1)停車格的停車時數:1
    (3,2)停車格的停車時數:1
    (4,1)停車格的停車時數:2
    (4,2)停車格的停車時數:3
    (5,1)停車格的停車時數:0
    (5,2)停車格的停車時數:0
輸入第2層樓的
    (1,1)停車格的停車時數:0
    (1,2)停車格的停車時數:1
    (2,1)停車格的停車時數:2
    (2,2)停車格的停車時數:1
    (3,1)停車格的停車時數:0
    (3,2)停車格的停車時數:0
    (4,1)停車格的停車時數:1
    (4,2)停車格的停車時數:1
    (5,1)停車格的停車時數:0
    (5,2)停車格的停車時數:1
停車費總收入爲630
```

7-5 foreach迴圈結構

在 JDK 5.0 之後，Java 語言新增了「foreach」迴圈結構，它的作用是讀取陣列中的每一個元素。它不需要用迴圈變數來指定陣列元素的起始索引及終止索引，也不需要知道陣列元素的個數，就能讀取陣列中的每一個元素。「foreach」迴圈結構簡化陣列元素的讀取方式，且不會產生超出索引值範圍的問題。

一. 使用「foreach」迴圈結構，讀取一維陣列元素的語法架構如下：

```
for (資料型態 一般變數:一維陣列變數)
{
```

```
 程式敘述；…
}
```

執行步驟如下：

1. 宣告一個資料型態與一維陣列變數相同的一般變數。
2. 將一維陣列中索引為 0 的元素存入一般變數中。
3. 執行 for「{ }」內的程式敘述。
4. 當 for「{ }」內的程式敘述執行完後，若一維陣列中還有下一個元素，則將下一個元素存入一般變數中並回到步驟 3；否則跳到「for」迴圈結構外的下一列敘述。

註：

1. 一維陣列中必須要有資料，否則不會進入「for」迴圈結構內。
2. 一維陣列中的元素，是從頭到尾依序被讀取並存入一般變數中，無法特別指定讀取哪一個元素。
3. 陣列中的元素只能被讀取，不能被改變。
4. 請參考「範例 11」。

二. 使用「foreach」迴圈結構，讀取二維陣列元素的語法架構如下：

```
for (資料型態[ ] 一維陣列變數:二維陣列變數)
{
 程式敘述；…
 for (資料型態 一般變數:一維陣列變數)
 {
  程式敘述；…
 }
 程式敘述；…
}
```

執行步驟如下：

1. 宣告一個資料型態與二維陣列變數相同的一維陣列變數。
2. 將二維陣列中列索引為 0 的所有元素，存入一維陣列變數中。
3. 執行第一層 for「{}」內的程式敘述。
4. 執行到第二層「for」時，宣告一個資料型態與一維陣列變數相同的一般變數。
5. 將一維陣列中索引為 0 的元素，存入一般變數中。
6. 執行 for「{}」內的程式敘述。
7. 若一維陣列中還有下一個元素，則將下一個元素存入一般變數中並回到步驟 6；否則跳到第二層「for」迴圈結構外的下一列敘述。
8. 當第一層 for「{}」內的程式敘述執行完後，若二維陣列中還有下一列元素，則將下一列的所有元素存入一維陣列變數中並回到步驟 3；否則跳到第一層「for」迴圈結構外的下一列敘述。

註：

1. 二維陣列中必須要有資料，否則不會進入第一層「for」迴圈結構內。一維陣列中必須要有資料，否則不會進入第二層「for」迴圈結構內。
2. 二維陣列中的每一列元素，是從頭到尾依序被讀取並存入一維陣列變數中，無法特別指定讀取哪一列元素。一維陣列中的元素，是從頭到尾依序被讀取並存入一般變數，無法特別指定讀取哪一個元素。
3. 陣列中的元素只能被讀取，不能被改變。
4. 請參考「範例 12」。

以此類推，要讀取三維陣列的元素，「foreach」迴圈結構語法就必須使用三層「for」迴圈來撰寫，要讀取四維陣列的元素，「foreach」迴圈結構語法就必須使用四層「for」迴圈來撰寫，以此類推。

☰範例11

寫一程式，練習將以下字串內容，分解成不同的子字串。

"安逸帶來頹廢，勤勞帶來活力。由儉入奢易，由奢入儉難。"

```
1  package ch07;
2
3  public class Ex11 {
4    public static void main(String[] args) {
5     String str = "安逸帶來頹廢，勤勞帶來活力。由儉入奢易，由奢入儉難。";
6     String[] arr1 = str.split("，");    // str.split("，")後，字串變數str的內容不會改變
7     String[] arr2 = str.split("，", 2);  // str.split("，", 2)後，字串變數str的內容不會改變
8     String[] arr3 = str.split("帶來");  // str.split("帶來")後，字串變數str的內容不會改變
9     System.out.println("字串:"+str);
10    System.out.println("若以「，」作爲分界字元，則字串被分解成:");
11    for (String d : arr1) {
12       System.out.println(d);
13    }
14
15    System.out.println();
16    System.out.println(
17          "若以「，」作爲分界字元，並將字串分解成兩個子字串，則字串被分解成:");
18    for (String d : arr2) {
19       System.out.println(d);
20    }
21    System.out.println();
22
23    System.out.println("若以「帶來」作爲分界字元，則字串被分解成:");
24    for (String d : arr3) {
25       System.out.println(d);
26    }
27   }
28 }
```

執行結果

```
字串:安逸帶來頹廢，勤勞帶來活力。由儉入奢易，由奢入儉難。
若以「，」作爲分界字元，則字串被分解成:
安逸帶來頹廢
勤勞帶來活力。由儉入奢易
由奢入儉難。

若以「，」作爲分界字元，並將字串分解成兩個子字串，則字串被分解成:
安逸帶來頹廢
勤勞帶來活力。由儉入奢易，由奢入儉難。

若以「帶來」作爲分界字元，則字串被分解成:
安逸
頹廢，勤勞
活力。由儉入奢易，由奢入儉難。
```

範例12

(同範例 9) 有兩個家族的身高資料，分別為 {168，178，155} 及 {162，169}。寫一程式，使用不規則二維整數陣列儲存兩個家族的身高資料，輸出兩個家族個別的平均身高。(限用 foreach 迴圈結構)

```
1  package ch07;
2
3  public class Ex12 {
4    public static void main(String[] args) {
5      int i=1;
6      int heightsum;
7      int[][] data = new int[][] { { 168, 178, 155 }, { 162, 169 } };
8      for (int[] family:data){
9        heightsum = 0;
10       for (int height:family)
11         heightsum = heightsum + height;
12       System.out.printf("家族%d的平均身高為%.1f\n",i, (float) heightsum / family.length);
13       i++;
14     }
15   }
16 }
```

執行結果

```
家族1的平均身高為167.0
家族2的平均身高為165.5
```

程式說明

1. 第 8 列：「for (int[] family:data)」表示宣告一個一維整數陣列「family」，並將二維整數陣列「data」的每一列資料依序存入「family」陣列中。
2. 第 10 列：「for (int height:family)」表示宣告一個整數變數「height」，並將一維整數陣列「family」的資料依序存入「height」中。
3. 第 12 列中的「family.length」表示一維整數陣列「family」的元素個數。
4. 利用迴圈結構「foreach」讀取二維陣列元素時，必須先將二維陣列的每一列元素存入一維陣列，然後再將一維陣列的元素存入一般變數；利用迴圈結構「foreach」讀取三維陣列元素時，必須先將三維陣列的每層元素存入二維陣列，然後再將二維陣列的每一列元素存入一維陣列，最後將一維陣列的元素存入一般變數；以此類推。

7-6 隨機亂數方法

亂數是根據某種公式計算所得到的數字，每個數字出現的機會均等。Java 語言所提供的亂數有很多組，每組都有編號。因此隨機產生亂數之前，先隨機選取一組亂數，讓人無法掌握所產生亂數資料，如此才能達到保密效果。若沒有先選定亂數組編號，則系統會預設一組固定的亂數給程式使用，導致兩個不同的隨機亂數變數所取得的隨機亂數資料，在數字及順序上都會是一模一樣。因此，爲了確保所選定亂數組編號的隱密性，建議不要使用固定的亂數組編號，最好用時間當作亂數組的編號。

與亂數有關的方法，都定義在的「java.util」套件中的「Random」類別裡。使用前必須先下達「import java.util.Random;」敘述，將「Random」類別引入，否則編譯時會出現以下的錯誤訊息：

「'Random' cannot be resolved to a type」
(識別名稱 Random 無法被解析爲一種資料類型)。

常用的「Random」類別方法，請參考「表 7-4　Random 類別的常用方法」。

呼叫「Random」類別的方法之前，必須先宣告一「Random」亂數物件變數並產生亂數物件實例。宣告一「Random」亂數物件變數並產生亂數物件實例之語法如下：

```
Random 亂數物件變數 = new Random();
```

表 7-4　Random 類別的常用方法

回傳的資料型態	方法名稱	作用
void	**void** setSeed(long seed)	以參數 seed 做為亂數產生器的種子
int	**int** nextInt(int n)	傳回介於 0 到 (n-1) 之間的整數
float	**float** nextFloat()	傳回介於 0.0 到 1.0 之間的單精度浮點數
double	**double** nextDouble()	傳回介於 0.0 到 1.0 之間的倍精度浮點數

☰方法說明

1. 「seed」是「setSeed()」方法的參數。

2. 「setSeed()」方法的引數必須爲 long 變數或常數。
 爲了確保每次執行時所產生的亂數資料，在數字及順序上都不會一模一樣，請以目前時間當作亂數種子。
 // 取得目前時間到 1970/1/1 00:00:00 間的毫秒數

```
long 變數名稱= System.currentTimeMillis();
```

 //System.currentTimeMillis() 的結果是 long
 (請參考「表 6-23 System 類別的時間取得方法」)

3. 「n」是「nextInt()」方法的參數，「nextInt()」方法的引數必須爲 int(整數)變數或常數。
4. 使用語法如下：

```
// 宣告亂數種子變數，並以目前時間當作其初始值
long 亂數種子變數 = System.currentTimeMillis();

// 設定亂數物件變數的亂數產生器種子
亂數物件變數.setSeed(亂數種子變數);

//產生介於0到(n-1)之間的整數之語法如下：
亂數物件變數.nextInt(n)

//產生介於0.0到1.0之間的單精度浮點數之語法如下：
亂數物件變數.nextFloat()

//產生介於0.0到1.0之間的倍精度浮點數之語法如下：
亂數物件變數.nextDouble()
```

產生隨機亂數的程序如下：

1. 宣告一「Random」亂數物件變數並產生亂數物件實例。語法如下：

```
Random 亂數物件變數 = new Random();
```

2. 宣告亂數種子變數，並以目前時間當作其初始值。語法如下：

```
long 亂數種子變數 = System.currentTimeMillis();
```

3. 設定亂數物件變數的亂數產生器種子。語法如下：

```
亂數物件變數.setSeed(亂數種子變數);
```

4. 最後使用「亂數物件變數」去呼叫「nextInt()」、「nextFloat()」或「nextDouble()」方法，產生隨機亂數。

☰範例13

寫一程式，由亂數隨機產生 10 個介於 0 到 99 之間的整數，並輸出這 10 個整數。

```
1  package ch07;
2
3  import java.util.Random;
4
5  public class Ex13 {
6     public static void main(String[] args) {
7        Random ran = new Random(); // 宣告亂數物件變數ran，並指向一亂數物件實例
8        // currentTimeMillis()靜態方法: 取得目前時間到1970/1/1 00:00:00間的毫秒數
9        long timeseed = System.currentTimeMillis();
10       ran.setSeed(timeseed); // 以時間當作亂數種子
11       for (int i = 0; i < 10; i++)
12          System.out.print(ran.nextInt(100) + "\t");
13    }
14 }
```

執行結果

```
29	56	91	33	40	68	47	43	74	0
```

☰程式說明

1. 若想要產生介於 m 到 n 之間的亂數資料，則敘述爲：

m＋Random 物件變數.nextInt(n-m+1)

2. 例：產生介於 2 到 12 之間的亂數資料，敘述爲：

2＋Random 物件變數.nextInt(12-2+1)
(即，2＋Random 物件變數.nextInt(11))

☰範例14

寫一程式，模擬算術四則運算（+、-、*、/），產生2個介於1到100之間亂數及一個運算子，然後再讓使用者回答，最後輸出答對或答錯。

```
1  package ch07;
2  
3  import java.util.Scanner;
4  import java.util.Random;
5  
6  public class Ex14 {
7     public static void main(String[] args) {
8        Scanner keyin = new Scanner(System.in);
9  
10       Random ran = new Random(); // 宣告亂數物件變數ran，並指向一亂數物件實例
11       // currentTimeMillis()靜態方法: 取得目前時間到1970/1/1 00:00:00間的毫秒數
12       long timeseed = System.currentTimeMillis();
13       ran.setSeed(timeseed);   // 以時間當作亂數種子
14  
15       int num1, num2, result = 0, answer;
16       char operator = '+';
17       System.out.println("回答算術四則運算（+，-，*，/）的問題:");
18       num1 = 1 + ran.nextInt(100);     // (產生0~99之間的亂數) +1 -->1~100
19       num2 = 1 + ran.nextInt(100);     // (產生0~99之間的亂數) +1 -->1~100
20       switch (1 + ran.nextInt(4))      // 產生1~4之間的亂數
21       {
22         case 1:
23            operator = '+';
24            result = num1 + num2;
25            break;
26         case 2:
27            operator = '-';
28            result = num1 - num2;
29            break;
30         case 3:
31            operator = '*';
32            result = num1 * num2;
33            break;
34         case 4:
35            operator = '/';
36            result = num1 / num2;
37       }
38       System.out.printf("%d %c %d=", num1, operator, num2);
39       answer = keyin.nextInt();
40       if (answer == result)
41          System.out.println("答對");
42       else
```

```
43            System.out.println("答錯");
44         keyin.close();
45      }
46  }
```

執行結果

```
回答算術四則運算（+，-，*，/）的問題:
67 - 84=-17
答對
```

7-7 進階範例

☰範例15

寫一程式，模擬大樂透，使用亂數方法產生 6 個不重複的數字 (1-49)。

```
1   package ch07;
2
3   import java.util.Random;
4
5   public class Ex15 {
6      public static void main(String[] args) {
7         int i,pos;;
8         int[] data = new int[49];
9         for (i = 0; i < 49; i++) //紀錄1~49的資料
10           data[i] = i + 1;
11        int data_num=49; //大樂透49個號碼
12        int[] num = new int[6]; //紀錄產生的亂數值
13        Random rd = new Random();
14        for (i = 0; i < 6; i++) // (產生0~48間的亂數值 + 1) --> 1~49
15         {
16           pos = rd.nextInt(49-i); //亂數產生0~(49-1-i)間的索引位置值
17           num[i] = data[pos];
18           //出現一個大樂透號碼之後，大樂透號碼的個數就少一個
19           data_num--;
20
21           //將最後一個索引data_num的元素之內容,指定給索引爲pos的元素
22           //這樣就不會再產生原來索引爲pos的元素之內容
23           data[pos] = data[data_num];
24         }
25        for (i = 0; i < 6; i++)
26           System.out.print(num[i] + "\t");
27     }
28  }
```

執行結果

```
29    2    47    18    43    25
```

範例16

(猜數字遊戲)寫一程式，由隨機亂數產生一個介於 1023 與 9876 之間的四位數，四位數中的每一個阿拉伯數字不可重複。然後讓使用者去猜，接著回應使用者所猜的狀況。

回應規則如下：

(1) 若所猜四位數中的數字及位置，與正確的四位數中之數字及位置都相同，則爲 A。

(2) 若所猜四位數中的數字，與正確四位數中的數字相同但位置不同，則爲 B。

(3) 最多猜 12 次。猜對了顯示「恭喜您 BINGO」；否則 12 次以後顯示「正確答案」。

例：假設隨機亂數產生的四位數爲 1234，若猜 1243，則回應 2A2B；若猜 6512，則回應 0A2B。

演算法：

步驟 1. 由亂數自動產生一個四位數(阿拉伯數字不可重複)。

步驟 2. 使用者去猜，接著回應使用者所猜的狀況。

步驟 3. 判斷是否爲 4A0B？若是，則顯示「恭喜您 BINGO」；否則回到步驟 2

```
1   package ch07;
2
3   import java.util.Random;
4   import java.util.Scanner;
5
6   public class Ex16 {
7      public static void main(String[] args) {
8         Scanner keyin = new Scanner(System.in);
9         int answer, guess; // 被猜的四位數,猜的四位數
10        int[] a = new int[4]; // 被猜的四位數之個別阿拉伯數字
11        int[] g = new int[4]; // 猜的四位數之個別阿拉伯數字
12        int anum = 0, bnum = 0; // 紀錄 ? A ? B
13        int i, j, k;
14
15        System.out.println("猜數字遊戲(1023~9876,數字不可重複):");
16
17        Random ran = new Random(); // 宣告亂數物件變數ran，並指向一亂數物件實例
18        // currentTimeMillis()靜態方法: 取得目前時間到1970/1/1 00:00:00間的毫秒數
19        long timeseed = System.currentTimeMillis();
20        ran.setSeed(timeseed); // 以時間當作亂數種子
21
22        while (true) {
23           // 1023~9876 之間的四位數共有8854(=9876-1023+1)個
```

```
24            // 產生1023到9876之間的四位數:
25            answer = 1023 + ran.nextInt(8854);
26
27            // a[0]爲answer的個位數,a[1]爲answer的十位數
28            // a[2]爲answer的百位數,a[3]爲answer的千位數
29               for (i = 0; i < 4; i++) {
30                  a[i] = answer % 10;
31                  answer = answer / 10;
32               }
33
34            outerfor1: for (i = 0; i < 3; i++)
35               for (j = i + 1; j < 4; j++)
36                  if (a[i] == a[j]) // 阿拉伯數字重複了
37                     break outerfor1;
38
39            if (i == 3) // 阿拉伯數字沒有重複
40               break;
41         }
42         for (k = 1; k <= 12; k++) {
43            while (true) {
44               System.out.println("輸入第" + k + "次要猜的四位數:");
45               guess = keyin.nextInt();
46               for (i = 0; i < 4; i++) {
47                  g[i] = guess % 10;
48                  // g[0]爲guess的個位數,g[1]爲guess的十位數
49                  // g[2]爲guess的百位數,g[3]爲guess的千位數
50                  guess = guess / 10;
51               }
52               outerfor2: for (i = 0; i < 3; i++)
53                  for (j = i + 1; j < 4; j++)
54                     if (g[i] == g[j]) // 阿拉伯數字重複了
55                        break outerfor2;
56
57               if (i == 3) // 阿拉伯數字沒有重複
58                  break;
59            }
60            anum = 0;
61            bnum = 0;
62            for (i = 0; i < 4; i++)
63               for (j = 0; j < 4; j++)
64                  if (a[i] == g[j]) // 阿拉伯數字相同
65                     if (i == j) // 阿拉伯數字相同,且位置也相同
66                        anum++;
67                     else // 阿拉伯數字相同,但位置不同
68                        bnum++;
69
70            System.out.println( anum + "A" + bnum + "B");
```

```
71          if (anum == 4)
72             break;
73       }
74       if (anum == 4)
75          System.out.println("恭喜您BINGO了");
76       else
77          System.out.println("正確答案爲" + answer);
78       keyin.close();
79    }
80 }
```

執行結果

請自行娛樂一下

範例17

寫一程式，模擬井字 (O X) 遊戲。

```
1  package ch07;
2
3  import java.util.Scanner;
4
5  public class Ex17 {
6    public static void main(String[] args) {
7     Scanner keyin = new Scanner(System.in);
8     char[] pic = new char[] { 'O', 'X' };
9     int[][] pos = new int[][] { { -1, -1, -1 }, { -1, -1, -1 }, { -1, -1, -1 } };
10    // #號圖形的資料內容紀錄在pos[0][0]~pos[2][2],
11    // pos[x][y]=-1，表示#號圖形的位置(x-1,y-1)目前無沒填資料
12
13    int x, y; // x:列座標，y:行座標
14    int num = 1; // 輸入次數，最多9次
15    int people;// 代表哪一個人
16    int i, j, k;
17    System.out.println("模擬井字遊戲(第1個人以「O」爲記號，第2個人以「X」爲記號)");
18    outerwhile:
19    while (num <= 9) {
20       for (people = 0; people < 2; people++)
21        {
22          System.out.print("請第" + (people + 1) + "個人");
23          System.out.print("輸入列座標(0~2)及行座標(0~2)，以空白隔開:");
24          x = keyin.nextInt();
25          y = keyin.nextInt();
26          if (pos[x][y] == -1)
27            pos[x][y] = people; // 設定(列座標(x)，行座標(y))是第people個人的
28          else
```

```
29            {
30              people--;// (列座標(x)，行座標(y))以填過，重新輸入
31              continue;
32            }
33
34           // 列印5列5行的#圖樣之內容
35           // 其中(第1,3及5列)且(第1,3及5行)的資料爲不「O」,就是「X」
36           // 第2及4列的資料都爲「-」
37           // 第2及4行的資料都爲「|」
38           for (j = 0; j < 5; j++)
39             {
40              for (k = 0; k < 5; k++)
41               {
42                 if (j % 2 == 0 && k % 2 == 0) // 填「O」,「X」資料的位置
43                  {
44                    if (pos[j / 2][k / 2] != -1) // 第1,3,5列爲「O」,「X」資料
45                       System.out.print(pic[pos[j / 2][k / 2]]);
46                    else
47                       System.out.print(" ");
48                  }
49                 else if (j % 2 != 0) // 第2,4列
50                    System.out.print("-");
51                 else if (k % 2 != 0) // 第2,4行
52                    System.out.print("|");
53              }
54              System.out.println();
55            }
56
57           // 判斷同一列的O,X資料是否相同
58           for (i = 0; i < 3; i++)
59              if (pos[i][0] != -1)
60                 if (pos[i][0] == pos[i][1] && pos[i][1] == pos[i][2])
61                  {
62                    System.out.println("第" + (pos[i][0] + 1) + "個人贏了.");
63                    break outerwhile; // 跳出outerwhile迴圈
64                  }
65
66           // 判斷同一行的O,X資料是否相同
67           for (j = 0; j < 3; j++)
68              if (pos[0][j] != -1)
69                 if (pos[0][j] == pos[1][j] && pos[1][j] == pos[2][j])
70                  {
71                    System.out.println("第" + (pos[0][j] + 1) + "個人贏了.");
72                    break outerwhile; // 跳出outerwhile迴圈
73                  }
74           // 判斷左對角線的O,X資料是否相同
75           if (pos[0][0] != -1)
```

```
76                if (pos[0][0] == pos[1][1] && pos[1][1] == pos[2][2])
77                 {
78                   System.out.println("第" + (pos[0][0] + 1) + "個人贏了.");
79                   break outerwhile; // 跳出outerwhile迴圈
80                 }
81
82             // 判斷右對角線的「O」,「X」資料是否相同
83             if (pos[0][2] != -1)
84                if (pos[0][2] == pos[1][1] && pos[1][1] == pos[2][0])
85                 {
86                   System.out.println("第" + (pos[0][2] + 1) + "個人贏了.");
87                   break outerwhile; // 跳出outerwhile迴圈
88                 }
89             num++;
90             }
91          }
92          if (num == 10)
93             System.out.println("平手.");
94       }
95   }
```

執行結果

```
模擬井字遊戲(第1個人以「O」爲記號，第2個人以「X」爲記號)
請第1個人輸入列座標(0~2)及行座標(0~2)，以空白隔開:0 0
O| |
-----
 | |
-----
 | |
請第2個人輸入列座標(0~2)及行座標(0~2)，以空白隔開:0 2
O| |X
-----
 | |
-----
 | |
請第1個人輸入列座標(0~2)及行座標(0~2)，以空白隔開:1 1
O| |X
-----
 |O|
-----
 | |
請第2個人輸入列座標(0~2)及行座標(0~2)，以空白隔開:1 2
O| |X
-----
 |O|X
```

```
-----
 | |
請第1個人輸入列座標(0~2)及行座標(0~2)，以空白隔開:2 2
O| |X
-----
 |O|X
-----
 | |O
第1個人贏了.
```

範例18

寫一程式，模擬人與電腦玩剪刀石頭布遊戲。

```
1   package ch07;
2
3   import java.util.Scanner;
4   import java.util.Random;
5
6   public class Ex18 {
7         public static void main(String[] args) {
8            Scanner keyin = new Scanner(System.in);
9            String[] name = new String[] { "剪刀", "石頭", "布" };
10           int people; // 人出什麼
11           int computer; // 電腦出什麼
12           Random rd = new Random();
13           System.out.println("這是人與電腦一起玩的剪刀石頭布遊戲.");
14           while (true) {
15              System.out.println();
16              System.out.print("您出什麼?(0:剪刀 1:石頭 2:布 3:結束)");
17              people = keyin.nextInt();
18              if (people == 3) {
19                 System.out.println("遊戲結束.");
20                 break;
21               }
22              if (people < 0 || people > 2) {
23                 System.out.println("您的選項錯誤，請重新選一次.");
24                 continue;
25               }
26              computer = rd.nextInt(3); // 產生0~2的亂數值
27              System.out.print("您出:" + name[people]);
28              System.out.println("，電腦出:" + name[computer]);
29              if (people == computer)
30                 System.out.println("平手!");
31              else if (people - computer == 1 || people - computer == -2)
```

```
32              System.out.println("您贏了!"); //石頭-剪刀=布-石頭=1，剪刀-布=-2
33            else
34              System.out.println("您輸了!");
35          }
36          keyin.close();
37        }
38      }
```

執行結果

```
這是人與電腦一起玩的剪刀石頭布遊戲.

您出什麼?(0:剪刀 1:石頭 2:布 3:結束)0
您出:剪刀，電腦出:剪刀
平手!

您出什麼?(0:剪刀 1:石頭 2:布 3:結束)2
您出:布，電腦出:石頭
您贏了!

您出什麼?(0:剪刀 1:石頭 2:布 3:結束)3
遊戲結束.
```

範例19

寫一程式，模擬樂透彩簽注與兌獎。(提示：購買者自行輸入 6 個號碼，然後由電腦亂數產生一組 6 個號碼)

```
1   package ch07;
2
3   import java.util.Arrays;
4   import java.util.Random;
5   import java.util.Scanner;
6
7   public class Ex19 {
8     public static void main(String[] args) {
9      Scanner keyin = new Scanner(System.in);
10     Random ran = new Random(); // 宣告亂數物件變數ran，並指向一亂數物件實例
11     // currentTimeMillis()靜態方法: 取得目前時間到1970/1/1 00:00:00間的毫秒數
12     long timeseed = System.currentTimeMillis();
13     ran.setSeed(timeseed); // 以時間當作亂數種子
14     int i, j, pos;
15     int[] data = new int[49]; // 儲存1-49資料
16     int[] computer = new int[7]; // 紀錄電腦隨機產生的7個樂透彩號碼
17     int[] user = new int[6]; //購買者自行輸入6個樂透彩號碼
```

```
18    boolean special = false; // false:表示沒中特別號 true:表示有中特別號
19    int count = 0; // 表示中幾個號碼，不含特別號
20    System.out.printf("購買者自行輸入6個樂透彩號碼:\n");
21    for (i = 0; i < 6; i++) {
22       System.out.printf("輸入第%d個樂透彩號碼:", i + 1);
23       user[i] = keyin.nextInt();
24    }
25    Arrays.sort(user);
26    int data_num = 49; //大樂透49個號碼
27    for (i = 0; i < 49; i++)
28      data[i] = i + 1;
29
30       // 電腦隨機產生7個不重複樂透彩號碼
31       for (i = 0; i < 7; i++) {
32        pos = ran.nextInt(49 - i); // 0-(49-i-1)之間的亂數，當作data的索引
33        computer[i] = data[pos];
34
35        // data[tran]指定給computer[i]後,
36        data_num--; //出現一個大樂透號碼之後，大樂透號碼的個數就少一個
37
38       //將最後一個索引data_num的元素之內容,指定給索引爲pos的元素
39       //這樣就不會再產生原來索引爲pos的元素之內容
40       data[pos] = data[data_num];
41    Arrays.sort(computer);
42
43    for (i = 0; i < 6; i++)
44       for (j = 0; j < 7; j++)
45          if (user[i] == computer[j]) {
46             if (j <= 5)
47                count++; //中了6個號碼之一時，中獎號碼數+1
48             else
49                special = true; // 中了特別號computer[6]
50             break;
51          }
52
53    System.out.printf("電腦隨機產生7個樂透彩號碼:");
54    for (i = 0; i < 6; i++)
55       System.out.printf("%d ", computer[i]);
56    System.out.printf( “特別號:%d\n", computer[6]);
57
58    if (count == 6)
59       System.out.println("頭獎");
60    else if (count == 5 && special)
61       System.out.println("貳獎");
62    else if (count == 5)
63       System.out.println("三獎");
64    else if (count == 4 && special)
```

```
65       System.out.println("肆獎");
66     else if (count == 4)
67       System.out.println("伍獎");
68     else if (count == 3 && special)
69       System.out.println("陸獎");
70     else if (count == 3)
71       System.out.println("普獎");
72     else
73       System.out.println("沒中獎");
74     keyin.close();
75   }
76 }
```

執行結果

```
購買者自行輸入6個樂透彩號碼:
輸入第1個樂透彩號碼:1
輸入第2個樂透彩號碼:2
輸入第3個樂透彩號碼:3
輸入第4個樂透彩號碼:4
輸入第5個樂透彩號碼:5
輸入第6個樂透彩號碼:6
電腦隨機產生7個樂透彩號碼:2 6 11 20 30 35 特別號:48
沒中獎
```

≡範例20

寫一程式，模擬撲克牌翻牌配對遊戲。

```
1  package ch07;
2  
3  import java.util.Random;
4  import java.util.Scanner;
5  
6  public class Ex20 {
7    public static void main(String[] args) {
8      Scanner keyin = new Scanner(System.in);
9      Random ran = new Random(); // 宣告亂數物件變數ran，並指向一亂數物件實例
10     // currentTimeMillis()靜態方法: 取得目前時間到1970/1/1 00:00:00間的毫秒數
11     long timeseed = System.currentTimeMillis();
12     ran.setSeed(timeseed); // 以時間當作亂數種子
13 
14     String[] poker_context = new String[] { "A", "2", "3",
15           "4", "5", "6", "7", "8", "9", "10", "J", "Q","K" };
16 
17     int[][] poker = new int[4][13];
18     // poker[row][col],表示位置(row,col)被設定的撲克牌代碼
```

```
19
20        int[] all_four = new int[13];
21        // all_four[i]=0,表示撲克牌號碼i出現的張數爲0張
22
23        boolean[][] match = new boolean[4][13];
24        // match[row][col]=false,表示位置(row,col)還沒被配對成功
25
26        // 輸入兩個位座標位置(row,col)
27        int[] row = new int[2];
28        int[] col = new int[2];
29
30        int number; // 記錄亂數產生的撲克牌號碼0~12
31        // 撲克牌號碼0~12,分別?代表12345678910JQKA
32
33        String temp; // 顯示位置(row,col)的內容
34        int num = 1; // 輸入次數
35
36        // 撲克牌翻牌配對成功1次,bingo值+1;bingo=26,則遊戲結束
37        int bingo = 0; // 配對成功的次數
38
39        int i = 0, j = 0, k;
40        for (i = 0; i < 4; i++)
41           for (j = 0; j < 13; j++) {
42              number = ran.nextInt(13);
43              // all_four[number]<4，表示撲克牌號碼number的張數最多4
44              if (all_four[number] < 4) {
45                 all_four[number]++;
46                 poker[i][j] = number;
47              } else
48                 j--;
49           }
50        System.out.println("\t撲克牌翻牌配對遊戲");
51        // 畫出4*13的撲克牌翻牌配對圖形
52        System.out.print("  ");
53        for (i = 0; i < 13; i++)
54           System.out.printf("%2d", i);
55        System.out.println();
56
57        k = 0;
58        for (i = 0; i < 4; i++) {
59           System.out.printf( “%2d” , k++);
60           for (j = 0; j < 13; j++)
61              System.out.print( “■■");
62           System.out.println();
63        }
64        System.out.println("撲克牌翻牌配對需要選擇兩個位置:");
65        while (true) {
66           // 每次選取兩個位置前,
```

```
67          // 先將兩個位置設成位選取狀態歸零(以-1表示)
68          row[0] = -1;
69          col[0] = -1;
70          row[1] = -1;
71          col[1] = -1;
72          // 每次選取兩個位置前,
73          // 先將兩個位置設成位選取狀態歸零(以-1表示)
74
75          for (num = 0; num < 2; num++) {
76             System.out.printf(
77                 "輸入第%d次選擇的列(0-3)及行(0-12)的位置(以空白格開):", num + 1);
78             row[num] = keyin.nextInt();
79             col[num] = keyin.nextInt();
80
81             if (!(row[num] >= 0 && row[num] <= 3 && col[num] >= 0
82                      && col[num] <= 12)) {
83                System.out.println("無(" + row[num] + "," + col[num] +
84                         ")位置,重新輸入!");
85                num--;
86                continue;
87             }
88
89             if (match[row[num]][col[num]] || (row[0] == row[1] && col[0] == col[1])) {
90                System.out.println("位置(" + row[num] + "," + col[num] +
91                      ")重複輸入或配對完成,重新輸入!");
92                num--;
93                continue;
94             }
95
96             // 畫出4*13的模擬撲克牌翻牌配對圖形
97             System.out.println("\t模擬撲克牌翻牌配對遊戲");
98             System.out.print("  ");
99             for (i = 0; i < 13; i++)
100               System.out.printf("%2d", i);
101            System.out.println();
102
103            k = 0;
104            for (i = 0; i < 4; i++) {
105               System.out.printf("%2d", k++);
106               for (j = 0; j < 13; j++)
107                  if (match[i][j]) {
108                     temp = poker_context[poker[i][j]];
109                     System.out.print(temp);
110                  } else if (i == row[num] && j == col[num] ||
111                           i == row[0] && j == col[0]) {
112                     temp = poker_context[poker[i][j]];
113                     System.out.print(temp);
```

```
114                } else
115                   System.out.print("■■");
116             System.out.println();
117          }
118       }
119
120       // 位置(row[0],col[0])與位置(row[1],col[1])內容相同時
121       if (poker[row[0]][col[0]] == poker[row[1]][col[1]]) {
122          match[row[0]][col[0]] = true;
123          // 設定位置(row[0],col[0])已配對成功
124          match[row[1]][col[1]] = true;
125          // 設定位置(row[1],col[1])已配對成功
126          bingo++;
127       }
128       if (!match[row[0]][col[0]]) //猜錯了
129        {
130          for (long l = 0; l < 5000000000L; l++) ; //暫停一下，顯示結果
131
132          for (i = 0; i < 25; i++)
133              System.out.println();
134         }
135
136       // 畫出4*13的撲克牌翻牌配對圖形
137       System.out.println("\t撲克牌翻牌配對遊戲");
138       System.out.print("   ");
139       for (i = 0; i < 13; i++)
140          System.out.printf( "%2d" , i);
141       System.out.println();
142
143       k = 0;
144       for (i = 0; i < 4; i++) {
145          System.out.printf("%2d", k++);
146          for (j = 0; j < 13; j++)
147             if (match[i][j] == false)
148                System.out.print("■■");
149             else {
150                temp = poker_context[poker[i][j]];
151                System.out.print(temp);
152             }
153          System.out.println();
154       }
155
156       System.out.println("撲克牌翻牌配對需要選擇兩個位置:");
157       // 畫出4*13的撲克牌翻牌配對圖形
```

```
158          if (bingo == 26)
159             break;
160       }
161       System.out.println( "撲克牌翻牌配對遊戲結束.");
162       keyin.close();
163    }
164 }
```

執行結果

```
         撲克牌翻牌配對遊戲
   0 1 2 3 4 5 6 7 8 9101112
 0■■■■■■■■■■■■■■■■■■■■■■■■■■
 1■■■■■■■■■■■■■■■■■■■■■■■■■■
 2■■■■■■■■■■■■■■■■■■■■■■■■■■
 3■■■■■■■■■■■■■■■■■■■■■■■■■■
撲克牌翻牌配對需要選擇兩個位置:
輸入第1次選擇的列(0-3)及行(0-12)的位置(以空白格開):2 9
      模擬撲克牌翻牌配對遊戲
   0 1 2 3 4 5 6 7 8 9101112
```

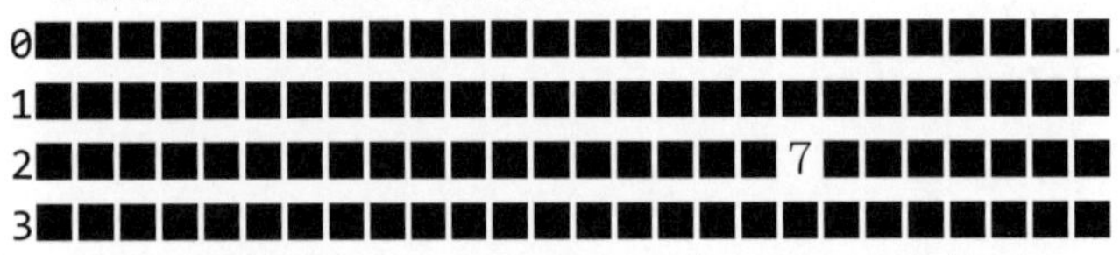

```
輸入第2次選擇的列(0-3)及行(0-12)的位置(以空白格開):3 5
      模擬撲克牌翻牌配對遊戲
   0 1 2 3 4 5 6 7 8 9101112
```

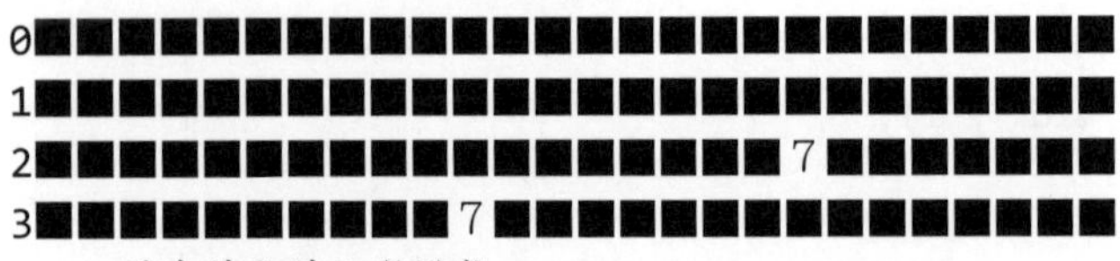

```
      撲克牌翻牌配對遊戲
   0 1 2 3 4 5 6 7 8 9101112
```

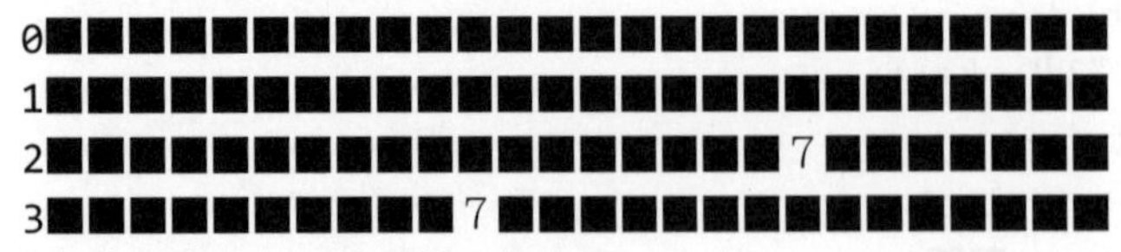

```
撲克牌翻牌配對需要選擇兩個位置:
輸入第1次選擇的列(0-3)及行(0-12)的位置(以空白格開):
```

範例21

寫一程式，模擬紅綠燈小綠人在一分鐘內，從慢走 (第 0~30 秒)，快走 (第 30~45 秒)，到跑走 (第 45~60 秒) 的過程。

```
1   package ch07;
2
3   import java.util.concurrent.TimeUnit;
4
5   public class Ex21 {
6      public static void main(String[] args) throws InterruptedException {
7         int bmp,i;
8         long start_clock, end_clock;
9         float spend=0; // 小綠人已行走的時間(秒)
10
11        // 使用2維字串陣列記錄10個圖案
12        String[][] green_walker = new String[][] {
13           // bmp:0 第1張靜止紅綠燈之小綠人
14           { "      111        ",
15             "      111        ",
16             "      111        ",
17             "      1 1        ",
18             "     11111       ",
19             "    1111111      ",
20             "    1111111      ",
21             "    1 111 1      ",
22             "    1 111 1      ",
23             "    1 111 1      ",
24             "    1111111      ",
25             "     11111       ",
26             "     11 11       ",
27             "     11 11       ",
28             "     11 11       ",
29             "    111 111      " },
30
31            //bmp:1 第2張紅綠燈之小綠人
32            { "                 ",
33              "     11          ",
34              "    1111         ",
35              "     11          ",
36              "      11         ",
37              "      1111       ",
38              "      111 1      ",
39              "     1 11  1     ",
40              "    1  11  1     ",
41              "       111       ",
42              "       1 1       ",
```

```
43          "      1   111    ",
44          "      1      1   ",
45          "      1     1    ",
46          "    11           ",
47          "                 "},
48
49        //bmp:2 第3張紅綠燈之小綠人
50        { "                 ",
51          "    11           ",
52          "   1111          ",
53          "    11           ",
54          "     11          ",
55          "     111         ",
56          "     11 1        ",
57          "    1111 1       ",
58          "   1  11 1       ",
59          "      111        ",
60          "      1 1        ",
61          "     1   11      ",
62          "    1     1      ",
63          "     11  11      ",
64          "      1          ",
65          "    111          "},
66
67        //bmp:3 第4張紅綠燈之小綠人
68        { "                 ",
69          "     11          ",
70          "    1111         ",
71          "     11          ",
72          "      11         ",
73          "      111        ",
74          "      1111       ",
75          "      111 1      ",
76          "       11 1      ",
77          "       111       ",
78          "       1 1       ",
79          "      1   1      ",
80          "      1    1     ",
81          "      1     1    ",
82          "    111      1   ",
83          "            1    "},
84
85        //bmp:4 第5張紅綠燈之小綠人
86        { "                 ",
87          "    11           ",
88          "   1111          ",
89          "    11           ",
```

```
90            "     11          ",
91            "     1111        ",
92            "     111 1       ",
93            "    1 11 1       ",
94            "   1  11         ",
95            "      111        ",
96            "      1 1        ",
97            "     1   11      ",
98            "     1     11    ",
99            "     1      1    ",
100           "   11      1     ",
101           "                 "},
102
103         //bmp:5 第6張紅綠燈之小綠人
104         { "                 ",
105           "     11          ",
106           "    1111         ",
107           "     11          ",
108           "      11         ",
109           "      111        ",
110           "      111        ",
111           "      111        ",
112           "       11        ",
113           "       11        ",
114           "       11        ",
115           "       11        ",
116           "        1        ",
117           "        1        ",
118           "        1        ",
119           "      111        "},
120
121         //bmp:6 第7張紅綠燈之小綠人
122         { "                 ",
123           "    11           ",
124           "   1111          ",
125           "    11           ",
126           "     11          ",
127           "     1111        ",
128           "     111 1       ",
129           "     111  1      ",
130           "    1 11         ",
131           "      111        ",
132           "      1 1        ",
133           "     1   111     ",
134           "     1      1    ",
135           "   111           ",
136           "                 ",
```

```
137            "                "},
138
139         //bmp:7 第8張紅綠燈之小綠人
140         { "                ",
141            "     11         ",
142            "    1111        ",
143            "     11         ",
144            "      11        ",
145            "      111       ",
146            "      11 1      ",
147            "      1111      ",
148            "       111      ",
149            "       11       ",
150            "       11       ",
151            "      111       ",
152            "      1  1      ",
153            "       1  1     ",
154            "     111   1    ",
155            "                "},
156
157         //bmp:8 第9張紅綠燈之小綠人
158         { "                ",
159            "    11          ",
160            "   1111         ",
161            "    11          ",
162            "     11         ",
163            "     1111       ",
164            "     111 1      ",
165            "    1 11  1     ",
166            "   1  11  1     ",
167            "      11        ",
168            "      111       ",
169            "      1 1       ",
170            "     1   11     ",
171            "     1    11    ",
172            "     1     1    ",
173            "   11      1    "},
174
175         //bmp:9 第10 張紅綠燈之小綠人
176         { "                ",
177            "     11         ",
178            "    1111        ",
179            "     11         ",
180            "      11        ",
181            "      111       ",
182            "      11 1      ",
```

```
183            "      1111 1      ",
184            "    1  11 1       ",
185            "        111       ",
186            "        1 1       ",
187            "       1   1      ",
188            "      1     1     ",
189            "       11    1    ",
190            "        1   11    ",
191            "       11         "}
192        };
193
194       // 顯示第0張圖
195          for (i = 0; i < 16; i++){
196             System.out.print(green_walker[0][i]);
197             System.out.println();
198          }
199
200       start_clock = System.currentTimeMillis();
201       // currentTimeMillis()靜態方法: 取得目前時間到1970/1/1 00:00:00間的毫秒數
202
203       while (true) {
204          for (bmp = 1; bmp <= 9; bmp++) {
205             // 顯示第bmp張圖
206             for (i = 0; i < 16; i++){
207                System.out.print(green_walker[bmp][i]);
208                System.out.println();
209             }
210
211             end_clock = System.currentTimeMillis();
212             // 取得目前時間到1970/1/1 00:00:00間的毫秒數
213
214             spend = (float) (end_clock - start_clock) / 1000;
215             // 從小綠人開始執行到目前所經過的時間(秒)
216
217             if (spend <= 30) // 慢走(第0~30秒),每0.65秒播一張圖案
218                TimeUnit.MILLISECONDS.sleep(650);
219             else if (spend <= 45) // 快走(第30~45秒),每0.325秒播一張圖案
220                TimeUnit.MILLISECONDS.sleep(325);
221             else if (spend <= 60) // 跑走(第45~60秒),每0.125秒播一張圖案
222                TimeUnit.MILLISECONDS.sleep(125);
223             else
224                break;
225          }
226          if (spend >= 60) // 一分鐘後
```

```
227             break;
228         }
229 
230         // 顯示第0張圖
231         System.out.println();
232         for (i = 0; i < 16; i++){
233            System.out.print(green_walker[0][i]);
234            System.out.println();
235         }
236     }
237 }
```

執行結果

自行娛樂一下

程式說明

本程式僅以 10 張圖案不停地播放，模擬臺灣一般道路上所裝設的紅綠燈中之小綠人的動作。以每 0.65 秒播放一張圖案的速度呈現慢走狀態，以每 0.325 秒播放一張圖案的速度呈現快走狀態，以每 0.125 秒播放一張圖案的速度呈現跑走狀態。圖案一張一張連續快速播放，使眼睛形成視覺暫留的現象，造成圖案彷彿眞的在動一樣。若讀者想讓程式執行的效果，愈接近實際的情形，則必須在每一張圖之間多畫幾張連續圖。

範例22

寫一程式，輸入 n 個整數，輸出 n 個整數的總和。

```
1  package ch07;
2  
3  import java.util.Scanner;
4  
5  public class Ex22 {
6     public static void main(String[] args) {
7        Scanner keyin = new Scanner(System.in);
8        System.out.print("輸入一個正整數:");
9        int n = keyin.nextInt();
10       int[] num = new int[n]; // 只能使用num[0],num[1],…,num[n-1]
11       int total = 0, i;
12       for (i = 0; i < n; i++) // 累計n個整數的總和
13       {
14          System.out.print("輸入第" + (i+1) + "的整數:");
15          num[i] = keyin.nextInt();
16          total = total + num[i];
```

```
17         }
18         for (i = 0; i < n; i++) // 累計n個整數的總和
19            if (i < n - 1)
20               System.out.print(num[i] + "+");
21            else
22               System.out.print(num[i] + "=");
23
24         System.out.println(total);
25         keyin.close();
26      }
27   }
```

執行結果

```
輸入正整數:3
輸入第1的整數:1
輸入第2的整數:2
輸入第3的整數:3
1+2+3=6
```

三程式說明

1. 由於問題要處理的資料數目不確定，因此無法以靜態配置記憶體的方式給固定個數的變數來儲存這些資料。
2. 動態配置記憶體：是指在執行階段時，程式才動態宣告陣列變數的數量，並向作業系統要求所需的記憶體空間。
3. 執行第 9 列「int n = keyin.nextInt();」時，若輸入「3」，則第 10 列「int[] num = new int[n];」敘述會向系統要求配置各 4Bytes 記憶體給 num[0]，num[1] 及 num[2] 陣列元素。

三範例23

寫一程式，使用亂數，模擬將 52 張撲克牌發給 4 位玩家，每位玩家 13 張牌，發牌順序爲玩家 1 → 2 → 3 → 4 → 1 →….. → 4，最後輸出 4 位玩家手中的 13 張。

提示：

1. 撲克牌的花色分別爲「♠」、「♥」、「♦」及「♣」。
2. 撲克牌點數中的「1」、「11」、「12」及「13」，分別以「A」、「J」、「Q」及「K」表示。
3. 輸出每位玩家 13 張牌時，點數輸出的順序爲 (A → 2 → 3 → 4 ... → 10 → J → Q → K)，若點數相同則按照花色「♠」、「♥」、「♦」及「♣」的順序輸出。
4. 輸出結果，類似以下樣式：

```
第1位玩家手牌：
♦A   ♥2   ♣2   ♠3   ♦4   ♥7   ♦7   ♣7   ♦9   ♦10  ♣10  ♥J   ♠Q
第2位玩家手牌：
♦2   ♥3   ♠4   ♥4   ♠5   ♠6   ♥6   ♦6   ♠7   ♠10  ♦J   ♣Q   ♠K
第3位玩家手牌：
♥A   ♣3   ♦5   ♣5   ♥8   ♦8   ♥9   ♥10  ♣J   ♥Q   ♦Q   ♥K   ♣K
第4位玩家手牌：
♠A   ♣A   ♠2   ♦3   ♣4   ♥5   ♣6   ♠8   ♣8   ♠9   ♣9   ♠J   ♦K
```

```
1  package ch07;
2  import java.util.Arrays;
3  import java.util.Random;
4
5  public class Ex23 {
6     public static void main(String[] args) {
7        Random rnd = new Random();
8        int[][] card = new int[4][13];  //4個人每人13張牌
9        int[] card_order = new int[52]; //將52張牌，從小排到大編號成0到51
10       char[] color = new char[] {'♠','♥','♦','♣'}; // 撲克牌的花色
11       // 撲克牌的點數
12       String[] point = new String[]
13                  {"A","2","3","4","5","6","7","8","9","10","J","Q","K"};
14       int card_num = 52; //目前尚未發出的撲克牌之張數
15       int play_card;     //代表每次所發的牌，是位於所有撲克牌中的第play_card張牌
16       int i,j;
17       /*撲克牌的排列順序:
18                   ♠A ♥A ♦A ♣A ♠2 ♥2 ♦2 ♣2 ... ♠K ♥K ♦K ♣K
19       設定排列順序   0  1  2  3  4  5  6  7  ... 48 49 50 51 */
20       for(i = 0;i < 52;i++)
21          card_order[i] = i;
22
23       //1人1張牌輪流發，1輪4張共發13輪
24       for(j = 0;j < 13;j++) {
25          for(i = 0;i < 4;i++) {
26             //用亂數模擬發牌，取得"排列順序爲play_card"的撲克牌
27             play_card = rnd.nextInt(card_num);
28
29             //將排列順序爲play_card的的撲克牌(card_order[play_card])，
30             //指定給第i個人的第j張的撲克牌
31             card[i][j] = card_order[play_card];
32
33             //將最後的一張牌的排列順序(card_order[card_num - 1])，
34             //指定給原先排列順序爲play_card的牌(card_order[play_card])
35                 ///這樣亂數產生器就不會再產生原來排列順序爲play_card的牌
36             card_order[play_card] = card_order[card_num - 1];
37
38             //發牌之後，尚未發出的撲克牌張數,就少一張
39             card_num--;
```

```
40            }
41         }
42         for(i = 0;i < 4;i++) {
43            System.out.printf("第%d位玩家手牌：\n",i + 1);
44            Arrays.sort(card[i]); //將第i位玩家手中的牌，從小排到大
45            for(j = 0;j < 13;j++) {
46               //將第i個人的第j張牌的排列順序(card[i][j])，
47               //轉成對應的花色(color[card[i][j] % 4])
48               System.out.printf("%c",color[card[i][j] % 4]);
49
50               //將第i個人的第j張牌的排列順序(card[i][j])，
51               //轉成對應的點數(point[card[i][j] / 4])
52               System.out.printf("%-4s",point[card[i][j] / 4]);
53            }
54            System.out.println();
55         }
56      }
57   }
```

執行結果

```
第1位玩家手牌：
♠A   ♦A   ♥2   ♣3   ♦4   ♣4   ♥5   ♣6   ♣7   ♥9   ♠J   ♦J   ♣J
第2位玩家手牌：
♣A   ♦2   ♣2   ♠5   ♠6   ♥6   ♦6   ♦7   ♥8   ♦8   ♣8   ♦Q   ♦K
第3位玩家手牌：
♠4   ♥4   ♦5   ♣5   ♣9   ♠10  ♦10  ♣10  ♥J   ♥Q   ♣Q   ♠K   ♣K
第4位玩家手牌：
♥A   ♠2   ♠3   ♥3   ♦3   ♠7   ♥7   ♠8   ♠9   ♦9   ♥10  ♠Q   ♥K
```

☰範例24

寫一程式，輸入一個正整數，輸出以質因數連乘的方式來表示此正整數。(例：12 = 2 x 2 x 3)

```
1   package ch07;
2
3   import java.util.Scanner;
4   import java.util.Arrays;
5
6   public class Ex24 {
7      public static void main(String[] args) {
8         Scanner keyin = new Scanner(System.in);
9         int num;
10        System.out.print("輸入一個正整數:");
11        num = keyin.nextInt();
12
```

```
13        // num的最大質因數介於num到2之間
14        int maxPrimeNumber = MaxPrimNumber(num);
15        System.out.print(num + "=");
16        for (int p = 2; p <= maxPrimeNumber; p++)
17           if (PrimYesOrNo(p))
18              if (num % p == 0) {
19                 num /= p;
20
21                 System.out.print(p);
22                 if (num>1)
23                    System.out.print("x");
24                 p--;
25              }
26        keyin.close();
27     }
28
29     static int MaxPrimNumber(int n) {
30        boolean IsPrime;
31        int i, j;
32        // 正整數n的最大質因數介於n到2之間
33        for (i = n; i >= 2; i--) {
34           IsPrime = true;
35
36           // 判斷i是否爲質數
37           for (j = 2; j <= Math.floor(Math.sqrt(i)); j++)
38              // 不需判斷大於2的偶數j是否整除i
39              // 因爲i(>2)若爲偶數，會被2整除，便知n不是質數
40              if (!(j > 2 && j % 2 == 0))
41                 if (i % j == 0) // i不是質數
42                 {
43                    IsPrime = false;
44                    break;
45                 }
46
47           if (IsPrime) // i爲質數
48              if (n % i == 0) // i爲n的最大質因數
49                 break;
50        }
51        return i;
52     }
53
54     static boolean PrimYesOrNo(int n) {
55        boolean IsPrime = true;
56
57        // 若一個整數n(>1)的因數只有n和1，則此整數稱爲質數
58        // 古希臘數學家Sieve of Eratosthenes埃拉托斯特尼的質數篩法:
59        // 判斷介於2 ~ Math.floor(Math.sqrt(n))之間的整數i是否整除n，
```

```
60        // 若有一個整數i整除n，則n不是質數，否則n爲質數
61        int i;
62        for (i = 2; i <= Math.floor(Math.sqrt(n)); i++)
63           // 不需判斷大於2的偶數i是否整除n
64           // 因爲n(>2)若爲偶數，則會被2整除，便知n不是質數
65           if (!(i > 2 && i % 2 == 0))
66              if (n % i == 0) // n不是質數
67              {
68                 IsPrime = false;
69                 break;
70              }
71        return IsPrime;
72     }
73  }
```

執行結果

```
輸入一個正整數:12
12=2x2x3
```

範例25

寫一程式，輸入 5 個正整數，輸出這 5 個正整數的最大公因數 (gcd) 及最小公倍數 (lcm)。

```
1   package ch07;
2
3   import java.util.Scanner;
4   import java.util.Arrays;
5
6   public class Ex25 {
7      public static void main(String[] args) {
8         Scanner keyin = new Scanner(System.in);
9         boolean IsPrime = true;
10        int[] num = new int[5];
11        System.out.println("輸入5個正整數:");
12        int i;
13        for (i = 0; i < 5; i++)
14           num[i] = keyin.nextInt();
15
16        for (i = 0; i < 4; i++)
17           System.out.print(num[i] + ",");
18        System.out.print(num[4] + "的gcd=");
19
20        Arrays.sort(num);
21
22         // 最大整數num[4]的最大質因數介於num[4]到2之間
23          int maxPrimeNumber = MaxPrimNumber(num[4]);
24
25          // 以短除法求gcd及lcm:
```

```
26          int gcd = 1, lcm = 1;
27          int count;  // 被質因數p整除的整數之個數
28        for (int p = 2; p <= maxPrimeNumber; p++) {
29          if (PrimYesOrNo(p)) {
30            count = 0;
31            for (i = 0; i < 5; i++)
32              if (num[i] % p == 0)
33              {
34                num[i] /= p;
35                count++;
36              }
37
38            // 每一個數都被p整除，才是公因數
39            if (count == 5)
40                  gcd *= p;
41
42                // 有1個數以上都被p整除，下一次要除質因數仍然是p
43            if (count >= 1) {
44              lcm *= p;
45              p--;
46            }
47          }
48        }
49        System.out.print(gcd);
50
51        for (i = 0; i < 5; i++)
52          lcm *= num[i];
53
54        System.out.print(",lcm=" + lcm);
55        keyin.close();
56      }
57
58      static int MaxPrimNumber(int n) {
59        boolean IsPrime;
60        int i, j;
61        // 正整數n的最大質因數介於n到2之間
62        for (i = n; i >= 2; i--) {
63          IsPrime = true;
64
65          // 判斷i是否爲質數
66          for (j = 2; j <= Math.floor(Math.sqrt(i)); j++)
67            // 不需判斷大於2的偶數j是否整除i
68            // 因爲i(>2)若爲偶數，會被2整除，便知n不是質數
69            if (!(j > 2 && j % 2 == 0))
70              if (i % j == 0) // i不是質數
71              {
72                IsPrime = false;
```

```
73                  break;
74               }
75
76          if (IsPrime) // i爲質數
77             if (n % i == 0) // i爲n的最大質因數
78                break;
79       }
80       return i;
81    }
82
83    static boolean PrimYesOrNo(int n) {
84       boolean IsPrime = true;
85
86       // 若一個整數n(>1)的因數只有n和1，則此整數稱爲質數
87       // 古希臘數學家Sieve of Eratosthenes埃拉托斯特尼的質數篩法:
88       // 判斷介於2 ~ Math.Floor(Math.Sqrt(n))之間的整數i是否整除n，
89       // 若有一個整數i整除n，則n不是質數，否則n爲質數
90       int i;
91       for (i = 2; i <= Math.floor(Math.sqrt(n)); i++)
92          // 不需判斷大於2的偶數i是否整除n
93          // 因爲n(>2)若爲偶數，則會被2整除，便知n不是質數
94          if (!(i > 2 && i % 2 == 0))
95             if (n % i == 0) // n不是質數
96             {
97                IsPrime = false;
98                break;
99             }
100      return IsPrime;
101   }
102 }
```

執行結果1

```
輸入5個正整數:
2
4
6
8
10
2,4,6,8,10的gcd=2,lcm=120
```

執行結果2

```
輸入5個正整數:
3
7
2
4
6
3,7,2,4,6的gcd=1,lcm=84
```

7-8 自我練習

一、選擇題

1. 在 Java 語言中，一維陣列起始元素的索引值爲何？

(A) 0 (B) 1 (C) 2 (D) -1

2. 執行「int a[ ]= new int [ ] {1, 2, 3, 4} ;」後，索引值最大的陣列元素爲何？

(A) a[0] (B) a[1] (C) a[2] (D) a[3] (E) a[4]

3. （承上題）a[1]= ？

(A) 0 (B) 1 (C) 2 (D) 3 (E) 4

4. String[] name = new String[50]; 敘述宣告後，name 陣列有幾個元素？

(A) 5 (B) 10 (C) 49 (D) 50

5. 承上題，name 陣列的每一個元素型態爲何？

(A) String (B) int (C) float (D) double

6. 承上題，name[2] 的內容爲何？

(A) 50 (B) 0 (C) true (D) 空字串

7. 承上題，name[50] 的內容爲何？

(A) 5 (B)10 (C) 49

(D) 出現 ' java.lang.ArrayIndexOutOfBoundsException: 50.' 錯誤訊息

8. double[][] number=new double[4][5]; 敘述中的陣列變數 number，共宣告多少個陣列元素？

(A) 5 (B) 10 (C) 20 (D) 30

9. int[][] x=new int[][] {{1,2},{3,4},{5,6}}; 敘述中，x[2][0] 的值爲何？

(A) 1 (B) 2 (C) 5 (D) 6

10. 哪一個類別可用來產生隨機亂數？

(A)Rand (B)Randomize (C)Randnumber (D)Random

11. 要產生介於 0~1.0 之間隨機亂數，需使用哪一個亂數方法？

(A)Next() (B) Next(0, 1) (C) Next(1) (D) DoubleNext()

12. 宣告 rnd 亂數變數後，若要產生介於 10 到 20 之間的隨機亂數，則需使用下列哪一種敘述？

(A) 10 + rnd.nextInt(20-10+1) (B) 10 + rnd.nextInt(20)

(C) 20 + rnd.nextInt(10) (D) 20 + rnd.rand(10)

二、程式設計

1. 寫一程式，使用亂數方法產生 -5、-1、3、…、95 中的任一數。

2. 寫一程式，使用亂數方法來模擬擲兩個骰子的動作，擲 100 次後，分別輸出點數和爲 2,3,…,12 的次數。

3. 寫一程式，輸入 3 個學生的姓名及期中考的 3 科成績，分別輸出 3 個學生的總成績。

4. 寫一程式，輸入一個 6 位數正整數，判斷是否爲回文數。(一個數字，若反向書寫與原數字一樣，則稱其爲回文數。例：432234 是回文數)

5. 寫一程式，輸入一大寫英文單字，輸出此單字所得到的分數。

提示：

(1) 字母 A ～ Z，分別代表 1 ～ 26 分。

(2) 單字：KNOWLEDGE(知識) 所得到的分數爲 96、HARDWORK(努力) 所得到的分數爲 98 及 ATTITUDE(態度) 所得到的分數爲 100。

6. 寫一程式，判斷 3x5 矩陣

$$\begin{bmatrix} 0 & 0 & 1 & 0 & 2 \\ 0 & 0 & 0 & 0 & 0 \\ 0 & 0 & 0 & 0 & 1 \end{bmatrix}$$

中，共有幾列的資料列全爲 0。(提示：使用「continue 標籤名稱 ;」)

7. 寫一程式，將下列兩個資料表，依「表二」爲基準做排序 (大到小)，輸出排序後的打擊率排名。

姓名
一朗
柯南
邏輯林
大雄
魯夫

表一

打擊率
0.315
0.298
0.301
0.250
0.278

表二

(排序前)

姓名	打擊率	名次
一朗	0.315	1
邏輯林	0.301	2
柯南	0.298	3
魯夫	0.278	4
大雄	0.250	5

(排序後)

8. 寫一程式，利用 Arrays 類別的 sort 方法，將二維陣列的第 0 列元素 {1,3,2,4} 及第 1 列元素 {7,5,9,6,8}，各自從小排到大後，再利用 foreach 迴圈結構將二維陣列顯示在螢幕。

9. 寫一程式，輸入巴斯卡三角形的列數 n，輸出形式如下的巴斯卡三角形。

```
1
1  1
1  2  1
1  3  3  1
1  4  6  4  1
```

提示：

(1) 使用不規則二維陣。

(2) 巴斯卡三角形左右兩邊的數字都是 1。

(3) 巴斯卡三角形的第 i 列第 j 行的數字 = 第 (i-1) 列第 j 行的數字 + 第 (i-1) 列第 (j-1) 行的數字，即，組合 C(i,j) = C(i-1,j) + C(i-1,j-1) 的觀念。

(4) 若 n=4，則巴斯卡三角形爲：

```
1
1  1
1  2  1
1  3  3  1
```

10. 寫一程式，輸入巴斯卡三角形的列數 n，輸出形式如下的巴斯卡三角形。

```
1  1  1  1  1  1
1  2  3  4  5
1  3  6 10
1  4 10
1  5
1
```

提示：

(1) 使用不規則二維陣。

(2) 巴斯卡三角形的第 0 列或第 0 行的數字都是 1。

(3) 巴斯卡三角形的第 i 列第 j 行的數字 = 第 i 列第 (j-1) 行的數字 + 第 (i-1) 列第 j 行的數字。

(4) 若 n=5，則巴斯卡三角形爲：

```
1  1  1  1  1
1  2  3  4
1  3  6
1  4
1
```

11. 寫一程式，使用巢狀迴圈，輸出下列資料。

```
7 6 5
8 1 4
9 2 3
```

12. 寫一程式，使用氣泡排序法，將資料 12、6、26、1 及 58，依小到大排序。輸出排序後的結果，並輸出在第幾個步驟時就已完成排序。

(提示：在排序過程中，若執行某個步驟時，完全沒有任何位置的資料被互換，則表示資料在上個步驟時，就已經完成排序了。因此，可結束排序的流程。)

13. 寫一程式，在 5×5 矩陣中塡入 1~25，使得每一行，每一列，及兩條主對角線的數字和都相等。

14. 寫一程式，輸入一個 3×5 的整數矩陣資料及一個 5×2 的整數矩陣資料，輸出兩個整數矩陣相乘的結果。

提示：(1) 若矩陣 $A=[a_{ij}]_{m\times n}$，矩陣 $B=[b_{ij}]_{p\times q}$，則在 n=p 時，A•B 才有意義。

(2) A•B 的 第 i 列 第 j 行 元 素 = A[i][0]×B[0][j]+A[i][1]×B[1][j]+...+A[i][n-1]×B[n-1][j]+A[i][n]×B[n][j]。

08

參考資料型態

教學目標

在程式中是使用變數來儲存資料，而這些變數分成基本資料型態變數及參考資料型態變數。基本資料型態變數的相關介紹，請參考「第二章 Java 語言的基本資料型態」。參考資料型態變數包括字串(String)變數、陣列(Array)變數、類別(Class)變數及界面(Interface)變數。基本資料型態變數用來儲存資料本身，但參考資料型態變數，所儲存的並不是資料本身，而是資料所在的記憶體位址(4bytes)。

生活中經常使用一些關於家庭或帳號的資料。例：學生基本資料、員工基本資料、銀行存款、銀行保管箱等。在這些資料中，都會提到住址或帳號。住址或帳號就相當於一個位置，可以利用它找到相對應的內容。例：利用住址，可以知道此住址中住了多少人；利用銀行帳號或保管箱號碼，可以查詢存款簿中有多少存款，或保管箱內存放什麼貴重物品。

Java 語言所提到的參考(Reference)就相當於生活中的位置，兩者差異在於參考是電腦記憶體中的一個虛擬位置，而位置是生活中的一個實體位置。對於 Java 語言的初學者而言，學習參考資料型態變數是程式語言中比較困難的部分，因此應多加反覆閱讀及練習，必能領悟其中的奧妙。

8-1 參考資料型態變數宣告與初始化

程式執行時，系統會將程式敘述及要處理的資料載入記憶體中，而記憶體分成Global，Stack 及 Heap 三大區塊，分別儲存不同的資訊。Global 區塊：程式共用的資料之儲存區，宣告為靜態(static)變數或全域(global)變數都紀錄於此(請參考「第十章 自訂類別」)。Stack 區塊：程式暫時性的資料之儲存區，宣告為基本資料型態的區域(Local)變數、被呼叫的方法(Method)在結束時要返回的位址等都紀錄於此。Heap 區塊：程式動態產生的資料之儲存區，即，利用「new」語法所產生的物件變數都紀錄於此。

資料型態為參考(Reference)的變數在使用前，與基本資料型態的變數一樣都需經過宣告，否則會出現類似下列錯誤訊息：

「**變數名稱 cannot be resolved**」(變數不能被解析)

以下分別就字串(String)變數、一維陣列變數、二維陣列變及物件變數來說明參考資料型態變數的宣告及初始化的過程。

8-2 String(字串)變數宣告及初始化

以「String name = new String();」敘述宣告字串變數「name」為例，說明配置字串變數「name」及其初始值所在的記憶體位址的過程：

1. 首先使用「String name」宣告「name」為字串變數。此時編譯器會在 Stack 區塊中，配置 4Bytes 的記憶體位址 (假設系統所配置的記憶體位址為 0x00005e68~0x00005e6B) 給字串變數「name」作為指向某個字串實例之用，但因尚未指向任何字串實例，故記憶體位址 0x00005e68~0x00005e6B 內的預設值為「null」。

表 8-1　配置 Stack 區內的記憶體位址

變數名稱	Stack區內的記憶體位址	記憶體位址中的內容
…	…	…
name	0x00005e68~0x00005e6B	null
…	…	…

2. 使用「new String()」產生一個字串實例。此時編譯器會在 Heap 區塊中，配置一塊記憶體位址 (假設系統所配置的起始記憶體位址為 0x00ff5168) 儲存字串實例，且字串實例的內容預設為「空字串」。

表 8-2　配置 Heap 區內的記憶體位址及內容

變數名稱	Heap區內的記憶體位址	記憶體位址中的內容
	…	…
	0x00ff5168	空字串
	…	…

3. 使用「=」指定運算子，將字串實例所在的起始記憶體位址「0x00ff5168」指定給字串變數「name」。

表 8-3　配置 Stack 區內的記憶體位址及內容

變數名稱	Stack區內的記憶體位址	記憶體位址中的內容
…	…	…
name	0x11005e68~0x11005e6B	0x00ff5168
…	…	…

經過上述過程後，字串變數「name」指向記憶體位址爲 0x00ff5168 的字串實例，因此可以使用字串變數「name」，否則會出現下列錯誤訊息：

「**The local variable data may not have been initialized**」
(區域變數可能尚未初始化)

以下所有的範例，都是建立在專案名稱爲「ch08」及套件名稱爲「ch08」的條件下。

範例1

寫一程式，宣告兩個字串變數，並判斷兩個字串變數的內容及其所指向的記憶體位址內的資料是否相同。

```
1  package ch08;
2  
3  import java.util.Scanner;
4  
5  public class Ex1 {
6     public static void main(String[] args) {
7        Scanner keyin = new Scanner(System.in);
8        String str1 = new String();
9        String str2 = new String();
10       System.out.print("輸入字串變數1所指向的記憶體位址內要儲存的資料:");
11       str1 = keyin.nextLine();
12       System.out.print("輸入字串變數2所指向的記憶體位址內要儲存的資料:");
13       str2 = keyin.nextLine();
14       System.out.print("字串變數1的內容");
15       if (str1 == str2)
16          System.out.print(" = ");
17       else
18          System.out.print(" ≠ ");
19       System.out.println("字串變數2的內容");
20 
21       System.out.print("字串變數1所指向的記憶體位址內的資料");
22       if (str1.equals(str2))
23          System.out.print(" = ");
24       else
25          System.out.print("≠ ");
26       System.out.println("字串變數2所指向的記憶體位址內的資料");
27       keyin.close();
28    }
29 }
```

執行結果

```
輸入字串變數1所指向的記憶體位址內要儲存的資料:123
輸入字串變數2所指向的記憶體位址內要儲存的資料:123
字串變數1的內容 ≠ 字串變數2的內容
字串變數1所指向的記憶體位址內的資料 = 字串變數2所指向的記憶體位址內的資料
```

☰程式說明

1. 字串變數「str1」及字串變數「str2」的內容是 Stack 區塊中的記憶體位址，而兩者所指向的 Heap 區塊記憶體位址中的內容是一般資料。
2. 要判斷兩個字串變數的內容是否相同，是使用「==」運算子；而要判斷兩個字串變數所指向的記憶體位址內的資料是否相同，則是使用「equals」方法。(參考「第六章 內建類別」的「表 6-16 String 類別的字串比較方法」)

8-3 一維陣列變數宣告及初始化

以「int[] age = new int[3];」敘述宣告一維陣列變數「age」爲例，說明配置一維陣列變數「age」及其初始值所在的記憶體位址的過程：

1. 首先使用「int[] age」宣告「age」爲一維整數陣列變數。此時編譯器會在 Stack 區塊中，配置 4Bytes 的記憶體位址 (假設系統所配置的記憶體位址爲 0x11005e68~0x11005e6B) 給一維整數陣列變數「age」作爲指向某個陣列實例之用，但因尚未指向任何陣列實例，故記憶體位址 0x11005e68~0x11005e6B 內的預設值爲「null」。

表 8-4　配置 Stack 區內的記憶體位址

變數名稱	Stack區內的記憶體位址	記憶體位址中的內容
…	…	…
age	0x11005e68~0x11005e6B	null
…	…	…

2. 使用「new int[3]」產生有 3 個元素的一維整數陣列實例。此時編譯器會在 Heap 區塊中，配置一塊記憶體位址 (假設系統所配置的起始記憶體位址爲 0x22ff5168) 儲存一維陣列實例，且一維陣列的內容預設爲「0」。

表 8-5　配置 Heap 區內的記憶體位址及內容

變數名稱	Heap區內的記憶體位址	記憶體位址中的內容
	…	…
age[0]	0x22ff5168	0
age[1]	0x22ff516C	0
age[2]	0x22ff5170	0
	…	…

3. 使用「=」指定運算子，將一維整數陣列實例的第一個元素所在的起始記憶體位址「0x22ff5168」指定給一維整數陣列變數「age」。

表 8-6　配置 Stack 區內的記憶體位址及內容

變數名稱	Stack區內的記憶體位址	記憶體位址中的內容
…	…	…
age	0x11005e68~0x11005e6B	0x22ff5168
…	…	…

經過上述過程後，一維整數陣列變數「age」指向記憶體位址爲 0x22ff5168 的陣列實例，因此可以使用陣列「age」的元素 (例：age[0]，age[1]，age[2]，…)，否則會出現下列錯誤訊息：

「**The local variable data may not have been initialized**」
(區域變數可能尚未初始化)

範例2

寫一程式，宣告兩個一維整數陣列變數，並設定第 1 個一維整數陣列變數所指向的記憶體位址中的資料爲 1、3、-1、6 及 4，且將第 1 個一維整數陣列所指向的記憶體位址指定給第 2 個一維整數陣列變數，然後對第 2 個一維整數陣列的資料做排序，輸出第 1 個一維整數陣列的資料。

```
1  package ch08;
2
3  import java.util.Arrays;
4
5  public class Ex2 {
6     public static void main(String[] args) {
7         int i;
8         int[] num1 = new int[] {1,3,-1,6,4};
```

```
9          int[] num2;
10         num2=num1;
11         System.out.print("一維整數陣列排序前的資料:");
12         for (i=0;i<5;i++)
13            System.out.print(num1[i]+" ");
14         System.out.println();
15
16         Arrays.sort(num2);
17
18         System.out.print("一維整數陣列排序後的資料:");
19         for (i=0;i<5;i++)
20            System.out.print(num1[i]+" ");
21         System.out.println();
22     }
23 }
```

執行結果

```
一維整數陣列排序前的資料:1 3 -1 6 4
一維整數陣列排序後的資料:-1 1 3 4 6
```

☰程式說明

1. 第 10 列「num2=num1;」是設定陣列變數「num2」的內容為陣列變數「num1」所指向的記憶體位址，即，「num1」與「num2」都指向同一記憶體位址。
2. 第 16 列「Arrays.sort(num2);」雖然是對陣列變數「num2」所指向的記憶體位址中之內容做排序，但「num1」與「num2」指向同一記憶體位址，因此等於對陣列變數「num1」所指向的記憶體位址中之內容做排序。

8-4 二維陣列變數宣告及初始化

以「int[][] x= new int[2][3];」敘述宣告二維陣列變數「x」為例，說明配置二維陣列變數「x」及其初始值所在的記憶體位址的過程：

1. 首先使用「int[][] x」宣告「x」為二維整數陣列變數。此時編譯器會在 Stack 區塊中，配置 4Bytes 的記憶體位址 (假設系統所配置的記憶體位址為 0x11225e68~0x11225e6B) 給二維整數陣列變數「x」作為指向某個陣列實例之用，但因尚未指向任何陣列實例，故記憶體位址 0x11225e68~0x11225e6B 內的預設值為「null」。

表 8-7　配置 Stack 區內的記憶體位址

變數名稱	Stack區內的記憶體位址	記憶體位址中的內容
…	…	…
x	0x11225e68~0x11225e6B	null
…	…	…

2. 使用「new int[2][3]」產生有 6 個元素的二維整數陣列實例。此時編譯器會先在 Heap 區塊中，配置兩塊記憶體位址 (假設系統所配置的起始記憶體位址分別為 0x33ff5169 及 0x33ff8160) 儲存二維陣列實例，且二維陣列的內容預設為「0」。接著在 Heap 區塊中，再分別配置兩塊各 4Bytes 的記憶體位址 (假設：0x22225e60~0x22225e63 及 0x22225e64~0x11225e67) 給列陣列變數 x[0] 及 x[1] 作為指向某個陣列實例之用，但因尚未指向任何陣列實例，故記憶體位址 0x22225e60~0x22225e63 及 0x22225e64~0x11225e67 內的預設值均為「null」。

表 8-8　配置 Heap 區內的記憶體位址及內容

變數名稱	Heap區內的記憶體位址	記憶體位址中的內容	
…	…	…	
x[0]	0x22225e60	null	
x[1]	0x22225e64	null	
…	…	…	
x[0][0]	0x33ff5169	0	}
x[0][1]	0x33ff516D	0	
x[0][2]	0x33ff5171	0	
. . .	. . .	. . .	
…	…	…	
x[1][0]	0x33ff8160	0	}
x[1][1]	0x33ff8164	0	
x[1][2]	0x33ff8168	0	
. . .	. . .	. . .	
…	…		

3. 使用「=」指定運算子，將陣列的第 0 列第 0 個元素所在的起始記憶體位址「0x33ff5169」及第 1 列第 0 個元素所在的起始記憶體位址「0x33ff8160」分別指定給列陣列變數 x[0] 及 x[1]，最後再將 x[0] 所在的起始記憶體位址「0x22225e60」指定給二維整數陣列變數「x」。

表 8-9　配置 Stack 區內的記憶體位址及內容

變數名稱	Stack區內的記憶體位址	記憶體位址中的內容
…	…	…
x	0x11115e68~0x11115e6B	0x22225e60
…	…	…

表 8-10　配置 Heap 區內的記憶體位址及內容

變數名稱	Heap區內的記憶體位址	記憶體位址中的內容
…	…	…
x[0]	0x22225e60	0x33ff5169
x[1]	0x22225e64	0x33ff8160
…	…	…
x[0][0]	0x33ff5169	0
x[0][1]	0x33ff516D	0
x[0][2]	0x33ff5171	0
. . .	. . .	. . .
	…	…
x[1][0]	0x33ff8160	0
x[1][1]	0x33ff8164	0
x[1][2]	0x33ff8168	0
. . .	. . .	. . .
…	…	…

經過上述過程後，二維整數陣列變數「x」指向記憶體位址為 0x22225e60 的陣列實例，因此可以使用陣列「x」的元素 (例：x[0][0]、x[0][1]、x[0][2]、x[1][0]、x[1][1]、x[1][2]、…)，否則會出現下列錯誤訊息：

「**The local variable data may not have been initialized**」
(區域變數可能尚未初始化)

其他多維陣列變數，類別變數及介面變數的記憶體配置也類似於的上述情形。

☰範例3

寫一程式，將二維整數陣列 {{1,5,3},{8,-1,6},{4,2,1},{8,10,7}} 的每一列資料從小到大排序後，輸出二維整數陣列的資料。

```
1  package ch08;
2
3  import java.util.Arrays;
4
5  public class Ex3 {
6    public static void main(String[] args) {
7      int i,j;
8      int[][] num1 = new int[][] {{1,5,3},{8,-1,6},{4,2,1},{8,10,7}};
9      int[] num2 = new int[4];
10     System.out.print("二維整數陣列排序前的資料:{");
11     for (i=0;i<4;i++)
12      {
13       System.out.print("{");
14       for (j=0;j<3;j++)
15         if (j<2)
16           System.out.print(num1[i][j]+",");
17         else
18           System.out.print(num1[i][j]+"}");
19       if (i<3)
20         System.out.print(",");
21       else
22         System.out.print("}");
23      }
24     for (i=0;i<4;i++)
25      {
26        num2=num1[i];  //將陣列變數num1第i列所指向的記憶體設定給陣列變數num2
27        Arrays.sort(num2);
28      }
29     System.out.print("\n二維整數陣列排序後的資料:{");
30     for (i=0;i<4;i++)
31      {
32       System.out.print("{");
33       for (j=0;j<3;j++)
```

```
34          if (j<2)
35            System.out.print(num1[i][j]+",");
36          else
37            System.out.print(num1[i][j]+"}");
38        if (i<3)
39            System.out.print(",");
40        else
41            System.out.print("}");
42      }
43    }
44 }
```

執行結果

```
二維整數陣列排序前的資料:{{1,5,3},{8,-1,6},{4,2,1},{8,10,7}}
二維整數陣列排序後的資料:{{1,3,5},{-1,6,8},{1,2,4},{7,8,10}}
```

☰程式說明

1. 第 26 列「num2=num1[i];」是設定陣列變數「num2」的內容爲陣列變數「num1[i]」所指向的記憶體位址，即「num1[i]」與「num2」都指向同一記憶體位址。
2. 第 27 列「Arrays.sort(num2);」雖然是對陣列變數「num2」所指向的記憶體位址中之內容做排序，但「num1[i]」與「num2」指向同一記憶體位址，因此等於對陣列變數「num1[i]」所指向的記憶體位址中之內容做排序。

8-5 自我練習

1. 寫一程式，宣告兩個字串變數，分別輸入資料並存入兩個字串變數所指向的記憶體位址中，然後將第一個字串變數所指向的記憶體位址設定給第二個字串變數，最後輸出第一個字串變數所指向的記憶體位址中的資料。(提示：第一個字串變數所指向的記憶體位址中的資料，變成第二個字串變數所指向的記憶體位址中的資料)

2.

```
package ch08;
public class Self2 {
   public static void main(String[] args) {
       int[][] num1 = new int[][] {{1,3},{2,4}};
       int[][] num2=new int[2][2];
       num2[1]=num1[1];
       num2[1][0]=5;
       num2[1][1]=6;
       for (int i=0;i<2;i++){
          for (int j=0;j<2;j++)
             System.out.print(num1[i][j]+" ");
           System.out.println();
        }
    }
}
```

執行結果爲何？

09

例外處理

教學目標

9-1　執行時期錯誤(RunTime Error)

9-2　例外處理之try…catch…finally陳述式

9-3　自行拋出內建例外物件

9-4　自我練習

在「第一章 電腦程式語言介紹」曾提到：程式從撰寫階段到執行階段可能產生的錯誤有語法錯誤、語意錯誤及例外三種。語法錯誤是發生在程式編譯階段，通常是語法不符合程式語言規則所造成，這種類型的錯誤比較容易被發現及修正。例:「a=b/c」敘述，因少了「;」(分號)而違反規定，很容易被發現及修正。語意錯誤是發生在程式執行階段，是指撰寫的程式敘述與問題的意思有出入，使得執行結果不符合需求。例外也是發生在程式執行階段，通常是程式設計者的邏輯不周詳，或輸入資料不符合規定，或執行環境出現狀況所造成的。例外在未發生前，比較難被發現及修正，因此，這種類型的錯誤是難以避免的。例：「a=b/c;」敘述，在程式執行階段，若 c 的值不為 0，則程式運作正常；若 c 的值為 0，則會發生除零錯誤 (divided by zero)，使程式異常中止。

不是程式設計者預期產生的錯誤，都可稱為例外。常見的例外除了「除數等於零」(屬於邏輯不周詳所造成的)外，還有「陣列的索引值超出宣告的範圍」(屬於邏輯不周詳所造成的)，「資料輸入的型態違反規定」(屬於輸入資料不符合規定所造成的)，「因網路不通，導致無法讀取網路遠端的資料庫」(屬於執行環境出現狀況所造成的)等。為了防止例外發生，Java 語言在程式執行階段提供了「例外處理」(Exception Handling) 的機制，使程式在發生例外狀況下順利執行完畢，並事後修正程式的邏輯缺失或檢查環境狀況。

9-1 執行時期錯誤(RunTime Error)

當 Java 程式執行發生錯誤時，就會產生例外，而這些例外都屬於「Throwable」類別或其子類別的實例物件。「Throwable」類別的子類別有以下兩種：

1. 「Error」類別：當 JVM 嚴重錯誤時，會產生此類別的子類別例外物件，並導致程式異常中止。

2. 「Exception」類別：可以利用「例外處理」機制，來防止程式異常中止的例外，都屬於此類別的子類別例外物件。

本章主要介紹「Exception」類別的子類別例外物件，而「Error」類的子類別例外物件，請參考：https://docs.oracle.com/en/java/javase/17/docs/api/java.base/java/lang/Error.html。

Java 語言提供許多例外類別，來處理程式執行期間產生的錯誤，以防止程式異常中止。例外類別有兩種類型：Java 內建的例外類別及自訂例外類別。本章是以介紹 Java 內建的例外類別爲主，而自訂例外類別之撰寫語法，則請參考「第十一章　繼承」之「11-5　自行拋出自訂例外物件」。

內建的Java例外類別，有些定義在預設引入的「java.lang」套件中之「Throwable」例外類別裡，因此不用下達「import java.lang.Throwable」敘述，就能使用。但有些例外處理之相關類別是定義在「java.util」套件中，因此必須下達「import java.util.例外類別名稱;」敘述，才能使用。「Throwable」例外類別之常用子類別及方法，請分別參考「表9-1」及「表9-2」。

表 9-1　Throwable 例外類別之常用子類別

例外類別名稱	發生點
ArithmeticException	處理數學運算式時所產生的例外例：除以 0
ArrayIndexOutOfBoundsException	陣列索引値超出宣告的範圍時，所產生的例外。
StringIndexOutOfBoundsException	字串索引値超出範圍時，所產生的例外。
NumberFormatException	字串資料轉換成數值資料失敗時，所產生的例外。 例：Float.parseFloat("A123"); // 將不是文字型的數字轉成浮點數
InputMismatchException	資料輸入的型態與需求的型態不符時，所產生的例外。 例：int a=keyin.nextInt(); // 要整數卻給浮點數
IllegalFormatConversionException	資料輸出的型態與資料本身型態不符時，所產生的例外。 例：System.out.printf("%f",10); // 整數以浮點數輸出
Exception	凡是可以利用「例外處理」機制處理的例外類型，都屬於此類別。

註：

1. 「InputMismatchException」例外類別是定義在「java.util」套件中，使用前必須下達：「**import java.util.InputMismatchException;**」敘述
2. 「IllegalFormatConversionException」例外類別是定義在「java.util」套件中，使用前必須下達：
「**import java.util.IllegalFormatConversionException;**」敘述

表 9-2　Throwable 例外類別之常用方法

回傳的資料型態	方法名稱	作用
String	**String** getMessage()	傳回發生例外的原因
String	**String** toString()	傳回發生例外的類別名稱或原因
void	**void** printStackTrace()	輸出發生例外的類別名稱、原因及程式列

註：

1. 使用語法如下：

```
//傳回發生例外的原因
例外類別物件變數.getMessage()

//傳回發生例外的類別名稱或原因
例外類別物件變數.toString()

//輸出發生例外的類別名稱、原因及程式列
例外類別物件變數.printStackTrace();
```

2. 例子練習，請參考「範例 1」到「範例 3」。

9-2 例外處理之try…catch…finally陳述式

爲了防止程式產生例外而造成程式異常中止的現象，Java 語言提供「try…catch…finally」陳述式來攔截所產生例外，並建立相對應的例外處理程式敘述，即使程式發生例外時，也能順利執行完畢。「try…catch…finally」陳述式之語法如下：

```
try
 {
  //可能發生例外的程式敘述撰寫區
 }
catch (例外類別名稱1  類別物件變數1)
 {
  //例外類別名稱1發生時，要執行的程式敘述撰寫區
 }
…
catch (例外類別名稱n  類別物件變數n)
 {
  //例外類別名稱n發生時，要執行的程式敘述撰寫區
 }
```

```
catch (Exception 類別物件變數(n+1))
 {
  //Exception例外類別發生時，要執行的程式敘述撰寫區
 }
finally
 {
  //無論任何catch區塊內的例外處理程式敘述是否被執行
  //此區塊內的程式敘述一定會被執行
 }
```

註：

1. 當程式執行「try{}」區塊內的敘述時，若無例外產生，則程式會直接執行最後一個「catch(){}」區塊外的敘述；否則程式會執行該例外所對應的「catch(){}」區塊內之敘述，執行完畢後，跳到最後一個「catch(){}」區塊外的敘述程式。若所有的「catch(){}」區塊都沒有攔截到程式所產生的例外，則會由 JVM 所攔截，並中止程式及顯示錯誤訊息。(參考「圖 9-1」)
2. 「類例外類別名稱 1」到「類例外類別名稱 n」為執行「try{}」區塊內的敘述時，可能發生的例外類別名稱。
3. 至少要包含一個「catch(){}」例外處理程式敘述區塊。若考量各種可能發生的例外，則必須使用多個對應的「catch(){}」來攔截程式所產生的例外。
4. 「catch (Exception 類別物件變數 (n+1)) {}」區塊代表上面的「catch(){}」區塊之外的例外。此區塊可有可無，若有此區塊，則此區塊必須是所有「catch(){}」區塊中的最後一個區塊。因為「Exception」類別是所有例外的父類別，任何例外狀況發生所擲回的類型都屬於「Exception」類別。因此，若將「Exception」類別放在其他「catch(){}」區塊之前，則其後面的「catch(){}」區塊是不會被執行到的，而且編譯時也會出現錯誤。
5. 「finally{}」區塊可有可無。若包含「finally{}」區塊，則無論是否產生例外，此區塊內的敘述一定會被執行。因此，「finally{}」區塊內主要是撰寫收尾工作的程式敘述。例：若擔心已開啟的檔案在處理期間發生例外，此時可將關閉檔案的敘述撰寫在「finally{}」區塊內，就可將關閉檔案，以避免檔案被毀損的危險。
6. 「類別物件變數 1」到「類別物件變數 (n+1)」，可以使用同一個變數名稱 (例：e)。

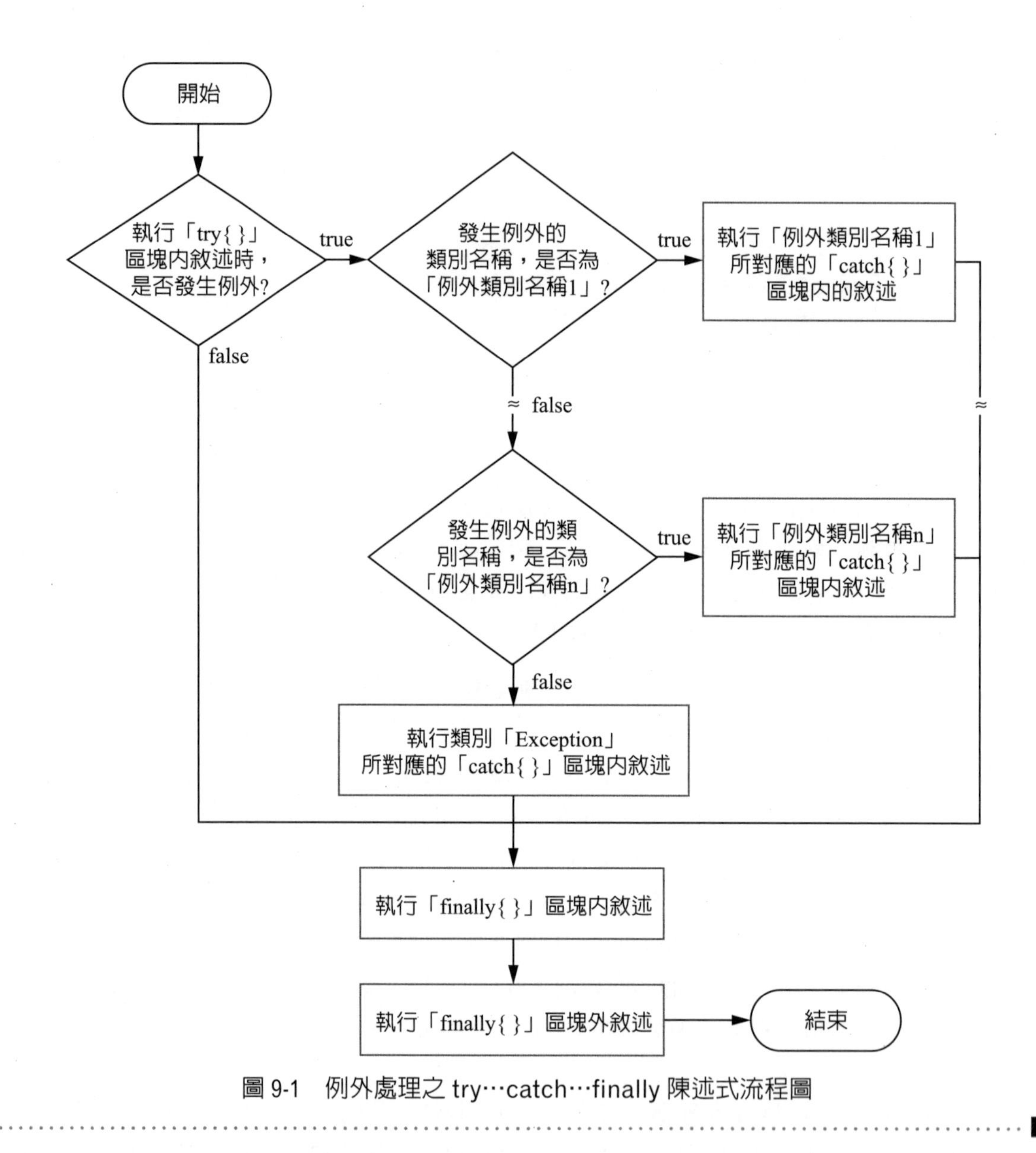

圖 9-1　例外處理之 try…catch…finally 陳述式流程圖

以下所有的範例，都是建立在專案名稱爲「ch09」及套件名稱爲「ch09」的條件下。

☰範例1

Throwable 例外類別之常用子類別練習(一)。

```
1  package ch09;
2
3  import java.util.InputMismatchException;
4  import java.util.Scanner;
5
6  public class Ex1 {
```

```
7     public static void main(String[] args) {
8         Scanner keyin = new Scanner(System.in);
9         System.out.print("輸入整數a及b(以空白隔開):");
10        try
11         {
12           int a = keyin.nextInt();
13           int b = keyin.nextInt();
14           System.out.println(a + "/" + b + "=" + (a / b));
15         }
16        catch (InputMismatchException e)
17         {
18           System.out.println("發生例外的類別名稱或原因:" + e.toString());
19            //若覺得「e.toString ()」的結果,使用者不容易了解,可改用下面敘述
20           //「System.out.println("發生例外的原因:資料輸入的型態與需求的型態不符時");」
21         }
22        catch (ArithmeticException e)
23        {
24           System.out.println("發生例外的原因:" + e.getMessage());
25           //若覺得「e.getMessage()」的結果,使用者不容易了解,可改用下面敘述
26           //「System.out.println("發生例外的原因:除數爲0");」
27        }
28        finally
29        {
30           System.out.println("finally區塊內的敘述有執行到,且程式沒有異常中止.");
31           keyin.close();
32        }
33    }
34 }
```

執行1結果

```
輸入整數a及b(以空白隔開):3 2
3/2=1
finally區塊內的敘述有執行到,且程式沒有異常中止.
```

執行2結果

```
輸入整數a及b(以空白隔開):4.0 2
發生例外的類別名稱或原因:java.util.InputMismatchException
finally區塊內的敘述有執行到,且程式沒有異常中止.
```

執行3結果

```
輸入整數a及b(以空白隔開):2 0
發生例外的原因:/ by zero
finally區塊內的敘述有執行到,且程式沒有異常中止.
```

三程式說明

1. 執行 1 結果沒有發生例外並輸出正確結果，接著執行「finally{}」區塊內的程式碼並輸出「finally 區塊內的敘述有執行到，且程式沒有異常中止」。

2. 執行 2 結果發生例外，是「a 的值爲 4.0」所導致的 (a 被限制爲整數，但卻輸入 4.0)。例外類別名稱爲「InputMismatchException」，例外原因爲「null」(空的，沒有顯示原因)。輸出例外訊息後，接著執行「finally{}」區塊內的程式碼並輸出「finally 區塊內的敘述有執行到，且程式沒有異常中止」。

3. 執行3結果發生例外，是「b的值爲0」所導致的。例外原因爲「/ by zero」(除以 0)。輸出例外訊息後，接著執行「finally{}」區塊內的程式碼並輸出「finally 區塊內的敘述有執行到，且程式沒有異常中止」。

4. 若覺得利用「e.toString()」或「e.getMessage()」輸出例外發生的原因，使用者不容易了解，則可直接將發生例外的原因用中文呈現。例：

   System.out.println(" 發生例外的原因 : 資料輸入的型態與需求的型態不符時 ");
   System.out.println(" 發生例外的原因 : 除數爲 0");

三範例2

Throwable 例外類別之常用子類別練習 (二)。

```
1   package ch09;
2
3   import java.util.Scanner;
4
5   public class Ex2 {
6      public static void main(String[] args) {
7         Scanner keyin = new Scanner(System.in);
8         try
9          {
10           System.out.print("輸入整數陣列變數ary的元素個數(num):");
11           int num = keyin.nextInt();
12           int[] ary=new int[num];
13           System.out.print("輸入整數n(然後輸出陣列變數ary的第n個元素內容):");
14           int n = keyin.nextInt();
15           System.out.println("整數陣列ary的第"+n+"個元素爲"+ary[n-1]);
16
17           System.out.print("\n輸入一段文字存入字串變數str:");
18           String str=keyin.next();
19           System.out.print("輸入整數m(然後輸出字串變數str的第m個字元內容):");
```

```
20          int m = keyin.nextInt();
21          System.out.println("字串變數str的第"+m+"個字元爲"+str.charAt(m-1));
22        }
23       catch (ArrayIndexOutOfBoundsException e)
24        {
25          System.out.println("發生例外的類別名稱或原因:" + e.toString());
26        }
27       catch (StringIndexOutOfBoundsException e)
28        {
29           System.out.println("發生例外的原因:"+e.getMessage());
30        }
31       finally
32        {
33          System.out.println("finally區塊內的敘述有執行到，且程式沒有異常中止.");
34          keyin.close();
35        }
36    }
37 }
```

執行1結果

```
輸入整數陣列變數ary的元素個數(num):5
輸入整數n(然後輸出陣列變數ary的第n個元素內容):2
整數陣列ary的第2個元素爲0

輸入一段文字存入字串變數str:學習程式還可以嗎?
輸入整數m(然後輸出字串變數str的第m個字元內容):3
字串變數str的第3個字元爲程
finally區塊內的敘述有執行到，且程式沒有異常中止.
```

執行2結果

```
輸入整數陣列變數ary的元素個數(num):5
輸入整數n(然後輸出陣列變數ary的第n個元素內容):6
發生例外的類別名稱或原因:java.lang.ArrayIndexOutOfBoundsException: 5
finally區塊內的敘述有執行到，且程式沒有異常中止.
```

執行3結果

```
輸入整數陣列變數ary的元素個數(num):5
輸入整數n(然後輸出陣列變數ary的第n個元素內容):4
整數陣列ary的第4個元素爲0

輸入一段文字存入字串變數str:學習程式還可以嗎?
輸入整數m(然後輸出字串變數str的第m個字元內容):10
發生例外的原因:String index out of range: 9
finally區塊內的敘述有執行到，且程式沒有異常中止.
```

三程式說明

1. 執行 1 結果沒有發生例外並輸出正確結果，接著執行「finally{}」區塊內的程式碼並輸出「finally 區塊內的敘述有執行到，且程式沒有異常中止」。

2. 執行 2 結果發生類型爲「ArrayIndexOutOfBoundsException」的例外狀況，是「第 6 個元素的索引值是 5，超出陣列 ary 的索引值範圍 0~4」所導致的。輸出例外訊息後，接著執行「finally{}」區塊內的程式碼並輸出「finally」區塊內的敘述有執行到，且程式沒有異常中止」。

3. 執行 3 結果發生類型「StringIndexOutOfBoundsException」的例外狀況，是「第 10 個字元的索引值是 9，超出字串 str 的索引值範圍 0~8」所導致的輸出例外訊息後，接著執行「finally{}」區塊內的程式碼並輸出「finally 區塊內的敘述有執行到，且程式沒有異常中止」。

三範例3

Throwable 例外類別之常用子類別練習 (三)。

```
1  package ch09;
2
3  import java.util.IllegalFormatConversionException;
4  import java.util.Scanner;
5
6  public class Ex3 {
7     public static void main(String[] args) {
8        Scanner keyin = new Scanner(System.in);
9        try
10       {
11          System.out.print("輸入一段文字存入字串變數str:");
12          String str=keyin.next();
13          System.out.print("輸入整數n(表示要取出字串變數str的前n個字元的內容):");
14          int n=keyin.nextInt();
15          String substr=str.substring(0, n); //參考「表6-13」中的substring方法
16          System.out.println("字串變數str的前"+n+"個字元的內容轉成整數的結果爲");
17          System.out.println(Integer.parseInt(substr));
18          System.out.print("\n輸入一整數num:");
19          int num=keyin.nextInt();
20          System.out.print("輸入以何種型態輸出"+num+"(1:整數 2:浮點數):");
21          int type=keyin.nextInt();
22          System.out.println("結果num=");
23          if (type==1)
24             System.out.printf("%d",num);
25          else
```

```
26              System.out.printf("%f",num);
27           }
28        catch (NumberFormatException e)
29         {
30           System.out.println("發生例外的類別名稱、原因及程式列:");
31           e.printStackTrace();
32        }
33        catch (IllegalFormatConversionException e) {
34           System.out.println("發生例外的類別名稱、原因及程式列:");
35           e.printStackTrace();
36        }
37        finally
38        {
39           System.out.println("\nfinally區塊內的敘述有執行到，且程式沒有異常中止.");
40           keyin.close();
41        }
42     }
43  }
```

執行結果1

```
輸入一段文字存入字串變數str:5.0%稅率適用於所得淨額0~520,000之間
輸入整數n(表示要取出字串變數str的前n個字元內容):1
字串變數str的前1個字元的內容轉成整數的結果爲5

輸入一整數num:10
輸入以何種型態輸出10(1:整數 2:浮點數):1
num=10

finally區塊內的敘述有執行到，且程式沒有異常中止.
```

執行結果2

```
輸入一段文字存入字串變數str:5.0%稅率適用於所得淨額0~520,000之間
輸入整數n(表示要取出字串變數str的前n個字元的內容):3
字串變數str的前3個字元的內容轉成整數的結果爲
發生例外的類別名稱、原因及程式列:
java.lang.NumberFormatException: For input string: "5.0"
      at java.lang.NumberFormatException.forInputString(Unknown Source)
      at java.lang.Integer.parseInt(Unknown Source)
      at java.lang.Integer.parseInt(Unknown Source)
      at ch09.Ex3.main(Ex3.java:17)

finally區塊內的敘述有執行到，且程式沒有異常中止.
```

執行結果3

```
輸入一段文字存入字串變數str:5.0%稅率適用於所得淨額0~520,000之間
輸入整數n(表示要取出字串變數str的前n個字元的內容):1
字串變數str的前1個字元的內容轉成整數的結果為5

輸入一整數num:10
輸入以何種型態輸出10(1:整數 2:浮點數):2
結果num=
發生例外的類別名稱、原因及程式列:
java.util.IllegalFormatConversionException: f != java.lang.Integer
	at java.util.Formatter$FormatSpecifier.failConversion(Unknown Source)
	at java.util.Formatter$FormatSpecifier.printFloat(Unknown Source)
	at java.util.Formatter$FormatSpecifier.print(Unknown Source)
	at java.util.Formatter.format(Unknown Source)
	at java.io.PrintStream.format(Unknown Source)
	at java.io.PrintStream.printf(Unknown Source)
	at ch09.Ex3.main(Ex3.java:26)

finally區塊內的敘述有執行到,且程式沒有異常中止.
```

☰程式說明

1. 執行 1 結果沒有發生例外並輸出正確結果，接著執行「finally{}」區塊內的程式碼並輸出「finally 區塊內的敘述有執行到，且程式沒有異常中止」。

2. 執行 2 結果發生例外，是字串變數「str」的「前 3 個字元的內容爲 "5.0"」所導致的。例外類別名稱爲「NumberFormatException」，例外原因爲「For input string: "5.0"」(輸入的字串爲 "5.0")，發生例外的程式列爲「at ch09.Ex3.main(Ex3.java:17)」，原因爲浮點數「5.0」不能轉成「Integer」型態。輸出例外訊息後，接著執行「finally{}」區塊內的程式碼並輸出「finally 區塊內的敘述有執行到，且程式沒有異常中止」。

3. 執行 3 結果發生例外，是「輸出型態與資料本身的型態」不同所導致的。例外類別名稱爲「IllegalFormatConversionException」，例外原因爲「f != java.lang.Integer」(浮點數型態「float」不等於整數型態「Integer」)，發生例外的程式列爲「at ch09.Ex3.main(Ex3.java:26)」，原因爲整數型態「Integer」的資料不能以浮點數型態「float」輸出。輸出例外訊息後，接著執行「finally{}」區塊內的程式碼並輸出「finally 區塊內的敘述有執行到，且程式沒有異常中止」。

9-3 自行拋出內建例外物件

程式撰寫時，若已經知道可能發生的例外是屬於何種內建例外類別，則也可以自行拋出 (throw) 內建例外的方式，來處理內建例外發生時自行提供的錯誤訊息。自行拋出內建例外物件的語法如下：

```
throw new 內建例外類別名稱("發生例外的文字說明");
```

註：

1. 它的作用，是先產生一個資料型態名稱為「內建例外類別」的例外物件變數並初始化，然後將它拋出並利用「Throwable」類別的「getMessage()」方法取得傳入的錯誤訊息：「發生例外的文字說明」。
2. 當「throw new …;」執行時，其後的敘述將不會被執行，並由「try…catch…finally…」陳述式中的「catch(…){…}」區塊，來攔截所符合的例外。
3. 「throw new …;」敘述，必須撰寫在選擇結構的敘述中(即，撰寫在某個條件底下)，否則編譯時會出現以下的錯誤訊息：

   「**Unreachable code**」(表示其底下的敘述根本不會被執行)

範例4

自行拋出內建例外物件練習。

```
1   package ch11;
2
3   import java.util.Scanner;
4
5   public class Ex4 {
6      public static void main(String[] args) {
7         Scanner keyin = new Scanner(System.in);
8         System.out.print("輸入整數a及b(以空白隔開):");
9         try
10         {
11           int a = keyin.nextInt();
12           int b = keyin.nextInt();
13           if (b==0)
14              throw new ArithmeticException("b=0，無法計算a/b");
15           System.out.println(a + "/" + b + "=" + (a / b));
16         }
17        catch (ArithmeticException e) {
18           //取得傳入的錯誤訊息,若無傳入的錯誤訊息，則爲預設訊息
19           System.out.println("例外狀況原因:" + e.getMessage());
```

```
20             System.out.println("例外狀況類型: ArithmeticException");
21          }
22          catch (Exception e) {
23             System.out.println("例外狀況原因:" + e.getMessage());
24          }
25          finally {
26             keyin.close();
27          }
28      }
29  }
```

執行結果

```
輸入整數a及b(以空白隔開):10 0
例外狀況原因:b=0，無法計算a/b
例外狀況類型: ArithmeticException
```

☰程式說明

當 b=0 時，會自行拋出內建的「ArithmeticException」例外物件並傳入「b=0，無法計算 a/b」錯誤訊息，再由「catch(ArithmeticException e){}」攔截，並利用「Throwable」類別的「getMessage()」方法取得所傳入的錯誤訊息：「b=0，無法計算 a/b」。

9-4 自我練習

一 . 選擇題

1. 例外處理機制，是在處理哪一個階段所發生的錯誤？
   (A) 程式撰寫階段 (B) 程式編譯階段 (C) 程式執行階段 (D) 以上皆非
2. 所有例外類別， 都是哪一個內建類別的子類別？
   (A) Error (B) Throwable (C) Exception (D) 以上皆非
3. 大部份的例外，都可以被下列哪一個類別捕捉到？
   (A) StringIndexOutOfBoundsException (B) ArrayIndexOutBoundsException
   (C) InputMismatchException (D) Exception
4. 要攔截程式執行時所發生的例外，應使用下列何種結構
   (A) if (B) while (C) try … catch … finally … (D) switch
5. 在 try … catch ... finally ... 陳述式中，至少要包含幾個 catch … 區塊配合？
   (A) 1 (B) 2 (C) 3 (D) 5

6. 在 try … catch ... finally ... 陳述式中，最多可包含幾個 finally ... 區塊配合？

(A) 0　(B) 1　(C) 2　(D) 3

7. 在 try … catch ... finally ... 陳述式中的哪個區塊，是用來監控程式是否拋出例外？

(A) try　(B) catch　(C) finally　(D) check

8. 在 try … catch ... finally ... 陳述式中的哪個區塊，是用來攔截執行時所發生的例外？

(A) try　(B) catch　(C) finally　(D) check

9. 在 try … catch ... finally ... 陳述式中的哪個區塊，無論是否發生例外都會執行？

(A) try　(B) catch　(C) finally　(D) check

10. 在 try … catch ... finally ... 陳述式中，finally ... 區塊的用處是甚麼？

(A)攔截例外　(B) 結束程式　(C) 程式暫停　(D) 釋放資源 (例如：記憶體)

11. 有關 finally ... 區塊的描述，下列何者有誤？

(A) finally ... 區塊可以省略

(B) 發生例外時，finally ... 區塊會被執行

(C) 沒發生例外，finally ... 區塊也會被執行

(D) 不論是否發生例外， finally ... 區塊都不會被執行

12. 當陣列的索引值超出範圍時，會發生下列那一種例外？

(A)StringIndexOutOfBoundsException　(B) ArrayIndexOutBoundsException

(C) InputMismatchException　(D) NumberFormatException

13. 當字串的索引值超出範圍時，會發生下列那一種例外？

(A) StringIndexOutOfBoundsException　(B) ArrayIndexOutBoundsException

(C) InputMismatchException　(D) NumberFormatException

14. 要攔截程式發生「除零錯誤 (divided by zero)」的錯誤，需透過哪個例外類別？

(A) NumberFormatException　(B) InputMismatchException

(C) ArrayIndexOutOfBoundsException　(D) ArithmeticException

二、程式設計

1. 寫一程式，設定使用者密碼，若密碼設定超過 12 個字，則自行拋出內建例外類別 Eception，顯示「超過 12 位不符合規定」。(參考「範例 4」)

10

自訂類別

教學目標

10-1 類別之封裝等級

10-2 Class(類別)

10-3 類別方法的參數傳遞方式

10-4 多載(Overloading)

10-5 遞迴

10-6 類別建構子

10-7 物件

10-8 進階範例

10-9 自我練習

物件導向程式設計 (Object-Oriented Programming, OOP)，是以物件 (Object) 爲主軸的一種程式設計方式。它不是只單純地設計特定功能的方法，而是以設計具有特徵及行爲的物件爲核心，使程式運作更符合眞實事物的行爲模式。

什麼是物件？凡是可以看到的有形體，或聞到、聽到及想到的無形體，都可稱爲物件。例：生物、動物、人、車、氣味、音樂、個性、…等。物件是具有特徵及行爲的實體，其中特徵是以屬性 (Properties) 來表示，而行爲則是以方法 (Methods) 來描述。物件可以藉由它所擁有的方法，改變它所擁有的屬性值，及與不同的物件做溝通。

在之前的章節，經常提到一些 Java 內建的類別 (class) 名稱。例：System、Scanner、Arrays、…等。本章將介紹自訂類別資料型態及建立它的實例：物件，讓讀者了解類別的基本架構，進而對物件導向程式設計有更深一層的認識。

10-1 類別之封裝等級

物件導向程式設計具有以下三大特徵：

1. **封裝性 (Encapsulation)**：將實例的屬性及方法包裝隱藏起來，並透過公開的方法與外界溝通的概念，稱之爲封裝。在生活中，大部份的物件都有外殼，使用者都是透過外殼上的裝置來操控物件的屬性及行爲，無法直接存取物件內部的資料。故外殼就是物件內部元件與外部溝通的界面。根據封裝性的概念，使用者可以自訂界面 (Interface)，供程式隨時呼叫，使撰寫程式更方便。
2. **多型性 (Polymorphism)**：若同一個識別名稱，以不同樣貌來定義性質相同但功能不同的函式，或以同樣貌來定義功能不同的函式，則稱這種概念爲「多型」。以同一個識別名稱但樣貌不同來定義性質相同但功能不同的函式，稱爲「多載」(Overloading)。何謂「樣貌不同」呢？在同一個類別中，定義兩個同名的函式所宣告的參數，若滿足下列兩項條件之一，則稱這兩個同名的函式爲樣貌不同。

   (1) 兩個函式所宣告的參數之個數不相同。

   (2) 兩個函式中，至少有一個對應位置的參數之資料型態不相同。

   以汽車爲例，若汽車的排檔方式爲自動，則稱爲自排汽車；若汽車的排檔方式爲手動，則稱爲手排汽車；若汽車包含水面行駛的裝置，則稱爲水陸兩用汽車。相同識別名稱以同樣貌來定義不同功能的做法，被稱為「改寫」(Overriding)。以飛機為例，若飛機用來載人，則稱為客機；若一模一樣的飛機用來載貨，則稱為貨機 (請參考「第十一章 繼承」)。多型概念使程式撰寫更有彈性。

3. **繼承性 (Inheritance)：**一種可避免重複定義相同屬性及方法之的概念。當後者繼承前者時，除了前者少部分的特殊特性外，其餘大部分的特性都會被後者所繼承，且後者還可以定義自己獨有的特性，甚至還可以重新定義上一代的特性。例：一般螢幕可以呈現各種資訊，而觸控螢幕除具備一般螢幕的特性外，還擁有自己獨特的觸控行為。因此，觸控螢幕繼承一般螢幕的特性，且擁有自己獨特的行為。根據繼承性的概念，設計者可以定義一個界面 A，再以界面 A 為基礎去定義另一個界面 B，使界面 B 不必重新定義就擁有界面 A 的一些特徵，使程式撰寫更有效率 (請參考「第十一章 繼承」)。

類別的封裝層級，由低到高分別為以下四種層級：

1. **private（私有）層級：**若在類別的成員之前有保留字「private」，則表示此成員是隱藏在所屬的類別中且只能在所屬的類別中被存取，外界是無法直接存取該成員。

2. **預設層級：**若在類別的成員之前無「存取修飾子」保留字，則表示此成員只能在同一個套件的類別中被存取。

3. **protected（保護）層級：**若在類別的成員之前有保留字「protected」，則表示此成員是受到保護的，且它能在所屬的類別中，及同套件或不同套件底下所屬類別的子類別中被存取。

4. **public（公開）層級：**若在類別的成員之前有保留字「public」，則表示在任何套件的類別中，皆可存取該成員。

10-2 Class(類別)

在生活中，當有形或無形實例的數量多而雜，都會將它們加以分類，方便日後尋找。例：電腦中的檔案有文字檔、圖形檔、聲音檔、動畫檔、影像檔等不同形式，若將這些數量多而雜的不同形式檔案都放在同一個資料夾時，要尋找某一個檔案是很麻煩的；若將它們依不同形式分別儲存在相對應的資料夾，尋找就很方便。

類別為擁有共同屬性及方法的同類型實例之集合，即，將擁有共同屬性及方法的同類型實例歸在同一類別。換句話說，類別是將同類型實例的特徵及行為封裝(Encapsulate) 在一起的結構體，是一種使用者自訂的資料型態。類別是物件導向程式設計最基本的元件，且是產生同一類實例的一種模型或藍圖。由同一類別產生的實例 (或稱為物件)，都具有相同的特徵及行為，但它們的特徵值未必都一樣。以車子為例，每部車子都有大小、顏色、輪胎等特徵及加速、減速、轉彎等行為，但每部車子的大小、顏色及輪胎都不盡相同。

每一個類別都包含下列二種成員：

1. **Field（屬性）**：用來記錄物件實例的特徵值，「屬性」成員就像資料庫中的欄位一樣，彼此間是有關係的，且它們的資料型態可以不同。
2. **Method（方法）**：是物件實例的行為，其主要目的是存取物件實例中的屬性或呼叫物件實例中的方法。

一類別的實例 (或稱為物件)，從產生到使用的步驟如下：

1. 定義一類別。
2. 宣告此類別的物件變數，並將它初始化為物件實例。
3. 使用此物件變數，存取物件中的屬性或呼叫物件中的方法。

10-2-1 類別定義

Java 是以關鍵字「class」來定義類別。定義類別的一般語法如下：

```
[public] [final] class 類別名稱 [extends 父類別名稱] {
   [存取修飾子] [static] [final] 資料型態 屬性名稱1 [=常數]; // 宣告屬性1


   [
```

```
    [存取修飾子]  [static]  [final]  資料型態  屬性名稱2[=常數]；// 宣告屬性2
  ]
  …
  [
    [public]  類別名稱()  { // 無參數串列的建構子
      // 程式敘述; …
    }
  ]
  [
    [public]  類別名稱([參數串列]) { // 有參數串列的建構子
      // 程式敘述; …
    }
  ]
  …
  [存取修飾子]  [static]  [final]  回傳值的資料型態  方法名稱a(
                        [參數串列])  [throws  例外類別a1,例外類別a2,…] {
      // 程式敘述; …
  }
  [
    [存取修飾子]  [static]  [final]  回傳值的資料型態  方法名稱b(
                        [參數串列])  [throws  例外類別b1,例外類別b2,…] {
      // 程式敘述; …
    }
  ]
  …
}
```

三定義說明

1. 有「[ ]」者，表示選擇性，視需要填入適當的「保留字」、「資料」或「不填」。這些「保留字」或「資料」，有「public」、「final」、「extends 父類別名稱」、「存取修飾子」、「參數串列」、「static」、「=常數」及「throws …」。

2. 若保留字「class」前有保留字「public」，則表示此「類別」可被不同套件中的類別所存取。若保留字「class」前無保留字「public」，則此「類別」為預設層級，表示只能在同一套件的類別中被存取。若保留字「class」前有保留字「final」，則表示此「類別」不可再被其他的「子類別」繼承。

3. 若「類別」名稱後，有保留字「extends」，則此「類別」名稱為繼承的類別，稱之為「子類別」或「衍生類別」，而「extends」後面的「類別」名稱為被繼承的類別，稱之為「父類別」或「基礎類別」。(請參考「第十一章 繼承」)

4. 「存取修飾子」（Access Modifier）用來限定此「類別」的成員之使用範圍。「存取修飾子」包含「無」(預設) 、「public」、「protected」及「private」四種。宣告成不同「存取修飾子」的類別成員，其所能存取的區域，請參考「表 10-1」。

5. 若「類別」的「成員」名稱前面有保留字「static」，則稱此「成員」為「靜態成員」；否則為「非靜態成員」。若「成員」為「方法」，則此 static「方法」內只能存取 static「屬性」成員和呼叫 static「方法」成員。若「類別」中有定義 static「方法」成員，則在此「類別」的子類別中，不可重新定義相同名稱的 static「方法」成員。

6. 若「類別」的「方法」名稱前面有保留字「abstract」，則此「方法」被稱為「抽象方法」，且此「方法」只有定義外觀沒有實作內容。當「類別」中有定義「抽象方法」時，在「class」前必須加上保留字「abstract」，且此「類別」被稱為「抽象類別」。「抽象類別」及「抽象方法」之相關說明，請參考「12-1 抽象類別定義」。

7. 若「屬性」前有「final」，則表示此「屬性」的內容只能讀取不能改變。若「方法」前有「final」，則表示此「方法」不可被改寫。在「子類別」中，重新定義「父類別」的「方法」之概念，稱為方法的「改寫」（Overriding）。

8. 「方法」的「回傳值的資料型態」，表示執行此「方法」後，所傳回的資料之型態。

9. 在方法定義的「( )」內中所宣告的變數，稱之為「參數」。「參數串列」表示呼叫此「方法」時，需要傳入多少個「引數」及它們所對應的資料型態。

10. 「建構子」(Constructor) 之相關說明，請參考「10-6 類別建構子」。

11. 當定義類別的「方法」，有包含「throws …」，則例外發生時會被攔截下來，並執行對應的例外類別處理，可預防程式異常中止。
12. 類別、父類別、屬性、方法及參數等名稱的命名，請參考識別字的命名規則。

表 10-1　各層級類別成員之存取範圍

存取修飾子	所屬類別內	同套件底下所屬類別的子類別內	不同套件底下所屬類別的子類別內	所有套件底下非所屬類別的子類別內
public	可	可	可	可
protected	可	可	可	不可
無	可	可	不可	不可
private	可	不可	不可	不可

10-2-2 屬性宣告

類別的屬性，是用來記錄此類別所產生的物件之特徵值。宣告屬性的語法如下：

```
[存取修飾子] [static] [final] 資料型態 屬性名稱;
```

若「存取修飾子」爲保留字「public」，則表示在任何套件的類別中，皆可存取此屬性。若「存取修飾子」爲保留字「protected」，則此屬性可在所屬的類別及所屬類別的子類別中被存取，無論子類別是否在同一套件中。若無「存取修飾子」，則表示此屬性只能在同一個套件的類別中被存取。若「存取修飾子」爲保留字「private」，則此屬性只能在所屬的類別中被存取。

若有保留字「static」，則此屬性被稱爲「靜態屬性」，在程式被載入時，會配置一塊固定的記憶體空間給它使用，以供日後該類別產生的所有物件共用這個靜態屬性，且直到程式結束它才會消失。因靜態屬性專屬於類別，故又被稱爲「類別變數」，用來記錄同一類別所建立的物件之共同特徵值。在靜態方法的定義內，只能存取所屬類別的靜態屬性或靜態方法。在靜態屬性所屬類別的外面，是以「所屬類別名稱.靜態屬性」的方式，去存取靜態屬性。若無保留字「static」，則此屬性被稱爲「非靜態屬性」。在非靜態屬性所屬類別的外面，想存取非靜態屬性，則須先宣告並產生所屬類別的物件變數，並以「物件變數名稱.非靜態屬性」的方式，去存取非靜態屬性。故非靜態屬性又被稱爲「物件變數」，用來記錄同類別的不同物件各自的特徵值。

若「屬性」名稱前有保留字「final」，則此「屬性」被稱爲「常數屬性」，宣告時必須指定一個常數值，且之後就不能再更改；否則在此「屬性」名稱底下會出現粉紅色鋸齒狀的線條，若將滑鼠移到此線條，則會出現類似以下錯誤訊息：

「**Remove 'final' modifier of 'fff'**」(去除屬性 fff 前的 final)

表示屬性「fff」不能重新指定新值。

宣告一個屬性之後，即可存取此屬性。依照存取指令所在區域及屬性是否爲靜態屬性來區分，存取屬性的語法有下列三種：

1. 在屬性所屬的類別內部，存取屬性的語法

```
屬性名稱
```

2. 在非靜態屬性所屬的類別外部，存取非靜態屬性的語法

```
物件名稱.非靜態屬性名稱
```

3. 在靜態屬性所屬的類別外部，存取靜態屬性的語法

```
類別名稱.靜態屬性名稱
```

例： 定義 Postoffice（郵局）類別，它包含三個存取層級爲 private 的屬性 name、account 和 savings，且它們的資料型態分別爲 string、string 和 int。

解：
```
class Postoffice
{
    private string name;      // 客户姓名
    private string account;   // 客户帳號
    private int savings;      // 客户的存款餘額
}
```

10-2-3 方法定義

重複特定的事物，在日常生活中是很常見的。例：每天設定鬧鐘時間，以提醒起床；每天打掃房子，以維持清潔等。在程式設計上，可以將這些特定功能寫成方法(Method)，以方便隨時呼叫。在程式中呼叫特定方法時，系統會執行該方法所定義的程式碼。使用者並不需要知道或了解該方法是如何定義的，只要知道該方法的名稱及傳回的資料型態、並輸入正確的參數資料，就能利用該方法完成您想要做的事情。

在「第六章 內建類別」中，已介紹過許多內建類別的方法。但內建類別的方法，不一定符合需求。因此，使用者可自行定義具有類別的方法，來縮短程式碼並供隨時呼叫，且能提升程式的結構化程度和除錯效率。何時需要自行定義類別的方法呢？若問題具有以下特徵，則可自行定義類別的方法。

1. 在程式中，重複出現某一段完全一樣指令或指令一樣但資料不同時。
2. 在類別外，欲存取類別中的私有成員時。

類別方法的主要用途是存取類別所產生的物件之屬性及方法。定義方法的語法如下：

```
[存取修飾子][static][final] 回傳值的資料型態 方法名稱([參數串列])
            [throws 例外類別1,例外類別2,…]
{
  // 程式敘述; …
}
```

若「存取修飾子」為保留字「public」，則表示在任何套件的類別中，皆可呼叫此方法。若「存取修飾子」為保留字「protected」，則此方法可在所屬的類別及所屬類別的子類別中被呼叫，無論子類別是否在同一套件中。若無「存取修飾子」，則表示此方法只能在同一個套件的類別中被呼叫。若「存取修飾子」為保留字「private」，則此方法只能在所屬的類別中被呼叫。

若有保留字「static」，則此方法被稱為「靜態方法」。在靜態方法的定義內，只能存取所屬類別的靜態屬性或靜態方法。在靜態方法所屬類別的外面，是以「所屬類別名稱.靜態方法」的方式，來呼叫靜態方法。若無保留字「static」，則此方法被稱為「非靜態方法」。在非靜態方法的定義內，所屬類別內的任何屬性及方法都可被存取。在非靜態方法所屬類別的外面，想呼叫非靜態方法，則須先宣告所屬類別的物件變數並產生實例後，並以「物件變數名稱.非靜態方法」的方式，來呼叫非靜態方法。

若「方法」名稱前有保留字「final」，則表示此「方法」不可在「所屬類別」的「子類別」中被改寫 (Overriding)；否則在此「方法」名稱底下會出現粉紅色鋸齒狀的線條，若將滑鼠移到此線條，則會出現類似以下錯誤訊息：

「Remove 'final' modifier of 'mmm'」

(去除方法 mmm 前的 final)，表示方法「mmm( )」不能再被改寫。

「回傳值的資料型態」可以是「void」、基本資料型態(「byte」、「char」、「short」、「int」、「long」、「float」、「double」及「boolean」)或參考資料型態(「String」、「陣列」及「類別」等)。若「回傳值的資料型態」為「void」，則表示呼叫此方法後，不會傳回任何資料；若「回傳值的資料型態」為「int」，則表示呼叫此方法後，會傳回「整數」資料；…以此類推。若「回傳值的資料型態」不是「void」，則在程式碼區段「{ }」內，必須包含「return 運算式;」敘述，其中「運算式」可以是常數或變數或方法的組合，且「運算式」的資料型態必須為「回傳值的資料型態」；否則編譯會出現類似下列錯誤訊息：

「**This method must return a result of type xxx**」
(此方法必須回傳 xxx 型態的資料，xxx 代表某種資料型態)。

「參數串列」表示呼叫此「方法」時，需要傳入多少個「引數」及它們所對應的資料型態。例：若「參數串列」為「int a, char b」，則呼叫此「方法」時，需要傳入一個整數資料及一個字元資料。若無「參數串列」，則呼叫此「方法」時，無須傳入任何資料。

若「方法」有包含「throws …」，則例外發生時，會用「throws」敘述拋出所產生的例外物件，並回到呼叫此「方法」的程式中，執行對應的例外類別處理。若找不到對應的例外類別處理，就會中止程式執行，並出現錯誤訊息。若定義類別的方法沒有包含「throws …」，則例外發生時，就會中止程式執行，並出現錯誤訊息。

方法被定義後，就可被呼叫。依照呼叫指令所在區域及方法是否為靜態方法來區分，呼叫方法的語法有下列三種：

1. 在方法所屬的類別內部，呼叫方法的語法

```
方法名稱([引數串列])
```

2. 在非靜態方法所屬的類別外部，呼叫非靜態方法的語法

```
物件名稱.非靜態方法名稱([引數串列])
```

3. 在靜態方法所屬的類別外部，呼叫靜態方法的語法

```
類別名稱.靜態方法名稱([引數串列])
```

註：

(1) 「[引數串列]」，表示選擇性。「引數串列」，表示呼叫此「方法」時，實際傳入的資料串列。實際傳入的資料可以是變數或常數。

(2) 定義方法時，若有宣告參數，則呼叫此方法時也必須給予引數資料，否則無需給予任何引數資料。

呼叫方法時，程式運作的流程，請參考「圖 10-1」。

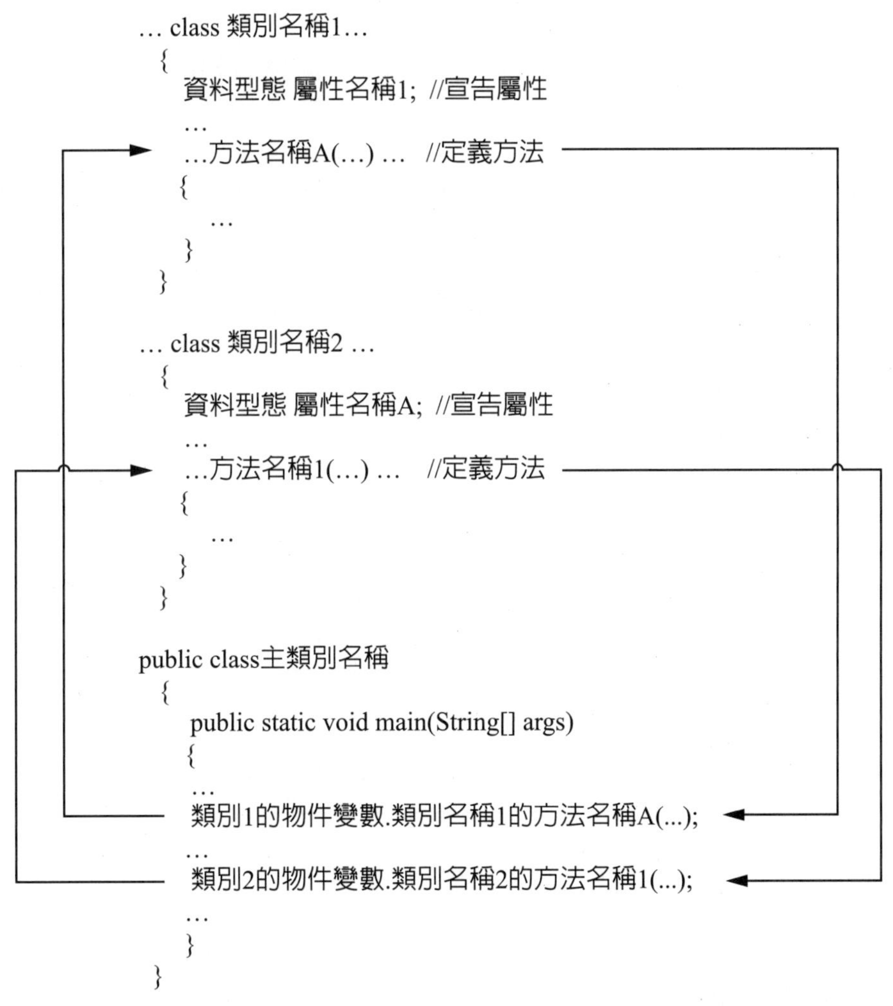

圖 10-1　呼叫方法所引發的程式控制權移轉示意圖

10-2-4 屬性、參數及區域變數的存取範圍

在程式中使用的資料，都會儲存在記憶體位址中。設計者是透過變數名稱來存取記憶體中的對應資料，而這個變數名稱就相當於記憶體的某個位址之代名詞。

Java 的變數，有下列三種類型：

1. **區域變數 (Local Variable)：**宣告在方法中的一種變數。區域變數只能在它所屬的方法中被存取。
2. **參數 (Parameter)：**參數是呼叫方法時做爲傳遞資料的一種變數。參數變數只能在它所屬的方法中被存取。
3. **屬性 (Field)：**宣告在類別中的一種變數。屬性變數的存取範圍，根據屬性名稱前的「存取修飾詞」不同而有所差異，請參考「表 10-1 」。

屬性變數的存取範圍，是大於區域變數及參數變數。屬性、參數及區域變數的存取範圍，請參「圖 10-2 」。

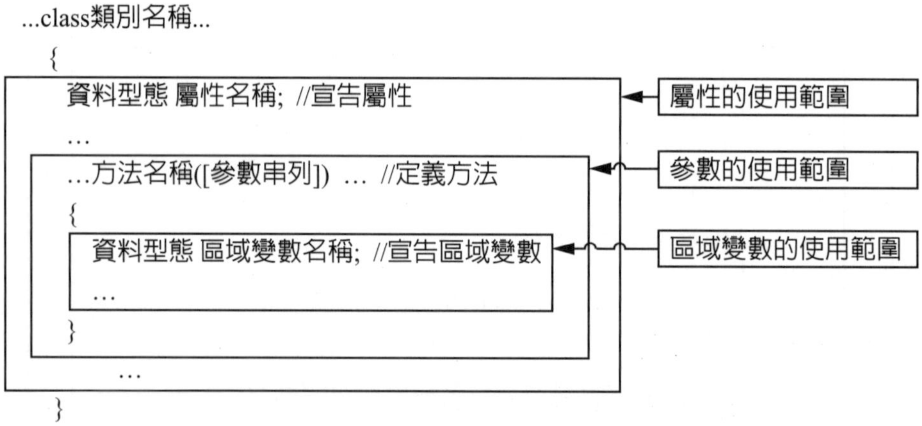

```
...class類別名稱...
{
  資料型態 屬性名稱; //宣告屬性                      ◄── 屬性的使用範圍
  ...
  ...方法名稱([參數串列]) ... //定義方法              ◄── 參數的使用範圍
  {
    資料型態 區域變數名稱; //宣告區域變數             ◄── 區域變數的使用範圍
    ...
  }
      ...
}
```

圖 10-2　屬性、參數及區域變數的存取範圍示意圖

屬性的資料型態，若是「數值」且沒有設定初始值，則預設爲「0」；若是「char」且沒有設定初始值，則預設爲「空字元」；若是「String」且沒有設定初始值，則預設爲「null」；若是「boolean」且沒有設定初始值，則預設爲「false」；若是「類別」且沒有設定初始值，則預設爲「null」。區域變數若沒有設定初始值，則不會有預設值且是不能被存取的。

以下所有的範例，都是建立在專案名稱為「ch10」及套件名稱為「ch10」的條件下。

☰範例1

寫一程式，在主類別內，定義一無回傳值的「sum()」靜態方法計算：
(1) 1 + 2 + 3 + ... +10 (2) 1 + 3 + 5 + ... +99 (3) 4 + 7 + 10 + ... +97。

```
1  package ch10;
2
3  public class Ex1 {
4     static void sum(int start,int end,int difference){
5        int total=0;
6
7        // 計算首項為start，末項為end，且公差為difference的等差數列和
8        for (int i=start;i<=end;i+=difference)
9           total+=i;
10
11       System.out.println(start+"+"+(start+difference)+"+...+"+end+"="+total);
12    }
13
14    public static void main(String[] args) {
15       sum(1,10,1);
16       sum(1,99,2);
17       sum(4,97,3);
18    }
19 }
```

執行結果

```
1+2+...+10=55
1+3+...+99=2500
4+7+...+97=1616
```

☰程式說明

1. 在「Ex1」類別內，呼叫「Ex1」類別中無回傳值的「sum()」靜態方法時，是直接以「sum()」方式表示即可(如第15、16、及17列)，不用透過物件名稱或類別名稱。
2. 第4列「static void sum(int start,int end,int difference)」為無回傳值的「sum()」靜態方法，因此，在「sum()」靜態方法內部不能有「return」敘述。

☰範例2

寫一程式，在主類別內，定義一有回傳值的「sum()」靜態方法，計算：
(1) 1 + 2 + 3 + ... +10 (2) 1 + 3 + 5 + ... +99 (3) 4 + 7 + 10 + ... +97。

```
1  package ch10;
2
3  public class Ex2 {
4     static int sum(int start,int end,int difference){
5        int total=0;
6
7        // 計算首項爲start，末項爲end，且公差爲difference的等差數列和
8        for (int i=start;i<=end;i+=difference)
9           total+=i;
10
11       return total;
12    }
13
14    public static void main(String[] args) {
15       System.out.println("1+2+...+10="+sum(1,10,1));
16       System.out.println("1+3+...+99="+sum(1,99,2));
17       System.out.println("4+7+...+97="+sum(4,97,3));
18    }
19 }
```

執行結果

```
1+2+...+10=55
1+3+...+99=2500
4+7+...+97=1616
```

☰程式說明

1. 在「Ex2」類別內，呼叫「Ex2」類別中有回傳值的「sum()」靜態方法時，是直接以「sum()」表示即可（如第 15、16、及 17 列），不用透過物件名稱或類別名稱。
2. 第 4 列「static int sum(int start,int end,int difference)」爲回傳整數值的「sum()」靜態方法，因此，在「sum()」靜態方法內部必須有「return 整數運算式或常數;」敘述。
3. 由「範例 1」及「範例 2」可以看出，一個方法是否有回傳值的撰寫差異。呼叫方法後，若得到的結果有要做後續處理時，則此方法必須以有回傳值的方式來撰寫；否則以無回傳值的方式來撰寫最適宜。

10-3　類別方法的參數傳遞方式

在方法定義中的參數串列，是外界傳遞資訊給方法的管道。一個方法的參數越多，表示它的功能越強，能解決問題的類型就越多。傳遞資料給參數串列的方式有下列兩種：

1. **傳值 (pass by value)**：將傳入的引數內容拷貝給參數，無論參數的內容在方法中是否有改變，都不會變更引數的內容。這種現象，是引數與參數所佔用記憶體位址不同所造成的。這種傳遞參數的方式，被稱爲「傳值呼叫」。

2. **傳參考值 (pass by value of reference)**：將傳入的引數所指向的記憶體位址指定給參數，若參數所指向的記憶體位址內的資料，在方法中有改變，則引數所指向的記憶體位址內的資料也隨之改變。這種現象，是引數與參數指向相同的記憶體位址所造成的。這種傳遞參數的方式，被稱爲「傳參考值呼叫」。

10-3-1　傳「值」呼叫

若方法定義中所宣告的參數爲 byte、char、short、int、long、float、double、boolean 或 String 的一般變數，則表示此方法是以「傳值呼叫」的方式來傳遞參數。以「傳值呼叫」的方式來傳遞參數，可以防止傳入的引數內容被變更。

「傳值呼叫」的方法之定義語法如下：

```
… 方法名稱(…, 資料型態 參數名稱, …) …
{
  // 程式敘述; …
}
```

註：
資料型態可以是 byte、char、short、int、long、float、double、boolean 或 String。

而呼叫「傳值呼叫」的方法之語法如下：

```
方法名稱(…, 引數名稱, …)
```

範例3

寫一程式，定義一個有回傳值的方法，並以傳值呼叫的方式來傳遞參數。輸入攝氏溫度，輸出華氏溫度。

```
1  package ch10;
2
3  import java.util.Scanner;
4
5  public class Ex3 {
6     // 定義Ex3類別的transform方法:將攝氏溫度轉成華氏溫度
7     public static double transform(double c) {
8        c = c * 9 / 5 + 32; // 攝氏溫度轉成華氏溫度
9        return c;
10    }
11
12    public static void main(String[] args) {
13       Scanner keyin = new Scanner(System.in);
14       System.out.print("請輸入攝氏溫度:");
15       double c = keyin.nextDouble();
16       System.out.print("攝氏溫度" + c + "℃=華氏溫度" + transform(c) + "°F");
17       keyin.close();
18    }
19 }
```

執行結果

```
請輸入攝氏溫度:0.0
攝氏溫度0.0℃=華氏溫度32.0°F
```

程式說明

1. 由於第 7 列「public static void transform(double c)」敘述中的參數「c」的資料型態為基本資料型態:double，因此「transform()」方法是以「傳值呼叫」的方式來傳遞參數。

2. 第 16 列「System.out.print(" 攝氏溫度 "+c+"℃ = 華氏溫度 "+transform(c)+" °F ");」敘述中的引數「c」與第 7 列「public static void transform(double c)」敘述中的參數「c」，雖然名稱都是「c」，但它們數所佔用記憶體位址不同，因此不論參數「c」在「transform()」方法中如何改變，都無法影響引數「c」的內容。

10-3-2 傳「參考值」呼叫

若方法定義中所宣告的參數爲陣列或物件變數，則表示此方法是以「參考呼叫」的方式來傳遞參數。傳遞大量的資料給方法時，以「參考呼叫」傳遞參數是一種較適當且方便的方式。

1. 若方法的參數爲「一維陣列」變數，則
「參考呼叫」的方法之定義語法如下：

```
… 方法名稱(…, 參數型態[] 參數名稱, …) …
  {
    // 程式敘述; …
  }
```

註：
參數型態可以是 byte、char、short、int、long、float、double、boolean、String 或類別名稱。

而呼叫「參考呼叫」的方法之語法如下：

```
方法名稱(一維陣列名稱1,…)
```

2. 若方法的參數爲「二維陣列」變數，則
「參考呼叫」的方法之定義語法如下：

```
… 方法名稱(…, 參數型態[][] 參數名稱, …) …
  {
    // 程式敘述; …
  }
```

註：
參數型態可以是 byte、char、short、int、long、float、double、boolean、String 或類別名稱。

而呼叫「參考呼叫」的方法之語法如下：

```
方法名稱(…, 二維陣列名稱, …)
```

3. 若方法的參數為「三維陣列」變數，則
「參考呼叫」的方法之定義語法如下：

```
… 方法名稱(…, 參數型態[][][] 參數名稱, …) …
  {
    // 程式敘述; …
  }
```

註：

參數型態可以是 byte、char、short、int、long、float、double、boolean、String 或類別名稱。

而呼叫「參考呼叫」的方法之語法如下：

```
方法名稱(…, 三維陣列名稱, …)
```

4. 若方法的參數為「類別」變數，則
「參考呼叫」的方法之定義語法如下：

```
… 方法名稱(…, 類別型態 參數名稱, …)…
  {
    // 程式敘述; …
  }
```

而呼叫「參考呼叫」的方法之語法如下：

```
方法名稱(…, 類別物件名稱, …)
```

範例4

寫一程式，定義一個無回傳值的方法，它的參數為一維整數陣列名稱。輸入 5 個整數，輸出最大者。

```
1  package ch10;
2
3  import java.util.Arrays;
4  import java.util.Scanner;
5
6  public class Ex4 {
7     // 定義Ex4類別的SortArray方法:將陣列排序
8     public static void SortArray(int[] xdigit) {
```

```
9          Arrays.sort(xdigit);
10      }
11
12      public static void main(String[] args) {
13         Scanner keyin = new Scanner(System.in);
14         int[] digit = new int[5];
15         System.out.println("請輸入5個整數:");
16         for (int i = 0; i < 5; i++)
17            digit[i] = keyin.nextInt();
18         for (int i = 0; i < 5; i++)
19            if (i <= 3)
20               System.out.print(digit[i] + ",");
21            else
22               System.out.print(digit[i]);
23         sortArray(digit);
24         System.out.println("的最大值爲" + digit[4]);
25         keyin.close();
26      }
27   }
```

執行結果

```
請輸入5個整數:
1
5
6
2
4
1,5,6,2,4的最大值爲6
```

☰程式說明

1. 由於第 8 列「public static void sortArray(int[] xdigit)」敘述中的參數「xdigit」的資料型態爲 int[]（一維整數陣列資料型態），所以 xdigit 代表一維整數陣列名稱。因此方法「sortArray(…)」是以「參考呼叫」的方式來傳遞參數。
2. 第 23 列「sortArray(digit);」敘述中的引數「digit」與第 8 列「public static void sortArray(int[] xdigit)」敘述中的參數「xdigit」，雖然名稱不相同，但引數「digit」與參數「xdigit」都指向同它的記憶體位址，因此「xdigit」所指向的記憶體位址內的資料，在方法「sortArray(…)」中已被變更，因此「digit」所指向的記憶體位址內的資料也變了。
3. 輸入的 5 個資料爲 1、5、6、2、4，在呼叫第 23 列「sortArray(digit);」敘述後，原來儲存 1、5、6、2、4 的記憶體位置的內容變成 1、2、4、5、6，因此 digit[4] = 6。

≡範例5

寫一程式，定義一個無回傳值的方法，它的參數爲二維整數陣列名稱。輸入一 3x3 整數矩陣 A，輸出 A 的轉置矩陣。

(提示：A= $\begin{bmatrix} a & b & c \\ d & e & f \\ g & h & i \end{bmatrix}$ 的轉置矩陣 AT= $\begin{bmatrix} a & d & g \\ b & e & h \\ c & f & i \end{bmatrix}$)

```
1  package ch10;
2
3  import java.util.Scanner;
4
5  public class Ex5 {
6     // 定義Ex5類別的transpose方法:求一矩陣的轉置矩陣
7     public static void transpose(int[][] xmatrix) {
8        int temp; //作爲二維整數陣列xmatrix的元素交換之用
9        for (int i = 0; i < xmatrix.length; i++)
10          for (int j = 0; j < i; j++){
11             temp = xmatrix[i][j];
12             xmatrix[i][j]=xmatrix[j][i];
13             xmatrix[j][i] = temp;
14          }
15       }
16
17       public static void main(String[] args) {
18          Scanner keyin = new Scanner(System.in);
19          int[][] matrix = new int[3][3];
20          System.out.println("輸入一3x3的整數矩陣A:");
21          for (int i = 0; i < 3; i++)
22             for (int j = 0; j < 3; j++) {
23                System.out.printf("A[%d][%d]=", i, j);
24                matrix[i][j] = keyin.nextInt();
25             }
26          System.out.println("3x3整數矩陣A:");
27          for (int i = 0; i < 3; i++) {
28             for (int j = 0; j < 3; j++)
29                System.out.print(matrix[i][j] + " ");
30             System.out.println();
31          }
32
33          transpose(matrix);
34
35          System.out.println("轉置後的3x3整數矩陣A:");
36          for (int i = 0; i < 3; i++) {
```

```
37              for (int j = 0; j < 3; j++)
38                 System.out.print(matrix[i][j] + " ");
39              System.out.println();
40           }
41           keyin.close();
42        }
43     }
```

執行結果

```
輸入一3x3的整數矩陣A:
A[0][0]=1
A[0][1]=2
A[0][2]=3
A[1][0]=4
A[1][1]=5
A[1][2]=6
A[2][0]=7
A[2][1]=8
A[2][2]=9
3x3整數矩陣A:
1 2 3
4 5 6
7 8 9
轉置後的3x3整數矩陣A:
1 4 7
2 5 8
3 6 9
```

三程式說明

1. 由於第 7 列「public static void transpose(int[][] xmatrix)」敘述中的參數「xmatrix」的資料型態爲 int[][]（二維整數陣列資料型態），所以 xmatrix 代表二維整數陣列名稱。因此「transpose()」方法是以「參考呼叫」的方式來傳遞參數。

2. 「int[][] temp = new int[xmatrix.length][xmatrix[0].length];」，第 8 列敘述的目的是宣告一暫存的二維陣列 temp，將 xmatrix 轉置後的資料儲存於此。其中的 xmatrix.length 及 xmatrix[0].length，分別代表二維陣列 xmatrix 的列數及第 1 列的行數。由於 xmatrix 是一 3x3 的二維陣列，每一列都有 3 行，故 xmatrix[0].length=xmatrix[1].length=xmatrix[2].length。（請參考「7-3-4 不規則二維陣列初始化」）

3. 第 34 列「transpose(matrix);」敘述中的引數「matrix」與第 7 列「public static void transpose(int[][] xmatrix)」敘述中的參數「xmatrix」，雖然名稱不相同，但引數「matrix」與參數「xmatrix」都指向同一個記憶體位址，因此「xmatrix」所指向的記憶體位址內的資料，在「transpose()」方法中已被變更，因此「matrix」所指向的記憶體位址內的資料也變了。

10-4 多載(Overloading)

功能不同的方法，一般會以不同的方法名稱來定義。當問題類型不同卻要處理相同的功能時，若仍定義不同的方法名稱來解決不同類型的問題，則一旦問題的類型變多，就會造成方法命名的困擾。例：計算三角形的面積、長方形的面積、正方形的面積等問題。這三個問題是不同的類型，但問題的目的都是計算面積，若使用一般的設計觀念，則必須分別定義計算三角形面積、計算長方形面積及計算正方形面積三個不同的方法名稱。

如何建立性質相同但功能不同的同名方法呢？物件導向程式設計的「多型」（Polymorphism）概念，提供使用者以名稱相同但樣貌不同的方式，來定義性質相同但功能不同的方法。這種機制，被稱爲「多載 (Overloading)」。何謂「樣貌不同」呢？在同一個類別中，定義兩個名稱相同的方法時，若所宣告的參數滿足下列兩項條件之一，則稱這兩個同名方法爲樣貌不同。

1. 兩個方法所宣告的參數之個數不相同。
2. 至少有一個對應的參數之資料型態不相同。

例： 以下片段程式中，在「Ex6」類別內，定義兩個「Area()」方法，其中一個「Area()」方法宣告 2 個參數，另一個「Area()」方法只宣告 1 個參數。因此，這兩個「Area()」方法的定義方式，符合「多載」機制。

```
class Ex6
{
  // 長方形面積
  static void Area(float length, int width)
  {
   System.out.print("長為" + length + "寬為" + width + "的長方形面積=");
```

```
    System.out.println(length * width);
  }

  // 正方形面積
  static void Area(int length)
  {
    System.out.print("邊長為" + length + "的正方形面積=");
    System.out.println(length * length);
  }
}
```

在同一個類別中，定義兩個名稱相同的方法時，若所宣告的參數同時違反上述的兩項條件（即，兩個方法所宣告的參數個數相同，且對應的每一個參數之資料型態都相同），則編譯時會出現類似

The Duplicate method 方法名稱 () in type 類別名稱

的錯誤訊息。原因是「方法名稱」重複被定義。

例： 以下片段程式中，在「Ex6」類別內，定義兩個「Area()」方法。因這兩個「Area()」方法都宣告一個參數，代表兩個方法的參數個數相同，且對應的每一個參數之型態都是 int。故這兩個「Area()」方法的定義方式，違反「多載」機制，且編譯時會出現

The Duplicate method Area() in type Ex6

的錯誤訊息。

```
class Ex6
{
  // 圓面積
  static void Area(int radius)
  {
    System.out.print("半徑為" + radius + "的圓面積=");
    System.out.println(3.14* radius * radius);
  }
```

```
// 正方形面積
static void Area(int length)
{
  System.out.print("邊長為" + length + "的正方形面積=");
  System.out.println(length * length);
}
}
```

當以「多載」機制撰寫程式時，系統要如何知道呼叫同名方法中的哪一個呢？每一種名稱相同的事物，都存在某些差異點。例，同名的兩個人，存在性別的不同，年齡的差異等，認識他(她)們的人，一看到他(她)們就知道誰是誰。同樣地，系統是根據呼叫方法時所傳入的引數及引數的資料型態，來決定呼叫同名方法中的哪一個。

範例6

寫一程式，以多載的機制定義一無回傳值的方法，計算底爲 5 高爲 6 的三角形面積，長爲 6 寬爲 5 的長方形面積及邊長爲 6 的正方形面積。

```
1   package ch10;
2
3   public class Ex6 {
4      static void area(int bottom, float height) {
5         System.out.print("底爲" + bottom + "高爲" + height + "的三角形面積=");
6         System.out.println(bottom * height / 2);
7      }
8
9      static void area(float length, int width) {
10        System.out.print("長爲" + length + "寬爲" + width + "的長方形面積=");
11        System.out.println(length * width);
12     }
13
14     static void area(int length) {
15        System.out.print("邊長爲" + length + "的正方形面積=");
16        System.out.println(length * length);
17     }
18
19     public static void main(String[] args) {
20        area(5, 6.0f);
21        area(6.0f, 5);
```

```
22          area(6);
23      }
24  }
```

執行結果

```
底爲5高爲6.0的三角形面積=15.0
長爲6.0寬爲5的長方形面積=30.0
邊長爲6的正方形面積=36
```

☰程式說明

1. 由於第 4 列「static void area(int bottom, float height)」，第 9 列「static void area(float length, int width)」及第 14 列「static void area(int length)」敘述，所定義中的方法名稱都是「area」。第一個「area()」方法的參數個數雖然與第二個「area()」方法的參數個數都是有兩個，但第一個「area()」方法的第一個參數的資料型態爲 int 與第二個「area()」方法的第一個參數的資料型態爲 float 不同。因此，第一個「area()」方法與第二個「area()」方法，分別代表不同的方法。第三個「area()」方法的參數個數只有一個，與第一個及第二個「area()」方法的參數個數不同。因此，這三個「area()」方法，代表三個不同的方法。

2. 第 20 列「area(5, 6.0f);」敘述中，第一個引數「5」的資料型態爲 int，第二個引數「6.0f」的資料型態爲 float。因此，「area(5, 6.0f);」敘述，是呼叫第 4 列的「area()」方法。第 21 列「area(6.0f, 5);」敘述中，第一個引數「6.0f」的資料型態爲 float，第二個引數「5」的資料型態爲 int。因此，「area(6.0f, 5);」敘述，是呼叫第 9 列的「area()」方法。第 22 列「area(6);」敘述中，第一個引數「6」的資料型態爲 int。因此，「area(6);」敘述，是呼叫第 14 列的「area()」方法。

3. 第 20 及 21 列中「0.6f」，表示 0.6 爲單精度浮點數。(請參考「2-2 常數與變數宣告」)

10-5 遞迴

當一個方法不斷地直接呼叫方法本身(即，在方法的定義中出現此方法的名稱)或間接呼叫方法本身，這種現象被稱爲遞迴，而此方法被稱爲遞迴方法。遞迴的概念是將原始問題分解成同樣模式且較簡化的子問題，直到每一個子問題不用再分解就能得到結果，才停止分解。最後一個子問題的結果或這些子問題組合後的結果，就是原始問題的結果。由於遞迴會不斷地呼叫方法本身，爲了防止程式無窮盡的遞迴下去，因此必須設定一個條件，來終止遞迴現象。

什麼樣的問題，可以使用遞迴概念來撰寫呢？當問題中具備前後關係的現象(即，後者的結果是利用之前的結果所得來的)，或問題能切割成性質相同的較小問題，就可以使用遞迴方式來撰寫。使用遞迴方式撰寫程式時，每呼叫遞迴方法一次，問題的複雜度就降低一點或範圍就縮小一些。至於較簡易的遞迴問題，可以直接使用一般的迴圈結構來完成。

當方法進行遞迴呼叫時，在「呼叫的方法」中所使用的變數，會被堆放在記憶體堆疊區，直到「被呼叫的方法」結束，在「呼叫的方法」中所使用的變數就會從堆疊中依照後進先出方式被取回，接著執行「呼叫的方法」中待執行的敘述。這個過程，好比將盤子擺放櫃子中，後放的盤子，最先被取出來使用。

≡範例7

寫一程式，運用遞迴觀念，定義一個有回傳值的遞迴函式。輸入一正整數n，輸出1＋2＋3＋...＋n之值。

```
1   package ch10;
2
3   import java.util.Scanner;
4
5   public class Ex7 {
6      static int sum(int n) {
7         if (n == 1)
8            return 1;
9         else
10           return n + sum(n - 1);
11     }
12
13     public static void main(String[] args) {
14        Scanner keyin = new Scanner(System.in);
15        System.out.print("請輸入一正整數:");
16        int n = keyin.nextInt();
```

```
17          System.out.println("1+2+...+" + n + "=" + sum(n));
18          keyin.close();
19      }
20  }
```

執行結果

```
請輸入一正整數:4
1+2+...+4=10
```

三程式說明

1. 計算 1 + 2 + 3 + ... + n，可以利用 1 + 2 + 3 + ... + (n-1) 的結果，再加上 n。由於問題隱含前後關係的現象（即：後者的結果是利用之前的結果所得來的），故可運用遞迴觀念來撰寫。
2. 以 1 + 2 + 3 + 4 為例。呼叫 sum(4) 時，為了得出結果，需計算 sum(3) 的值。而為了得出 sum(3) 的結果，需計算 sum(2) 的值。以此類推，不斷地遞迴下去，直到 n = 1 時才停止。接著將最後的結果傳回所呼叫的遞迴方法中，直到返回第一層的遞迴方法中為止。
3. 實際運作過程如「圖 10-3」所示（往下的箭頭代表呼叫遞迴方法，往上的箭頭代表將所得到的結果回傳到上一層的遞迴方法）：

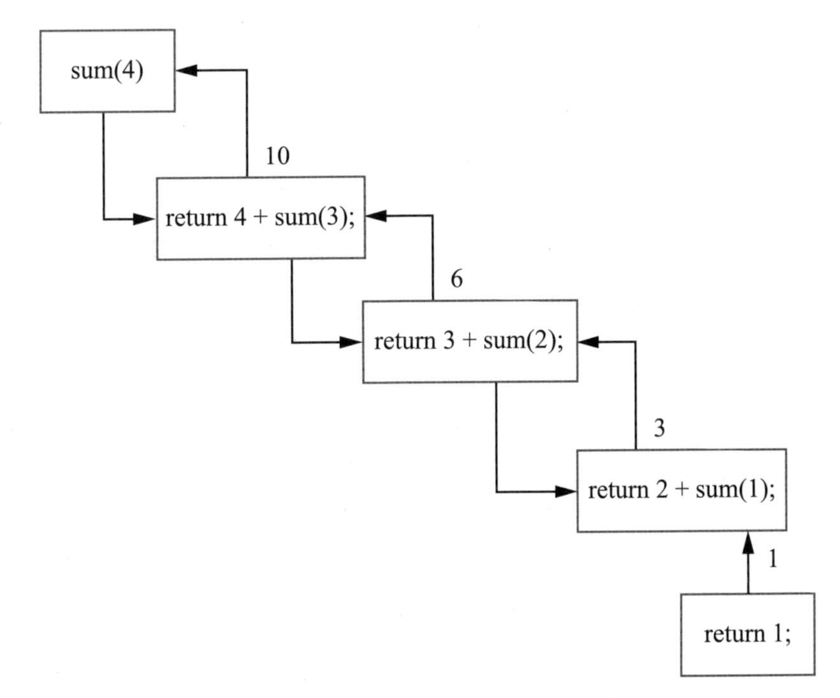

圖 10-3　遞迴求解 1+2+3+4 之示意圖

範例8

寫一程式，運用遞迴觀念，定義一個無回傳值的遞迴函式，求兩個正整數的最大公因數。

```
1  package ch10;
2
3  import java.util.Scanner;
4
5  public class Ex8 {
6     static void gcd(int m, int n) {
7        if (m % n == 0)
8           System.out.printf("%d", n);
9        else
10          gcd(n, m % n);
11    }
12
13    public static void main(String[] args) {
14       Scanner keyin = new Scanner(System.in);
15       System.out.print("請輸入兩個正整數(以空白隔開):");
16       int m = keyin.nextInt();
17       int n = keyin.nextInt();
18       System.out.printf("Gcd(%d,%d)=", m, n);
19       gcd(m, n);
20       keyin.close();
21    }
22 }
```

執行結果

```
請輸入兩個正整數(以空白隔開): 84  38
Gcd(84,38)=2
```

程式說明

1. 利用輾轉相除法求 gcd(m,n) 與 gcd(n,m%n) 的結果是一樣。因此可運用遞迴觀念來撰寫，將問題切割成較小問題來解決。
2. 以 gcd(84,38) 爲例。呼叫 gcd(84,38) 時，爲了得出結果，需計算 gcd(38,84%38) 的值。而爲了得出 gcd(38,8) 的結果，需計算 gcd(8, 38%8) 的值。以此類推，直到 m % n == 0 時，印出 2，並結束遞迴呼叫 gcd 方法。
3. 實際運作過程如「圖 10-4」所示（往下的箭頭代表呼叫遞迴方法，而最後的數字代表結果）：

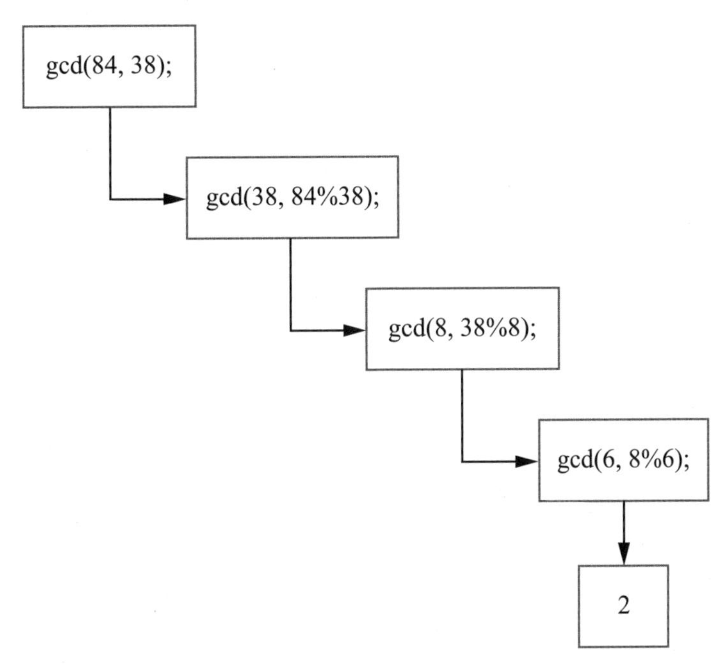

圖 10-4　遞迴求解 84 與 38 的最大公因數之示意圖

三範例9

河內塔遊戲 (Tower of Hanoi)

設有 3 根木釘，編號分別為 1、2 及 3。木釘 1 有 n 個不同半徑的中空圓盤，由大而小疊放在一起，如「圖 10-5」所示。

寫一程式，運用遞迴觀念，定義一個無回傳值的遞迴函式。輸入一整數 n，將木釘 1 的 n 個圓盤搬到木釘 3 的過程輸出。搬運的規則如下：

1. 一次只能搬動一個圓盤。
2. 任何一根木釘都可放圓盤。
3. 半徑小的圓盤要放在半徑大的圓盤上面。

```
1   package ch10;
2
3   import java.util.Scanner;
4
5   public class Ex9 {
6      static int numOfMoving = 0; // 記錄第幾次搬運
7      public static void main(String[] args) {
8         Scanner keyin = new Scanner(System.in);
9         System.out.print("請輸入河內塔遊戲(Tower of Hanoi)的圓盤個數:");
10        int n = keyin.nextInt();
11        hanoi(n, 1, 3, 2); // 將n個圓盤從木釘1經由木釘2搬到木釘3上
12        keyin.close();
13     }
```

```
14
15    // 將numOfCiricle個圓盤，從來源木釘經由過渡木釘搬到目的木釘上
16    static void hanoi(int numOfCircle, int source, int target, int temp) {
17       if (numOfCircle <= 1) {
18          System.out.printf("第%3d次:圓盤%3d", ++numOfMoving, numOfCircle);
19          System.out.printf("從木釘%3d搬到木釘%3d\n", source, target);
20       } else {
21          // 將(numOfCircle-1)個圓盤，從來源木釘經由目的木釘搬到過渡木釘上
22          hanoi(numOfCircle - 1, source, temp, target);
23
24          System.out.printf("第%3d次:圓盤%3d", ++numOfMoving, numOfCircle);
25          System.out.printf("從木釘%3d搬到木釘%3d\n", source, target);
26
27          // 將(numOfCircle-1)個圓盤，從過渡木釘經由來源木釘搬到目的木釘上
28          hanoi(numOfCircle - 1, temp, target, source);
29       }
30    }
31 }
```

執行結果

```
請輸入河內塔遊戲(Tower of Hanoi)的圓盤個數:3
第  1次:圓盤  1從木釘  1搬到木釘  3
第  2次:圓盤  2從木釘  1搬到木釘  2
第  3次:圓盤  1從木釘  3搬到木釘  2
第  4次:圓盤  3從木釘  1搬到木釘  3
第  5次:圓盤  1從木釘  2搬到木釘  1
第  6次:圓盤  2從木釘  2搬到木釘  3
第  7次:圓盤  1從木釘  1搬到木釘  3
```

三程式說明

1. 河內塔遊戲源自古印度。據說在一座位於宇宙中心的神廟中放置了一塊木板，上面釘了三根木釘，其中的一根木釘放置了 64 片圓盤形金屬片，由下往上依大至小排列。天神指示僧侶們將 64 片的金屬片移至三根木釘中的其中一根上，一次只能搬運一片金屬片，搬運過程中必須遵守較大金屬片總是在較小金屬片下面的規則，當全部金屬片移動至另一根木釘上時，萬物都將至極樂世界。

2. 將木釘 1 上的「n」個圓盤搬到木釘 3 的過程，與將木釘 1 上的「n-1」個圓盤搬到木釘 3 的過程是一樣的。因此，可運用遞迴觀念來撰寫，將問題切割成較小問題來解決。

3. 將「numOfCircle」個圓盤從來源木釘搬到目的木釘的程序如下：

(1) 先將「numOfCircle-1」個圓盤，從來源木釘經由目的木釘搬到過渡木釘上。
hanoi(numOfCircle - 1, source, temp, target);

(2) 將第「numOfCircle」個圓盤從來源木釘搬到目的木釘。
System.out.printf(" 第 %3d 次 : 圓環 %3d", ++numOfMoving, numOfCircle;
System.out.printf(" 從木釘 %3d 搬到木釘 %3d\n", source, target);

(3) 再將「numOfCircle-1」個圓盤，從過渡木釘經由來源木釘搬到目的木釘上。
hanoi(numOfCircle - 1, temp, target, source);

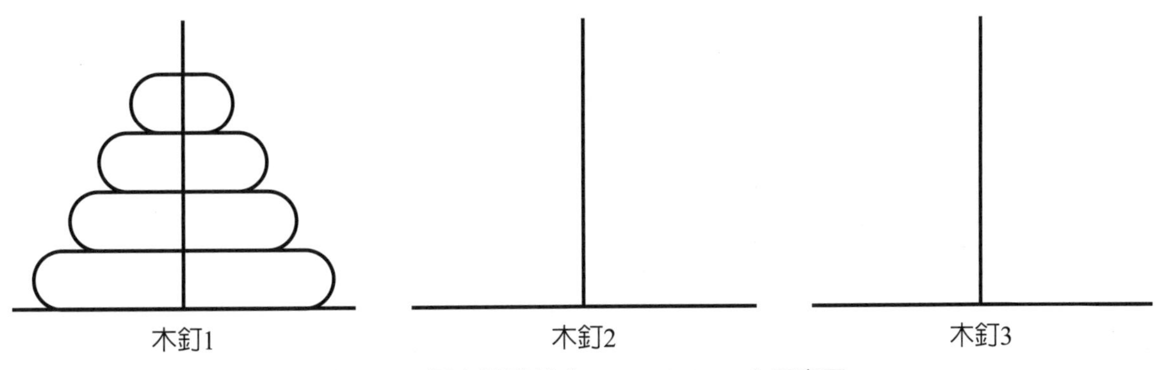

圖 10-5　河內塔遊戲 (Tower of Hanoi) 示意圖

☰範例10

寫一程式，將迷宮圖 (如右) 存入 15*30 的二維陣列，入口處在位置 (13,0) 且出口處在位置 (1,29)，並定義一個遞迴函式，輸出走出迷宮的路線。
註：白色爲通路，黑色爲牆壁。

```
1   package ch10;
2
3   public class Ex10 {
4      public static void main(String[] args) {
5         // 迷宮布置圖 :  0代表爲通路 , 1代表爲牆壁
6         int[][] maze = new int[][]
7          {
8            //第0列
9            {1, 1, 1, 1, 1, 1, 1, 1, 1, 1, 1, 1, 1, 1, 1,
10            1, 1, 1, 1, 1, 1, 1, 1, 1, 1, 1, 1, 1, 1, 1},
```

```
11          //第1列
12          {1, 0, 0, 1, 0, 0, 0, 0, 0, 1, 0, 0, 0, 0, 1,
13           0, 0, 0, 0, 1, 0, 0, 0, 1, 0, 0, 0, 0, 0 },
14          //第2列
15          {1, 0, 0, 1, 0, 1, 0, 0, 0, 0, 0, 1, 0, 0, 0,
16           0, 0, 0, 0, 0, 0, 1, 0, 0, 0, 0, 0, 0, 1},
17          //第3列
18          {1, 0, 1, 1, 1, 0, 1, 1, 1, 1, 0, 1, 1, 1, 1,
19           1, 1, 1, 1, 0, 1, 1, 1, 0, 1, 1, 0 , 1, 1, 1},
20          //第4列
21          {1, 0, 0, 1, 0, 0, 0, 0, 0, 0, 0, 0, 0, 0, 0,
22           0, 0, 0, 1, 0, 0, 0, 0, 0, 0, 0, 0, 0, 1, 1},
23          //第5列
24          {1, 0, 0, 1, 0, 1, 1, 1, 1, 1, 1, 1, 1, 1, 1,
25           0, 1, 0, 1, 1, 0, 1, 1, 1, 1, 1, 1, 1, 0, 1},
26          //第6列
27          {1, 0, 0, 0, 0, 0, 0, 0, 0, 0, 0, 0, 1, 0, 0,
28           0, 0, 0, 0, 0, 0, 0, 0, 0, 0, 0, 0, 1, 0, 1},
29          //第7列
30          {1, 0, 0, 1, 1, 1, 1, 1, 1, 1, 1, 0, 1, 1, 1,
31           1, 1, 1, 1, 1, 1, 1, 1, 0, 1, 1, 1, 1, 0, 1},
32          //第8列
33          {1, 0, 0, 1, 0, 0, 0, 0, 0, 0, 0, 0, 0, 0, 0,
34           0, 0, 1, 0, 0, 0, 0, 0, 0, 0, 0, 0, 0, 0, 1},
35          //第9列
36          {1, 0, 0, 0, 0, 0, 1, 0, 0, 0, 1, 0, 1, 1, 1,
37           1, 1, 1, 0, 1, 1, 1, 1, 1, 1, 1, 1, 1, 0, 1},
38          //第10列
39          {1, 0, 0, 1, 0, 1, 1, 1, 1, 1, 0, 1, 0, 0, 0,
40           0, 0, 1, 0, 0, 0, 0, 0, 0, 0, 0, 0, 0, 0, 1},
41          //第11列
42          {1, 1, 1, 1, 0, 1, 0, 1, 0, 0, 0, 0, 0, 1, 0,
43           1, 1, 0, 1, 0, 1, 0, 1, 1, 1, 0, 1, 0, 0, 1},
44          //第12列
45          {1, 0, 0, 0, 0, 1, 0, 0, 0, 1, 0, 1, 0, 0, 0,
46           0, 0, 0, 0, 0, 1, 0, 0, 0, 0, 0, 1, 0, 1, 1},
47          //第13列
48          {0, 0, 0, 0, 0, 0, 1, 0, 0, 0, 1, 0, 1, 1, 1,
49           1, 0, 1, 0, 1, 1, 1, 0, 1, 1, 1, 1, 1, 0, 1},
50          //第14列
51          {1, 1, 1, 1, 1, 1, 1, 1, 1, 1, 1, 1, 1, 1, 1,
52           1, 1, 1, 1, 1, 1, 1, 1, 1, 1, 1, 1, 1, 1, 1}
53        } ;
54
55      walkpath(maze, 13, 0) ;   // 搜尋迷宮的路徑
56      mazemap(maze, 15, 30) ; // 輸出迷宮布置圖及走出迷宮的路徑
57    }
```

```
58
59 // mazemap函式:輸出迷宮布置圖
60 static void mazemap(int[][] maze, int row, int col)
61  {
62     int i, j ;
63     for (i = 0 ; i < row ; ++i)
64      {
65       for (j = 0 ; j < col ; ++j)
66        {
67         if (maze[i][j] == 0)          // 0:代表位置(i,j)爲通路
68             System.out.print(" ") ;
69         else if (maze[i][j] == 1)     // 1:代表位置(i,j)爲牆壁
70              System.out.print("█") ;
71         else if (maze[i][j] == 2)     // 2:代表位置(i,j)已走過
72              System.out.print("*") ;
73        }
74       System.out.println() ;
75      }
76     System.out.println() ;
77    }
78
79 // 遞迴函式walkpath：搜尋迷宮的路徑
80 static boolean walkpath(int [][] maze, int row, int col)
81  {
82      //  目前位置(row, col)是牆壁或已走過
83      if (maze[row][col] == 1 || maze[row][col] == 2)
84        return false ;
85
86     // 目前位置(row, col)爲通路，將其設定爲2，表示已走過
87      else
88      {
89       maze[row][col] = 2 ;
90       if (row == 1 && col == 29)  //  到達終點
91          return true ;
92
93       // 目前位置(row, col)往東方向搜尋迷宮的路徑
94        else if (maze[row][col+1] != 2 && walkpath(maze, row, col+1))
95          return true ;
96
97        // 目前位置(row, col)往北方向搜尋迷宮的路徑
98        else if (maze[row-1][col] != 2 && walkpath(maze, row-1, col))
99          return true ;
100
101       // 目前位置(row, col)往西方向搜尋迷宮的路徑
102       else if (maze[row][col-1] != 2 && walkpath(maze, row, col-1))
103         return true ;
104
```

```
105         // 目前位置(row, col)往南方向搜尋迷宮的路徑
106         else if (maze[row+1][col] != 2 && walkpath(maze, row+1, col))
107           return true ;
108
109         else  //  目前位置(row, col)已無通路前進,必須回到上一次的位置
110           return false ;
111       }
112     }
113 }
```

執行結果

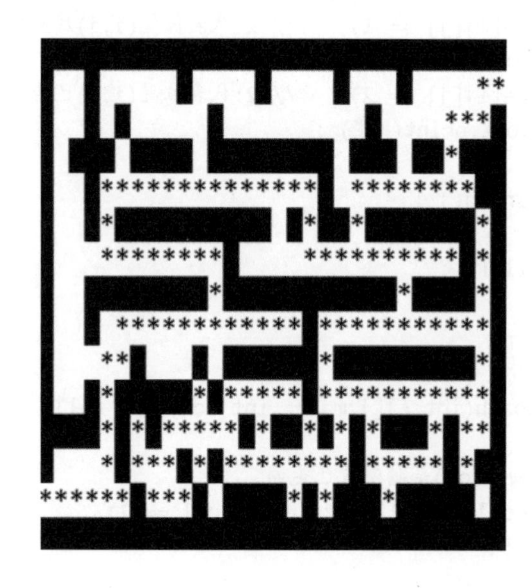

☰程式說明

1. 程式第93~107列，代表在位置(row, col)時的搜尋方向順序，依序為東、北、西、南。即，走到位置(row, col)時，下一步先往東走，若不行，則往北走。若往北走也不行，則往西走。若往西走還是不行，則往南走。
   (1) 程式第94列中的「maze[row][col+1] != 2」，代表位置(row, col)上一次不是從位置(row, col+1)來時，才需考慮是否要往位置(row, col+1)走。
   (2) 程式第98列中的「maze[row-1][col] != 2」，代表位置(row, col)上一次不是從位置(row-1, col)來時，才需考慮是否要往位置(row-1, col)走。
   (3) 程式第102列中的「maze[row][col-1] != 2」，代表位置(row, col)上一次不是從位置(row, col-1)來時，才需考慮是否要往位置(row, col-1)走。
   (4) 程式第106列中的「maze[row+1][col] != 2」，代表位置(row, col)上一次不是從位置(row+1, col)來時，才需考慮是否要往位置(row+1, col)走。

2. 「*」，爲走出迷宮的路線。

3. 本題的解法，只適用至少有一條由左下走到右上出口路徑的迷宮。至於沒有通路的迷宮解法，請參考範例檔案中的程式「Ex10_2.java」。

10-6　類別建構子

當類別的方法名稱與類別的名稱相同時，此方法稱爲類別的「建構子」(Constructor)。當使用保留字「 new 」建立類別的物件實例時，系統會自動呼叫建構子，對物件實例的屬性初始化。建構子的定義語法如下：

```
[存取修飾子] 類別名稱([參數串列])
{
  // 程式敘述; …
}
```

☰定義說明

1. 「存取修飾子」可以是保留字「public」、「protected」或無。

2. 「[參數串列]」，表示選擇性。即，定義建構子時，可以宣告「參數串列」，也可以不宣告。

3. 若類別內沒有定義任何的建構子，編譯器會自動爲此類別建立一無參數的預設建構子，且此預設建構子內無任何程式敘述。定義無參數預設建構子的語法如下：

```
[存取修飾子] 類別名稱()
{
  // 無任何程式敘述
}
```

4. 除了無參數的建構子外，也可以定義有參數的建構子，使此類別所產生的物件之初始化更符合需求。即，建構子也可以多載。

5. 若類別內沒有定義無參數的建構子，但有定義有參數的建構子，則程式執行時，編譯器不會自動爲此類別建立一無參數的預設建構子。因此，在這種情況下，不能以預設建構子來初始化此類別所產生的物件，否則編譯時會出現類似以下錯誤訊息：

「**The constructor ccc() is undefined**」
（建構子 ccc() 沒有被定義）

10-7 物件

類別是同一類實例的模型或藍圖，而物件是類別的實例。若只有定義類別沒有產生物件實例，則形同「只有建築物藍圖，而無實體的建築物」。這樣有如「空有夢想」一般，毫無意義。

10-7-1 物件變數宣告並實例化

物件變數必須經過宣告，並產生實例後才有作用。宣告物件變數並實例化的語法如下：

```
類別名稱 物件變數名稱 = new 類別名稱([引數串列]);
```

≡宣告說明

1. 「物件變數名稱」的命名，請參考識別字的命名規則。
2. 「類別名稱 ()」爲「類別名稱」的建構子。若類別內沒有定義無參數的建構子，則程式執行時，編譯器自動爲該類別建立一無參數的建構子，且此預設建構子內無任何程式敘述。
3. 「new 類別名稱 ([參數串列])」的作用是產生一個物件實例，並呼叫建構子初始化此物件實例的屬性值。
4. 「[引數串列]」，表示「引數串列」爲選擇性，視「類別名稱」的建構子在定義時，是否有宣告「參數串列」而定。
5. 物件從使用 new 運算子建立，到物件不再使用的期間，稱爲「物件壽命」(Object Lifetime)。Java 語言提供垃圾收集 (Garbage Collection) 功能，將不再使用的物件自動回收，設計者只需考量類別建構子的部分。

例： 宣告 NonStaticCalculate 類別的物件 cal，並產生一物件實例。(參考「範例 12」)

解： NonStaticCalculate cal=new NonStaticCalculate();

宣告物件 cal 之後，接著就可利用物件 cal 存取它本身的屬性，或呼叫它本身的方法。

從定義類別，宣告並初始化物件變數，到利用物件變數存取物件的屬性，或呼叫物件的方法之過程，就是所謂的物件運作模式。

☰範例11

寫一程式，在主類別外，定義 Calculate 類別，並在其中定義一無回傳值的 sum 靜態方法，計算：

(1) 1 + 2 + 3 + ... +10 (2) 1 + 3 + 5 + ... +99 (3) 4 + 7 + 10 + ... +97。

```
1  package ch10;
2
3  class Calculate {
4     public static void sum(int start,int end,int difference){
5       int total=0;
6
7       // 計算首項爲start，末項爲end，且公差爲difference的等差數列和
8       for (int i=start;i<=end;i+=difference)
9          total+=i;
10
11      System.out.println(start+"+"+(start+difference)+"+...+"+end+"="+total);
12    }
13 }
14
15 public class Ex11 {
16   public static void main(String[] args) {
17      Calculate.sum(1,10,1);
18      Calculate.sum(1,99,2);
19      Calculate.sum(4,97,3);
20    }
21 }
```

執行結果

```
1+2+...+10=55
1+3+...+99=2500
4+7+...+97=1616
```

☰程式說明

1. 在「Ex11」類別內，呼叫「Calculate」類別中無回傳值的「sum()」靜態方法時(如第17、18及19列)，必須以「Calculate.sum()」方式表示。
2. 因第4列「public static void sum(int start,int end,int difference)」所定義的「sum()」方法的回傳值型態爲「void」，故在「sum()」方法內部不能有「return」敘述。

☰範例12

寫一程式，在主類別外，定義 NonStaticCalculate 類別，並在其中定義一無回傳值的公開非靜態方法 sum，計算：

(1) 1 + 2 + 3 + ... +10 (2) 1 + 3 + 5 + ... +99 (3) 4 + 7 + 10 + ... +97。

```
1  package ch10;
2
3  class NonStaticCalculate {
4     public void sum(int start, int end, int difference) {
5        int total = 0;
6
7        // 計算首項爲start，末項爲end，且公差爲difference的等差數列和
8        for (int i = start; i <= end; i += difference)
9           total += i;
10
11       System.out.println(start + "+" + (start + difference) + "+...+" + end + "=" + total);
12    }
13 }
14
15 public class Ex12 {
16    public static void main(String[] args) {
17       NonStaticCalculate cal=new NonStaticCalculate();
18       cal.sum(1, 10, 1);
19       cal.sum(1, 99, 2);
20       cal.sum(4, 97, 3);
21    }
22 }
```

執行結果

```
1+2+...+10=55
1+3+...+99=2500
4+7+...+97=1616
```

三程式說明

1. 在「Ex12」類別內的第 18、19 及 20 列中，呼叫另一類別「NonStaticCalculate」中無回傳值的公開非靜態方法「sum()」時，必須以「物件名稱 .sum()」方式表示。

2. 因第 4 列「public void sum(int start,int end,int difference)」所定義的「sum()」方法的回傳值型態爲「void」，故在「sum()」方法內部不能有「return」敘述。

三範例13

寫一程式，定義一規則多邊形 Shape 類別，它包含一個 float 型態的私有 (private) 靜態 (static) 屬性 area，三個公開 (public) 不回傳值的 computeArea 多載方法，分別用來求解三角形，長方形及正方形的面積，和一個公開 (public) 靜態 (static) 不回傳值的 showArea 方法，用來輸出圖形面積。程式執行時，輸入圖形代號 (1: 三角形 2: 長方形 3: 正方形)，並輸出此圖形面積。

```
1   package ch10;
2
3   import java.util.Scanner;
4
5   class Shape { // 定義Shape類別
6      private static float area;
7
8      // 求三角形面積
9      public void computeArea(int bottom, float height) {
10        System.out.print("底爲" + bottom + "高爲" + height + "的三角形面積=");
11        area = bottom * height / 2;
12     }
13
14     // 求長方形面積
15     public void computeArea(float length, int width) {
16        System.out.print("長爲" + length + "寬爲" + width + "的長方形面積=");
17        area = length * width;
18     }
19
20     // 求正方形面積
21     public void computeArea(int length) {
22        System.out.print("邊長爲" + length + "的正方形面積=");
23        area = length * length;
24     }
25
26     // 輸出圖形面積
27     public static void showArea() {
```

```
28         System.out.println(area);
29      }
30  }
31
32  public class Ex13 {
33      public static void main String[] args {
34         Scanner keyin = new Scanner(System.in);
35         System.out.println("求解規則多邊形的面積");
36         System.out.print("請輸入多邊形代號(1:三角形 2:長方形 3:正方形):");
37         int num = keyin.nextInt();
38         Shape s = new Shape();
39         switch (num) {
40           case 1:
41              System.out.print("請輸入三角形的底及高(以空白隔開):");
42              int bottom = keyin.nextInt();
43              float height = keyin.nextFloat();
44              s.computeArea(bottom, height);
45              break;
46           case 2:
47              System.out.print("請輸入長方形的長及寬(以空白隔開):");
48              float length = keyin.nextFloat();
49              int width = keyin.nextInt();
50              s.computeArea(length, width);
51              break;
52           case 3:
53              System.out.print("請輸入正方形的邊長:");
54              int side = keyin.nextInt();
55              s.computeArea(side);
56              break;
57         }
58         Shape.showArea();
59         keyin.close();
60      }
61  }
```

執行結果

```
求解規則多邊形的面積
請輸入多邊形代號(1:三角形 2:長方形 3:正方形):3
請輸入正方形的邊長:20
邊長爲20的正方形面積=400.0
```

三程式說明

1. 在「Ex13」類別內，要呼叫「Shape」類別中的非靜態方法「computeArea()」，必須以「Shape 的物件變數 .computeArea()」方式來呼叫。因此，在第 38 列用「Shape s = new Shape();」敘述建立「Shape」類別的物件變數「s」後，才能以「s.computeArea()」來呼叫非靜態方法「computeArea()」。

2. 第 6 列「private static float area;」敘述，宣告「area」爲私有屬性，無法在「Shape」類別定義的外面存取它，只能透過「Shape」類別的公開的方法「computeArea()」或「showArea()」。另外「showArea()」爲靜態方法，若要呼叫「showArea()」來輸出「area」，則是以「Shape.showArea()」表示。

10-7-2　this保留字

保留字「this」，代表呼叫非靜態方法的物件名稱，即，「this」是物件名稱的代名詞。「this」只能用在類別的非靜態方法中，其目的是存取非靜態屬性。由於靜態屬性屬於類別，而不屬於物件，因此無法使用「this」存取靜態屬性。

若在類別的非靜態方法中所宣告的參數名稱與物件的屬性名稱相同時，那要如何判斷在此非靜態方法中所使用的變數，是物件的屬性，還是非靜態方法的參數呢？若變數前有「this.」，則其爲物件的屬性，否則爲非靜態方法的參數。
「this」還可用來呼叫同類別中的其他建構子，語法如下：

```
this([引數串列]);
```

註：

1. 「[引數串列]」，表示「引數串列」為選擇性。若被呼叫的建構子或方法有宣告「參數串列」，則需有「引數串列」；否則無需有「引數串列」。「引數串列」的型態，必須與其對應的「參數串列」的型態相同。「引數串列」可以是變數或常數。

2. 「this([引數串列]);」必須寫在建構子定義中的第一列。

☰範例14

寫一程式，定義一郵局客户基本資料 Postoffice 類別，它包含三個私有的 (private) 屬性 name、account 和 savings，它們的資料型態分別爲 String、String 和 int；一個公開 (public) 的 Postoffice 建構子用來建立客户基本資料，及一個公開 (public) 不傳回值的 showData 方法用來顯示客户基本資料。程式執行時，輸入客户基本資料，並輸出所輸入的客户基本資料。

```
1  package ch10;
2  
3  import java.util.Scanner;
4  
5  class Postoffice {
6     private String name;     // 客户姓名
7     private String account;  // 客户帳號
8     private int savings;     // 客户的存款餘額
9  
10    // 建構子:設定存户開户基本資料
11    public Postoffice(String name, String account, int deposit) {
12      this.name = name;
13  
14      /* 16,17,18及19列是做爲測試之用,必須移除14及20列才有作用
15      // 讓讀者了解方法中同名的變數是代表方法的參數，還是類別的屬性
16      name="林邏輯";
17      System.out.println("name是Postoffice建構子的參數且值爲" + name
18                + "\n而this.name是PostOffice類別的屬性name且值爲"
19                + this.name + "，兩者不是同一個變數.");
20      */
21  
22      this.account = account;
23      savings = deposit;
24    }
25  
26    // 輸出個人的存款餘額
27    public void showData() {
28       System.out.print("\n" + name + "先生/小姐,您的帳號爲" + account);
29       System.out.println(",存款餘額爲" + savings + ".");
30    }
31 }
32  
33 public class Ex14 {
34    public static void main(String[] args) {
35       Scanner keyin = new Scanner(System.in);
36       System.out.println("建立客户開户資料:");
```

```
37         System.out.print("輸入客户姓名:");
38         String name = keyin.next();
39         System.out.print("設定開户帳號:");
40         String account = keyin.next();
41         System.out.print("輸入開户存款金額:");
42         int deposit= keyin.nextInt();
43         Postoffice customer = new Postoffice(name, account, deposit);
44         customer.showData();
45         keyin.close();
46     }
47 }
```

執行結果

```
建立客户開户資料:
輸入客户姓名:邏輯林
設定開户帳號:A00001
輸入開户存款金額:100000000

邏輯林先生/小姐,您的帳號爲A00001,存款餘額爲100000000
```

☰程式說明

1. 第 12 列「this.name = name;」及第 22 列「this.account = account;」敘述中的「this」代表呼叫建構子 Postoffice() 的物件名稱。以第 43 列「Postoffice customer = new Postoffice(name, account, deposit);」敘述爲例，「this」指的是「customer」物件。故「this.name = name;」及「this.account = account;」敘述，是將建構子 Postoffice() 的參數「name」及「account」分別指定給「customer」物件的屬性「name」及「account」。

2. 第 23 列「savings = deposit;」敘述中的「savings」是「PostOffice」類別的屬性名稱，它與「PostOffice」建構子的參數名稱「deposit」不同，故不需特別以「this.savings」表示。

10-8 進階範例

☰範例15

寫一程式，模擬吃角子老虎(或拉霸)遊戲。(圖案自行決定)

```
1   package ch10;
2
3   import java.util.Random;
4   import java.util.Scanner;
5   import java.util.concurrent.TimeUnit;
6
7   public class Ex15 {
8     public static void main(String[] args) throws InterruptedException {
9       Scanner keyin = new Scanner(System.in);
10      Random ran = new Random(); // 宣告亂數物件變數ran，並指向一亂數物件實例
11      // currentTimeMillis()靜態方法: 取得目前時間到1970/1/1 00:00:00間的毫秒數
12      long timeseed = System.currentTimeMillis();
13      ran.setSeed(timeseed); // 以時間當作亂數種子
14      int i, j;
15
16      // 拉霸圖案
17      String[] picture = new String[] {"７","◇","◆","○","●","☆","★","△","▲"};
18
19      // 存放電腦亂數產生的9個圖案
20      String[][] position = new String[3][3];
21
22      // 拉霸轉動的起始時間點(滴答數)及停止時間點(滴答數)
23      long start_clock, end_clock;
24
25      float spend = 0; // 拉霸轉動的時間(秒)
26
27      // 電腦亂數產生的9個圖案存入position
28      for (i = 0; i < 3; i++)
29        for (j = 0; j < 3; j++)
30          position[i][j] = picture[ran.nextInt(9)];
31
32      display(position);
33
34      while (true) {
35        System.out.print("\n模擬拉霸遊戲(按Y開始,按N結束):");
36        if (!keyin.nextLine().toUpperCase().equals("Y"))
37          break;
38
39        start_clock = System.currentTimeMillis();
40        // currentTimeMillis()靜態方法: 取得目前時間到1970/1/1 00:00:00間的毫秒數
```

```
41
42          while (true) {
43             // 下面指令,讓人感覺第1行轉動最慢
44             // 將第1行第2列的資料變成第1行第3列的資料
45             // 將第1行第1列的資料變成第1行第2列的資料
46             for (i = 2; i >= 1; i--)
47                position[i][0] = position[i - 1][0];
48
49             // 產生第1行第1列的資料
50             position[0][0] = picture[ran.nextInt(9)];
51
52             // 下面指令,讓人感覺第2行轉動比第1行快一點
53             // 將第2行第2列的資料變成第2行第3列的資料
54             position[2][1] = position[1][1];
55
56             // 產生第2行第2,1列的資料
57             for (i = 1; i >= 0; i--)
58                position[i][1] = picture[ran.nextInt(9)];
59
60             // 下面指令,讓人感覺第3行轉動最快
61             // 重新產生第3行第1,2,3列的資料
62             for (i = 0; i < 3; i++)
63                position[i][2] = picture[ran.nextInt(9)];
64
65             display(position);
66             TimeUnit.MILLISECONDS.sleep(500);//暫停0.5秒
67             end_clock = System.currentTimeMillis();
68
69             spend = (float) (end_clock - start_clock) / 1000;
70             // 從開始執行到目前所經過的時間(秒)
71
72             if (spend >= 5) // 轉動時間>=5秒,停止轉動
73                break;
74             else
75                for (i = 1; i <= 25; i++)
76                   System.out.println();
77          }
78
79          // 判斷第2列是否都一樣,若一樣,則 Bingo
80          for (j = 0; j < 2; j++)
81             if (position[1][j] != position[1][j + 1])
82                break;
83          if (j == 2)
84             System.out.println("Bingo了");
85       }
86       keyin.close();
87    }
```

```
88
89    static void display(String[][] position) {
90       for (int i = 0; i < 3; i++) {
91          for (int j = 0; j < 3; j++)
92             System.out.printf("%s ", position[i][j]);
93          System.out.println();
94       }
95    }
96 }
```

執行結果

自行娛樂一下

☰程式說明

1. 拉霸玩法：
   (1) 拉霸之前放入 1 枚硬幣，若第 2 列之三個圖案相同，則中獎。
   (2) 拉霸之前放入 2 枚硬幣，若第 1 列或第 2 列之三個圖案相同則中獎。
   (3) 拉霸之前放入 3 枚硬幣，若第 1 列或第 2 列或第 3 列之三個圖案相同，則中獎。
   (4) 拉霸之前放入 4 枚硬幣，若第 1 列或第 2 列或第 3 列或左斜線之三個圖案相同，則中獎。
   (5) 拉霸之前放入 5 枚硬幣，若第 1 列或第 2 列或第 3 列或左斜線或右斜線之三個圖案相同，則中獎。
2. 本程式只考慮玩法(1)，讀者可以自行修改，以符合玩法(2)、(3)、(4)及(5)。

☰範例16

數獨謎題遊戲，是將數字1至9填入9個3×3的九宮格(如下圖)中，且須滿足每一直行、每一橫行及9個3×3九宮格內，都有數字1至9且剛好出現一次。在數獨謎題的81個格子中，若提供至少17個數字，則謎題只有一個答案。(請參考 https://zh.m.wikipedia.org/zh-tw/%E6%95%B8%E7%8D%A8)

寫一程式，將數獨謎題的資料(如下圖)存入一個9×9的二維陣列，並定義一個遞迴函式，輸出數獨謎題的解答。

6		2					5	
			1			8		
7				2				9
4					3	1		
	1			6				
			2				7	
		7			6			4
1						5		
		4		8				

```
1  package ch10;
2
3  public class Ex16 {
4    public static void main(String[] args) {
5     // 將數獨資料存入9x9的二維陣列matrix中
6     // 非0的數字是不能變動的;數字0的地方,代表需要填入1~9的位置
7     int[][] matrix = new int[][]
8       {
9        { 6, 0, 2, 0, 0, 0, 0, 5, 0 },
10       { 0, 0, 0, 1, 0, 0, 8, 0, 0 },
11       { 7, 0, 0, 0, 2, 0, 0, 0, 9 },
12       { 4, 0, 0, 0, 0, 3, 1, 0, 0 },
13       { 0, 1, 0, 0, 6, 0, 0, 0, 0 },
14       { 0, 0, 0, 2, 0, 0, 0, 7, 0 },
15       { 0, 0, 7, 0, 0, 6, 0, 0, 4 },
16       { 1, 0, 0, 0, 0, 0, 5, 0, 0 },
17       { 0, 0, 4, 0, 8, 0, 0, 0, 0 }
18     };
19    if (Sudoku(matrix, 9, 9))
20      for (int i = 0; i < 9; i++)
21        {
22       for (int j = 0; j < 9; j++)
23          System.out.printf("%2d", matrix[i][j]);
24       System.out.println("");
25      }
26    else
27       System.out.println("數獨謎題無解");
28    }
29
30   // 遞迴函式Sudoku:搜尋數獨謎題的解答
31   static boolean Sudoku(int[][] matrix, int row, int col)
32    {
33    int i, j = 0, k, datarow, datacol;
34
```

```
35    // 記錄與位置(datarow, datacol)同列,同行及同一九宮格中的數字(1~9)
36    int[] existeddigit = new int[9];
37    int index = 0;
38    for (i = 0; i < 9; i++)
39      {
40      for (j = 0; j < 9; j++)
41       if (matrix[i][j] == 0)
42          break;
43      if (j < 9)
44       break;
45     }
46
47    if (i < 9)
48     {
49       datarow = i;
50       datacol = j;
51     }
52    else
53     {
54       datarow = -1;
55       datacol = -1;
56       return true;
57     }
58
59    // 紀錄第(datarow)列中出現的數字(1~9)
60    for (j = 0; j < 9; j++)
61         if (matrix[datarow][j] != 0)
62       {
63       for (k = 0; k < index; k++)
64         if (matrix[datarow][j] == existeddigit[k])
65           break;
66       if (k == index)
67        {
68           existeddigit[index] = matrix[datarow][j];
69          index++;
70        }
71       }
72
73    // 紀錄第(datacol)行中出現的數字(1~9)
74    for (i = 0; i < row; i++)
75      if (matrix[i][datacol] != 0)
76       {
77          for (k = 0; k < index; k++)
78             if (matrix[i][datacol] == existeddigit[k])
79              break;
80          if (k == index)
81           {
```

```
82              existeddigit[index] = matrix[i][datacol];
83              index++;
84            }
85        }
86
87      // 紀錄與位置(datarow,datacol)同一九宮格中出現的數字(1~9)
88      for (i = (datarow / 3) * 3; i < (datarow / 3) * 3 + 3; i++)
89         for (j = (datacol / 3) * 3; j < (datacol / 3) * 3 + 3; j++)
90            if (matrix[i][j] != 0 && (i != datarow && j != datacol))
91            {
92              for (k = 0; k < index; k++)
93               if (matrix[i][j] == existeddigit[k])
94                 break;
95              if (k == index)
96               {
97                existeddigit[index] = matrix[i][j];
98                index++;
99              }
100           }
101
102     // 從數字1~9中,找出哪些可以填入位置(datarow,datacol)
103     // 並符合數獨的規定
104     for (i = 0; i < 9; i++)
105       {
106        for (j = 0; j < index; j++)  // 判斷數字(i+1)是否出現在existeddigit中
107         if ( (i + 1) == existeddigit[j ])
108            break;
109
110        if (j == index)  // 數字(i+1)沒有出現在existeddigit陣列中
111         {
112          matrix[datarow][datacol] = i + 1;
113
114          // 數字(i+1)填入位置(datarow,datacol)後,
115          // 若不符合數獨的規定,則將位置(datarow,datacol)恢復爲原值0
116          if (!Sudoku(matrix, 9, 9))
117             matrix[datarow][datacol] = 0;
118          else
119             return true;
120         }
121       }
122
123      // 位置(datarow,datacol)可填入的數字,都無法滿足數獨的規定
124      // 需回到位置(datarow,datacol)的前一個位置,檢驗下一個可填入的數字
125      return false;
126    }
127 }
```

執行結果

```
6 3 2 4 9 8 7 5 1
5 4 9 1 3 7 8 2 6
7 8 1 6 2 5 3 4 9
4 7 6 8 5 3 1 9 2
2 1 5 7 6 9 4 3 8
8 9 3 2 4 1 6 7 5
9 5 7 3 1 6 2 8 4
1 2 8 9 7 4 5 6 3
3 6 4 5 8 2 9 1 7
```

程式說明

在位置 (datarow, datacol) 中，填入數字 (1~9) 之前，需先將第「datarow」列、第「datacol」行及位置 (datarow, datacol) 所在 9 宮格中出現過的全部數字，記錄在一維陣列 exitseddigit 中 (參考程式 59~100 列)。然後依序檢驗一維陣列 exitseddigit 中沒有的數字是否符合數獨的規定？若符合，則將該數字填入位置 (datarow, datacol) 中，否則換下一個數字。若位置 (datarow, datacol) 無法填入適當的數字，則代表之前的某個或某些位置填入的數字是錯的，接著會回到位置 (datarow, datacol) 的前一個位置，並檢驗下一個可填入的數字是否符合數獨的規定？若符合，則將該數字填入到位置 (datarow, datacol) 的前一個位置中，否則換下一個可填入的數字。重複此程序，直到所有的格子都有數字爲止 (參考程式 102~121 列)。

範例17

寫一程式，模擬五子棋遊戲。

```
1   package ch10;
2
3   import java.awt.Toolkit;
4   import java.util.Scanner;
5
6   public class Ex17 {
7      static Scanner keyin = new Scanner(System.in);
8      // 建立一Toolkit的物件變數實例
9      static Toolkit tool = Toolkit.getDefaultToolkit();
10
11     // gobang:五子棋,紀錄每個位置是否下過棋子
12     // 0:尚未下過棋子 1:表示甲下的棋子 2:表示乙下的棋子
13     static int[][] gobang = new int[25][25];
14
```

```
15     static int who = 1; // 單數:表示輪到甲下棋 偶數:表示輪到乙下棋
16
17     public static void main(String[] args) {
18        int i, j, k;
19        int row, col;// 列,行:表示棋子要下的位置
20        while (true) {
21           // 每下過一棋子,重新畫出25*25的棋盤內的資訊
22           System.out.println("\t\t\t兩人五子棋 遊戲:");
23           System.out.print("  |");
24           for (i = 0; i <= 24; i++)
25              System.out.printf("%-2d", i);
26           System.out.println();
27           System.out.print("--|-");
28           for (i = 0; i <= 24; i++)
29              System.out.print("--");
30           System.out.println();
31
32           k = 0;
33           for (i = 0; i <= 24; i++) {
34              System.out.printf("%-2d|", k++);
35              for (j = 0; j <= 24; j++)
36                 if (gobang[i][j] == 0)
37                    System.out.print("■■");
38                 else if (gobang[i][j] == 1)
39                    System.out.print("甲");
40                 else
41                    System.out.print("乙");
42              System.out.println();
43           }
44           if (who % 2 == 1)
45              System.out.print("甲:");
46           else
47              System.out.print("乙:");
48
49           System.out.print(
50                 "輸入棋子的位置row,col(以空白隔開)(0<=row<=24,0<=col<=24):");
51           row = keyin.nextInt();
52           col = keyin.nextInt();
53           if (!(row >= 0 && row <= 24 && col >= 0 && col <= 24)) {
54              // 呼叫物件變數的beep( )方法,發出系統所設定的音頻提示音
55              tool.beep();
56              System.out.printf("無(%d,%d)位置,重新輸入!\n", row, col);
57              continue;
58           }
59           if (gobang[row][col] != 0) {
60              // 呼叫物件變數的beep( )方法,發出系統所設定的音頻提示音
61              tool.beep();
```

```
62              System.out.printf("位置(%d,%d)已經有棋子了,重新輸入!\n", row, col);
63              continue;
64           }
65
66           check_bingo(row, col);
67           who++;
68        }
69
70     }
71
72     // 定義檢查是否三子連線，四子連線或五子連線之方法
73     static void check_bingo(int row, int col) {
74        int i, j, k;
75        int score = 0; // 累計最多5個位置是否爲同一人所下的棋子
76        // score=10 乙:五子連線 , score=5 甲:五子連線
77        // score=8 乙:四子連線 , score=4 甲:四子連線
78        // score=6 乙:三子連線 , score=3 甲:三子連線
79
80        int count = 0; // 紀錄:已累計多少個相同的棋子(最多5個)
81        int case_message = -1; // 訊息提示,-1表示沒有達到預警
82
83        // 當第一次點到(row,col)位置時,才判斷是否三子連線，四子連線或五子連線
84        if (gobang[row][col] == 0) {
85           if (who % 2 == 1) // 單數:表示甲下棋 偶數:表示乙下棋
86              gobang[row][col] = 1; // 1:甲的棋
87           else
88              gobang[row][col] = 2; // 2:乙的棋
89
90           count = 0;  // 累計左方及右方連續相同的棋子共有多少個
91           score = 0;
92           // score:往位置(row,col)的左方累計最多5個位置
93           for (i = 0; i <= 4 && col - i >= 0; i++)
94              if (gobang[row][col - i] != 0 && gobang[row][col - i] == gobang[row][col])
95                 score = score + gobang[row][col - i];
96              else
97                 break;
98
99           // score:往位置(row,col)的右方累計最多4個位置
100          if (count < 5)
101             for (i = 1; i <= 4 && col + i <= 24 && count < 5; i++)
102                if ( gobang[row][col + i] != 0 &&
103                         gobang[row][col + i] == gobang[row][col]) {
104                   score = score + gobang[row][col + i];
105                   count++;
106                } else
107                   break;
108          // 累計左方及右方連續相同的棋子共有多少個
```

```
109
110         if (score % 10 == 0)
111            case_message = 1; // 乙:五子連線
112         else if (score % 5 == 0)
113            case_message = 2; // 甲:五子連線
114         else if (score % 8 == 0)
115            case_message = 3; // 乙:四子連線
116         else if (score % 4 == 0 && who % 2 == 1)
117            case_message = 4; // 甲:四子連線
118         else if (score % 6 == 0)
119            case_message = 5; // 乙:三子連線
120         else if (score % 3 == 0 && who % 2 == 1)
121            case_message = 6; // 甲:三子連線
122
123         if (!(case_message == 1 || case_message == 2)) {
124            // 累計上方及下方連續相同的棋子共有多少個
125            count = 0;
126            score = 0;
127            // score:往位置(row,col)的上方累計最多5個位置
128            for (i = 0; i <= 4 && row - i >= 0; i++)
129               if ( gobang[row - i][col] != 0 &&
130                       gobang[row - i][col] == gobang[row][col]) {
131                  score = score + gobang[row - i][col];
132                  count++;
133               } else
134                  break;
135
136            // score:往位置(row,col)的下方累計最多4個位置
137            if (count < 5)
138               for (i = 1; i <= 4 && row + i <= 24 && count < 5; i++)
139                  if ( gobang[row + i][col] != 0 &&
140                          gobang[row + i][col] == gobang[row][col]) {
141                     score = score + gobang[row + i][col];
142                     count++;
143                  } else
144                     break;
145            // 累計上方及下方連續相同的棋子共有多少個
146
147            if (score % 10 == 0)
148               case_message = 1; // 乙:五子連線
149            else if (score % 5 == 0)
150               case_message = 2; // 甲:五子連線
151            else if (score % 8 == 0)
152               case_message = 3; // 乙:四子連線
153            else if (score % 4 == 0 && who % 2 == 1)
154               case_message = 4; // 甲:四子連線
155            else if (score % 6 == 0)
```

```
156                 case_message = 5; // 乙:三子連線
157              else if (score % 3 == 0 && who % 2 == 1)
158                 case_message = 6; // 甲:三子連線
159
160              if (!(case_message == 1 || case_message == 2)) {
161                 // 累計左上方與右下方連續相同的棋子共有多少個
162                 count = 0;
163
164                 score = 0;
165                 // score:往位置(row,col)的左上方累計最多5個位置
166                 for (i = 0; i <= 4 && row - i >= 0 && col - i >= 0; i++)
167                    if (gobang[row - i][col - i] != 0 &&
168                             gobang[row - i][col - i] == gobang[row][col])
169                       score = score + gobang[row - i][col - i];
170                    else
171                       break;
172
173                 // score:往位置(row,col)的右下方累計最多4個位置
174                 if (count < 5)
175                    for (i = 1; i <= 4 && row + i <= 24 && col + i <= 24 &&
176                             count < 5; i++)
177                       if (gobang[row + i][col + i] != 0 &&
178                                gobang[row + i][col + i] == gobang[row][col]) {
179                          score = score + gobang[row + i][col + i];
180                          count++;
181                       } else
182                          break;
183                 // 累計左上方與右下方連續相同的棋子共有多少個
184
185                 if (score % 10 == 0)
186                    case_message = 1; // 乙:五子連線
187                 else if (score % 5 == 0)
188                    case_message = 2; // 甲:五子連線
189                 else if (score % 8 == 0)
190                    case_message = 3; // 乙:四子連線
191                 else if (score % 4 == 0 && who % 2 == 1)
192                    case_message = 4; // 甲:四子連線
193                 else if (score % 6 == 0)
194                    case_message = 5; // 乙:三子連線
195                 else if (score % 3 == 0 && who % 2 == 1)
196                    case_message = 6; // 甲:三子連線
197
198                 if (!(case_message == 1 || case_message == 2)) {
199                    // 累計右上方與左下方連續相同的棋子共有多少個
200                    count = 0;
201                    score = 0;
202                    // score:往位置(row,col)的右上方累計最多5個位置
```

```
203                 for (i = 0; i <= 4 && row - i >= 0 && col + i <= 24; i++)
204                    if (gobang[row - i][col + i] != 0 &&
205                            gobang[row - i][col + i] == gobang[row][col])
206                       score = score + gobang[row - i][col + i];
207                    else
208                       break;
209
210                 // score:往位置(row,col)的左下方累計最多4個位置
211                 if (count < 5)
212                    for (i = 1; i <= 4 && row + i <= 24 && col - i >= 0 &&
213                            count < 5; i++)
214                       if (gobang[row + i][col - i] != 0 &&
215                               gobang[row + i][col - i] == gobang[row][col]) {
216                          score = score + gobang[row + i][col - i];
217                          count++;
218                       } else
219                          break;
220                 // 累計右上方與左下方連續相同的棋子共有多少個
221
222                 if (score % 10 == 0)
223                    case_message = 1; // 乙:五子連線
224                 else if (score % 5 == 0)
225                    case_message = 2; // 甲:五子連線
226                 else if (score % 8 == 0)
227                    case_message = 3; // 乙:四子連線
228                 else if (score % 4 == 0 && who % 2 == 1)
229                    case_message = 4; // 甲:四子連線
230                 else if (score % 6 == 0)
231                    case_message = 5; // 乙:三子連線
232                 else if (score % 3 == 0 && who % 2 == 1)
233                    case_message = 6; // 甲:三子連線
234              }
235           }
236        }
237     }
238
239     if  (case_message>=1 && case_message<=6){
240        // 呼叫物件變數的beep( )方法，發出系統所設定的音頻提示音
241        tool.beep();
242
243        switch (case_message) {
244          case 1:
245             System.out.println("乙:五子連線,遊戲結束.");
246             keyin.next();
247             System.exit(0); //遊戲結束,結束程式
248             break;
249          case 2:
250             System.out.println("甲:五子連線,遊戲結束.");
```

```
251                 keyin.next();
252                 System.exit(0); //遊戲結束,結束程式
253                 break;
254              case 3:
255                 System.out.println("乙:四子連線.");
256                 break;
257              case 4:
258                 System.out.println("甲:四子連線.");
259                 break;
260              case 5:
261                 System.out.println("乙:三子連線.");
262                 break;
263              case 6:
264                 System.out.println("甲:三子連線.");
265            }
266         }
267     }
268 }
```

執行結果

自行娛樂一下

程式說明

每次棋子所下的位置 (row,col) 是否連成五子，四子連線或三子連線，需要考慮下列 4 種狀況：

1. 考慮 (row,col) 之上方及下方，連續相同的棋子數。
2. 考慮 (row,col) 之左方及右方，連續相同的棋子數。
3. 考慮 (row,col) 之左上方及右下方，連續相同的棋子數。
4. 考慮 (row,col) 之右上方及左下方，連續相同的棋子數。

範例18

寫一個程式，運用遞迴觀念，定義一個無回傳值的遞迴函式，模擬 windows 小遊戲 -8x8 踩地雷 (landmine)。

提示：宣告二維陣列 landmine，並設定 64 個元素的初始值，當作地雷佈置圖。

```
final static int[][] landmine = new int[][] { { 0, 1, 1, 1, 0, 0, 0, 0 },
   { 0, 1, -1, 3, 2, 2, 1, 1 }, { 1, 2, 3, -1, -1, 2, -1, 1 },{ -1, 1, 2, -1, 3, 2, 1, 1 },
   { 1, 1, 1, 1, 1, 0, 0, 0 },{ 0, 0, 0, 0, 1, 1, 1, 0 },{ 0, 0, 0, 0, 1, -1, 2, 1 },
   { 0, 0, 0, 0, 1, 1, 2, -1 } };
```

```
1   package ch10;
2
3   import java.util.Scanner;
4
5   public class Ex18 {
6      final static int[][] landmine = new int[][] { { 0, 1, 1, 1, 0, 0, 0, 0 },
7            { 0, 1, -1, 3, 2, 2, 1, 1 }, { 1, 2, 3, -1, -1, 2, -1, 1 },
8            { -1, 1, 2, -1, 3, 2, 1, 1 }, { 1, 1, 1, 1, 1, 0, 0, 0 },
9            { 0, 0, 0, 0, 1, 1, 1, 0 }, { 0, 0, 0, 0, 1, -1, 2, 1 },
10           { 0, 0, 0, 0, 1, 1, 2, -1 } };
11
12     // 紀錄每個位置是否猜過. 0:未猜過  1:猜過
13     static int[][] guess = new int[8][8]; // 初始值=0
14
15     // 紀錄每個位置是否爲第1次檢查. 0:第1次  1:第2次
16     static int[][] check = new int[8][8]; // 初始值=0
17
18     // 檢查是否踩到地雷了或過關
19     static boolean bomb(int row, int col) {
20        int i, j, k;
21        guess[row][col] = 1;
22        check[row][col]++;
23        // 當點到的位置(row,col)的值是0時,且此位置是第1次檢查時
24        // 顯示其周圍的資料
25        if (landmine[row][col] == 0 && check[row][col] == 1) {
26           // 顯示位置(row,col)右邊的位置(row,col+1)的值
27           if (col + 1 <= 7)
28              bomb(row, col + 1);
29
30           // 顯示位置(row,col)左邊的位置(row,col-1)的值
31           if (col - 1 >= 0)
32              bomb(row, col - 1);
33
34           // 顯示位置(row,col)上面的位置(row-1,col)的值
35           if (row - 1 >= 0)
36              bomb(row - 1, col);
37
38           // 顯示位置(row,col)下面的位置(row+1,col)的值
39           if (row + 1 <= 7)
40              bomb(row + 1, col);
41
42           // 顯示位置(row,col)右上角的位置(row-1,col+1)的值
43           if (row - 1 >= 0 && col + 1 <= 7)
44              bomb(row - 1, col + 1);
45
46           // 顯示位置(row,col)右下角的位置(row+1,col+1)的值
47           if (row + 1 <= 7 && col + 1 <= 7)
```

```
48                bomb(row + 1, col + 1);
49
50            // 顯示位置(row,col)左上角的位置(row-1,col-1)的值
51            if (row - 1 >= 0 && col - 1 >= 0)
52                bomb(row - 1, col - 1);
53
54            // 顯示位置(row,col)左下角的位置(row+1,col-1)的值
55            if (row + 1 <= 7 && col - 1 >= 0)
56                bomb(row + 1, col - 1);
57        }
58
59        // 重畫8*8的地雷遊戲資料圖形
60        System.out.println("\t踩地雷遊戲");
61        System.out.println("  | 0 1 2 3 4 5 6 7");
62        System.out.println("--|----------------");
63        k = 0;
64        for (i = 0; i < 8; i++) {
65            System.out.printf("%2d|", k++);
66            for (j = 0; j < 8; j++)
67                if (guess[i][j] == 1)
68                    if (landmine[i][j] == -1)
69                        System.out.print("* ");
70                    else
71                        System.out.printf("%2d", landmine[i][j]);
72                else if (landmine[i][j] == -1 && landmine[row][col] == -1)
73                    System.out.print("* ");
74                else
75                    System.out.print("■■");
76            System.out.println();
77        }
78        // 重畫8*8的地雷遊戲資料圖形
79
80        // 檢查位置(row,col)是否是地雷
81        if (landmine[row][col] == -1) {
82            System.out.println("你踩到(" + row + "," + col + ")的地雷了!");
83            return true;
84        } else {
85            // 檢查每一個不是地雷的位置,若都已猜過,則表示過關
86            for (i = 0; i < 8; i++) {
87                for (j = 0; j < 8; j++)
88                    if (landmine[i][j] != -1 && guess[i][j] != 1)
89                        break;
90                if (j < 8)
91                    break;
92            }
93
94            // i=8,表示每一個不是地雷的位置,若都已猜過
```

```
95          if (i == 8) {
96             System.out.println("恭喜你過關了!");
97             return true;
98          } else
99             return false;
100      }
101   }
102
103   public static void main(String[] args) {
104      Scanner keyin = new Scanner(System.in);
105      int i, j, k;
106      int row, col;// 要猜的位置:列,行
107
108      // 畫出8*8的地雷遊戲圖形
109      System.out.println("\t踩地雷遊戲");
110      System.out.println("  | 0 1 2 3 4 5 6 7");
111      System.out.println("--|----------------");
112      k = 0;
113      for (i = 0; i < 8; i++) {
114         System.out.printf("%2d|", k++);
115         for (j = 0; j < 8; j++)
116            System.out.print("■■");
117         System.out.println();
118      }
119      // 畫出8*8的地雷遊戲圖形
120
121      while (true) {
122         System.out.println("輸入要踩的位置x,y(0<=x<=7 , 0<=y<=7)(以空白隔開):");
123         row = keyin.nextInt();
124         col = keyin.nextInt();
125         if (!(row >= 0 && row <= 7 && col >= 0 && col <= 7)) {
126            System.out.println("位置錯誤,重新輸入.");
127            continue;
128         }
129
130         // 位置(row,col)已經猜過或已經顯示
131         if (guess[row][col] == 1) {
132            System.out.println("位置("+row+","+col+")已經猜過,重新輸入.");
133            continue;
134         }
135
136         if (bomb(row, col)) // 踩到地雷了或過關，就結束
137            break;
138      }
139      keyin.close();
140   }
141 }
```

執行結果

自行娛樂一下

10-9 自我練習

一、選擇題

1. 有關人類的屬性與行為的描述，下列何者有誤？
   (A) 眼睛為屬性 (B) 身高為屬性 (C) 說話為行為 (D) 姓名不為屬性
2. 有關類別與物件的描述，下列何者有誤？
   (A) 張先生是物件 (B) 汽車是類別
   (C) A 飛機與 B 飛機是相同物件 (D) 小白狗與小黑狗屬於同一個類別
3. 下列哪個關鍵字是作為定義類別之用？
   (A) public (B) class (C) interface (D) void
4. 下列哪個關鍵字是作為宣告私有成員之用？
   (A) public (B) protected (C) private (D) internal
5. 直接使用類別名稱就能存取的類別成員，是哪種成員？
   (A) public (B) internal (C) private (D) static
6. 何種類別成員，能讓同一類別所建立的物件所共用？
   (A) public (B) internal (C) private (D) static
7. 有關建構子的描述，下列何者有誤？
   (A) 建構子的名稱與類別的名稱相同 (B) 建構子有回傳值 (C) 建構子可以多載
   (D) 當使用類別產生物件時，則可利用建構子來初始化物件的屬性值
8. 類別 Car 的建構子寫法，下列何者不是其中之一？
   (A) Car(){…} (B) public Car(){…} (C) void Car(){…} (D) Car(int door){…}
9. 同一個方法名稱但樣貌不同，這種現象稱為甚麼？
   (A) 遞迴 (B) 多載 (C) 改寫 (D) 以上皆非
10. 在方法定義中再出現方法名稱，這種現象稱為甚麼？
    (A)遞迴 (B) 多載 (C) 改寫 (D) 以上皆非

二、程式設計

1. 寫一程式，定義一有回傳值的方法，求解一元二次方程式 $ax^2+bx+c=0$ 。(輸入 a、b 及 c，輸出方程式的兩根)
2. 寫一程式，定義一無回傳值的方法，運用亂數模擬大樂透開出的七個不重複號碼 (1~49)。
   提示：產生不重複亂數整數值 (1~49) 的步驟如下：

(1) 宣告一個有 49 個元素的陣列 lotto，並將 1 ~ 49，分別指定給 lotto[0] ~ lotto[48]

(2) 產生一個介於 0 到 (陣列 lotto 的元素個數) 之間亂數整數值 choose。並輸出 lotto[choose]

(3) 變更陣列 lotto 的元素的內容。由陣列 lotto 的位置 (choose+1) 開始，將陣列元素往左移一個位置。

(4) 將陣列 lotto 的元素個數 -1

(5) 重複步驟 (2)~(4) 七次。

3. 寫一個程式，利用方法的多載概念，輸出爲下列結果。

(1)	(2)
1	aaa
12	aa
123	a

4. 寫一個程式，運用遞迴觀念，定義一個有回傳值的遞迴函式，求費氏數列的第 41 項 f(40)。

提示：費氏數列，f(0)=0，f(1)=1，f(n)=f(n-1)+f(n-2)。

5. 寫一個程式，運用遞迴觀念，定義一個有回傳值的遞迴函式，求 10!(10 階乘)。

6. 寫一個程式，運用遞迴觀念，定義一個有回傳值的遞迴函式。輸入兩個整數 m(>=0) 及 n(>=0)，輸出組合 C(m , n) 之值，求 C(m , n) 的公式如下：

若 m < n　，則 C(m , n) = 0

若 n = 0　，則 C(m , n) = 1

若 m = n　，則 C(m , n) = 1

若 n = 1　，則 C(m , n) = m

若 m > n　，則 C(m , n) = C(m-1 , n) + C(m-1 , n-1)

7. 寫一程式，定義一 Product 類別，並在 Product 中定義一方法 calculate(int n)，其作用是傳回 1*2*…*n 的值。在主類別內宣告一資料型態爲 Product 的物件變數，並利用此物件變數，求 1*2*…*10 之值。

8. 寫一程式，定義一 Shape 類別，並在 Shape 中定義兩種建構子，分別計算正方形面積及長方形面積。在主類別內宣告兩個資料型態爲 Shape 的物件變數，並利用這兩個物件變數，分別求邊長 =3 的正方形面積及長 =4, 寬 =5 的長方形面積。

11

繼承

教學目標

人的膚色、相貌、個性等特徵，都是透過遺傳機制，由父母輩遺傳給子輩或祖父母輩隔代遺傳給孫子輩。而子孫經過生活歷練後，會擁有屬於自己獨有的特徵。

在物件導向程式設計中，繼承的概念與人類的遺傳概念類似，但其機制更加彈性。繼承時，除了繼承上一代的特性外，還可以建立屬於自己獨有的特性，甚至還可以重新定義上一代的特性。

繼承的機制，是為了重複利用相同的程式碼，以提升程式撰寫效率及建立更符合需求的新類別。以定義飛機類別為例，來說明類別繼承的機制。程式中已定義飛行物類別，這個飛行物類別俱備一般飛行物體的特徵與行為，若現在要建立一個能夠載客的飛機類別，則只要以繼承飛行物類別的方式去定義飛機類別，並在定義中加入飛機類別本身的特徵或行為，且不必重新撰寫飛行物類別的程式碼，就能將飛行物類別擴充為飛機類別。飛機類別繼承飛行物類別後，就擁有飛行物類別的特徵或行為。

11-1 父類別與子類別

將一個已經定義好的類別，擴充為更符合需求的類別，這種過程稱為類別繼承。在繼承關係中，稱被繼承者為「父類別 (Parent Class)」或「基礎類別 (Base Class)」，且稱繼承者為「子類別 (Child Class)」或「衍生類別 (Derived Class)」。

以上述的飛行物類別與飛機類別為例，飛行物類別為父類別，飛機類別為子類別。在繼承的過程中，除了父類別的建構子及宣告成 private(私有的) 屬性及方法外，其餘的屬性及方法都會繼承給子類別，而且子類別本身也能新增屬於自己的屬性及方法。雖然子類別無法繼承父類別的建構子，但可透過「super();」敘述來呼叫父類別的建構子。雖然子類別無法繼承父類別的私有屬性及方法，但可透過繼承父類別而來的非私有方法來存取該屬性及方法。

類別繼承的形式分成下列兩種：

1. **單一繼承：**一個子類別只會有一個父類別，而一個父類別可以同時擁有多個子類別的一種繼承關係。如圖 11-1 所示：

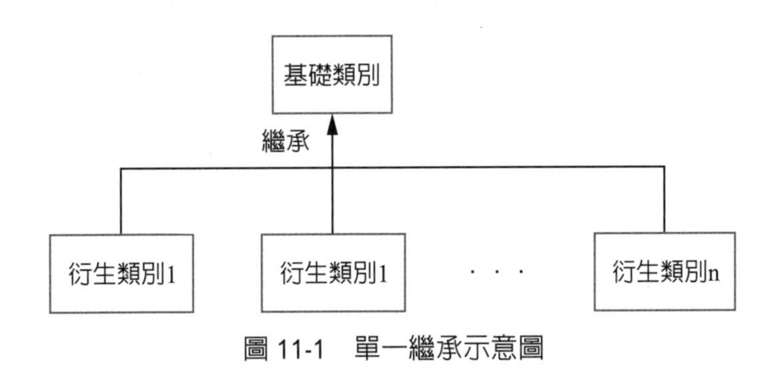

圖 11-1　單一繼承示意圖

2. **多層繼承：**涉及上下三層(或以上)間的一種繼承關係。在具有先後關係的多層繼承中，下層的子類別會繼承其上層的父類別之成員。因此，越下層的子類別會繼承越多其上層父類別的成員。如圖 11-2 所示：

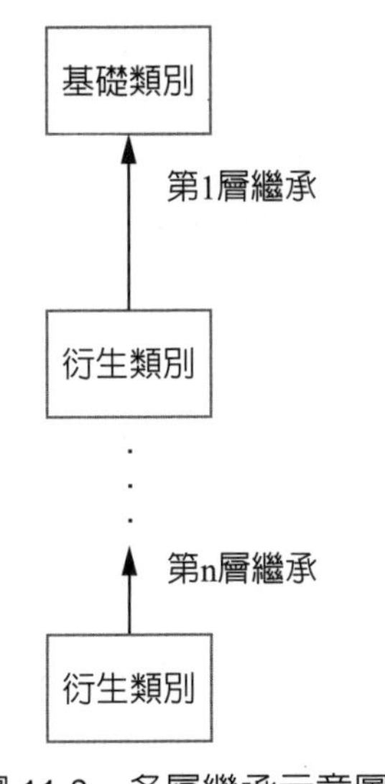

圖 11-2　多層繼承示意圖

11-1-1　單一繼承

類別單一繼承的定義語法如下：

```
[public]  [final]  class  類別名稱  extends  父類別名稱  {
  [存取修飾子]  [static]  [final]  資料型態  屬性名稱1 [= 常數]; // 宣告屬性1

  [
    [存取修飾子]  [static]  [final]  資料型態  屬性名稱2 [= 常數]; // 宣告屬性2
  ]
   …
```

```
   [
      [public]  類別名稱()  { // 無參數串列的建構子
         // 程式敘述; …
      }
   ]
   [
      [public]  類別名稱 (參數串列) { // 有參數串列的建構子
         // 程式敘述; …
      }
   ]
   …

   [存取修飾子]  [static]  [final]  回傳值的資料型態  方法名稱a(
                      [參數串列])  [throws  例外類別a1,例外類別a2,…] {
      // 程式敘述; …
   }

   [
      [存取修飾子]  [static]  [final]  回傳值的資料型態  方法名稱b(
                         [參數串列])  [throws  例外類別b1,例外類別b2,…] {
         // 程式敘述; …
      }
   ]
   …
}
```

☰定義說明

1. 定義類別繼承的語法爲定義類別的一般語法之特殊狀況，即，在「子類別」名稱後一定要有保留字「extends」及一個「父類別」名稱。
2. 子類別、父類別、屬性、方法及參數等名稱的命名，請參考識別字的命名規則。
3. 其他相關的保留字「public」、「存取修飾子」、「static」及「final」與「回傳值的資料型態」和「參數串列」說明，請參考「10-2-1 類別定義」。

在單一繼承的狀況下，利用「子類別」產生物件時，會先呼叫此「子類別」的「父類別」之無參數建構子，然後再呼叫此「子類別」之建構子。若「父類別」內沒有定義無參數的建構子，則此「父類別」內就不能定義有參數的建構子，否則執行時會出現類似以下的錯誤訊息：

「**Implicit super constructor xxx() is undefined for default constructor.**」
(父類別 xxx 沒有定義無參數建構子 xxx())

以下所有的範例，都是建立在專案名稱爲「ch11」及套件名稱爲「ch11」條件下。

☰範例1

寫一程式，定義一父類別與其子類別，使兩者爲單一繼承關係。以飛行物類別當作父類別且飛機類別當作子類別爲例。

```
1  package ch11;
2
3  import java.util.Scanner;
4
5  class FlightVehicle { // 飛行器類別
6     public static int num;  // 目前飛行器的數目
7     protected String shape; // 飛行器外觀
8
9     public FlightVehicle() { // 建構子
10       num++;
11    }
12 }
13
14 class Airplane extends FlightVehicle { // 飛機類別
15    public static int num;     // 目前飛機的數目
16    public String manufacter; // 製造商
17    public String type;        // 飛機型號
18    public String id;          // 飛機編號
19    private String engineId;  // 飛機引擎號碼
20    public int pilotNum;       // 飛行員人數
21    protected int fuelTank;    // 飛機油箱容量(L)
22    public Airplane() { // 建構子
23       num++;
24    }
25
26    // 設定引擎號碼
27    public void setEngineId(String engineId) {
28       this.engineId = engineId;
29    }
```

```
30
31     public void showData() {
32        System.out.println("製造商:" + manufacter + " 飛機型號:" + type);
33        System.out.println("飛機編號:" + id + " 引擎號碼:" + engineId);
34        System.out.print(" 飛行員人數:" + pilotNum      + " 油箱容量(L):" + fuelTank);
35     }
36  }
37
38  public class Ex1 {
39     public static void main(String[] args) {
40        Scanner keyin = new Scanner(System.in);
41        Airplane aplane = new Airplane();
42        System.out.println("請輸入飛機物件aplane之相關資訊:");
43        System.out.print("製造商:");
44        aplane.manufacter = keyin.next();
45        System.out.print("飛機型號:");
46        aplane.type = keyin.next();
47        System.out.print("飛機編號:");
48        aplane.id= keyin.next();
49        System.out.print("引擎號碼:");
50        String engineId= keyin.next();
51        aplane.setEngineId(engineId);
52        System.out.print("飛行員人數:");
53        aplane.pilotNum = keyin.nextInt();
54        System.out.print("油箱容量(L):");
55        aplane.fuelTank = keyin.nextInt();
56        System.out.print("飛機外觀:");
57        aplane.shape = keyin.next();
58        System.out.println("\n飛機物件aplane之相關資訊如下:");
59        aplane.showData();
60        System.out.println(" 飛機外觀:" + aplane.shape);
61        System.out.print("目前飛機的數目:" + Airplane.num);
62        System.out.println(" 目前飛行器的數目:" + FlightVehicle.num);
63        keyin.close();
64     }
65  }
```

執行結果

```
請輸入飛機物件aplane之相關資訊:
製造商:洛克希德馬丁
飛機型號:F-16
飛機編號:Chinese-1
引擎號碼:A0001
飛行員人數:1
油箱容量(L):3986
飛機外觀:像鯊魚

飛機物件aplane之相關資訊如下:
製造商:洛克希德馬丁 飛機型號:F-16
```

```
飛機編號:Chinese-1 引擎號碼:A0001
飛行員人數:1 油箱容量(L):3986 飛機外觀:像鯊魚
目前飛機的數目:1 目前飛行器的數目:1
```

三程式說明

1. 第 41 列「Airplane aplane = new Airplane();」執行時，會先呼叫「Airplane」類別的父類別「FlightVehicle」之無參數建構子 FlightVehicle()，執行「num++;」。接著才會呼叫「Airplane」類別本身之無參數建構子 Airplane()，執行「num++;」。
2. 因「engineId」爲「Airplane」類別的私有屬性，故「engineId」只能在「Airplane」類別內被存取。若想在「Airplane」類別外存取「engineId」，只能透過「Airplane」類別所定義的公開方法「setEngineId()」。(請參考「表 10-1 各層級類別成員之存取範圍」)

11-1-2　多層繼承

多層繼承概念，如同小孩繼承父親的基因且父親繼承祖父的基因之原理。在多層繼承架構中所涉及的類別是有上下層或先後順序之關係 (請參考「圖 11-2 多層繼承示意圖」)，越下層的類別會繼承越多其上層類別的屬性及方法。Java 語言具備多層繼承的機制，使程式開發更有彈性且類別管理更有效率。

在多層繼承的狀況下，利用「子類別」產生物件時，在此「子類別」上層的所有「父類別」的無參數建構子，從最上層到最近層都會逐一被呼叫，然後再呼叫此「子類別」之建構子。以三層繼承關係爲例，若利用第三層的「子類別」產生物件時，則會先呼叫第一層的「父類別」之無參數建構子，然後呼叫第二層的「父類別」之無參數建構子，最後呼叫第三層的「子類別」之建構子。在多層繼承的狀況下，若其中有一「父類別」內沒有定義的無參數建構子，則此「父類別」內就不能定義有參數的建構子，否則執行時會出現類似以下的錯誤訊息：

「**Implicit super constructor xxx() is undefined for default constructor.**」
(父類別 xxx 沒有定義無參數建構子 xxx())

類別多層繼承的定義語法如下：(以三層繼承架構爲例)

```
[public] [final] class 父類別名稱 extends 祖父類別名稱 {
  [存取修飾子] [static] [final] 資料型態 屬性名稱f1 [= 常數];
```

```
  [
    [存取修飾子]  [static]  [final]  資料型態  屬性名稱f2 [= 常數];
  ]
  …
  [
    [public]  父類別名稱()  { // 無參數串列的建構子
      // 程式敘述; …
    }
  ]
  [
    [public]  父類別名稱 (參數串列) { // 有參數串列的建構子
      // 程式敘述; …
    }
  ]
  …
  [存取修飾子]  [static]  [final]  回傳值的資料型態  方法名稱a(
                  [參數串列])  [throws  例外類別a1,例外類別a2,…] {
    // 程式敘述; …
  }
  [
    [存取修飾子]  [static]  [final]  回傳值的資料型態  方法名稱b(
                  [參數串列])  [throws  例外類別b1,例外類別b2,…] {
      // 程式敘述; …
    }
  ]
  …
}
[public]  [final]  class  子類別名稱  extends  父類別名稱  {
  [存取修飾子]  [static]  [final]  資料型態  屬性名稱c1 [= 常數];
```

```
  [
    [存取修飾子]  [static]  [final]  資料型態  屬性名稱c2 [= 常數];
  ]
  …
  [
    [public]  子類別名稱()  { // 無參數串列的建構子
      // 程式敘述; …
    }
  ]
  [
    [public]  子類別名稱 (參數串列) { // 有參數串列的建構子
      // 程式敘述; …
    }
  ]
  …

  [存取修飾子]  [static]  [final]  回傳值的資料型態  方法名稱m(
                    [參數串列])  [throws  例外類別m1,例外類別m2,…] {
    // 程式敘述; …
  }

  [
    [存取修飾子]  [static]  [final]  回傳值的資料型態  方法名稱n(
                    [參數串列])  [throws  例外類別n1,例外類別n2,…] {
      // 程式敘述; …
    }
  ]
  …
}
```

三定義說明

請參考「10-2-1 類別定義」之說明。

以此類推，就可定義出三層以上的繼承架構。

11-2 改寫(Overriding)

定義「子類別」時，若發現「父類別」的「方法」不符合需求，則可在「子類別」中，重新定義此「方法」。這種機制，被稱爲「改寫」。在「父類別」及「子類別」中，分別定義一個同名的方法，若滿足下列四項條件，則此「方法」才符合「改寫」機制。

1. 兩個方法的回傳值之資料型態相同。
2. 兩個方法宣告的參數之個數相同。
3. 兩個方法宣告的每一個參數所對應的資料型態都相同。
4. 兩個方法的內容不同。

當「父類別」的「方法」在「子類別」中被改寫時，必須遵守以下事項：

1. 以保留字「final」、「static」或「private」所宣告的「方法」，無法被改寫。
2. 建構子不能被改寫。
3. 改寫的「方法」之封裝層級，只能擴大或維持，不能縮小。例一：若「父類別」的「方法」之封裝層級爲「預設層級」，則改寫「方法」時，可設爲「預設層級」、「protected」或「public」。例二：若「父類別」的「方法」之爲「public」，則改寫「方法」時，只能設爲「public」。
4. 若「父類別」的「方法」之回傳值的資料型態爲「void」、「byte」、「char」、「int」、「long」、「float」、「double」、「boolean」、「String」及「陣列」，則改寫的「方法」之回傳值的資料型態只能與「父類別」的「方法」之回傳值的資料型態相同。若「父類別」的「方法」之回傳值的資料型態爲「類別」，則改寫的「方法」之回傳值的資料型態可以是「父類別」的「方法」之回傳值的「類別」型態或它的「子類別」型態。

☰範例2

(承上例)寫一程式，定義一父類別、其子類別及其孫子類別，使三者呈現多層繼承關係。以飛行物類別當作父類別、飛機類別當作子類別及戰鬥機類別當作孫子類別爲例。

```
1  package ch11;
2
3  import java.util.Scanner;
4  import ch11.Airplane;
5
6  class Fighter extends Airplane { // 戰鬥機類別
7     public static int num;        // 目前戰鬥機的數目
8     private String machineGun;  // 機槍
9     private String missile;       // 飛彈
10    private String rocket;        // 火箭
11
12    public Fighter() { // 建構子
13       num++;
14    }
15
16    //設定戰鬥機武器
17    public void setWeapon(String machineGun, String missile, String rocket) {
18       this.machineGun = machineGun;
19       this.missile = missile;
20       this.rocket = rocket;
21    }
22
23    public void showData() {
24       super.showData();  //呼叫父類別的showData()方法
25       System.out.print(" 飛機外觀:" + shape + "\n機槍:" + machineGun );
26       System.out.print(" 飛彈:" + missile + " 火箭:" + rocket);
27    }
28 }
29
30 public class Ex2 {
31    public static void main(String[] args) {
32       Scanner keyin = new Scanner(System.in);
33       Fighter afighter = new Fighter();
34       System.out.println("請輸入戰鬥機物件afighter之相關資訊:");
35       System.out.print("製造商:");
36       afighter.manufacter = keyin.next();
37       System.out.print("飛機型號:");
38       afighter.type = keyin.next();
39       System.out.print("飛機編號:");
40       afighter.id= keyin.next();;
41       System.out.print("引擎號碼:");
42       String engineId= keyin.next();
```

```
43          afighter.setEngineId(engineId);
44          System.out.print("飛行員人數:");
45          afighter.pilotNum = keyin.nextInt();
46          System.out.print("油箱容量(L):");
47          afighter.fuelTank = keyin.nextInt();
48          System.out.print("飛機外觀:");
49          afighter.shape = keyin.next();
50          System.out.print("機槍名稱:");
51          String machineGun= keyin.next();
52          System.out.print("飛彈名稱:");
53          String missile= keyin.next();
54          System.out.print("火箭名稱:");
55          String rocket= keyin.next();
56          afighter.setWeapon(machineGun, missile, rocket);
57          System.out.println("\n戰鬥機物件afighter之相關資訊如下:");
58          afighter.showData();
59          System.out.print("目前戰鬥機的數目:" + Fighter.num);
60          System.out.print(" 目前飛機的數目:" + Airplane.num);
61          System.out.println(" 目前飛行器的數目:" + FlightVehicle.num);
62          keyin.close();
63      }
64  }
```

執行結果

```
請輸入戰鬥機物件afighter之相關資訊:
製造商:洛克希德馬丁
飛機型號:F-16
飛機編號:Chinese-1
引擎號碼:A0001
飛行員人數:1
油箱容量(L):3986
飛機外觀:像鯊魚
機槍名稱:20mm火神炮
飛彈名稱:麻雀飛彈
火箭名稱:127 mm火箭

戰鬥機物件afighter之相關資訊如下:
製造商:洛克希德馬丁 飛機型號:F-16
飛機編號:Chinese-1 引擎號碼:A0001
飛行員人數:1 油箱容量(L):3986 飛機外觀:像鯊魚
機槍: 20mm火神炮 飛彈:麻雀飛彈 火箭:127 mm火箭
目前戰鬥機的數目:1 目前飛機的數目:1 目前飛行器的數目:1
```

三程式說明

1. 第 33 列「Fighter afighter = new Fighter();」執行時，會先呼叫「afighter」類別的祖父類別「FlightVehicle」之無參數建構子「FlightVehicle()」，執行「num++;」。接著會呼叫「afighter」類別的父類別「Airplane」之無參數建構子「Airplane()」，執行「num++;」。最後才會呼叫「afighter」類別本身之無參數建構子「Fighter()」，執行「num++;」。
2. 因「machineGun」、「missile」及「rocket」皆爲「afighter」類別的私有屬性，故「machineGun」、「missile」及「rocket」只能在「afighter」類別內被存取。若想在「afighter」類別外存取「machineGun」、「missile」及「rocket」，只能透過「afighter」類別所定義的公開方法「setWeapon ()」。(請參考「表 10-1 不同層級的類別成員可被存取之區域」)
3. 在「Fighter」類別的「showData()」方法之定義列(即，第一列)與「Airplane」類別中的「showData()」方法的的定義列完全一樣，只是「{ }」內的程式敘述不同，即在「Fighter」類別中重新定義的「showData()」方法，這就是「改寫」(Overriding) 的精神。
4. 第 24 列「super.showData();」敘述，表示呼叫「Fighter」類別的父類別「Airplane」之「showData()」方法。(請參考「11-3 super 保留字」)

11-3　super保留字

保留字「super」，代表呼叫非靜態方法的物件之父類別名稱，即，「super」是物件的父類別名稱之代名詞。「super」只能出現在子類別的非靜態方法中，其目的是用來呼叫父類別的建構子、呼叫父類別中被改寫的非靜態方法，或存取父類別的屬性。由於靜態方法屬於類別，而不屬於物件，因此無法使用「super」呼叫靜態方法。

若在類別的非靜態方法中所宣告的參數名稱與父類別的屬性名稱相同時，那要如何判斷在此非靜態方法中所使用的變數，是物件的屬性，還是非靜態方法的參數呢？若變數前有「super」，則其爲物件的屬性，否則爲非靜態方法的參數。在子類別的非靜態方法中所呼叫的非靜態方法，要如何判斷是子類別的非靜態方法，還是與父類別中同名的非靜態方法？若非靜態方法前有「super」，則其爲父類別的非靜態方法，否則爲子類別的非靜態方法。

當「子類別」與「父類別」有同名方法時，要如何判斷在「子類別」中所呼叫的方法，是屬於「子類別」，還是屬於「父類別」呢？若方法前有保留字「super」，則其爲「父類別」的方法，否則爲「子類別」的方法。

在「子類別」的「建構子」中，呼叫其直屬「父類別」的「建構子」之語法如下：

```
super([引數串列]);
```

在「子類別」的非私有之非靜態方法中，呼叫離它最近的「父類別」中同名的非私有「屬性」之語法如下：

```
super.屬性名稱
```

在「子類別」的非私有之非靜態方法中，呼叫離它最近的「父類別」中被改寫的非私有方法之語法如下：

```
super.改寫的非私有方法名稱([引數串列])
```

註：

1. 「[引數串列]」，表示「引數串列」為選擇性。若被呼叫的建構子或方法有宣告「參數串列」，則需有「引數串列」；否則無需有「引數串列」。「引數串列」的型態，必須與其對應的「參數串列」的型態相同。「引數串列」可以是變數或常數。
2. 「super([引數串列]);」必須寫在建構子定義中的第一列。

11-4 final保留字

保留字「final」的主要作用，是限制在它之後的「類別」、「屬性」及「方法」三者的權限。因此，可藉「final」來防止不當或無意間行爲而產生的問題，使程式運作更加順暢及安全。在實務上，甚麼樣的問題需要使用「final」來限制它的行爲呢？例：廣泛及公用的類別被定義後，爲了軟體相容性是不能被重新定義。例：圓周率是固定的常數屬性，是不能被任意變更。例：密碼驗證方法、股東分紅規則、薪資支付規則等被定義後，爲了正確、公正及公平也是不能被重新定義。

定義「類別」時，若保留字「class」前有「final」，則表示「class」後面的「類別」不可再被其他的「子類別」繼承；否則在此「類別」名稱底下會出現粉紅色鋸齒狀的線條，若將滑鼠移到此線條，則會出現類似以下錯誤訊息：

「**Remove 'final' modifier of 'ccc'**」(去除類別 ccc 前的 final)
表示類別「ccc」不能被繼承。

宣告「屬性」時，若「屬性」名稱前有「final」，則表示此「屬性」是一個常數，同時必須指定其初始值，且之後就不能被更改；否則在此「屬性」名稱底下會出現粉紅色鋸齒狀的線條，若將滑鼠移到此線條，則會出現類似以下錯誤訊息：

「**Remove 'final' modifier of 'fff'**」(去除屬性 fff 前的 final)
表示屬性「fff」不能重新指定新值。

定義「方法」時，若「方法」名稱前有「final」，則表示此「方法」不可在「子類別」中被改寫；否則在此「方法」名稱底下會出現粉紅色鋸齒狀的線條，若將滑鼠移到此線條，則會出現類似以下錯誤訊息：

「**Remove 'final' modifier of 'mmm'**」(去除方法 mmm 前的 final)
表示方法「mmm」不能被改寫。

範例3

寫一程式，宣告圓周率常數 PI 為 3.1416 及輸入圓的半徑，並輸出圓的面積及周長。

```
1  package ch11;
2
3  import java.util.Scanner;
4
5  class Ex3 {
6     public static final double PI = 3.1416; // PI:圓周率常數
7
8     public static void main(String[] args){
9        Scanner keyin = new Scanner(System.in);
10       System.out.print("請輸入圓的半徑:");
11       float r = keyin.nextFloat();  // r:圓的半徑
12       System.out.println("圓的面積=" + PI * r* r );
13       System.out.println("圓的周長=" + 2 * PI * r );
14       keyin.close();
15    }
16 }
```

執行結果

```
請輸入圓的半徑:10
圓的面積=314.16
圓的周長=62.832
```

三程式說明

圓周率是固定的常數，不會因爲圓的大小而改變。因此，必須以保留字「final」宣告屬性「PI」(圓周率)，並設定其初始值爲 3.1416，才能避免圓周率被更動而沒察覺到。

三範例4

寫一程式，在主類別外，定義 Employee 類別，並在其中定義一無法被改寫且無回傳值的 check 方法，作爲員工編號驗證之用。員工編號驗證規則如下：員工編號前 7 碼的數字總和除以 10 的餘數，若等於第 8 碼的數字，則爲正確的員工編號;否則爲錯誤的員工編號。

```
1  package ch11;
2
3  import java.util.Scanner;
4
5  class Employee { // 員工類別
6     String code; // 員工編號
7
8     public final void check(String code) { // 員工編號驗證
9        int sum = 0;
10
11       // 計算字串code前7碼的數字總和
12       for (int i = 0; i < 7; i++)
13          sum += (code.charAt(i)-48);
14
15       // 字串code前7碼的數字總和÷10的餘數，是否等於字串code第7碼的數字
16       if (sum % 10 == (code.charAt(7)-48))
17          System.out.println(code + "爲正確的員工編號.");
18       else
19          System.out.println(code + "爲錯誤的員工編號.");
20    }
21 }
22
23 public class Ex4 {
24    public static void main(String[] args) {
25       Scanner keyin = new Scanner(System.in);
26       System.out.print("請輸入員工編號(8碼):");
27       Employee emp = new Employee();
28       emp.code = keyin.next();
29       emp.check(emp.code);
30       keyin.close();
31    }
32 }
```

執行結果

```
請輸入員工編號(8碼):12345678
12345678爲正確的員工編號.
```

☰程式說明

1. 第 8 列定義的「check()」方法，使用保留字「final」表示「check()」方法不能被改寫。
2. 第 13 列的「code.charAt(i)」表示字串 code 的第 i 個字元。當字元與數字做運算時，字元會被轉換成其所對應 ASCII 碼。例：若第 i 個字元爲 '0'，其所對應 ASCII 碼爲 48，則「code.charAt(i)-48」等於 0。以此類推，若第 i 個字元爲 '9'，其所對應 ASCII 碼爲 57，則「code.charAt(i)-48」等於 9。
3. 第 16 列的「if (sum % 10 == (code.charAt(7)-48))」，主要用來判斷字串 code 前 7 碼的數字總和除以 10 的餘數，是否等於字串 code 第 7 碼的數字。前 7 碼是指第 0 碼到第 6 碼的意思。

11-5　自行拋出自訂例外物件

在「第九章 例外處理」提到：程式執行發生例外時，可以使用「try…catch…finally…」結構來攔截所拋出的例外，並加以處理。若所有的「catch(){}」區塊都沒有攔截到程式所產生的例外，則會由 JVM 所攔截，並中止程式及顯示錯誤訊息。

若內建例外類別不適用，則可以內建「Throwable」類別或「Throwable」的子類別爲基礎類別，自訂新的衍生例外類別，並以自行拋出自訂例外的方式，來處理自訂例外發生時要提供的錯誤訊息。自行拋出例外的語法如下：

```
throw new 自訂例外類別名稱("發生例外的文字說明");
```

註：

1. 它的作用，是先產生一個資料型態名稱為「自訂例外類別」的例外物件變數並初始化，同時傳入的錯誤訊息：「發生例外的文字說明」，然後將例外拋出並利用「Throwable」類別的「getMessage()」方法取得所傳入的錯誤訊息：「發生例外的文字說明」。使用此語法之前，必須先定義「自訂例外類別」，否則編譯時會產生類似以下的錯誤訊息：

   「**ccc cannot be resolved to a type**」(ccc 無法被解析為一種資料類型)

2. 當「throw new …;」執行時，其後的敘述將不會被執行，並由「try…catch…finally…」結構中的「catch(…){…}」區塊，來攔截所符合的例外。
3. 「throw new …;」敘述，必須撰寫在選擇結構的敘述中(即，撰寫在某個條件底下)，否則編譯時會出現以下的錯誤訊息：

   「**Unreachable code**」（表示其底下的敘述根本不會被執行）

範例5

自行拋出自訂例外物件練習。

```
1  package ch11;
2  
3  import java.util.Scanner;
4  
5  public class Ex5 {
6     public static void main(String[] args) {
7        Scanner keyin = new Scanner(System.in);
8  
9        String id;
10       System.out.print("輸入使用者名稱(最多8個字):");
11       try {
12          id = keyin.nextLine();
13          checkId(id);
14       }
15       catch (lengthInvalidIdException e) {
16          System.out.println("例外狀況類型:lengthInvalidIdException");
17       }
18       catch (Exception e) {
19          System.out.println("例外狀況原因:" + e.getMessage());
20       }
21       finally {
22          keyin.close();
23       }
24    }
25  
26    static void checkId(String id) throws lengthInvalidIdException {
27       if (id.length() > 8) {
28          System.out.print("例外狀況原因:使用者名稱" + id + "的長度");
29          throw new lengthInvalidIdException("超過8位,不符合規定");
30       } else {
31          System.out.println("使用者名稱" + id + "的長度,符合規定");
32       }
33    }
34 }
35  
36 class lengthInvalidIdException extends Exception
37 {
```

```
38     public lengthInvalidIdException(String error)
39     {
40       System.out.println(error);
41     }
42 }
```

執行結果

```
輸入使用者名稱(最多8個字):A12345678
例外狀況原因:使用者名稱A12345678的長度超過8位,不符合規定
例外狀況類型:lengthInvalidIdException
```

☰程式說明

1. 當輸入的使用者名稱超過 8 位時，會建立一個「lengthInvalidIdException」例外物件，並傳入「超過 8 位 , 不符合規定」訊息給建構子「lengthInvalidIdException()」的參數「error」來實例化該物件，然後將例外拋出，並由「catch (lengthInvalidIdException e) { }」區塊來攔截此例外。

2. 程式第 36 列「class lengthInvalidIdException extends Exception」中的「lengthInvalidIdException」底下，會出現警告的橘色鋸齒狀線條，警告訊息爲 :「The serializable class lengthInvalidIdException does not declare a static final serialVersionUID field of type long」，表示「lengthInvalidIdException」例外類別沒有宣告一個常數靜態長整數屬性「serialVersionUID」。若不想出現此警告的橘色鋸齒狀線條，則需將「Eclipse」的「Serializable class without serialVersionUID」項目設定爲「ignore」。設定的程序如下：
   (1) 點選「Eclipse」功能表「Window」中的「Preferences」。
   (2) 在「Preferences」視窗中，點選「Java」頁籤 →「Compiler」頁籤 →「Error/Warnings」頁籤。
   (3) 在「Error/Warnings」頁籤中，將「Serializable class without serialVersionUID」項目設定爲「ignore」。

3. 「serialVersionUID」的相關資訊，請參考：https://docs.oracle.com/en/java/javase/17/docs/api/java.base/java/io/Serializable.html

11-6 自我練習

一、選擇題

1. 父類別的哪一種成員是無法被繼承的？

   (A) static　(B) public　(C) protected　(D) private

2. 父類別的方法在子類別中被重新定義的做法，稱爲什麼？

   (A) 方法改寫　(B) 靜態方法　(C) 方法多載　(D) 抽象方法

3. 若要特定類別不再讓其他類別繼承，則必須在該類別的 class 前加上甚麼保留字？

   (A) static　(B) public　(C) protected　(D) final

4. 有關繼承的描述，下列何者有誤？

   (A) 繼承的類別稱爲子父類　(B) 別被繼承的類別稱爲父類別

   (C) 一個子類別可以同時繼承兩個父類別　(D) 一個父類別可以同時被兩個子類別繼承

二、程式設計

1. (單一繼承)寫一程式，定義「Shape」圖形類別，它包含代表圖形面積的「area」屬性，及一個計算圖形面積的「ComputeArea()」方法。接著定義「Shape」類別的衍生類別「Rectangle」，它包含「length」與「width」兩個屬性，分別代表長方形的長與寬。程式執行時，建立一「Rectangle」類別的物件變數，輸入長方形的長與寬，並分別存入此物件變數的「length」與「width」屬性，最後呼叫「ComputeArea()」方法，輸出長方形的面積。

2. (多層繼承)承上題，再定義繼承「Rectangle」類別的衍生類別「Cube」，它包含代表長方體高度的「height」屬性，及一個計算長方體體積的「ComputeVolume()」方法。程式執行時，建立一「Cube」類別的物件變數，輸入長方體形的長、寬及高，並分別存入此物件變數的「length」、「width」與「height」屬性，最後呼叫「ComputeVolume()」方法，輸出長方體的體積。

12

抽象類別和介面

教學目標

12-1 抽象類別
12-2 抽象類別之繼承
12-3 Interface(介面)
12-4 自我練習

生活中的任何物件在實體化之前，必須經過以下過程：

1. 先構思物件的雛型，但沒具體說明。
2. 將構思交給研究部門去設計並開發。

將只有構思沒有具體說明的抽象化概念，交由不同的研究部門去設計並開發，最後所產生的物件實體一定不盡相同。

若這種抽象化概念應用在類別定義上，則稱此類別爲「抽象類別 (abstract class)」。因此，抽象類別是一種不能具體化的類別。

12-1 抽象類別

抽象類別主要是當作基底類別之用，其內部定義一些通用的功能，提供給衍生類別共用。定義類別時，在關鍵字「class」前，若有保留字「abstract」，則此「類別」被稱爲「抽象類別」。在抽象類別定義中，必須至少宣告一個沒有具體內容的抽象方法，而具體內容必須在其子類別定義中被實作出來。定義方法時，方法名稱前若有保留字「abstract」，則此「方法」被稱爲「抽象方法」。

12-1-1 抽象類別定義

定義抽象類別的一般語法如下：

```
[public]  abstract  class  (抽象)類別名稱  [extends  父類別名稱]  {
  [
    [存取修飾子]  [static]  [final]  資料型態  屬性名稱1 [= 常數];
  ]
  [
    [存取修飾子]  [static]  [final]  資料型態  屬性名稱2 [= 常數];
  ]
  …
  [
    [public]  類別名稱()  { // 無參數串列的建構子
      // 程式敘述; …
    }
```

```
]
[
  [public]  類別名稱(參數串列) { // 有參數串列的建構子
    // 程式敘述; …
  }
]
…
[
  [存取修飾子]  [static]  [final]  回傳值的資料型態   方法名稱a(
                    [參數串列])  [throws   例外類別a1,例外類別a2,…] {
    // 程式敘述; …
  }
]
[
  [存取修飾子]  [static]  [final]  回傳值的資料型態   方法名稱b(
                    [參數串列])  [throws   例外類別b1,例外類別b2,…] {
    // 程式敘述; …
  }
]
…
[存取修飾子]   abstract   回傳值的資料型態   方法名稱A([參數串列]);
[
  [存取修飾子]   abstract   回傳值的資料型態   方法名稱B([參數串列]);
  …
]
[
  [存取修飾子]  [static]  [final]  回傳值的資料型態   父類別的抽象方法名稱m(
                    [參數串列])  [throws   例外類別m1,例外類別m2,…] {
    // 實作父類別的抽象方法名稱m
  }
]
[
```

```
        [存取修飾子] [static] [final] 回傳值的資料型態 父類別的抽象方法名稱n(
                      [參數串列]) [throws 例外類別n1,例外類別n2,…] {
            // 實作父類別的抽象方法名稱n
        }
    ]
    …
}
```

≡定義說明

1. 定義抽象類別的語法為定義類別的一般語法之特殊狀況，即，在保留字「class」前一定要有保留字「abstract」。

2. 抽象類別在抽象類別的定義中，至少要宣告一個「抽象方法」。而屬性及一般方法是選擇性的。

3. 抽象類別中的抽象方法，只能有宣告列不能有內容，並以「;」當宣告結尾。

4. 抽象類別、屬性、方法及參數等名稱的命名，請參考識別字的命名規則。

5. 其他相關的保留字「public」、「extends」、「存取修飾子」、「static」及「final」與「回傳值的資料型態」、「參數串列」和「throws …」說明，請參考「10-2-1 類別定義」。

「抽象類別」中的「抽象方法」，必須在「抽象類別」的「非抽象子類別」中實作，否則在此「非抽象子類別」名稱底下，會出現粉紅色鋸齒狀的線條，若將滑鼠移到此線條，則會出現類似以下錯誤訊息：

「The type sss must implement the inherited abstract method aaa.mmm(...)」

（在抽象類別「aaa」的非抽象子類別「sss」中，必須定義抽象類別「aaa」中的抽象方法「mmm」）

12-1-2 宣告抽象類別變數並指向一般類別的物件實例

「抽象類別」定義後，可宣告「抽象類別」變數，但無法使用「new」來產生「抽象類別」實例。雖然如此，「抽象類別」變數仍然可以指向「非抽象子類別」的「物件」實例，且可以存取此「抽象類別」的「屬性」，或呼叫「非抽象子類別」所實作的「抽象方法」。若想利用「抽象類別」變數存取「非抽象子類別」的「屬性」

或「非實作抽象方法」，則必須先將「抽象類別」變數強制轉型為「非抽象子類別」的「物件」變數。

宣告抽象類別變數，並指向非抽象子類別的物件實例之語法如下：

```
抽象類別名稱 抽象類別變數名稱 = new 非抽象子類別名稱([參數串列]);
```

註：

「參數串列」說明，請參考「10-2-1 類別定義」。

以下所有的範例，都是建立在專案名稱為「ch12」及套件名稱為「ch12」的條件下。

範例1

寫一程式，定義 Semester 抽象類別，在其中宣告 credits 和 passCredits 兩個屬性，分別表示修課總學分數及通過學分數，及宣告 dropOut 抽象方法。另外定義繼承 Semester 抽象類別的子類別 Student，並在其中實作 dropOut 抽象方法，用來判斷是否有 2/3 學分數不及格。在主類別中，分別宣告型態為 Student 類別的物件變數 stu1，型態為 Semester 抽象類別的物件變數 sem 及 Student 類別的物件變數 stu2。執行時，分別輸入變數 stu1 及 sem 的 credits 與 passCredits 兩個屬性值，及將 sem 轉型為 Student 類別的物件變數，並指定給 Student 類別的物件變數 stu2。最後分別輸出 stu1、sem 及 stu2 三個變數所指向的物件實例是否有 2/3 學分數不及格。

```
1  package ch12;
2  
3  import java.util.Scanner;
4  
5  abstract class Semester { // 定義Semester(學期)類別
6     int credits; // 修課總學分數
7     int passCredits; // 通過學分數
8  
9     // 宣告dropOut()抽象方法:判斷是否退學
10    public abstract boolean dropOut(int credits, int passCredits);
11 }
12 
13 class Student extends Semester { // 定義Student(學生)類別
14    // 實作dropOut抽象方法
15    public boolean dropOut(int credits, int passCredits) {
16       return (double) (credits - passCredits) / credits >= (double) 2 / 3;
17    }
18 }
```

```
19
20 public class Ex1 {
21    public static void main(String[] args) {
22       Scanner keyin = new Scanner(System.in);
23
24       // 宣告Student類別物件變數stu1,並指向所產生並初始化的Student類別物件實例
25       Student stu1 = new Student(); //不能用new Semester()
26
27       System.out.println("判斷是否有2/3學分數不及格?");
28       System.out.print("請輸入修課總學分及通過學分(以空白隔開):");
29       stu1.credits = keyin.nextInt();
30       stu1.passCredits = keyin.nextInt();
31
32       // 判斷stu1所指向的物件實例是否有2/3學分數不及格
33       System.out.print("stu1所指向的物件,是否有2/3學分數不及格?");
34       if (stu1.dropOut(stu1.credits, stu1.passCredits))
35          System.out.println("是\n");
36       else
37          System.out.println("否\n");
38
39       // 宣告Semester抽象類別物件變數sem,
40       //並指向所產生並初始化的Student類別物件實例
41       Semester sem = new Student();// 不能用 new Semester()
42
43       System.out.println("判斷是否有2/3學分數不及格?");
44       System.out.print("請輸入修課總學分及通過學分(以空白隔開):");
45       sem.credits = keyin.nextInt();
46       sem.passCredits = keyin.nextInt();
47
48       // 判斷sem所指向的物件實例是否有2/3學分數不及格
49       System.out.print("sem所指向的物件,是否有2/3學分數不及格?");
50       if (sem.dropOut(sem.credits, sem.passCredits))
51          System.out.println("是\n");
52       else
53          System.out.println("否\n");
54
55       Student stu2; // 宣告Student類別的物件變數stu2
56
57       // 將Semester抽象類別物件變數sem，強制轉換成Student類別物件變數
58       // 並指定給的物件變數stu2。因此，stu2與sem指向同一個Student物件實例
59       stu2 = (Student) sem;
60
61       // 判斷stu2所指向的物件實例是否有2/3學分數不及格
62       System.out.print("stu2所指向的物件,是否有2/3學分數不及格?");
63       if (stu2.dropOut(stu2.credits, stu2.passCredits))
64          System.out.println("是\n");
65       else
```

```
66          System.out.println("否\n");
67       keyin.close();
68    }
69 }
```

執行結果

```
判斷是否有2/3學分數不及格?
請輸入修課總學分及通過學分(以空白隔開):25 5
stu1所指向的物件,是否有2/3學分數不及格?是

判斷是否有2/3學分數不及格?
請輸入修課總學分及通過學分(以空白隔開):25 20
sem所指向的物件,是否有2/3學分數不及格?否

stu2所指向的物件,是否有2/3學分數不及格?否
```

☰程式說明

1. 第 5~11 列定義「Semester」抽象類別，在其中宣告「dropOut」抽象方法。因此，在第 34~46 列定義繼承「Semester」抽象類別的子類別「Student」中，必須實作「dropOut」抽象方法。

2. 第 60 列「**Semester** sem = new **Student**();」敘述，是宣告「Semester」抽象類別的物件變數 sem，並指向所產生並初始化的「Student」類別物件實例。「Semester」抽象類別無法建立屬於自己的實例，只能指向其非抽象子類別「Student」的實例。

3. 第 60 列「stu2 = (Student) sem;」敘述，是將「Semester」抽象類別物件變數 sem，強制轉換成「Student」類別物件變數，並指定給「Student」類別物件變數 stu2，即，stu2 與 sem 都指向同一個「Student」類別物件實例。因此，顯示物件實例內容的結果都相同。

☰範例2

寫一程式，定義 Tax 抽象類別，在其中宣告 payTax 抽象方法。另外定義繼承 Tax 抽象類別的非抽象子類別 IncomeTax 及 StockTax，並分別在其中實作 payTax 方法，用來計算綜合所得應納稅額及股票交易應納稅額。在主類別中，宣告型態爲 Tax 的物件變數 tax。執行時，分別輸入綜合所得淨額及買賣股票總金額，最後分別輸出綜合所得應納稅額及股票交易應納稅額。

```
1  package ch12;
2
3  import java.util.Scanner;
4
5  abstract class Tax { // Tax(稅)抽象類別
6     // 宣告payTax()抽象方法:計算稅金
7     abstract void payTax(int money);
8  }
9
10 class IncomeTax extends Tax { // IncomeTax(綜合所得歲稅)類別
11    void payTax(int income) {  // 實作payTax抽象方法:計算綜合所得稅額並輸出
12       System.out.print("綜合所得淨額" + income + ",應納稅額");
13       if (income <= 540000)
14          System.out.printf("%.0f\n", income * 0.05);
15       else if (income <= 1210000)
16          System.out.printf("%.0f\n", income * 0.12 - 37800);
17       else if (income <= 2420000)
18          System.out.printf("%.0f\n", income * 0.2 - 134600);
19       else if (income <= 4530000)
20          System.out.printf("%.0f\n", income * 0.3 - 376600);
21       else
22          System.out.printf("%.0f\n", income * 0.4 - 829600);
23    }
24 }
25
26 class StockTax extends Tax { // StockTax(股票交易稅)類別
27    void payTax(int trademoney) {  // 實作payTax抽象方法:計算股票交易稅額並輸出
28       System.out.print("股票交易總金額" + trademoney + "，應納稅額");
29       //股票交易應納稅額爲股票交易總金額的千分之三
30       System.out.printf("%.0f", trademoney * 0.003); //
31    }
32 }
33
34 public class Ex2 {
35    public static void main(String[ ] args) {
36       Tax tax;
37       Scanner keyin = new Scanner(System.in);
38       System.out.println("計算綜合所得應繳稅額");
39       System.out.print("請輸入綜合所得淨額:");
40       int income = keyin.nextInt(); // 綜合所得淨額
41       tax = new IncomeTax();
42       tax.payTax(income);
43       System.out.println("\n計算買賣股票應繳稅額");
44       System.out.print("請輸入買賣股票總金額:");
45       int trademoney = keyin.nextInt();
```

```
46        tax = new StockTax();
47        tax.payTax(trademoney); // 股票交易總金額
48        keyin.close();
49    }
50 }
```

執行結果

```
計算綜合所得應繳稅額
請輸入綜合所得淨額:100000
綜合所得淨額100000,應納稅額5000

計算買賣股票應繳稅額
請輸入買賣股票總金額:100000
股票交易總金額100000，應納稅額300
```

☰程式說明

1. 類別「IncomeTax」和「StockTax」都繼承「Tax」抽象類別，因此必須在兩者的定義中，各自實作「Tax」抽象類別的「payTax」抽象方法，分別計算綜合所得稅額(第11~23列)，及股票交易稅稅額(第27~31列)。

2. 第43及48列，分別指向「Tax」抽象類別的子類別「IncomeTax」及「StockTax」之物件實例。因此，就能使用第44及49列，分別呼叫子類別「IncomeTax」及「StockTax」的「payTax」方法。

3. 我國110年綜合所得稅的課徵稅率表如下：

綜合所得淨額	稅率	累進差額
0 ~ 540,000	5%	0
540,001 ~ 1,210,000	12%	37,800
1,210,001 ~ 2,420,000	20%	134,600
2,420,001 ~ 4,530,000	30%	376,600
4,530,001 以上	40%	829,600

應納稅額＝綜合所得淨額 × 稅率－累進差額。

12-2 抽象類別之繼承

抽象類別繼承的定義語法如下：

```
[public] abstract class (抽象)子類別名稱 extends 父類別名稱 {
  [
    [存取修飾子] [static] [final] 資料型態 屬性名稱1 [= 常數];
  ]
  [
    [存取修飾子] [static] [final] 資料型態 屬性名稱2 [= 常數];
  ]
  …
  [
    [public] 類別名稱() { // 無參數串列的建構子
      // 程式敘述; …
    }
  ]
  [
    [public] 類別名稱 (參數串列) { // 有參數串列的建構子
      // 程式敘述; …
    }
  ]
  …
  [
    [存取修飾子] [static] [final] 回傳值的資料型態 方法名稱a(
                    [參數串列]) [throws 例外類別a1,例外類別a2,…] {
      // 程式敘述; …
    }
  ]
  [
    [存取修飾子] [static] [final] 回傳值的資料型態 方法名稱b(
                    [參數串列]) [throws 例外類別b1,例外類別b2,…] {
      // 程式敘述; …
    }
```

```
]
…
[存取修飾子]  abstract  回傳值的資料型態  方法名稱A([參數串列]);
[
  [存取修飾子]  abstract  回傳值的資料型態  方法名稱B([參數串列]);
  …
]
[
  [存取修飾子]  [static]  [final]  回傳值的資料型態  父類別的抽象方法名稱m(
                [參數串列])  [throws  例外類別m1,例外類別m2,…] {
    // 實作父類別的抽象方法名稱m
  }
]
[
  [存取修飾子]  [static]  [final]  回傳值的資料型態  父類別的抽象方法名稱n(
              [參數串列])  [throws  例外類別n1,例外類別n2,…] {
    // 實作父類別的抽象方法名稱n
  }
]
…
}
```

☰定義說明

1. 定義抽象類別繼承的語法為定義抽象類別的一般語法之特殊狀況，即，在「抽象類別」名稱後一定要有保留字「extends」及一個「父類別」名稱。與一般「類別」繼承一樣，抽象類別繼承也不具有多重繼承的機制。

2. 抽象子類別、父類別、屬性、方法及參數等名稱的命名，請參考識別字的命名規則。

3. 其他相關的保留字「public」、「存取修飾子」、「static」及「final」與「回傳值的資料型態」和「參數串列」說明，請參考「10-2-1 類別定義」。

「非抽象子類別」繼承「抽象類別」時，利用「非抽象子類別」產生物件時，會先呼叫此「非抽象子類別」的「父類別」之無參數建構子，然後再呼叫此「非抽象子類別」之建構子。若「父類別」內沒有定義的無參數建構子，則此「父類別」內就不能定義有參數的建構子，否則執行時會出現類似以下的錯誤訊息：

「**Implicit super constructor xxx() is undefined for default constructor.**」
(父類別 xxx 沒有定義無參數建構子 xxx())

範例3

寫一程式，定義一 Shape 抽象類別，並在其中宣告一個 public 層級且資料型態爲 double 的 area(圖形面積)屬性，及宣告一個 public 層級且不回傳值的 showArea(顯示面積)抽象方法。定義繼承抽象類別 Shape 的抽象類別 TriAngle，並在其中宣告兩個 public 層級且資料型態爲 double 的 bottom(三角形的底邊長)屬性及 height(三角形的高度)屬性，及宣告一個 public 層級且不回傳值的 computeArea(計算面積)抽象方法。定義繼承 TriAngle 抽象類別的非抽象類別 ExTriAngle，並在其中實作 Shape 抽象類別的 showArea 抽象方法，及 TriAngle 抽象類別 的 computeArea 抽象方法。在主類別中，宣告類型爲 ExTriAngle 類別的物件變數 ex，執行時，分別輸入三角形的底和高，並輸出三角形的面積。

```
1   package ch12;
2
3   import java.util.Scanner;
4
5   abstract class Shape { // 定義Shape(圖形)抽象類別
6      // 宣告area(面積)屬性
7      public double area;
8
9      public abstract void showArea(); // 宣告showArea抽象方法:輸出圖形面積
10  }
11
12  abstract class TriAngle extends Shape { // 定義TriAngle(三角形)抽象類別
13     public double bottom, height; // 底和高
14
15     public abstract void computeArea(); // 宣告computeArea抽象方法:計算圖形面積
16  }
17
18  class ExTriAngle extends TriAngle { // 定義ExTriAngle類別繼承TriAngle類別
19     public void computeArea() { // 實作computeArea抽象方法:計算三角形面積
20        System.out.print("底爲" + bottom + ",高爲" + height + "的三角形面積=");
21        area = bottom * height / 2;
22     }
23
```

```
24    public void showArea() { // 實作showArea抽象方法:輸出三角形面積
25       System.out.println(area);
26    }
27 }
28
29 public class Ex3 {
30    public static void main(String[ ] args) {
31       Scanner keyin = new Scanner(System.in);
32       System.out.print("請輸入三角形的底及高(以空白隔開):");
33       ExTriAngle ex = new ExTriAngle();
34       ex.bottom = keyin.nextDouble();
35       ex.height = keyin.nextDouble();
36       ex.computeArea();
37       ex.showArea();
38       keyin.close();
39    }
40 }
```

執行結果

```
請輸入三角形的底及高(以空白隔開):10 10
底爲10.0,高爲10.0的三角形面積=50.0
```

☰程式說明

抽象類別「TriAngle」繼承抽象類別「Shape」，且非抽象類別「ExTriAngle」繼承抽象類別「TriAngle」，因此在「ExTriAngle」類別的定義中，必須實作「Shape」抽象類別的「showArea」抽象方法 (第 19~22 列) 及實作「TriAngle」抽象類別的「computeArea」抽象方法 (第 24~26 列)。

12-3 Interface(介面)

介面和類別一樣都屬於 Java 參考資料型態，介面主要做爲不同類型物件間的標準規範。標準規範是指共同的屬性及方法。例：人類類別和動物類別都擁有眼睛、鼻子、嘴巴等共同屬性及具有移動、呼吸等共同方法。因此，將不同類型物件間共同的屬性及方法封裝後，就成爲這些類別物件的介面。

12-3-1 介面定義

定義介面的語法類似於定義類別的語法，Java 是以保留字「interface」來定義介面。介面的定義語法如下：

```
[public abstract] interface 介面名稱 [extends 父介面名稱1,父介面名稱2,…] {
  [
   [public static final] 資料型態 屬性名稱1 = 常數值1;
   [public static final] 資料型態 屬性名稱2 = 常數值2;
    …
  ]

  [public abstract] 傳回值型態 方法名稱1([參數串列]);

  [
    [public abstract] 傳回值型態 方法名稱2([參數串列]);
      …
  ]
}
```

☰定義說明

1. 有「[ ]」者，表示這些「保留字」或「名稱」爲選擇性。視需要填入適當的「保留字」、「名稱」或「不填」。這些「保留字」或「名稱」有「extends 父介面名稱 1, 父介面名稱 2,…」、「public static final」、「public abstract」及「參數串列」。
2. 若「介面」名稱後，有保留字「extends」，則此「介面」爲繼承的介面，稱之爲「子介面」或「衍生介面」，而「extends」後面的「介面」名稱爲被繼承的介面，稱之爲「父介面」或「基礎介面」。(請參考「12-3-4 介面繼承」)
3. 若省略保留字「interface」前的「public abstract」，則相當於宣告爲「abstract」，表示此介面只能在同套件中被實作；否則此介面能在不同套件中被實作。有關「實作」的說明，請參考「12-3-2 介面實作」。
4. 「介面」定義中的屬性，可以宣告爲「public static final」或省略，且要指定屬性的初始值。若省略「public static final」，則相當於宣告爲「static

final」，表示此屬性只能在同套件中被取得；否則此屬性能在不同套件中被取得。在「介面」定義中，都是以 static 來宣告屬性，因此「介面」中的靜態屬性，都被為「介面變數」。使用時，是以「介面名稱.屬性」表示之。

5. 「介面」定義中的抽象方法，只能宣告爲「public abstract」或省略。若省略「public abstract」，則相當於宣告爲「abstract」，表示此抽象方法只能在同套件中被實作；否則此抽象方法能在不同套件中被實作。
6. 在「介面」定義中，沒有介面建構子，也不能定義任何的非抽象方法。
7. 介面、父介面、屬性、方法及參數等名稱的命名，請參考識別字的命名規則。
8. 「參數串列」說明，請參考「10-2-1 類別定義」。

12-3-2　介面實作

「實作」，是作用於「類別」與「介面」間的一種機制。「類別」一次只能繼承一個「父類別」，但「類別」一次可以實作多個「介面」。類別，是以保留字「implements」來實作介面。類別實作介面的定義語法如下：

```
[public] [final] class 類別名稱 implements 介面名稱1,介面名稱2,… {
 [存取修飾子][static] [final] 資料型態 屬性名稱1;
  [
   [存取修飾子][static] [final] 資料型態 屬性名稱2;
   …
  ]

  [
   [public] 類別名稱() { // 無參數串列的建構子
      // 程式敘述; …
   }
  ]

  [
   [public] 類別名稱(參數串列) {//有參數串列的建構子
     // 程式敘述; …
   }
   …
```

```
  ]

  [存取修飾子][static][final] 回傳值的資料型態 方法名稱a ([參數串列])
                    [throws 例外類別1,例外類別2,…]
   {
    // 程式敘述; …
   }
  [
   [存取修飾子][static][final] 回傳值的資料型態 方法名稱b(
                    [參數串列]) [throws 例外類別3,例外類別4,…] {
     // 程式敘述; …
    }
    …
  ]
 public傳回值型態 介面1的抽象方法名稱1([參數串列]){
  // 實作介面1的抽象方法1
 }

 public傳回值型態 介面1的抽象方法名稱2([參數串列]){
  // 實作介面1的抽象方法2
 }
 …
 public傳回值型態 介面2的抽象方法名稱A([參數串列]){
  // 實作介面2的抽象方法A
 }

 public傳回值型態 介面2的抽象方法名稱B([參數串列]){
  // 實作介面2的抽象方法B
 }
 …
}
```

☰定義說明

1. 「類別」實作「介面」時，可以實作一個或多個「介面」。若「類別」只實作一個「介面」，則「implements」後面只需填入一個「介面」名稱。若「類別」實作多個「介面」，則「implements」後面必須填入多個「介面」名稱，並以「，」隔開。因此，「介面」實作，擁有「類別」所沒有的多重繼承機制。

2. 在類別中，必須實作介面名稱 1、介面名稱 2 等的抽象方法；否則在此「類別」名稱底下，會出現粉紅色鋸齒狀的線條，若將滑鼠移到此線條，則會出現類似以下錯誤訊息：

   「The type ccc must implement the inherited abstract method iii.mmm(...)」
   (類別「ccc」，必須實作介面「iii」中的抽象方法「mmm」)

3. 類別、屬性、方法及參數等名稱的命名，請參考識別字的命名規則。
4. 其他相關的保留字「public」、「存取修飾子」、「static」及「final」與「回傳值的資料型態」、「參數串列」和「throws …」說明，請參考「10-2-1 類別定義」。

12-3-3　介面變數宣告

「介面」定義後，就可宣告「介面」變數，但無法使用「new」來產生「介面」的「物件」實例。雖然如此，「介面」變數仍然可以指向「實作介面的類別」的「物件」實例，且可以取得此「介面」的常數「屬性」，或呼叫「實作介面的類別」所實作之「抽象方法」。若要利用「介面」變數存取「實作介面的類別」之「屬性」或「非實作抽象方法」，則必須先將「介面」變數強制轉型爲「實作介面的類別」之「物件」變數。

宣告介面變數，並指向實作類別的物件實例之語法如下：

```
介面名稱 介面變數名稱 = new 實作類別名稱([參數串列]);
```

註：

「參數串列」說明，請參考「10-2-1 類別定義」。

範例4

寫一程式，定義 Animal 介面，並在其中宣告了一 shout 抽象方法。另外分別定義類別 Chicken、Dog 及 Cat 來實作 Animal 介面，並分別在類別 Chicken、Dog 及 Cat 中實作 shout 抽象方法，用來發出聲音。在主類別中，宣告 Animal 介面變數 animal。執行時，輸出三種動物的叫聲，分別爲"雞咕咕咕"、"狗汪汪汪"及"貓喵喵喵"。

```
1  package ch12;
2
3  interface Animal { // Animal(動物)介面
4     // 宣告shout抽象方法:發出叫聲
5     public abstract void shout();
6  }
7
8  class Chicken implements Animal { // Chicken(雞)類別實作Animal介面
9     public void shout() { // 實作shout抽象方法:發出狗汪汪汪
10       System.out.println("雞咕咕咕");
11    }
12 }
13
14 class Dog implements Animal { // Dog(狗)類別實作Animal介面
15    public void shout() { // 實作shout抽象方法:發出雞咕咕咕
16       System.out.println("狗汪汪汪");
17    }
18 }
19
20 class Cat implements Animal { // Cat(貓)類別實作Animal介面
21    public void shout() { // 實作shout抽象方法:發出貓喵喵
22       System.out.println("貓喵喵喵");
23    }
24 }
25
26 public class Ex4 {
27    public static void main(String[ ] args) {
28       Animal animal; //宣告介面Animal的物件變數animal
29       animal= new Chicken();   //物件變數animal指向類別Chicken的物件實例
30       animal.shout();
31
32       animal = new Dog(); //物件變數animal指向類別Dog的物件實例
33       animal.shout();
34
35       animal = new Cat(); //物件變數animal指向類別Cat的物件實例
36       animal.shout();
37    }
38 }
```

執行結果

```
雞咕咕咕
狗汪汪汪
貓喵喵喵
```

三程式說明

1. 第 9~11、 15~17 及 21~23 列，分別爲類別「Chicken」、「Dog」及「Cat」實作「Animal」介面的「shout」抽象方法，分別輸出雞、狗及貓三種動物的叫聲。
2. 第 29、 32 及 35 列，介面「Animal」的物件變數「animal」分別指向的實作介面「Animal」的「Chicken」、「Dog」及「Cat」三種類別之物件實例。因此，就能使用第 30、 33 及 36 列，分別呼叫實作介面「Animal」的「Chicken」、「Dog」及「Cat」三種類別之「shout」方法。。
3. 介面定義在程式編譯後，會產生「介面名稱.class」檔。例：本題的介面名稱爲「Animal」，在程式編譯後，會產生「Animal.class」檔，並儲存在專案「ch12」資料夾內的「bin\ch12」資料夾中。

三範例5

寫一程式，定義 Sides 介面，並在其中宣告 setSides 抽象方法。定義 Degree 介面，並在其中宣告 computeDegree 抽象方法。另外定義 RegularSidesShape 類別實作 Sides 及 Degree 兩個介面，並在其中宣告 sides 屬性，表示正多邊形的邊數，及實作 Sides 介面的 setSides 方法與 Degree 介面的 computeDegree 抽象方法，分別用來設定正多邊形的邊數和計算正多邊形內角的度數。在主類別中，宣告型態爲 RegularSidesShape 類別的物件變數 picture。執行時，輸入正多邊形的邊數，最後輸出正多邊形內角的度數。

```
1   package ch12;
2
3   import java.util.Scanner;
4
5   interface Sides { // 定義Sides介面
6      // 宣告SetSides抽象方法 : 設定正多邊形的邊數
7      public abstract void setSides();
8   }
9
10  interface Degree { // 定義Degree介面
11     // 宣告computeDegree抽象方法 : 計算正多邊形內角的度數
12     public abstract double computeDegree(int sides);
13  }
14
15  class RegularSidesShape implements Sides, Degree {
16     int sides;
17
18     // 實作SetSides抽象方法
19     public void setSides() {
20        Scanner keyin = new Scanner(System.in);
```

```
21        System.out.println("計算正多邊形內角的度數");
22        System.out.print("請輸入正多邊形的邊數:");
23        sides = keyin.nextInt();      // 邊數
24        keyin.close();
25     }
26
27     // 實作computeDegree抽象方法
28     public double computeDegree(int sides) {
29        return (double)(sides-2) * 180 / sides;
30     }
31  }
32
33  public class Ex5 {
34     public static void main(String[] args) {
35        RegularSidesShape picture = new RegularSidesShape();
36        picture.setSides();
37        System.out.print("正"+picture.sides + "邊形內角的度數=");
38        System.out.printf("%.3f",picture.computeDegree(picture.sides));
39     }
40  }
```

執行結果

```
計算正多邊形內角的度數
請輸入正多邊形的邊數:7
正7邊形內角的度數=128.571
```

☰程式說明

1. 第 5~8 及 10~13 列，分別定義介面「Sides」和「Degree」，並在其中分別宣告「setSides」和「computeArea」兩個抽象方法。
2. 第 15~31 列，定義「RegularSidesShape」類別實作「Sides」及「Degree」兩個介面，並在其中分別定義「Sides」介面中的「setSides」方法和定義「Degree」介面中的「computeDegree」方法，分別用來設定正多邊形的邊數和計算正多邊形內角的度數。

12-3-4 介面繼承

介面的繼承機制與類別的繼承機制相同，都是爲了重複利用相同的程式碼，以提升程式撰寫效率及建立更符合需求的新介面。「子類別」一次只能繼承一個「父類別」，但「子介面」一次可以繼承多個「父介面」。因此，「介面」擁有「類別」所沒有的多重繼承機制。

定義介面繼承的語法如下：

```
[public abstract] interface 介面名稱 extends 父介面名稱1,父介面名稱2,… {
 [
   [public static final] 資料型態 屬性名稱1 = 常數值1;
   [public static final] 資料型態 屬性名稱2 = 常數值2;
    …
  ]

  [public abstract] 傳回值型態 方法名稱A([參數串列]);

  [
   [public abstract] 傳回值型態 方法名稱B([參數串列]);
    …
  ]
}
```

☰定義說明

1. 定義介面繼承的語法為定義介面的語法之特殊狀況，即，在「介面」名稱後一定要有保留字「extends」及「父介面」名稱。在保留字「extends」前的「介面」名稱，為繼承的介面，稱之為「子介面」或「衍生介面」，而「extends」後面的「介面」名稱為被繼承的介面，稱之為「父介面」或「基礎介面」。「子介面」可以繼承一個或多個「父介面」，若「子介面」只繼承一個「父介面」，則「extends」後面只需填入一個「父介面」名稱。若「子介面」繼承多個「父介面」，則「extends」後面必須填入多個「父介面」名稱，並以「，」隔開。「子介面」繼承多個「父介面」時，會將所有的「父介面」所宣告的常數屬性及定義的抽象方法通通繼承給「子介面」。

2. 子介面、父介面、屬性、方法及參數等名稱的命名，請參考識別字的命名規則。

3. 其他相關的保留字「public static final」及「public abstract」，與「回傳值的資料型態」及「參數串列」說明，請參考「12-3-1 介面定義」。

介面繼承時，「子介面」除了會繼承「父介面」的「常數靜態屬性」及「抽象方法」外，還可以建立屬於自己特有的「常數靜態屬性」及「抽象方法」，甚至可以重新宣告與「父介面」完全相同的「常數靜態屬性」或「抽象方法」。若「子介面」重新宣告與「父介面」完全相同的「常數靜態屬性」，則必須以「介面名稱.常數靜態屬性」方式，來存取「常數靜態屬性」；否則在此「常數靜態屬性」名稱底下，會出現粉紅色鋸齒狀的線條，若將滑鼠移到此線條，則會出現類似以下錯誤訊息：

「The field ccc.fff is ambiguous」

（類別「ccc」的常數靜態屬性「fff」是含糊不清的，即無法知道常數靜態屬性「fff」是屬於「子介面」，還是「父介面」。）

「子介面」可以重新宣告與「父介面」完全相同的「抽象方法」，雖然編譯不會出現錯誤，但如此做毫無意義。「子介面」宣告與「父介面」同名的「抽象方法」時，若兩者所宣告的「參數」個數與「參數」的型態都相同，但「回傳值」的型態不同，則在「子介面」的「抽象方法」之「回傳值」型態名稱底下，會出現粉紅色鋸齒狀的線條，若將滑鼠移到此線條，則會出現類似以下錯誤訊息：

「The return type is incompatible with ppp.mmm(...)」

（「子介面」之「抽象方法mmm(…)」的「回傳值的資料型態」與「父介面(ppp)」之「抽象方法 mmm(…)」的「回傳值的資料型態」不相容）

「子介面」宣告與「父介面」同名的「抽象方法」時，若所宣告「參數串列的個數」或「對應的資料型態」不同，則在定義類別實作介面中，必須分別定義同名但「參數串列的個數」或「對應的資料型態」不同的「抽象方法」，將會發生多載的現象。

範例6

（承上題）寫一程式，定義繼承Sides介面的ExtDegree子介面，並在其中宣告computeDegree抽象方法。另外定義RegularSidesShape2類別實作ExtDegree介面，並在其中宣告sides屬性，表示正多邊形的邊數，及實作Sides介面的setSides方法與ExtDegree介面的computeDegree方法，分別用來設定正多邊形的邊數和計算正多邊形內角的度數。在主類別中，宣告型態為RegularSidesShape2類別的物件變數picture。執行時，輸入正多邊形的邊數，最後輸出正多邊形內角的度數。

```
1  package ch12;
2
3  import java.util.Scanner;
4
5  interface ExtDegree extends Sides { // 定義繼承介面Sides的介面ExtDegree
6     // 宣告computeDegree抽象方法 : 計算正多邊形內角的度數
7     public abstract double computeDegree(int sides);
8  }
9  class RegularSidesShape2 implements ExtDegree {
10    int sides;
11
12    // 實作SetSides抽象方法: 設定正多邊形的邊數
13    public void setSides() {
14       Scanner keyin = new Scanner(System.in);
15       System.out.println("計算正多邊形內角的度數");
16       System.out.print("請輸入正多邊形的邊數:");
17       sides = keyin.nextInt();       // 邊數
18       keyin.close();
19    }
20
21    // 實作computeDegree抽象方法: 計算正多邊形內角的度數
22    public double computeDegree(int sides) {
23       return (double)(sides-2) * 180 / sides;
24    }
25 }
26
27 public class Ex6 {
28    public static void main(String[] args) {
29       RegularSidesShape2 picture = new RegularSidesShape2();
30       picture.setSides();
31       System.out.print("正"+picture.sides + "邊形內角的度數=");
32       System.out.printf("%.3f",picture.computeDegree(picture.sides));
33    }
34 }
```

執行結果

```
計算正多邊形內角的度數
請輸入正多邊形的邊數:7
正7邊形內角的度數=128.571
```

三程式說明

1. 在程式中並沒有定義「Sides」介面，爲什麼程式第 5~8 列的「ExtDegree」介面可以繼承「Sides」介面呢？「範例 5」的「Sides」介面與本範例的「ExtDegree」介面都是定義在套件「ch12」中，雖然「ExtDegree」介面與「Sides」介面位於不同的「.java」檔，但「ExtDegree」介面還是可以繼承「Sides」介面。
2. 本範例是利用繼承的概念，將「範例 5」的「Degree」及「Sides」兩個介面延伸成爲「ExtDegree」介面。如此可減少類別實作介面的個數。在「範例 5」中，「RegularSidesShape」類別實作「Sides」及「Degree」兩個介面，而在本範例中，「RegularSidesShape2」類別只實作「ExtDegree」介面。
3. 本範例與「範例 5」的執行的結果都一樣。

12-4 自我練習

一、選擇題

1. 定義抽象類別與抽象方法，必須使用那一個保留字？
   (A) static (B) public (C) protected (D) abstract
2. 有關抽象類別的描述，下列何者有誤？
   (A) 至少要宣告一個抽象方法
   (B) 抽象類別中的抽象方法，必須在抽象類別的非抽象子類別中實作
   (C) 抽象類別可以實作多型
   (D) 抽象類別可以使用 new 產生物件
3. 有關抽象方法的描述，下列何者有誤？
   (A) 抽象方法前須有 abstract 保留字 (B) 抽象方法內無任何敘述
   (C) 抽象方法可用 private 來宣告 (D) 在繼承的子類別中，一定要實作抽象方法
4. 定義介面，必須使用那一個保留字？
   (A) public (B) interface (C) abstract (D) final
5. 有關介面的描述，下列何者有誤？
   (A) 介面可以繼承多個介面
   (B) 類別實作介面後，一定要實作該介面的所有方法
   (C) 介面中的變數可以不必設定初值
   (D) 介面中的屬性，可以宣告爲「public static final」或省略

6. 有關介面的實作 , 下列何者錯誤？
(A) 介面可以實作多型
(B) 一個類別可實作多個介面
(C) 父類別及子類別可實作一個介面
(D) 一個類別實作多個介面時，須用「:」(冒號) 來分開介面名稱

二、程式設計

1. 寫一程式，定義「Shape」抽象類別，並在其中宣告「area」(面積) 抽象方法。另外定義類別「Shape」的兩個子類別，分別爲「Triangle」(三角形) 類別及「Rectangle」(長方形) 類別，並分別在類別「Triangle」及「Rectangle」類別中實作「area」抽象方法。在主類別中，宣告「Shape」抽象類別的變數「picture」。執行時，分別輸入三角形的底與高，及長方形的長與寬，最後分別輸出三角形及長方形的面積。(請參考「範例 3」)

2. 寫一程式，定義「TrafficTool」(交通工具) 介面，並在其中宣告「move」(移動) 抽象方法。另外分別定義「Car」(汽車) 類別、「Ship」(船) 類別及「Plane」(飛機) 類別來實作「TrafficTool」介面，且在類別「Car」、「Ship」及「Plane」中實作「move」抽象方法，分別輸出 " 路上移動 "、" 海上移動 " 及 " 空中移動 "。在主類別中，宣告「TrafficTool」介面的變數「moveStyle」，並分別輸出這三種交通工具的移動方式。(請參考「範例 4」)

13

檔案處理

教學目標

13-1 檔案類型
13-2 檔案資訊
13-3 輸出(或寫入)文字資料
13-4 輸入(或讀取)文字資料
13-5 輸出(或寫入)二進位資料
13-6 輸入(或讀取)二進位資料
13-7 輸入/輸出隨機存取檔資料
13-8 自我練習

從小時候讀書以來，每個人都被要求無數的作業或報告，並書寫於紙張或記錄於電腦儲存裝置中，以方便繳交或查詢。資料儲存於電腦中是以檔案形式存在，一個檔案可以儲存好幾個作業或報告資料，一個作業或報告資料也可以分開儲存在不同的檔案中。

在「第三章 基本輸出方法及輸入方法」中提到:資料除了可以儲存在變數之外，還可以檔案的形式儲存在硬體裝置中，兩者之間的最大差異爲保存時間。若資料儲存在變數，則程式結束時，其所佔用的記憶體空間會被釋放，且資料無法永久保存；若資料儲存在檔案，則不會隨程式結束而消失。

將檔案中的資料取出並儲存在記憶體的過程，稱之爲輸入 (Input)。將記憶體中的資料寫入檔案內的過程，稱之爲輸出 (Output)。資料輸入與資料輸出的過程，可看成「水流透過不同的管道，由來源端流向別端，再由別端流向其他端或回流到來源端」。Unix 作業系統，將資料流動的現象，抽象化爲串流的概念。Java 程式與檔案之間的溝通，就是透過串流的概念，來描述資料在程式與檔案之間是如何傳遞。當程式開啓來源串流時，接著程式就能依序讀取來源串流中的資料或將資料寫入來源串流中。故串流處理就是檔案處理。

如何建立檔案、如何設定檔案存取權限、如何設定檔案資料存取方式等有關的資訊，都是紀錄在一個資料型態爲資料串流類別的物件變數，它是程式與檔案溝通的橋樑。透過此物件變數的方法，就能對檔案進行讀寫，如「圖 13-1 資料串流處理示意圖」所示。

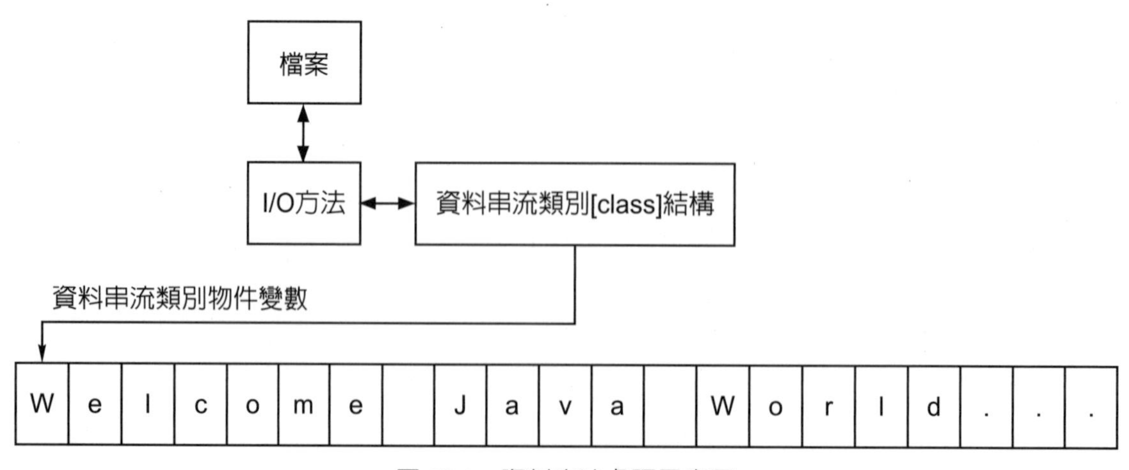

圖 13-1　資料串流處理示意圖

13-1　檔案類型

檔案是由眾多的字元 (Character) 或位元 (Bit) 資料所組成的集合體。依資料的儲存方式做分類，檔案可分成下列兩種類型：

1. **文字檔 (Text file)**：檔案中的每一個字元是以其所對應的十六位元 Unicode 碼來儲存。文字檔適合閱讀，但無保密性。文字檔的存取方式，是透過一般的文書編輯軟體來處理。例：NotePad。

2. **二進位檔 (Binary file)**：檔案中的每一個字元是以二進位的方式來儲存，具有保密性，必須先經轉譯才能閱讀。一般常見的執行檔、圖形檔及影像聲音檔，都是以二進位檔儲存。一般的文書編輯軟體無法處理二進位檔，必須使用類似 UltraEdit 這種特殊文書編輯軟體，才能閱讀它；否則看到的是一堆無法了解的亂碼。

依資料的存取方式做分類，檔案可分成下列兩種類型：

1. **循序存取 (Sequential Access)**：寫入資料時，是附加在檔案的尾部；讀取資料時，是由檔案的開端往檔案的尾部進行。以這種方式存取資料的檔案，被稱爲循序檔 (Sequential File)，常用於文字檔。

2. **隨機存取 (Random Access)**：每一筆記錄以固定長度的資料寫入檔案，且能隨機存取任何一筆記錄資料。以這種方式存取資料的檔案，被稱爲隨機存取檔 (Random Access File)。

13-2　檔案資訊

一個檔案的資訊包括外部及內部兩部分。檔案的外部資訊包括檔案名稱、檔案所在的路徑、檔案大小、檔案屬性是否爲可讀可寫或隱藏等。檔案的內部資訊是指儲存在檔案中的資料。

13-2-1　存取檔案外部資訊

檔案及資料夾是資料儲存的地方。若想利用 Java 程式查詢檔案或資料夾的外部資訊，甚至對檔案或資料夾進行新增、刪除、更名等作業，則需依照下列步驟進行。

1. 宣告一個「File」類別的物件變數，並指向一個檔案或資料夾。
2. 利用此「File」類別的物件變數，呼叫「File」類別的方法(請參考「表13-1」及「表13-2」)，查詢它所指向的檔案或資料夾之外部資訊，或對檔案(或資料夾)進行新增、刪除、更名等作業。

內建類別「File」定義在「java.io」套件中，若要宣告一個「File」類別的物件變數，則必須先下達「import java.io.File;」敘述，將「File」類別引入；否則編譯時會出現以下的錯誤訊息：

「**'File' cannot be resolved to a type**」
(識別名稱 File 無法被解析爲一種資料類型)。

宣告一個「File」類別的物件變數，並指向一個名爲「name」的檔案或資料夾之語法如下：

```
File 物件變數=new File(name);
```

註：

1. 「name」是「File()」建構子的參數，代表物件變數所指向的檔案或資料夾名稱，它的資料型態為 String。
2. 「File()」建構子的引數之資料型態為 String，且引數必須是 String 變數或常數。若引數為 String 常數，且內容中含有「\」，則必須在「\」之前再加上「\」。例，「"d:\\test\\test.txt"」。

表 13-1 File 類別常用的方法(一)

回傳的資料型態	方法名稱	作用
boolean	public **boolean** mkdir()	判斷「File」類別物件變數所指向的資料夾是否成功建立。 [註]若傳回「true」，則表示成功建立；否則建立失敗。
boolean	public **boolean** createNewFile() throws **IOException**	判斷「File」類別物件變數所指向的檔案是否成功建立。 [註]若傳回「true」，則表示成功建立；否則建立失敗。

boolean	public **boolean** delete()	判斷「File」類別物件變數所指向的檔案或資料夾是否成功刪除。 [註] 若傳回「true」，則表示成功刪除；否則刪除失敗。
boolean	public **boolean** renameTo(File newname)	判斷「File」類別物件變數所指向的檔案或資料夾是否成功更名為「newname」。 [註] 若傳回「true」，則表示成功更名；否則更名失敗。
boolean	public **boolean** setWritable(boolean canwrite)	判斷「File」類別物件變數所指向的檔案或資料夾是否成功變更成可寫入 (canwrite 為 true 時) 或唯讀 (canwrite 為 false 時) 的屬性。 [註] 若傳回「true」，則表示成功變更所設定的屬性；否則變更失敗。

註：

1. 「表 13-1」中的「newname」及「canwrite」是參數。兩者的資料型態分別為 File 及 boolean。
2. 「renameTo()」方法的引數之資料型態為「File」類別，且引數必須是「File」類別變數。「setWritable()」方法的引數之資料型態為 boolean，且引數必須是 boolean 變數或常數。
3. 呼叫「createNewFile()」方法，有可能會拋出「IOException」類別例外，呼叫前須先下達：

   「**import java.io.IOException;**」敘述；否則程式編譯時會產生錯誤訊息：

   「**IOException cannot be resolved to a type**」
   (識別名稱 IOException 無法被解析為一種資料類型)

   且同時必須使用「try…catch(IOException e)…」結構來攔截所發生例外，以避免程式異常中止；否則程式編譯時會產生下列錯誤訊息：

   「**Unhandled exception type IOException**」
   (沒有處理 IOException 例外)。
4. 「表 13-1 File 類別常用的方法 (一)」之使用語法如下：

   (1)

```
//判斷File類別物件變數所指向的資料夾是否成功建立
if (物件變數.mkdir())
{
  程式敘述;…
}
```

```
else
{
  程式敘述;…
}
或
物件變數.mkdir() ? 運算式1 : 運算式2
```

註：方法「createNewFile()」及「delete()」的使用語法，與「mkdir()」類似。

(2)

```
//判斷File類別物件變數所指向的檔案(或資料夾)名稱是否成功更名
if (物件變數.renameTo(新的檔案(或資料夾)名稱))
{
  程式敘述;…
}
else
{
  程式敘述;…
}
或
物件變數.renameTo(新的檔案(或資料夾)名稱) ? 運算式1 : 運算式2
```

(3)

```
//判斷File類別物件變數所指向的檔案或資料夾是否成功變更成可寫入
//(canwrite為true時)或唯讀(canwrite為false時)的屬性
if (物件變數.setWritable(true(或false)))
{
  程式敘述;…
}
else
{
  程式敘述;…
}
或
物件變數.setWritable(true(或false)) ? 運算式1 : 運算式2
```

以下所有的範例，都是建立在專案名稱爲「ch13」及套件名稱爲「ch13」的條件下。

範例1

寫一程式，輸入一資料夾名稱並新增此資料夾，輸入一檔案名稱並新增此檔案。輸入一資料夾名稱並輸出此資料夾中所包含的資料夾及檔案，和輸入一檔案名稱並將此檔案的屬性設爲唯讀。

```
1   package ch13;
2
3   import java.util.Scanner;
4   import java.io.File;
5   import java.io.IOException;
6
7   public class Ex1 {
8     public static void main(String[] args) {
9      Scanner keyin = new Scanner(System.in);
10     String dirname, filename; //資料夾名稱,檔案名稱
11     try {
12        System.out.print("請輸入要新增的資料夾名稱:");
13        dirname = keyin.next();
14
15        // 宣告一指向檔案名稱爲dirname的File類別物件變數fdir，
16        // fdir相當於dirname的別名
17        File fdir = new File(dirname);
18
19        // 若沒有指定路徑，則資料夾會建立在此專案所在的資料夾底
20        if (fdir.mkdir())
21           System.out.println("資料夾" + dirname + "已經新增完畢!\n");
22        else
23           System.out.println("資料夾" + dirname + "已經存在或其他原因無法新增! ");
24
25        System.out.print("\n請輸入要新增的檔案名稱:");
26        filename = keyin.next();
27
28        // 宣告一指向檔案名稱爲filename的File類別物件變數f，
29        // f相當於filename的別名
30        File f = new File(filename);
31
32        // 若沒有指定路徑，則檔案會建立在此專案所在的資料夾
33        if (f.createNewFile())
34           System.out.println("檔案" + filename + "已經新增完畢!\n");
35        else
36           System.out.println("檔案" + filename + "已經存在或其他原因無法新增! \n ");
37
```

```
38        System.out.print("查詢資料夾底下所包含的資料夾及檔案，請輸入資料夾名稱:");
39        dirname = keyin.next();
40        fdir = new File(dirname);
41        if (!(fdir.isDirectory()))
42          System.out.print("輸入的資料不是資料夾名稱!");
43        else {
44            // 傳回資料夾dirname所包含的檔案及資料夾(資料類型爲String)
45            String[] data = fdir.list();
46            System.out.println("資料夾" + dirname + "所包含的資料夾及檔案如下:");
47            for (String name : data)
48              System.out.println(name); // 依照名稱排序順序顯示
49        }
50
51        System.out.print("\n變更檔案的屬性爲唯讀，請輸入檔案名稱:");
52        filename = keyin.next();
53        f = new File(filename);
54
55        //變更檔案的屬性爲唯讀
56        if (f.setWritable(false))
57          System.out.println("檔案" + filename + "的屬性已變更成唯讀.");
58        else
59          System.out.println("檔案" + filename + "不存在或其他原因無法變更屬性值!");
60      } catch (IOException e) {
61        System.out.println(e.getMessage());
62        keyin.nextLine();
63      }
64      keyin.close();
65    }
66  }
```

執行結果

```
請輸入要新增的資料夾名稱:d:\test
資料夾d:\test已經新增完畢!

請輸入要新增的檔案名稱:d:\test\test.txt
檔案d:\test\test.txt已經新增完畢!

查詢資料夾底下所包含的資料夾及檔案，請輸入資料夾名稱:d:\test
資料夾d:\test所包含的資料夾及檔案如下:
test.txt

變更檔案的屬性爲唯讀，請輸入檔案名稱:d:\test\test.txt
檔案名稱爲d:\test\test.txt的屬性已變更成唯讀.
```

表 13-2　File 類別常用的方法(二)

回傳的資料型態	方法名稱	作用
boolean	public **boolean** exists()	判斷「File」類別物件變數所指向的檔案或資料夾是否存在。 [註] 若傳回「true」，則所指向的檔案或資料夾是存在的；否則不存在。
boolean	public **boolean** isDirectory()	判斷「File」類別物件變數所指向的檔案或資料夾是否為資料夾。 [註] 若傳回「true」，則所指向的檔案或資料夾是資料夾；否則不是。
boolean	public **boolean** isFile()	判斷「File」類別物件變數所指向的檔案或資料夾是否為檔案。 [註] 若傳回「true」，則所指向的檔案或資料夾是檔案；否則不是。
String	public **String** getName()	傳回「File」類別物件變數所指向的檔案名稱或資料夾名稱。
String	public **String** getParent()	傳回「File」類別物件變數所指向的檔案或資料夾所在的資料夾名稱。 [註] 若「File」類別物件變數所指向的檔案或資料夾已是最上層的資料夾「\」，則傳回「null」。
boolean	public **boolean** canRead()	判斷「File」類別物件變數所指向的檔案或資料夾是否可讀取。 [註] 若傳回「true」，則所指向的檔案或資料夾可讀取；否則不可讀取。
boolean	public **boolean** canWrite()	判斷「File」類別物件變數所指向的檔案或資料夾是否可寫入。 [註] 若傳回「true」，則所指向的檔案或資料夾可寫入；否則不可寫入。
boolean	public **boolean** isHidden()	判斷「File」類別物件變數所指向的檔案或資料夾是否為隱藏檔。 [註] 若傳回「true」，則所指向的檔案或資料夾為隱藏檔；否則不是。
long	public **long** lastModified()	傳回「File」類別物件變數所指向的檔案或資料夾最後更新的時間。
long	public **long** length()	傳回「File」類別物件變數所指向的檔案之大小 (Bytes)。
String[]	public **String**[] list()	傳回「File」類別物件變數所指向的資料夾底下所包含的子資料夾及檔案。
File[]	public **File**[] listFile()	傳回「File」類別物件變數所指向的資料夾底下所包含的子資料夾及檔案。

註：

「表 13-2 File 類別常用的方法（二）」之使用語法如下：

1.

```
//判斷File類別物件變數所指向的檔案(或資料夾)是否存在
if (物件變數.isExist())
{
  程式敘述;…
}
else
{
  程式敘述;…
}
或
物件變數.isExist() ? 運算式1 : 運算式2
```

註：方法「isDirectory()」、「isFile()」、「canRead()」、「canWrite()」及「isHidden()」的使用語法，與「isExist()」類似。

2.

```
//傳回File類別物件變數所指向的檔案(或資料夾)名稱
物件變數.getName()
//傳回File類別物件變數所指向的檔案(或資料夾)所在的資料夾名稱
物件變數.getParent()
//傳回File類別物件變數所指向的檔案所佔的儲存空間
物件變數.length()
//傳回File類別物件變數所指向的檔案(或資料夾)最後更新的時間
物件變數.lastModified()
//傳回File類別物件變數所指向的資料夾底下所包含的子資料夾及檔案
物件變數.list()
//傳回File類別物件變數所指向的資料夾底下所包含的子資料夾及檔案
物件變數.listFile()
```

註：「物件變數.list()」與「物件變數.listFile()」之間的差異，在於傳回的資料型態不同，分別為類別「String」及類別「File」，其他則完全相同。

範例2

寫一程式，輸入一資料夾(或檔案)名稱，輸出它的外部資訊。

```
1   package ch13;
2
3   import java.util.Scanner;
4   import java.io.File;
5   import java.util.Date;
6
7   public class Ex2 {
8     public static void main(String[] args) {
9      Scanner keyin = new Scanner(System.in);
10     String dir_file; //資料夾(或檔案)名稱
11     System.out.print("請輸入資料夾(或檔案)名稱:");
12     dir_file = keyin.next();
13     // 宣告一指向資料夾(或檔案)名稱爲dir_file的File類別物件變數f，
14     // f相當於dir_file的別名
15     File f = new File(dir_file);
16     // 判斷查詢的資料夾(或檔案)是否存在
17     if (f.exists()) {
18        System.out.print(f.isFile() ? "檔案" : "資料夾");
19        System.out.println(f.getName() + "的外部相關資訊如下:");
20        System.out.println("所在的資料夾爲" + f.getParent());
21        System.out.print("屬性爲" + (f.canRead() ? "可" : "不可") + "讀取,");
22        System.out.print((f.canWrite() ? "可" : "不可") + "寫入,");
23        System.out.println(f.isHidden() ? "隱藏." : "可顯示.");
24        System.out.println("最後更新的時間: " + new Date(f.lastModified()));
25        if (f.isDirectory()) {
26           System.out.println("它所包含的資料夾及檔案名稱如下:");
27
28           //傳回資料夾dir_file所包含的檔案及資料夾(資料類型爲String)
29           String[] container = f.list();
30
31           for (String name : container)
32              System.out.println(name); // 依照名稱排序順序顯示
33        } else
34           System.out.println("它所佔的儲存空間爲" + f.length() + "Bytes");
35     } else
36       System.out.println("查無名爲" + dir_file + "的資料夾(或檔案)!");
37      keyin.close();
38     }
39  }
```

執行結果

```
請輸入資料夾(或檔案)名稱:d:\test
資料夾test的外部相關資訊如下:
```

```
所在的資料夾爲d:\
屬性爲可讀取,可寫入,可顯示.
最後更新的時間: Wed Dec 21 14:02:45 CST 2016
它所包含的資料夾及檔案名稱如下:
test.txt
```

程式說明

程式第 24 列，「new Date(f.lastModified())」，表示產生一「Date」日期時間類別的實例，且其內容爲「f.lastModified()」的結果。

範例3

寫一程式，輸入一資料夾名稱，輸出此資料夾中的子資料夾及檔案所佔之儲存空間。

```
1  package ch13;
2
3  import java.io.File;
4  import java.util.Scanner;
5
6  public class Ex3 {
7
8     // 查詢資料夾中的子資料夾及檔案所佔的儲存空間");
9     public static long DirectorySize(File directory) {
10       long spacesize = 0;
11
12       // 回傳資料夾directory所包含的子資料夾及檔案(資料類型爲File)
13       File[] container = directory.listFiles();
14
15       for (File name : container) {
16          System.out.print("\t" + name.getName()+ "是位於" +
17                            name.getParent());
18          if (name.isFile()) {
19             spacesize += name.length();
20             System.out.println((name.isHidden()?"的隱藏檔":"的檔案"+"):"
21                                 + name.length() + "Bytes");
22          } else {
23             System.out.println(
24                      (name.isHidden()?"的隱藏資料夾":"的資料夾"+"):");
25             spacesize += DirectorySize(name);
26          }
27       }
28       return spacesize;
29    }
30
31    public static void main(String[] args) {
32       Scanner keyin = new Scanner(System.in);
33       String dirname; // 資料夾名稱
```

```
34          System.out.println(
35                  "查詢資料夾中所的子資料夾及檔案所佔的儲存空間");
36          System.out.print("請輸入資料夾名稱:");
37          dirname = keyin.next();
38
39          // 宣告一指向dirname的File類別物件變數fdir，
40          // fdir相當於dirname的別名
41          File fdir = new File(dirname);
42
43          // 判斷查詢的資料夾fdir是否存在
44          if (fdir.isDirectory()) {
45             System.out.println("資料夾「"+ dirname +
46                                "」中包含的子資料夾及檔案如下:");
47
48             System.out.println("資料夾「"+ dirname + "」所佔的儲存空間爲" +
49                                DirectorySize(fdir) + "Bytes");
50          } else
51             System.out.println("查無名爲「" + dirname + "」的資料夾!");
52          keyin.close();
53       }
54    }
```

執行結果

```
查詢資料夾中的子資料夾及檔案所佔的儲存空間
請輸入資料夾名稱:D:\C
資料夾「D:\C」中包含的子資料夾及檔案如下:
      chapter1是位於D:\C的資料夾:
      first.c是位於D:\C\chapter1的檔案:186Bytes
      first.exe是位於D:\C\chapter1的檔案:90272Bytes
      main.c是位於D:\C\chapter1的檔案:198Bytes
      score.dev是位於D:\C\chapter1的檔案:896Bytes
      score.layout是位於D:\C\chapter1的檔案:153Bytes
      test.c是位於D:\C的檔案:161Bytes
資料夾「D:\C」所佔的儲存空間爲91866Bytes
```

☰程式說明

程式第 8 列的「DirectorySize()」是使用者自訂的方法，用來計算資料夾中的子資料夾及檔案所佔之儲存空間。傳入的引數必須是資料型態爲「File」類別的物件變數。

13-2-2　存取循序檔資料

要對一循序檔的資料進行存取，首先必須將循序檔開啓，然後才能進行存取的工作。資料存取完成後，必須將循序檔關閉，避免造成循序檔的資料在電腦系統不穩的狀態下流失。

Java 程式語言內建許多串流類別。依資料的儲存方式做分類，串流類別可分成「字元串流 (Character Stream)」類別及「位元組串流 (Byte Stream)」類別兩種，分別用來處理文字檔及二進位檔。依資料的存取方式做分類，串流類別又可分成「輸入串流 (Input Stream)」類別及「輸出串流 (Output Stream)」類別兩種，分別用來處理資料輸入及資料輸出。

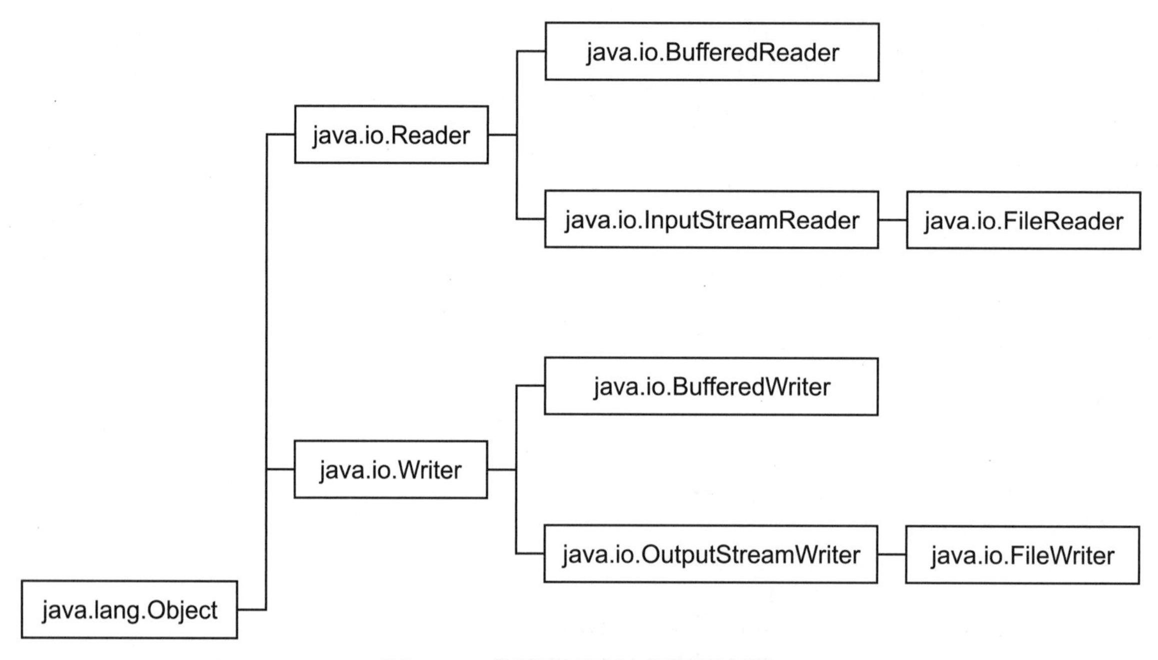

圖 13-2　常用字元串流類別關係圖

抽象類別「Reader」和「Writer」是字元串流類別的父類別，分別用來讀取和寫入十六位元的字元資料，而眞正處理字元串流的類別是繼承 Reader 或 Writer 的子類別。常用的字元串流子類別有「FileReader」、「FileWriter」、「BufferedReader」及「BufferedWriter」。常用的字元串流類別間的從屬關係，請參考「圖 13-2 常用字元串流類別關係圖」。

「FileReader」和「FileWriter」類別，分別爲字元輸入串流類別和字元輸出串流類別，是直接對磁碟中的文字循序檔做存取，存取速度較慢；而「BufferedReader」和「BufferedWriter」類別，分別也是字元輸入串流類別和字元輸出串流類別的一種，它們則是對記憶體緩衝區的字元資料做存取，間接地對磁碟中的文字循序檔做存取，存取速度較快。

抽象類別「InputStream」和「OutputStream」是位元組串流類別的父類別，分別用來讀取和寫入八位元的二進位資料，而眞正處理位元組串流的類別是繼承「InputStream」或「OutputStream」的子類別。常用的位元組串流子類別有「FileInputStream」、「FileOutputStream」、「BufferedInputStream」及「BufferedOutputStream」。常用的位元組串流類別間的從屬關係，請參考「圖13-3 常用位元組串流類別關係圖」。

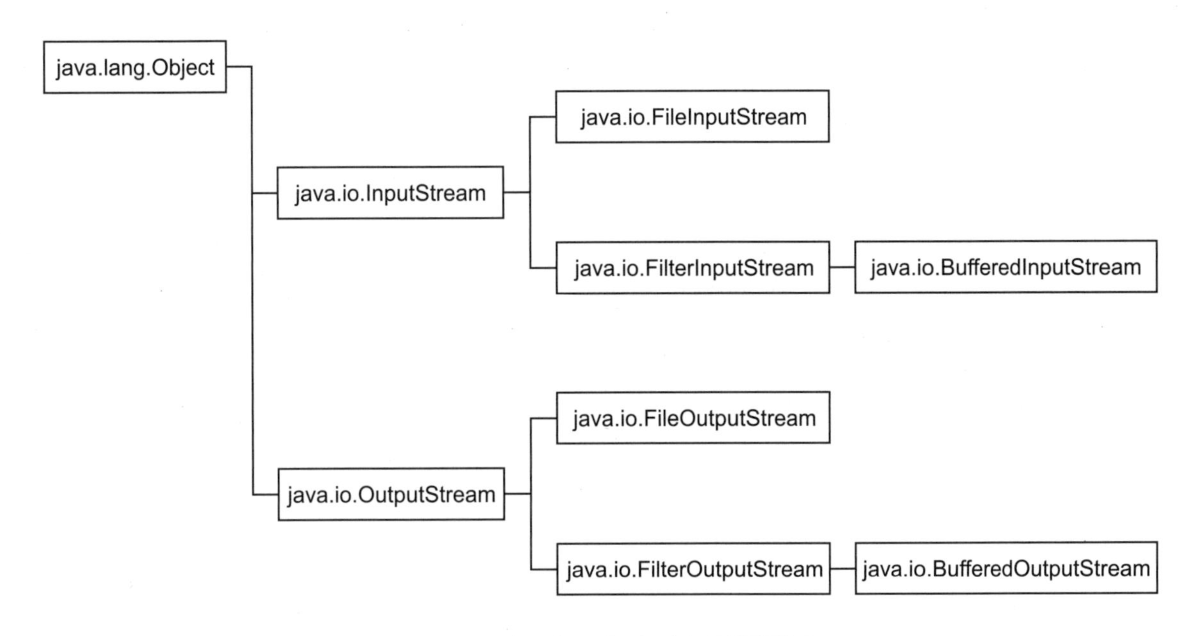

圖 13-3　常用位元組串流類別關係圖

「FileInputStream」和「FileOutputStream」類別是直接對磁碟中的二進位循序檔做存取，存取速度較慢；而「BufferedInputStream」和「BufferedOutputStream」類別則是對記憶體緩衝區的二進位資料做存取，間接存取磁碟中的二進位循序檔，存取速度較快。

處理資料串流的相關類別定義在「java.io」套件中，使用這些內建類別前，必須先下達下列敘述：

「**import java.io.xxx;**」(xxx 爲某串流類別名稱)
或「**import java.io.*;**」，否則編譯時會出現的錯誤訊息：
「**'xxx' cannot be resolved to a type**」
(識別名稱 **'xxx'** 無法被解析爲一種資料類型)。

由於使用緩衝區方式存取資料速度快，因此本書所提到的檔案處理之相關範例，都是運用會配置緩衝區的資料輸入 / 輸出串流類別來處理，至於非緩衝區的資料輸入 / 輸出串流類別的應用，請讀者自行參考相關書籍。

---

* 標準 API 原始碼儲存在「C:\Program Files\Java\jdk-12.0.1\lib」的「src.zip」中。「C:\Program Files\Java\jdk-12.0.1」是安裝 Java 時，所設定的安裝資料夾。

13-3 輸出(或寫入)文字資料

Java 程式語言提供的內建「Writer」類別，主要是用來輸出或寫入文字資料。若要將十六位元的字元資料寫入文字循序檔，則要透過「Writer」類別的子類別「FileWriter」或「BufferedWriter」的字元輸出串流物件變數。以「FileWriter」類別宣告的字元輸出串流物件變數，是將字元串流資料直接寫入磁碟的輸出檔。存取磁碟屬於機械式運作，輸出速度較慢；以「BufferedWriter」類別宣告的字元輸出串流物件變數時，系統會在記憶體中預留 8192(為標準 API 原始碼 * 所預設大小) 位元組的緩衝區，作爲字元輸出串流暫存資料的地方。存取緩衝區屬於電子式運作，寫入速度較快。當緩衝區填滿資料或使用「flush()」方法時，系統會將緩衝區的資料寫入磁碟中的輸出檔，然後清空緩衝區以供程式後續暫存資料。透過字元輸出串流將緩衝區的資料寫入輸出檔案中之運作模式，請參考「圖 13-4 緩衝區輸出資料示意圖」。

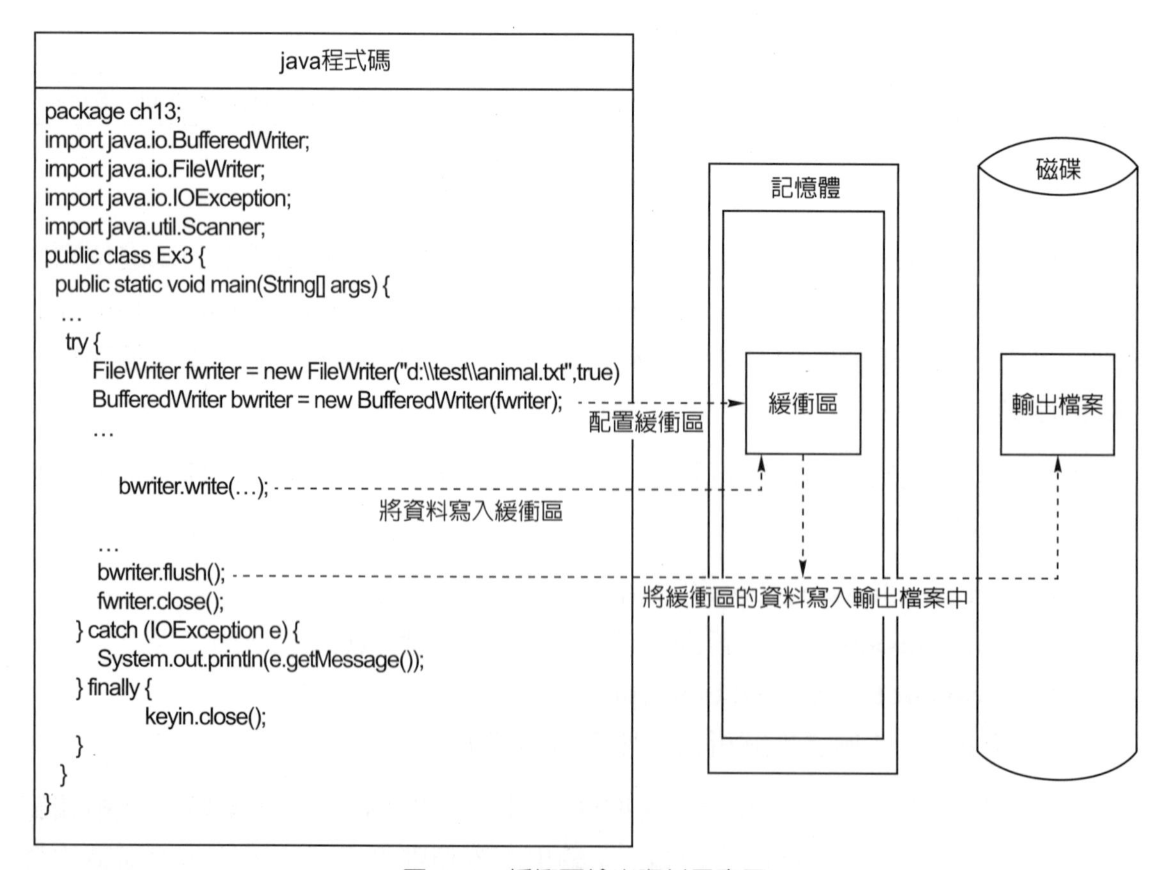
java程式碼
package ch13;
import java.io.BufferedWriter;
import java.io.FileWriter;
import java.io.IOException;
import java.util.Scanner;
public class Ex3 {
public static void main(String[] args) {
…
try {
FileWriter fwriter = new FileWriter("d:\\test\\animal.txt",true)
BufferedWriter bwriter = new BufferedWriter(fwriter);
…
bwriter.write(…);
…
bwriter.flush();
fwriter.close();
} catch (IOException e) {
System.out.println(e.getMessage());
} finally {
keyin.close();
}
}
}
記憶體
磁碟
緩衝區
輸出檔案
配置緩衝區
將資料寫入緩衝區
將緩衝區的資料寫入輸出檔案中

圖 13-4　緩衝區輸出資料示意圖

輸出或寫入文字資料之步驟如下：

1. 宣告一資料型態爲「FileWriter」類別的字元輸出串流物件變數，並指向被寫入資料的文字循序檔。
2. 宣告一資料型態爲「BufferedWriter」類別的物件變數，同時產生並指向步驟 1 所宣告的字元輸出串流所對應的緩衝區。
3. 利用此「BufferedWriter」類別的物件變數，呼叫「Writer」或「BufferedWriter」類別的方法 (請參考「表 13-3」及「表 13-4」)，將字元資料寫入字元輸出串流所對應的緩衝區內。
4. 使用「BufferedWriter類別的物件變數.flush();」敘述，將緩衝區內的資料寫入「FileWriter」類別的字元輸出串流物件變數所指向的文字循序檔裡。
5. 使用「字元輸出串流物件變數.close();」敘述，關閉字元輸出串流物件變數所指向的文字循序檔。

註：順序不可顛倒。

宣告一資料型態爲「FileWriter」類別的字元輸出串流物件變數，並指向被寫入資料的文字循序檔之語法如下：

```
FileWriter 物件變數 = new FileWriter(filename,append);
```

註：

1. 「filename」及「append」都是「FileWriter()」建構子的參數。「filename」代表被寫入的文字循序檔名稱，它的資料型態為 String；「append」代表資料的寫入模式，它的資料型態為 boolean。若寫入模式為「true」，則表示將資料附加於檔尾；若寫入模式為「false」，則表示先清除檔案的內容，再將資料附加於檔頭。
2. 「FileWriter()」建構子的第 1 個引數之資料型態為 String，且引數必須是 String 變數或常數；第 2 個引數的資料型態為 boolean，且引數必須是 boolean 變數或常數。

宣告一資料型態爲「BufferedWriter」類別的物件變數，同時產生並指向字元輸出串流對應的緩衝區之語法如下：

```
BufferedWriter 物件變數 = new BufferedWriter(outstream);
```

註：

1. 此語法主要目的，是根據字元輸出串流名稱「outstream」配置一塊容量為8192位元組的緩衝區，做為寫入字元資料之用。
2. 「outstream」是「BufferedWriter()」建構子的參數，代表字元輸出串流名稱，它的資料型態為「FileWriter」類別。雖然「BufferedWriter()」建構子的參數之資料型態為「Writer」類別，但子類別「FileWriter」繼承父類別「Writer」的特性，因此也可以「FileWriter」類別來宣告參數。
3. 「BufferedWriter()」建構子的引數之資料型態為「FileWriter」類別，且引數必須是「FileWriter」類別變數。

表 13-3　Writer 類別常用的方法

回傳的資料型態	方法名稱	作用
Writer	public **Writer** append(char c) throws IOException	將字元資料寫入字元輸出串流對應的緩衝區。
void	public **void** write(String str) throws IOException	將字串資料寫入字元輸出串流對應的緩衝區。
void	public **void** write(char[] carray) throws IOException	將字元陣列資料寫入字元輸出串流對應的緩衝區。
void	public **void** write(int unicode) throws IOException	將一整數 (Unicode 碼) 所對應的字元寫入字元輸出串流對應的緩衝區。
void	public abstract **void** flush() throws IOException	將字元輸出串流暫存在緩衝區內的資料寫入文字檔中。
void	public abstract **void** close() throws IOException	關閉字元輸出串流。

表 13-4　BufferedWriter 類別常用的方法

回傳的資料型態	方法名稱	作用
void	public **void** newLine() throws IOException	將換行符號寫入字元輸出串流對應的緩衝區。

註：

1. 「表 13-3」中的「c」、「str」、「carray」及「unicode」是參數。它們的資料型態分別為 char、String、char[] 及 int。
2. 「append()」方法的引數之資料型態為char，且引數必須是char變數或常數。「write()」方法的引數之資料型態可以是「String」、「char[]」或「int」，且對應的引數分別是「String 變數或常數」、「char[] 變數或常數」及「int 變數或常數」。

3. 呼叫「表 13-3」及「表 13-4」中的方法，可能會拋出「IOException」類別例外，呼叫前須先下達：「**import java.io.IOException;**」敘述，否則程式編譯時會產生錯誤訊息：

   「**IOException cannot be resolved to a type**」
   （識別名稱 IOException 無法被解析為一種資料類型）。

   且同時使用「**try…catch(IOException e)…**」結構來攔截所發生例外，以避免程式異常中止，否則程式編譯時會產生下列錯誤訊息：

   「**Unhandled exception type IOException**」
   （沒有處理 IOException 例外）。

4. 「表 13-3」及「表 13-4」常用的方法之使用語法如下：

```
//將字元資料寫入字元輸出串流對應的緩衝區
字元輸出串流名稱.append(字元變數(或常數));

//將字串資料寫入字元輸出串流對應的緩衝區
字元輸出串流名稱.write(字串變數(或常數));

//將字元陣列資料寫入字元輸出串流對應的緩衝區
字元輸出串流名稱.write(字元變數(或常數));

//將整數(Unicode碼)所對應的字元資料，
//寫入字元輸出串流對應的緩衝區
字元輸出串流名稱.write(整數變數(或常數));

//將字元輸出串流暫存在緩衝區内的資料寫入文字檔
字元輸出串流名稱.flush();

//關閉字元輸出串流
字元輸出串流名稱.close();

//將換行符號寫入字元輸出串流對應的緩衝區
字元輸出串流名稱.newLine();
```

☰範例4

寫一程式，將下列資料寫入文字循序檔 d:\test\animal.txt 中。

動物	年齡	身高
馬	2	165
狗	3	35
貓	4	25

```
1  package ch13;
2
3  import java.io.BufferedWriter;
4  import java.io.FileWriter;
5  import java.io.IOException;
6  import java.util.Scanner;
7
8  public class Ex4 {
9     public static void main(String[] args) {
10       Scanner keyin = new Scanner(System.in);
11       String name;
12       int age, height;
13       try {
14          FileWriter fwriter = new FileWriter("d:\\test\\animal.txt", false);
15          BufferedWriter bwriter = new BufferedWriter(fwriter);
16          bwriter.write("動物\t年齡\t身高");
17          bwriter.newLine();
18          for (int i = 1; i <= 3; i++) {
19            System.out.println("輸入第"+i+"種動物的名稱，年齡及身高(以空白隔開):");
20            name = keyin.next();
21            age = Integer.parseInt(keyin.next());
22            height = Integer.parseInt(keyin.next());
23            bwriter.write(name + "\t" + age + "\t" + height);
24            bwriter.newLine();
25          }
26          bwriter.flush();
27          fwriter.close();
28       } catch (IOException e) {
29          System.out.println(e.getMessage());
30       } finally {
31          keyin.close();
32       }
33    }
34 }
```

執行結果

```
輸入第1種動物的名稱，年齡及身高(以空白隔開):
```

```
馬 2 165
輸入第2種動的物名稱，年齡及身高(以空白隔開):
狗 3 35
輸入第3種動物的名稱，年齡及身高(以空白隔開):
貓 4 25
(自行查詢一下d:\test\animal.txt的內容)
```

≡程式說明

1. 第 14 列

   「FileWriter fwriter = new FileWriter("d:\\test\\test.txt",true);」敘述，在開啓「d:\\test\\test.txt」檔時，若「d:\\test\\test.txt」檔不存在，則會自動建立「d:\\test\\test.txt」檔。「true」的作用，是將資料直接寫入「d:\\test\\test.txt」檔的尾部。若改成「false」，表示先將「d:\\test\\test.txt」檔的內容清除，再將資料寫入「d:\\test\\test.txt」檔的尾部。
2. 第 16 列「bwriter.write(" 動物 \t 年齡 \t 身高 ");」敘述，表示將字串 " 動物 \t 年齡 \t 身高 " 寫入字元輸出串流緩衝區。
3. 第 17 列「bwriter.newLine();」敘述，表示將換行符號寫入字元輸出串流緩衝區。
4. 第 26 列「bwriter.flush();」敘述，表示將字元輸出串流緩衝區內的資料寫入循序檔中。
5. 第 27 列「fwriter.close();」敘述，表示將字元輸出串流關閉。

13-4　輸入(或讀取)文字資料

Java 程式語言提供的內建「Reader」類別，主要是用來輸入 (或讀取) 文字資料。若要讀取文字循序檔內的字元資料，則要透過「Reader」類別的子類別「FileReader」或「BufferedReader」的字元輸入串流物件變數。以「FileReader」類別宣告的字元輸入串流物件變數，是直接讀取磁碟中的文字循序檔資料。存取磁碟屬於機械式運作，讀取速度較慢；以「BufferedReader」類別宣告的字元輸入串流物件變數時，系統會在記憶體中預留 8192(爲標準 API 原始碼所預設大小) 位元組的緩衝區，作爲字元輸入串流讀取資料的地方。存取緩衝區屬於電子式運作，讀取速度較快。當緩衝區無資料可讀時，系統會自動載入磁碟中的輸入檔案資料到緩衝區，以供程式讀取。透過字元輸入串流讀取輸入檔案的內部資料之運作模式，請參考「圖 13-5 緩衝區輸入資料示意圖」。

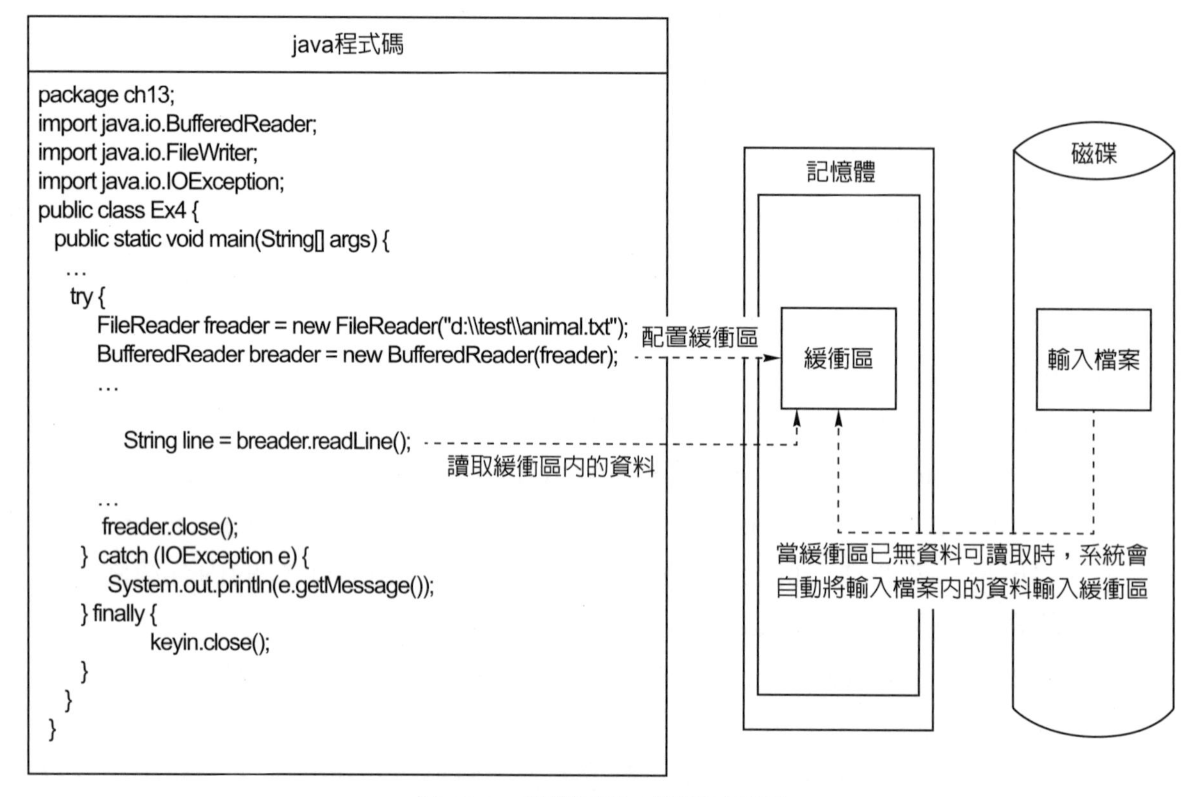
java程式碼
package ch13;
import java.io.BufferedReader;
import java.io.FileWriter;
import java.io.IOException;
public class Ex4 {
public static void main(String[] args) {
…
try {
FileReader freader = new FileReader("d:\\test\\animal.txt");
BufferedReader breader = new BufferedReader(freader);
…
String line = breader.readLine();
…
freader.close();
} catch (IOException e) {
System.out.println(e.getMessage());
} finally {
keyin.close();
}
}
}
配置緩衝區
讀取緩衝區內的資料
記憶體
緩衝區
磁碟
輸入檔案
當緩衝區已無資料可讀取時，系統會
自動將輸入檔案內的資料輸入緩衝區

圖 13-5　緩衝區輸入資料示意圖

輸入（或讀取）文字資料之步驟如下：

1. 宣告一資料型態爲「FileReader」類別的字元輸入串流物件變數，並指向被讀取的文字循序檔。
2. 宣告一資料型態爲「BufferedReader」類別的物件變數，同時產生並指向步驟 1 所宣告的字元輸入串流所對應的緩衝區。
3. 利用此「BufferedReader」類別的物件變數，呼叫「Reader」或「Buffered Reader」類別的方法（請參考「表 13-5」及「表 13-6」），將字元輸入串流所指向的文字循序檔資料輸入到緩衝區。
4. 使用「字元輸入串流物件變數.close();」敘述，關閉字元輸入串流物件變數所指向的文字循序檔。

註：順序不可顛倒。

宣告一資料型態爲「FileReader」類別的字元輸入串流物件變數，並指向被讀取的文字循序檔之語法如下：

```
FileReader 物件變數 = new FileReader(filename);
```

註：

1. 「filename」是「FileReader()」建構子的參數，代表被讀取的文字循序檔名稱，它的資料型態為 String。
2. 「FileReader()」建構子的引數之資料型態為 String，且引數必須是 String 變數或常數。

宣告一資料型態為「BufferedReader」類別的物件變數，同時產生並指向字元輸入串流對應的緩衝區之語法如下：

```
BufferedReader 物件變數 = new BufferedReader(instream);
```

註：

1. 此語法主要目的，是根據字元輸入串流名稱「instream」配置一塊容量為 8192 位元組的緩衝區，做為輸入字元資料之用。
2. 「instream」是「BufferedReader()」建構子的參數，代表字元輸入串流名稱，它的資料型態為「FileReader」類別。雖然「BufferedReader()」建構子的參數之資料型態為「Reader」類別，但子類別「FileReader」繼承父類別「Reader」的特性，因此也可以「FileReader」類別來宣告參數。
3. 「BufferedReader()」建構子的引數之資料型態為「FileReader」類別，且引數必須是「FileReader」類別變數。

表 13-5　Reader 類別常用的方法

回傳的資料型態	方法名稱	作用
int	public **int** read() throws IOException	傳回緩衝區指標所指的字元之對應 Unicode 碼 (介於 0 到 65535 的整數)。 [註] 若緩衝區指標位置在尾部，則傳回「-1」。
int	public **int** read(char[] carray) throws IOException	傳回從緩衝區所讀取的字元數，並將所讀取的字元存入字元陣列 carray 中。 [註] 若緩衝區已無資料，則傳回「-1」。
long	public **long** skip(long n) throws IOException	將緩衝區指標往前跳過 n(>0) 個字元。 [註] 若可跳過 n 個字元，則傳回 n；否則傳回實際跳過的字元數。
void	public abstract **void** close() throws IOException	關閉字元輸入串流。

表 13-6　BufferedReader 類別常用的方法

回傳的資料型態	方法名稱	作用
String	public **String** readLine() throws IOException	傳回從緩衝區所讀取的一列文字。 [註] 1. 一列文字是以「'\r'」(歸位字元)，或「'\n'」(新列字元)，或「'\r'」及「'\n'」，或檔尾「null」為分界的文字資料。 2. 若緩衝區已無資料，則傳回「null」
boolean	public **boolean** ready() throws IOException	判斷緩衝區內是否還有資料。 [註] 若傳回「true」，則表示還有資料；否則已無資料。

註：

1. 「表 13-5」中的「carray」及「n」是參數。兩者的資料型態分別為 char[] 及 long。
2. 「read()」方法的引數之資料型態為 char[]，且引數必須是 char[] 變數。「skip()」方法的引數之資料型態為 long，且引數必須是 long 變數或常數。
3. 呼叫「表 13-5」及「表 13-6」中的方法，可能會拋出「IOException」類別例外，呼叫前須先下達：

   「**import java.io.IOException;**」敘述，否則程式編譯時會產生錯誤訊息：

   「**IOException cannot be resolved to a type**」
   (識別名稱 IOException 無法被解析為一種資料類型)

   且同時使用「**try…catch(IOException e)…**」結構來攔截所發生例外，以避免程式異常中止，否則程式編譯時會產生下列錯誤訊息：

   「**Unhandled exception type IOException**」
   (沒有處理 IOException 例外)。

4. 「表 13-5」及「表 13-6」常用的方法之使用語法如下：

```
//傳回緩衝區指標所指的字元之對應Unicode碼
字元輸入串流名稱.read()

//傳回從緩衝區所讀取的字元數，並將所讀取的字元存入字元陣列變數中
字元輸入串流名稱.read(字元陣列變數);

//將緩衝區指標往前跳過幾個字元
字元輸入串流名稱.skip(整數變數(或常數));
```

```
//判斷緩衝區內是否還有資料
字元輸入串流名稱.ready()
//讀取一列文字資料
字元輸入串流名稱.readLine()
//關閉字元輸入串流
字元輸入串流名稱.close();
```

☰範例5

(承範例 4) 寫一程式，讀取文字檔 d:\test\animal.txt 中，動物的平均年齡及身高。

```
1  package ch13;
2  
3  import java.io.BufferedReader;
4  import java.io.FileReader;
5  import java.io.IOException;
6  
7  public class Ex5 {
8    public static void main(String[] args) {
9     float total_age = 0, total_height = 0;
10    try {
11       FileReader freader = new FileReader("d:\\test\\animal.txt");
12       BufferedReader breader = new BufferedReader(freader);
13       String title=breader.readLine();  // 讀取第1列的標題且不使用它
14       while (breader.ready()) {
15          String line = breader.readLine();
16          String[] data = line.split(" |\t");
17          total_age += Integer.parseInt(data[1]);
18          total_height += Integer.parseInt(data[2]);
19       }
20       freader.close();
21       System.out.printf("平均年齡：%.1f，平均身高：%.1f", total_age/3, total_height/3);
22    } catch (IOException e) {
23       System.out.println(e.getMessage());
24    }
25   }
26 }
```

執行結果

```
平均年齡：3.0，平均身高：75.0
```

☰程式說明

1. 因檔案內的第一列是標題列，不是要計算的資料列，因此使用第 13 列「String title=breader.readLine();」敘述，先將標題列從字元輸入串流緩衝區中讀取出來且不使用它。
2. 第 14 列「while (breader.ready())」敘述，是用來判斷緩衝區是否還有字元資料可讀。若「binstream. ready()」爲「true」，則可進入「while」迴圈內的讀取資料；否則執行第 20 列敘述。
3. 第 16 列「String[] data = line.split(" |\t");」敘述，表示以「空白」或「Tab」字元作爲分界點，將字串「line」分割成數個子字串，並分別存入字串陣列「data」中。
4. 第 20 列「freader.close();」敘述，表示將字元輸入串流關閉。

13-5 輸出(或寫入)二進位資料

Java 程式語言提供的內建「OutputStream」類別，主要是用來輸出 (或寫入) 二進位資料。若要將八位元的位元組資料寫入二進位循序檔內，則要透過「OutputStream」類別的子類別「FileOutputStream」或「BufferedOutputStream」的位元組輸出串流物件變數。以「FileOutputStream」類別宣告的位元組輸出串流物件變數，是將位元組串流資料直接寫入磁碟的輸出檔。存取磁碟屬於機械式運作，輸出速度較慢；以「BufferedOutputStream」類別宣告的位元組輸出串流物件變數時，系統會在記憶體中預留 512(爲標準 API 原始碼所預設大小) 位元組的緩衝區，作爲位元組輸出串流暫存資料的地方。存取緩衝區屬於電子式運作，寫入速度較快。當緩衝區填滿資料時，系統會自動將資料寫入到磁碟中的輸出檔，然後清空緩衝區以供程式後續暫存資料。

輸出 (或寫入) 二進位資料之步驟如下：

1. 宣告一資料型態爲「FileOutputStream」類別的位元組輸出串流物件變數，並指向被寫入資料的二進位循序檔。

2. 宣告一資料型態爲「BufferedOutputStream」類別的物件變數，同時產生並指向步驟 1 所宣告的位元組輸出串流所對應的緩衝區。

3. 利用此「BufferedOutputStream」類別的物件變數，呼叫「OutputStream」類別的方法(請參考「表 13-7」)，將位元組資料寫入位元組輸出串流所對應的緩衝區內。

4. 使用「BufferedOutputStream類別的物件變數.flush();」敘述，將緩衝區內的資料寫入「FileOutputStream」類別的位元組輸出串流物件所指向的二進位循序檔。

5. 使用「位元組輸出串流物件變數.close();」敘述，關閉位元組輸出串流物件所指向的二進位循序檔。

註：順序不可顛倒。

宣告一資料型態爲「FileOutputStream」類別的位元組輸出串流物件變數，並指向被寫入資料的二進位循序檔之語法如下：

```
FileOutputStream 物件變數 = new FileOutputStream(filename,append);
```

註：

1. 「filename」及「append」都是「FileOutputStream()」建構子的參數。「filename」代表被寫入的二進位循序檔名稱，它的資料型態為 String；「append」代表資料的寫入模式，它的資料型態為 boolean。若寫入模式為「true」，則表示將資料附加於檔尾；若寫入模式為「false」，則表示先清除檔案的內容，再將資料附加於檔頭。
2. 「FileOutputStream()」建構子的第 1 個引數之資料型態為 String，且引數必須是 String 變數或常數；第 2 個引數之資料型態為 boolean，且引數必須是 boolean 變數或常數。

宣告一資料型態爲「BufferedOutputStream」類別的物件變數，同時產生並指向位元組輸出串流對應的緩衝區之語法如下：

```
BufferedOutputStream 物件變數 =
                    new BufferedOutputStream(outstream);
```

註：

1. 此語法主要目的，是根據位元組輸出串流名稱「outstream」配置一塊容量為 512 位元組的緩衝區，做為寫入位元組資料之用。

2. 「outstream」是「BufferedOutputStream()」建構子的參數，代表位元組輸出串流名稱，它的資料型態為「FileOutputStream」類別。雖然「BufferedOutputStream()」建構子的參數之資料型態為「OutputStream」類別，但子類別「FileOutputStream」繼承父類別「OutputStream」的特性，因此也可以「FileOutputStream」類別來宣告參數。
3. 「BufferedOutputStream()」建構子的引數之資料型態為「FileOutputStream」類別，且引數必須是「FileOutputStream」類別變數。

表 13-7 OutputStream 類別常用的方法

回傳的資料型態	方法名稱	作用
void	public abstract **void** write(int bytecode) throws IOException	將整數所對應的位元組寫入位元組輸出串流對應的緩衝區。
void	public **void** write(byte[] barray) throws IOException	將位元組陣列的資料寫入位元組輸出串流對應的緩衝區。
void	public **void** flush() throws IOException	將緩衝區內的資料寫入位元組輸出串流所指向的二進位檔。
void	public **void** close() throws IOException	關閉位元組輸出串流。

註：

1. 「表 13-7」中的「bytecode」及「barray」是參數，兩者的資料型態分別為 int 及 byte[]。
2. 「write()」方法的引數之資料型態可以是「int」或「byte[]」，且對應的引數分別必須是「int 變數或常數」及「byte[] 變數或常數」。
3. 呼叫「表 13-7」中的方法，可能會拋出「IOException」類別例外，呼叫前須先下達：「**import java.io.IOException;**」敘述，否則程式編譯時會產生錯誤訊息：

   「**IOException cannot be resolved to a type**」
   （識別名稱 IOException 無法被解析為一種資料類型）

   且同時使用「**try…catch(IOException e)…**」結構來攔截所發生例外，以避免程式異常中止，否則程式編譯時會產生下列錯誤訊息：

   「**Unhandled exception type IOException**」
   （沒有處理 IOException 例外）。

4. 「表 13-7」常用的方法之使用語法如下：

```
//將整數所對應的位元組資料，寫入位元組輸出串流對應的緩衝區
位元組輸出串流名稱.write(整數變數(或常數));

//將位元組陣列資料，寫入位元組輸出串流對應的緩衝區
位元組輸出串流名稱.write(位元組陣列變數(或常數));

//將緩衝區的資料寫入位元組輸出串流所指向的二進位檔
位元組輸出串流名稱.flush();

//關閉位元組輸出串流
位元組輸出串流名稱.close();
```

範例6

寫一程式，將下列資料寫入 d:\test\movie.bin 二進位循序檔中。

電影資訊預告

名稱	日期	廳院	票價
寶貝 X	0331	交通廳	110
M 女孩	0428	清華廳	100
P 小屋	0512	雙十廳	120
A 封鎖	0616	勤益廳	100

```
1  package ch13;
2
3  import java.io.BufferedOutputStream;
4  import java.io.FileOutputStream;
5  import java.io.IOException;
6  import java.util.Scanner;
7
8  public class Ex6 {
9   public static void main(String[] args) {
10    Scanner keyin = new Scanner(System.in);
11    String information = "\t電影資訊預告\n名稱\t日期\t廳院\t票價\n";
12    String name, date, place, price;
13    System.out.println("電影資訊預告");
14    try {
15       FileOutputStream foutstream = new FileOutputStream("d:\\test\\movie.bin", false);
16       BufferedOutputStream boutstream = new BufferedOutputStream(foutstream);
17
```

```
18          // 將字串變數information中的字元以UTF-8編碼方式存入位元組陣列變數tbyte
19          byte[] tbyte = information.getBytes("UTF-8");
20
21          // 將位元組陣列變數tbyte中的每一個位元組寫入位元組串流緩衝區
22          boutstream.write(tbyte);
23
24          while (true) {
25             System.out.println("請輸入電影的名稱,日期,廳院及票價(以空白隔開):");
26             name = keyin.next();
27             date = keyin.next();
28             place = keyin.next();
29             price = keyin.next();
30             information = name + "\t" + date + "\t" + place + "\t" + price + "\n";
31             tbyte = information.getBytes("UTF-8");
32             boutstream.write(tbyte);
33             System.out.print("繼續輸入電影資訊預告嗎?(Y/N):");
34             name = keyin.next().toUpperCase();
35             if (!name.equals("Y"))
36                break;
37          }
38          boutstream.flush();
39          foutstream.close();
40       } catch (IOException e) {
41          System.out.println(e.getMessage());
42       }
43       keyin.close();
44    }
45 }
```

執行結果

```
電影資訊預告
請輸入電影的名稱,日期,廳院及票價(以空白隔開):
寶貝X 0331 交通廳 110
繼續輸入電影資訊預告嗎?(Y/N):Y
請輸入電影的名稱,日期,廳院及票價(以空白隔開):
M女孩 0428 清華廳 100
繼續輸入電影資訊預告嗎?(Y/N):Y
請輸入電影的名稱,日期,廳院及票價(以空白隔開):
P小屋 0512 雙十廳 120
繼續輸入電影資訊預告嗎?(Y/N):Y
請輸入電影的名稱,日期,廳院及票價(以空白隔開):
A封鎖 0616 勤益廳 100
繼續輸入電影資訊預告嗎?(Y/N):N
```

≡程式說明

1. 第 15 列「FileOutputStream foutstream = new FileOutputStream("d:\\test\\movie.bin", false);」敘述，在開啓「d:\\test\\movie.bin」檔時，若「d:\\test\\movie.bin」檔不存在，則會自動建立「d:\\test\\movie.bin」檔。「false」的作用，表示先將「d:\\test\\movie.bin」檔的內容清除，再將資料寫入「d:\\test\\movie.bin」檔的尾部。若改成「true」，則表示將資料直接附加到「d:\\test\\movie.bin」檔的尾部。
2. 第 19 及 31 列敘述中的「getBytes()」是「String」類別的方法，它的作用是將字串變數中的字元以「UTF-8」編碼方式存入位元組陣列變數中。利用二進位循序檔紀錄「中文」資料時，在程式中必須將編碼方式設定爲「UTF-8」，否則寫入「中文」資料時，會出現亂碼現象。

   方法「getBytes()」的使用語法如下：

   ```
   byte[] 位元組陣列變數= 字串變數或常數.getBytes("字元集名稱");
   ```

   註：常見的「字元集」有「US-ASCII」、「ISO-8859-1」、「UTF-8」「UTF-16BE」、「UTF-16LE」及「UTF-16」。相關資訊請參考「https://docs.oracle.com/en/java/javase/17/docs/api/java.base/java/nio/charset/Charset.html」。

3. 第 38 列「boutstream.flush();」敘述，表示將位元組輸出緩衝區內的資料寫入「boutstream」所指向的「d:\\test\\movie.bin」檔中。

13-6　輸入(或讀取)二進位資料

Java 程式語言提供的內建「InputStream」類別，主要是用來輸入(或讀取)二進位資料。若要讀取二進位循序檔的位元組資料，則要透過「InputStream」類別的子類別「FileInputStream」或「BufferedInputStream」的位元組輸入串流物件變數。以「FileInputStream」類別宣告的位元組輸入串流物件變數，是直接讀取磁碟中的二進位循序檔資料。存取磁碟屬於機械式運作，讀取速度較慢；以「BufferedInputStream」類別宣告的位元組輸入串流物件變數時，系統會在記憶體中預留一塊容量爲 2048 位元組的緩衝區，作爲位元組輸入串流讀取資料的地方。存取緩衝區屬於電子式運作，讀取速度較快。當緩衝區無資料可讀時，系統會自動將磁碟中的循序檔資料載入緩衝區，以供程式讀取。

輸入(或讀取)二進位資料之步驟如下:

1. 宣告一資料型態爲「FileInputStream」類別的位元組輸入串流物件變數，並指向被讀取資料的二進位循序檔。
2. 宣告一資料型態爲「BufferedInputStream」類別的物件變數，同時產生並指向步驟 1 所宣告的位元組輸入串流所對應的緩衝區。
3. 利用此「BufferedInputStream」類別的物件變數，呼叫「InputStream」類別的方法(請參考「表 13-8」)，將位元組輸入串流所指向的二進位循序檔資料輸入到緩衝區。
4. 使用「位元組輸入串流物件變數.close();」敘述，關閉位元組輸入串流物件所指向的二進位循序檔。

註:順序不可顛倒。

宣告一資料型態爲「FileInputStream」類別的位元組輸入串流物件變數，並指向被讀取資料的二進位循序檔之語法如下:

```
FileInputStream 物件變數 = new FileInputStream(filename);
```

註:

1. 「filename」是「FileInputStream()」建構子的參數，代表被讀取的二進位循序檔名稱，它的資料型態為 String。
2. 「FileInputStream()」建構子的引數之資料型態為 String，且引數必須是 String 變數或常數。

宣告一資料型態爲「BufferedInputStream」類別的物件變數，同時產生並指向位元組輸入串流對應的緩衝區之語法如下:

```
BufferedInputStream 物件變數 =
                    new BufferedInputStream(instream);
```

註:

1. 此語法主要目的，是根據位元組輸入串流名稱「instream」配置一塊容量為 2048 位元組的緩衝區，做為輸入位元組資料之用。
2. 「instream」是「BufferedInputStream()」建構子的參數，代表位元組輸入串流名稱，它的資料型態為「FileInputStream」類別。雖然「BufferedInputStream()」

建構子的參數之資料型態為「InputStream」類別，但子類別「FileInputStream」繼承父類別「InputStream」的特性，因此也可以「FileInputStream」類別來宣告參數。

3. 「BufferedInputStream()」建構子的引數之資料型態為「FileInputStream」類別，且引數必須是「FileInputStream」類別變數。

表 13-8　InputStream 類別常用的方法

回傳的資料型態	方法名稱	作用
int	public **int** available() throws IOException	傳回緩衝區還有多少個位元組可讀。 [註] 若緩衝區已在檔尾，則傳回「0」。
int	public **int** read() throws IOException	傳回緩衝區指標所指的位元組所對應之十進位整數 (介於 0 到 255 的整數)。 [註] 若指標位置在尾部，則傳回「-1」。
int	public **int** read(byte[] barray) throws IOException	傳回從緩衝區所讀取位元組之數量，並將所讀取的位元組存入位元組陣列 barray 中。 [註] 若緩衝區已無資料，則傳回「-1」。
long	public **long** skip(long n) throws IOException	將緩衝區指標往前跳過 n(>0) 個位元組。 [註] 若指標可跳過 n 個位元組，則傳回 n；否則傳回實際跳過的位元組之數量。
void	public abstract **void** close() throws IOException	關閉位元組輸入串流。

註：

1. 「表 13-8」中的「barray」及「n」是參數。兩者的資料型態分別為 byte[] 及 int。
2. 「read()」方法的引數之資料型態為 byte[]，且引數必須是 byte[](位元組陣列)變數。「skip()」方法的引數之資料型態為 long，且引數必須是 long 變數或常數。
3. 呼叫「表 13-8」中的方法，可能會拋出「IOException」類別例外，呼叫前須先下達：「**import java.io.IOException;**」敘述，否則程式編譯時會產生錯誤訊息：

   「**IOException cannot be resolved to a type**」
   (識別名稱 IOException 無法被解析為一種資料類型)

   且同時使用「**try…catch(IOException e)…**」結構來攔截所發生例外，以避免程式異常中止，否則程式編譯時會產生下列錯誤訊息：

   「**Unhandled exception type IOException**」
   (沒有處理 IOException 例外)。

4. 「表 13-8」常用的方法之使用語法如下：

```
//傳回緩衝區內還有多少個位元組可讀
位元組輸入串流名稱.available()

//傳回從緩衝區所讀取的位元組
位元組輸入串流名稱.read()

//傳回從緩衝區所讀取位元組之數量，並將所
//讀取的位元組存入位元組陣列變數中
位元組輸入串流名稱.read(位元組陣列變數);

//將緩衝區指標往前跳過幾個位元組
位元組輸入串流名稱.skip(整數變數(或常數));

//關閉位元組輸入串流
位元組輸入串流名稱.close();
```

5. 「BufferedInputStream」是「InputStream 的子類別」，因此「InputStream」類別的方法，「BufferedInputStream」的物件變數都可以呼叫使用。

範例7

(承範例 6) 寫一程式，輸入二進位循序檔 d:\test\movie.bin 中的資料。

```
1   package ch13;
2
3   import java.io.FileInputStream;
4   import java.io.BufferedInputStream;
5   import java.io.IOException;
6
7   public class Ex7 {
8      public static void main(String[] args) {
9         try {
10           FileInputStream finstream = new FileInputStream("d:\\test\\movie.bin");
11           BufferedInputStream binstream = new BufferedInputStream(finstream);
12           byte[] bytedata = new byte[80];
13           String stringdata;
14
```

```
15          // 判斷緩衝區是否還有位元組資料可讀
16          while (binstream.available() != 0) {
17             // 一次讀取80個位元組資料，存入位元組陣列變數bytedata中
18             binstream.read(bytedata);
19
20             // 將位元組陣列變數bytedata的資料，
21                 // 以UTF-8編碼方式存入字串變數stringdata
22             stringdata = new String(bytedata, "UTF-8");
23
24             System.out.printf("%s", stringdata);
25          }
26          finstream.close();
27       } catch (IOException e) {
28          System.out.println(e.getMessage());
29       }
30    }
31 }
```

執行結果

```
電影資訊預告
名稱  日期  廳院  票價
寶貝X 0331  交通廳110
M女孩 0428  清華廳100
P小屋 0512  雙十廳120
A封鎖 0616  勤益廳100
```

☰程式說明

1. 第 12 列「byte[] bytedata = new byte[80];」敘述，主要的目的是用來儲存字元資料。每一個字元佔 2bytes，故宣告位元組陣列變數「bytedata」的元素一定要偶數個，例如：80。否則讀取「中文」資料，並存入位元組陣列變數「bytedata」時，「bytedata」的資料會出現亂碼。

2. 第 16 列「binstream.available() != 0」敘述，是用來判斷緩衝區是否還有位元組資料可讀。若「binstream.available() != 0」為「true」，則可進入「while」迴圈內的讀取資料。

3. 第 22 列「stringdata = new String(bytedata, "UTF-8");」敘述，主要的目的是將位元組陣列變數「bytedata」的資料，以「UTF-8」編碼方式存入字串變數「stringdata」中。由於「範例 6」處理字元資料時，是以「UTF-8」編碼方式寫入檔案中。因此，本範例從檔案中讀取資料時，也必須以「UTF-8」編碼方式將所讀取的資料轉換成字串，才不會出現亂碼資料。

13-7 輸入/輸出隨機存取檔資料

之前處理的檔案類型都屬於循序檔，只能循序讀取檔案中的資料及將資料寫入檔案中。若想隨機存取檔案中某區段的資料，則這個檔案必須是隨機存取檔。爲了能隨機存取資料，在資料寫入隨機存取檔時，資料的長度必須是固定的，否則讀取資料時會失眞。隨機存取檔是以二進位方式來儲存資料。若要處理隨機存取檔，則必須透過「RandomAccessFile」類別物件變數，才能隨機移動到檔案內的任何位置，以便存取檔案中的資料。

內建的「RandomAccessFile」類別是定義在「java.io」套件中，若要宣告一個「RandomAccessFile」類別的物件變數，則必須先下達「import java.io.RandomAccessFile;」敘述，將「RandomAccessFile」類別引入，否則編譯時會出現的錯誤訊息：

「'RandomAccessFile' cannot be resolved to a type」
(識別名稱 RandomAccessFile 無法被解析爲一種資料類型)

由於「RandomAccessFile」類別可同時實作「java.io」套件中的「DataInput」介面和「DataOutput」介面，故可同時讀取和寫入隨機存取檔。

讀取 / 寫入隨機存取檔之步驟如下：

1. 宣告一資料型態爲「RandomAccessFile」類別的隨機輸入 / 輸出串流物件變數，並指向被讀取或被寫入的隨機存取檔。
2. 利用此「RandomAccessFile」類別的隨機輸入 / 輸出串流物件變數，呼叫「RandomAccessFile」類別的方法(請參考「表 13-9」及「表 13-10」)，存取隨機輸入 / 輸出串流所指向的隨機存取檔。
3. 使用「隨機輸入/輸出串流物件變數.close();」敘述，關閉隨機輸入/輸出串流物件所指向的隨機存取檔。

註：順序不可顚倒。

宣告一資料型態爲「RandomAccessFile」類別的隨機輸入 / 輸出串流物件變數，並指向被讀取或被寫入的隨機存取檔之語法如下：

```
RandomAccessFile 物件變數 = new RandomAccessFile(filename,mode);
```

註：

1. 「filename」及「mode」都是「RandomAccessFile()」建構子的參數，兩者的資料型態都為「String」。「filename」代表被讀取或被寫入的存取檔名稱；「mode」代表隨機存取檔的存取模式。
2. 「RandomAccessFile()」建構子的兩個引數之資料型態都為「String」，且兩個引數必須是「String」變數或常數。
3. 常用的存取模式有「"r"」及「"rw"」，分別代表隨機存取檔只能讀取及可同時讀取與寫入。若存取模式為「"r"」，且對隨機存取檔寫入資料，則會發生例外。若存取模式為「"rw"」，且隨機存取檔不存在，則會自動建立隨機存取檔。

表 13-9　RandomAccessFile 類別常用的方法（一）

回傳的資料型態	方法名稱	作用
boolean	public final **boolean** readBoolean() throws IOException	傳回從隨機存取檔中讀取的位元組所對應之布林值。 [註] 若讀取的位元組為「0」，則傳回「false」；否則傳回「true」。
byte	public final **byte** readByte() throws IOException	傳回從隨機存取檔中讀取的位元組。
char	public final **char** readChar() throws IOException	傳回從隨機存取檔中讀取的字元(佔兩個bytes)。
short	public final **short** readShort() throws IOException	傳回從隨機存取檔中讀取的短整數。
int	public final **int** readInt() throws IOException	傳回從隨機存取檔中讀取的整數。
long	public final **long** readLong() throws IOException	傳回從隨機存取檔中讀取的長整數。
float	public final **float** readFloat() throws IOException	傳回從隨機存取檔中讀取的單精度浮點數。
double	public final **double** readDouble() throws IOException	傳回從隨機存取檔中讀取的倍精度浮點數。
long	public **long** length() throws IOException	傳回隨機存取檔的長度(單位 Bytes)。
long	public **long** getFilePointer() throws IOException	傳回隨機存取檔的檔案指標位置。

int	public **int** skipBytes(int n) throws IOException	將隨機存取檔的檔案指標往前移動 n(>0) 個位元組。 [註] 若指標可往前移動 n 個位元組，則傳回 n；否則傳回實際移動的位元組數。
void	public **void** seek(long pos) throws IOException	將隨機存取檔的檔案指標從檔頭 (位置為 0) 移動 pos 個位元組，即移動到檔案的第 pos 個位元組。
void	public abstract **void** close() throws IOException	關閉隨機輸入 / 輸出串流。

註：

1. 「表 13-9」中的「n」及「pos」是參數。兩者的資料型態分別為「int」及「long」。
2. 「skipBytes()」方法的引數之資料型態為「int」，且引數必須是 int 變數或常數；「seek()」方法的引數之資料型態為「long」，且引數必須是 long 變數或常數。
3. 呼叫「表 13-9」及「表 13-10」中的方法，可能會拋出「IOException」類別例外，呼叫前須先下達：

   「import java.io.IOException;」敘述，否則程式編譯時會產生錯誤訊息：

   「**IOException cannot be resolved to a type**」
   (識別名稱 IOException 無法被解析為一種資料類型)

   且同時使用「**try…catch(IOException e)…**」結構來攔截所發生例外，以避免程式異常中止，否則程式編譯時會產生下列錯誤訊息：

   「**Unhandled exception type IOException**」
   (沒有處理 IOException 例外)。

4. 「表 13-9」常用的方法之使用語法如下：

```
//傳回從隨機存取檔中讀取的位元組所對應之布林值
隨機輸入/輸出串流名稱.readBoolean()

//傳回從隨機檔中讀取的位元組
隨機輸入/輸出串流名稱.readByte()

//傳回從隨機檔中讀取的字元(佔兩個bytes)
隨機輸入/輸出串流名稱.readChar()

//傳回從隨機檔中讀取的短整數
隨機輸入/輸出串流名稱.readShort()
```

```
//傳回從隨機檔中讀取的整數
隨機輸入/輸出串流名稱.readInt()

//傳回從隨機檔中讀取的長整數
隨機輸入/輸出串流名稱.readLong()

//傳回從隨機檔中讀取的單精度浮點數
隨機輸入/輸出串流名稱.readFloat()

//傳回從隨機檔中讀取的倍精度浮點數
隨機輸入/輸出串流名稱.readDouble()

//傳回隨機檔的長度
隨機輸入/輸出串流名稱.readlength()

//傳回隨機檔目前檔案指標的位置
隨機輸入/輸出串流名稱.getFilePointer()

//將隨機檔的檔案指標從目前位置往前移動n個位元組
隨機輸入/輸出串流名稱.skipBytes(整數變數(或常數));

//將隨機檔的檔案指標從檔頭(位置為0)移動pos個位元組
隨機輸入/輸出串流名稱.seek(長整數變數(或常數));

//關閉隨機輸入/輸出串流
隨機輸入/輸出串流名稱.close();
```

表 13-10 RandomAccessFile 類別常用的方法（二）

回傳的資料型態	方法名稱	作用
void	public final **void** writeBoolean(boolean b) throws IOException	將布林值寫入隨機存取檔。 [註] 若布林值為「true」，則寫入「1」；否則寫入「0」中。
void	public final **void** writeByte(int i) throws IOException	將位元組寫入隨機存取檔。
void	public final **void** writeChar(int i) throws IOException	將字元以 2 個位元組的形式寫入隨機存取檔。
void	public final **void** writeChars(String s) throws IOException	將字串中的每個字元以 2 個位元組的形式寫入隨機存取檔。
void	public final **void** writeShort(short s) throws IOException	將短整數寫入隨機存取檔。
void	public final **void** writeInt(int i) throws IOException	將整數寫入隨機存取檔。
void	public final **void** writeLong(long l) throws IOException	將長整數寫入隨機存取檔。
void	public final **void** writeFloat(float f) throws IOException	將單精度浮點數寫入隨機存取檔。
void	public final **void** writeDouble(double d) throws IOException	將倍精度浮點數寫入隨機存取檔。

註：

1. 「表 13-10」中的「b」、「i」、「s」、「l」、「f」及「d」是參數。它們的資料型態分別為「boolean」、「int」、「String」、「long」、「float」及「double」。
2. 「writeBoolean()」方法的引數之資料型態為「byte」，且引數必須是 byte 變數或常數。「writeByte()」方法的引數之資料型態為「int」，且引數必須是 int 變數或常數。「writeChar()」方法的引數之資料型態為「int」，且引數必須是 int 變數或常數。「writeChars()」方法的引數之資料型態為「String」，且引數必須是 String 變數或常數。「writeShort()」方法的引數之資料型態為「short」，且引數必須是 short 變數或常數。「writeInt()」方法的引數之資料型態必須是「int」，且引數必須是 int 變數或常數。「writeLong()」方法的引數之資料型態為「long」，且引數必須是 long 變數或常數。「writeFloat()」方法的引數之資料型態為「float」，且引數必須是 float 變數或常數。「writeDouble()」方法的引數之資料型態為「double」，且引數必須是 double 變數或常數。

3. 「表 13-10」常用的方法之使用語法如下：

```
//將布林值寫入隨機檔
隨機輸入/輸出串流名稱.writeBoolean(布林變數(或常數));

//將位元組寫入隨機檔
隨機輸入/輸出串流名稱.writeByte(位元組變數(或常數));

//將字元以2個位元組的形式寫入隨機檔。
隨機輸入/輸出串流名稱.writeChar(字元變數(或常數));

//將字串中的每個字元以2個位元組的形式寫入隨機檔
隨機輸入/輸出串流名稱.writeChars(字串變數(或常數));

//將短整數寫入隨機檔
隨機輸入/輸出串流名稱.writeShort(短整數變數(或常數));

//將整數寫入隨機檔
隨機輸入/輸出串流名稱.writeInt(整數變數(或常數));

//將長整數寫入隨機檔
隨機輸入/輸出串流名稱.writeLong(長整數變數(或常數));

//將單精度浮點數寫入隨機檔
隨機輸入/輸出串流名稱.writeFloat(單精度浮點數變數(或常數));

//將倍精度浮點數寫入隨機檔
隨機輸入/輸出串流名稱.writeDouble(倍精度浮點數變數(或常數));
```

範例8

寫一程式，輸入學生基本資料，並寫入 d:\test\student.dat 隨機存取檔中。([提示] 需有 d:\test 資料夾)

```
1   package ch13;
2
3   import java.io.RandomAccessFile;
4   import java.io.IOException;
5   import java.util.Scanner;
6
7   class WriteStudent { // 學生基本資料類別
8      private String name;
9      private byte age;
10     private String city;
11
12     // 限定只能輸入4個字元(不管中文或非中文),佔8個bytes
13     public static int name_capacity = 4;
14
15     public static int age_capacity = 1; // 1個byte
16
17     // 限定只能輸入3個字元(不管中文或非中文),佔6個bytes
18     public static int city_capacity = 3;
19
20     // 儲存每筆學生基本資料所需之記憶體空間(byte)
21     public static int size_of_record = (2 * name_capacity) + age_capacity +
                                         (2 * city_capacity);
22     // 不管中文字元或非中文字元,每個字元佔2個bytes,因此需要乘以2
23
24     // 有參數串列的建構子
25     public WriteStudent(String name, byte age, String city) {
26        this.name = name;
27        this.age = age;
28        this.city = city;
29     }
30
31     // 無參數串列預設建構子
32     public WriteStudent() {
33     }
34
35     // 將學生之基本欄位資料寫入檔案outfile
36     public void writeData(RandomAccessFile outfile) throws IOException {
37        writeFieldData(outfile, name, name_capacity);
38        outfile.writeByte(age);
39        writeFieldData(outfile, city, city_capacity);
40     }
41
```

```
42    // 將data字串變數內容的前「field_capacity」個字元寫入檔案outfile
43    private void writeFieldData(RandomAccessFile outfile, String data, int field_
      capacity)
44       throws IOException {
45       if (data.length() < field_capacity)  // 若data字串變數內容的長度 < field_
         capacity
46          for (int i = data.length(); i < field_capacity; i++)
47             data = data + "\0"; // 則在data字串變數的內容尾端補空字元('\0')
48          else // 否則只取出data字串變數內容的前「field_capacity」個字元
49             data = data.substring(0, field_capacity);
50          outfile.writeChars(data);
51       }
52 }
53
54 public class Ex8 {
55    public static void main(String[ ] arg) {
56       Scanner keyin = new Scanner(System.in);
57       String stuname = "", stucity = "";
58       byte stuage = 0;
59       WriteStudent stu = new WriteStudent();
60       try {
61          // 宣告一指向d:\\test\\student.dat的RandomAccessFile類別物件變數frandom
62          // frandom相當於d:\\test\\student.dat的別名
63          RandomAccessFile frandom = new RandomAccessFile("d:\\test\\student.dat", "rw");
64          frandom.skipBytes((int) frandom.length()); //指標跳到檔尾
65
66          // 輸入資料,並將資料寫入檔案中
67          String yn;
68          int i = 0;
69          do  {
70             i++;
71             System.out.println("輸入第" + i + "位學生的姓名，年齡及城市(以空白隔開):");
72             stuname = keyin.next();
73             stuage = Byte.parseByte(keyin.next());
74             stucity = keyin.next();
75             stu = new WriteStudent(stuname, stuage, stucity);
76             stu.writeData(frandom);
77             System.out.print("繼續輸入的學生基本機資料嗎?(Y/N):");
78             yn=keyin.next().toUpperCase(); // 轉成大寫
79          } while (yn.equals("Y"));
80
81          System.out.println("學生資料已完成紀錄.");
82          frandom.close();
83       } catch (IOException e) {
84          System.out.println(e.getMessage());
85       } finally {
86          keyin.close();
87       }
88    }
89 }
```

執行結果

```
輸入第1位學生的姓名，年齡及城市(以空白隔開):
林邏輯 28 台北市
繼續輸入的學生基本機資料嗎?(Y/N):y
輸入第2位學生的姓名，年齡及城市(以空白隔開):
邏輯林 30 紐約市
繼續輸入的學生基本機資料嗎?(Y/N):n
學生資料已完成紀錄.
```

三程式說明

1. 第 37 列「writeFieldData(outfile, name, name_capacity);outfile.writeByte(age);」及第 39 列「writeFieldData(outfile, city, city_capacity);」敘述，分別將最大長度爲「name_capacity」的欄位「name」及最大長度爲「city_capacity」的欄位「city」之資料寫入「outfile」所指向的隨機存取檔「d:\test\student.dat」。
2. 若輸入的資料長度小於欄位限定的長度，則寫入空字元 ('\0') 到隨機存取檔中，即執行第 50 列「outfile.writeChars(data);」敘述。

三範例9

(承範例 8) 寫一程式，查詢 d:\test\student.dat 隨機存取檔中的學生基本資料。([提示] 在 d:\test 資料夾中，須有 student.dat 檔案)

```
1   package ch13;
2
3   import java.io.RandomAccessFile;
4   import java.io.IOException;
5   import java.util.Scanner;
6
7   class LookStudent { // 學生基本資料類別
8      private String name;
9      private byte age;
10     private String city;
11
12     // 設定只能輸入4個字元(不管中文或非中文),佔8個bytes
13     public static int name_capacity = 4;
14
15     public static int age_capacity = 1; // 1個byte
16
17     // 設定只能輸入3個字元(不管中文或非中文),佔6個bytes
18     public static int city_capacity = 3;
```

```
19
20    // 儲存每筆學生基本資料所需之記憶體空間(byte)
21    public static int size_of_record = (2 * name_capacity) + age_capacity +
                                          (2 * city_capacity);
22    // 不管中文字元或非中文字元,每個字元佔2個bytes,因此需要乘以2
23
24    public void showdata() // 輸出學生之基本欄位資料
25    {
26       System.out.println("姓名:"+name + " , 年齡:" + age + " , 城市:" + city);
27    }
28
29    // 將資料從隨機存取檔中讀出
30    public boolean LookData(RandomAccessFile infile, String data) throws IOException {
31       name = readFieldData(infile, name_capacity);
32       if (name.equals(data)) {
33          age = infile.readByte();
34          city = readFieldData(infile, city_capacity);
35          return true;
36       } else
37          return false;
38    }
39
40    // 從隨機存取檔中讀取長度爲field_capacity的字串到欄位中
41    private String readFieldData(RandomAccessFile infile, int field_capacity)
42       throws IOException {
43       String field = new String(); // 欄位
44       int i;
45       char fieldc; // 欄位中的字元
46       for (i = 0; i < field_capacity; i++) {
47          fieldc = infile.readChar();
48          if (fieldc == 0) //若讀到空字元('\0'),則表示此欄位的資料只到前一個字元
49             break;
50          else
51             field = field + String.valueOf(fieldc);
52       }
53
54       // 2 * (size - i - 1) 表示本欄位尚未被讀取的資料長度
55       // skipBytes(2 * (field_capacity - i - 1)) 表示跳過 2 * (size - i - 1)個Bytes
56       infile.skipBytes(2 * field_capacity - i - 1)); // 移動到下一個欄位的開端
57       return (field);
58    }
59 }
60
61 public class Ex9 {
62    public static void main(String[ ] arg) {
63       Scanner keyin = new Scanner(System.in);
64       LookStudent stu = new LookStudent();
```

```
65        try {
66           // 宣告一指向d:\\test\\student.dat的RandomAccessFile類別物件變數frandom
67           // frandom相當於d:\\test\\student.dat的別名
68           RandomAccessFile frandom = new RandomAccessFile("d:\\test\\student.dat", "r");
69
70           // 查詢學生資料並顯示在螢幕上
71           System.out.print("請輸入要查詢的學生姓名:");
72           String searchstudent = keyin.next();
73           int num = 1; // 紀錄編號
74           while (num <= frandom.length() / LookStudent.size_of_record) {
75              // 若找到查詢資料
76              if (stu.LookData(frandom, searchstudent)) {
77                 stu.showdata();
78                 break;
79              } else {
80                 frandom.seek(num * LookStudent.size_of_record);
81                 num++;
82              }
83           }
84           // 若查詢資料的紀錄編號num大於實際學生資料的總紀錄筆數
85           if (num > frandom.length() / LookStudent.size_of_record)
86              System.out.println("查無學生" + searchstudent + "的紀錄資料.");
87           frandom.close();
88           } catch (IOException e) {
89           System.out.println(e.getMessage());
90        } finally {
91           keyin.close();
92        }
93     }
94  }
```

執行結果

```
請輸入要查詢的學生姓名:邏輯林
姓名:邏輯林 , 年齡: 30 , 城市:紐約市
```

三程式說明

1. 每一個欄位的長度固定，但輸入的資料有可能比欄位的長度短，此時若要讀取下一個欄位的資料，則必須跳過前一個欄位尚未讀取的空字元 ('\0')，即執行第 56 列「infile.skipBytes(2 * field_capacity - i - 1));」敘述。
2. 第 80 列「frandom.seek(num * LookStudent.size_of_record);」 敘述，表示跳到第 n 筆學生紀錄的起始位元組。

13-8 自我練習

1. 寫一程式，將以下資料寫入 daily_expense.txt。

日期	項目	金額
0917	cocola	20
0917	salt	15
0918	clothes	250
0919	oil	600
0919	rent	4000
0921	book	1200

2. （承上題）寫一程式，輸出 daily_expense.txt 內所花費的總金額。
3. 寫一程式，將以下資料以二進位方式寫入 daily_expense.bin。

日期	項目	金額
0917	cocola	20
0917	salt	15
0918	clothes	250
0919	oil	600
0919	rent	4000
0921	book	1200

4. （承上題）寫一程式，將 daily_expense.bin 內所花費的金額累計輸出。

14 套件

教學目標

14-1 套件建立
14-2 引入套件中的類別或介面
14-3 Java之標準套件

Windows 作業系統為能方便有效管理資料，是以資料夾來存儲檔案資料或子資料夾，且同一資料夾中不能有兩個名稱相同的檔案或資料夾。類似 Windows 的資料管理方式，Java 提供的 package(套件) 容器，是用來儲存開發應用程式過程中所定義的類別及介面，即，套件是存放類別及介面的資料夾。建立套件的目的與建立夾資料一樣，都是為了解決檔案名稱相同的問題。因此，只要將名稱相同的類別或介面儲存在不同套件中，就能避免名稱衝突。Java 套件是物件導向程式設計的元件庫，而類別和介面是套件中的元件，程式設計者只要學會如何引入套件中的元件及使用它，就能輕易完成 Java 應用程式開發。

14-1 套件建立

Java 以保留字「package」來建立「套件」，且必須撰寫在程式中的第一列。一個「.java」檔，只能建立一個「套件」，且在此「.java」檔中所定義的類別及介面，都儲存在此「.java」檔中所建立的「套件」中。建立單層套件的語法如下：

```
package 套件名稱；
```

當類別或介面元件的數量越來越多，為有效管理這些元件，必須將它們分門別類別，並以階層式套件來儲存這些元件。建立階層式套件的語法如下：

```
package 套件名稱1.套件名稱2.…；
```

套件被建立後，在 Java 專案程式所在的資料夾內的「bin」及「src」資料夾中會建立與「套件」名稱相同的資料夾，分別用來存放「.class」檔及「.java」檔。以「第一章 範例 1」為例說明，「第一章 範例 1」的專案名稱為「ch01」，程式名稱為「Ex1.java」。在「Ex1.java」程式的第一列敘述「package ch01;」，表示要建立名稱為「ch01」的套件。因此，在專案「ch01」資料夾內的「bin」及「src」資料夾中分別建立「ch01」資料夾，且在「bin\ch01」資料夾中存放「Ex1.class」及在「src\ch01」資料夾中存放「Ex1.java」檔。(請參考「圖 14-1 .java 檔及 .class 檔位於套件中之位置示意圖」)

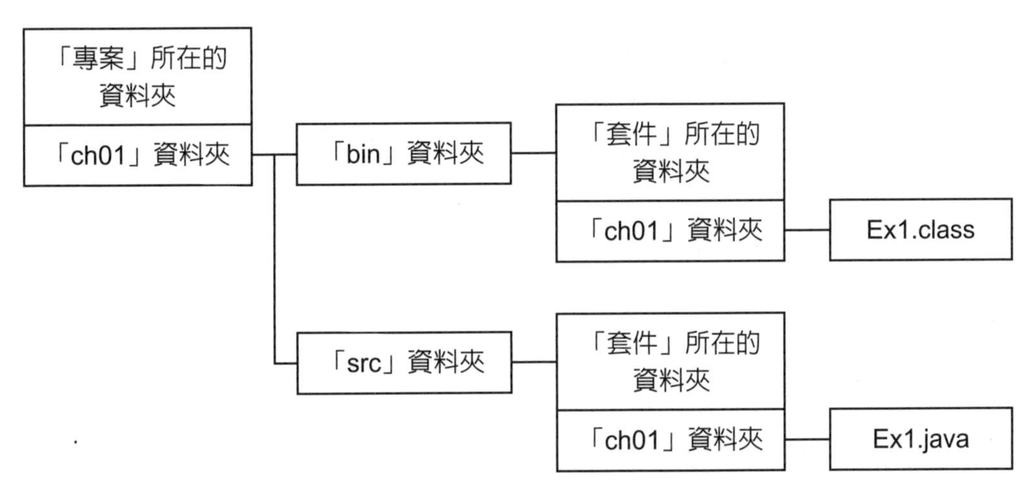

圖 14-1　.java 檔及 .class 檔位置示意圖

若程式中沒有使用「package」來建立「套件」，則此程式會建立在「default package」的預設套件中，且此程式的「.class」及「.java」檔分別儲存在所屬的「專案」資料夾內的「bin」及「src」資料夾中。

範例1

建立名為 ch14 的專案，並在 ch14 中新增名為 Ex1.java 的程式，同時在 Ex1.java 中建立名為 first.test 套件，並輸出 "Ex1.java 儲存在 ch14\src\first\test 資料夾 , 且 Ex1.class 儲存在 ch14\bin\first\test 資料夾 ."。

```
1  package first.test;
2
3  public class Ex1 {
4     public Ex1() {
5        System.out.println("執行Ex1類別的建構子");
6     }
7
8     public static void main(String[] args) {
9        System.out.println("Ex1.java儲存在ch14\\src\\first\\test資料夾，且");
10       System.out.println("Ex1.class儲存在ch14\\bin\\first\\test資料夾.");
11    }
12 }
```

執行結果

```
Ex1.java儲存在ch14\src\first\test資料夾，且
Ex1.class儲存在ch14\bin\first\test資料夾.
```

三程式說明

請檢查資料夾「ch14\src\first\test 」中是否有「Ex1.java」，資料夾「ch14\bin\first\test 」中是否有「Ex1.class」。

14-2 引入套件中的類別或介面

引入套件中的類別或介面，就能快速建構 Java 應用程式。Java 以保留字「import」來引入套件中的類別或介面，且必須撰寫在「package」敘述的正下方。每一個「.java」檔，可依需要一次引入某套件中的一個(或多個)類別(或介面)，也可分次引入。套件名稱是透過句點「.」來描述與其它套件名稱或類別名稱或介面名稱之間的從屬關係。引入套件中的類別或介面之語法有下列四種：

1. 引入單層套件中的單一類別或介面之語法

```
import 套件名稱.類別(或介面)名稱；
```

註：

引入「套件名稱」資料夾底下的類別(或介面)。

2. 引入單層套件中的所有類別及介面之語法

```
import 套件名稱.*；
```

註：

引入「套件名稱」資料夾底下的所有類別及介面。

3. 引入階層式套件中的單一類別或介面之語法

import 套件A_1.套件A_2. … .套件A_n.類別(或介面)名稱；

註：

引入「套件 A_1」資料夾底下的「套件 A_2」資料夾底下 …「套件 A_n」資料夾底下的類別(或介面)。

4. 引入階層式套件中的所有類別及介面之語法

```
import 套件A1.套件A2. ... .套件An.* ;
```

註：

引入「套件 A_1」資料夾底下的「套件 A_2」資料夾底下的 ...「套件 A_n」資料夾底下的所有類別及介面。

≡範例2

(承上例)在專案 ch14 中，新增名為 Ex2.java 的程式。在 Ex2.java 中建立名為 second 套件及引入 first.test 套件中的 Ex1 類別，且宣告一個 Ex1 類別的物件變數同時產生實例，並輸出最後結果。

```
1  package second;
2
3  import first.test.Ex1;
4
5  public class Ex2 {
6     public static void main(String[] args) {
7        Ex1 a = new Ex1();
8      }
9  }
```

執行結果

```
執行類別Ex1的建構子
```

≡程式說明

第 3 列「import first.test.Ex1;」敘述，表示引入「first.test」 套件中的「Ex1」類別。因此，在程式中就能宣告「Ex1」類別的物件變數同時產生實例。

14-3 Java之標準套件

每一種程式語言都會內建 library(標準函數庫)，提供常用的功能給程式設計者使用。Java 語言內建的標準類別庫名稱為 Applications Programming Interface (API：標準應用程式介面)，它擁有的子套件包括「io」、「lang」、「math」、「time」、「util」等，而每個子套件又擁有各自的子套件、類別或介面。引入 Java API 套件之語法與引入程式設計者自行建立的套件之語法相同。Java 的 API 資訊，請參考「https://docs.oracle.com/en/java/javase/17/docs/api/index.htm」。

在 Java 程式中，即使沒有撰寫「import」敘述來引入任何套件，Java 也會自動引入「java.lang」套件中的類別及介面。「java.lang」套件是Java語言最基礎的套件，包括常用「Math」、「String」、「System」等類別。因此，在 Java 程式中可以直接使用這些類別。

✂（請由此線剪下）

歡迎加入 全華會員

● 會員獨享

會員享購書折扣、紅利積點、生日禮金、不定期優惠活動…等。

● 如何加入會員

掃 QRcode 或填妥讀者回函卡直接傳真（02）2262-0900 或寄回，將由專人協助登入會員資料，待收到 E-MAIL 通知後即可成為會員。

如何購買 全華書籍

1. 網路購書

全華網路書店「http://www.opentech.com.tw」，加入會員購書更便利，並享有紅利積點回饋等各式優惠。

2. 實體門市

歡迎至全華門市（新北市土城區忠義路 21 號）或各大書局選購。

3. 來電訂購

(1) 訂購專線：(02) 2262-5666 轉 321-324
(2) 傳真專線：(02) 6637-3696
(3) 郵局劃撥（帳號：0100836-1　戶名：全華圖書股份有限公司）
※　購書未滿 990 元者，酌收運費 80 元。

OpenTech 全華網路書店 .com.tw

全華網路書店 www.opentech.com.tw
E-mail: service@chwa.com.tw

※ 本會員制如有變更則以最新修訂制度為準，造成不便請見諒。

廣　告　回　信
板橋郵局登記證
板橋廣字第540號

行銷企劃部　收

全華圖書股份有限公司

23671 新北市土城區忠義路 21 號

（請由此線剪下）

讀者回函卡

掃 QRcode 線上填寫 ▶▶▶

姓名：＿＿＿＿＿＿ 生日：西元＿＿＿年＿＿＿月＿＿＿日 性別：□男 □女

電話：（ ）＿＿＿＿＿＿ 手機：＿＿＿＿＿＿

e-mail：（必填）＿＿＿＿＿＿

註：數字零，請用 Φ 表示，數字 1 與英文 L 請另註明並書寫端正，謝謝。

通訊處：□□□□□＿＿＿＿＿＿

學歷：□高中・職 □專科 □大學 □碩士 □博士

職業：□工程師 □教師 □學生 □軍・公 □其他

學校／公司：＿＿＿＿＿＿ 科系／部門：＿＿＿＿＿＿

・需求書類：

□ A. 電子 □ B. 電機 □ C. 資訊 □ D. 機械 □ E. 汽車 □ F. 工管 □ G. 土木 □ H. 化工 □ I. 設計

□ J. 商管 □ K. 日文 □ L. 美容 □ M. 休閒 □ N. 餐飲 □ O. 其他

・本次購買圖書為：＿＿＿＿＿＿ 書號：＿＿＿＿＿＿

・您對本書的評價：

封面設計：□非常滿意 □滿意 □尚可 □需改善，請說明＿＿＿＿＿＿

內容表達：□非常滿意 □滿意 □尚可 □需改善，請說明＿＿＿＿＿＿

版面編排：□非常滿意 □滿意 □尚可 □需改善，請說明＿＿＿＿＿＿

印刷品質：□非常滿意 □滿意 □尚可 □需改善，請說明＿＿＿＿＿＿

書籍定價：□非常滿意 □滿意 □尚可 □需改善，請說明＿＿＿＿＿＿

整體評價：請說明＿＿＿＿＿＿

・您在何處購買本書？

□書局 □網路書店 □書展 □團購 □其他＿＿＿＿＿＿

・您購買本書的原因？（可複選）

□個人需要 □公司採購 □親友推薦 □老師指定用書 □其他＿＿＿＿＿＿

・您希望全華以何種方式提供出版訊息及特惠活動？

□電子報 □ DM □廣告（媒體名稱＿＿＿＿＿＿）

・您是否上過全華網路書店？（www.opentech.com.tw）

□是 □否 您的建議＿＿＿＿＿＿

・您希望全華出版哪方面書籍？＿＿＿＿＿＿

・您希望全華加強哪些服務？＿＿＿＿＿＿

感謝您提供寶貴意見，全華將秉持服務的熱忱，出版更多好書，以饗讀者。

填寫日期： / /

2020.09 修訂

親愛的讀者：

感謝您對全華圖書的支持與愛護，雖然我們很慎重的處理每一本書，但恐仍有疏漏之處，若您發現本書有任何錯誤，請填寫於勘誤表內寄回，我們將於再版時修正，您的批評與指教是我們進步的原動力，謝謝！

全華圖書 敬上

勘 誤 表

書 號		書 名		作 者	
頁 數	行 數	錯誤或不當之詞句		建議修改之詞句	

我有話要說：（其它之批評與建議，如封面、編排、內容、印刷品質等・・・）